中国休闲农业年鉴

2016

农业部农产品加工局

（乡镇企业局） 主编

中国农业出版社

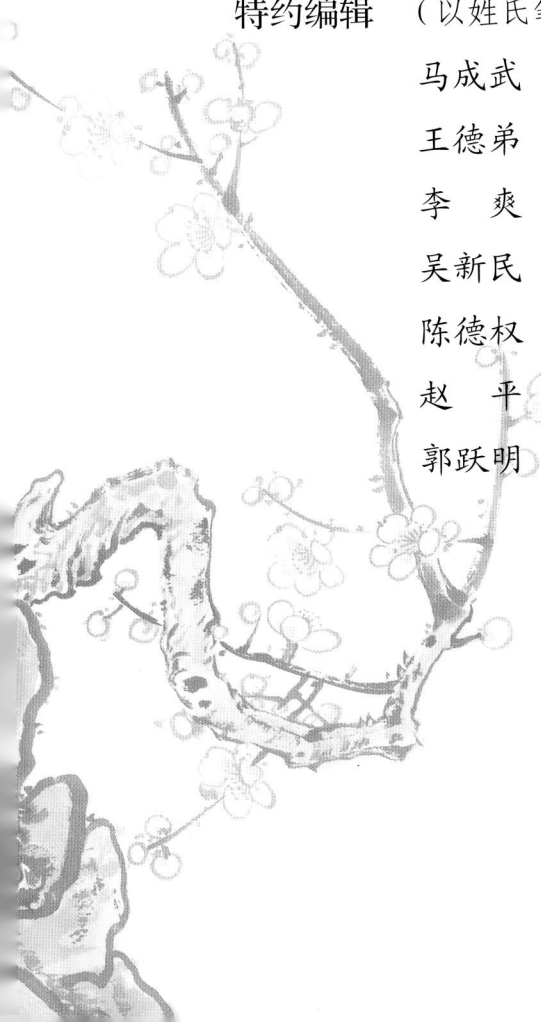

《大吉迎春图》

《吉祥图》

《大吉图》

《大吉迎春》

胡金刚

中国美术家协会会员、中央国家机关美术家协会理事、全国名人书画艺术界联合会委员、农业部书画协会会员、美丽乡村艺术苑执行秘书长。2011年中央国家机关工会联合会和中国书法家协会主办《庆祝建党90周年暨中央国家机关第三届职工书画展》绘画类三等奖；作品入选首届「公仆杯」中央国家机关书画展；作品《层林尽染》入选「纪念红军长征胜利八十周年全国名家书画艺术大展」；作品《抗战老兵》入选「习近平总书记在文艺工作座谈会上的讲话」发表一周年书画作品邀请展；作品《缤纷》《夜色满天星》入选「多元共存」当代艺术同盟展；获邀参加2016年「风骨」中国当代青年写实油画艺术展；获邀参加2016年「情系上海」大型美术作品展。已出版个人画册《当代名家——胡金刚》《大美乡村——胡金刚画集》，多幅作品已被中外机构收藏。

大围山杜鹃

浏阳市休闲农业

浏阳市地处湖南东部偏北，辖32个乡镇（街道），面积5 007平方公里，耕地面积117万亩，总人口145万人，其中农业人口128万人，属典型的山区农业大市。县域经济和县域基本竞争力居全国百强县（市）第28位，综合经济实力居湖南省经济强县第2位。

近年来，浏阳市着力构筑"绿色、金色、彩色"三条产业带，培育了粮食、生猪、油茶、油菜、烤烟、花木、蔬菜、水果八大高效特色农业产业，形成了食品、油料、林（竹）木、茶叶、中药材等农产品加工体系。先后获评了"中国粮油大县""生猪养殖大县""湖南省农业产业化先进县"等称号。浏阳市旅游资源丰富，生态优良，拥有国家AAAA级景区大围山国家森林公园和浏阳河等一大批生态旅游景点、耀邦故居、谭嗣同故居、文家市纪念馆等一大批红色旅游景点，是"中国优秀旅游城市""湖南省旅游强县""全国休闲农业与乡村旅游示范县"。

当前，浏阳市休闲农业与乡村旅游形态各异，各有特色，已成为浏阳市经济发展的绿色引擎，形成了集食、行、住、游、购、娱为一体的产业体系。全市拥有休闲农业经营主体340多家，其中，国家级五星级休闲农庄2家，四星级2家，省五星级休闲农庄4家，全国休闲农业与乡村旅游示范点1个，2015年全年休闲农业与乡村旅游接待人数达1 433.07万人次，经营收入达146.17亿元。

长寿幸福屋场

桂园国际—风情小镇

汉元生态农庄

梅田湖村

大围山桃花

南边生态农庄

浏阳油菜花开

中乔大三农实业

　　中乔大三农实业股份有限公司注册资本5亿元，位于北京市昌平区小汤山现代农业科技园，集团投资开发建设智慧农业、生态农业、园林景观、休闲农业与旅游等产业。2015年2月6日，集团子公司中乔大三农智慧农业（北京）有限公司在上海股权交易所成功挂牌上市（代码203951）。

　　中乔大三农实业集团董事长、中国当代杰出青年、中国十大杰出青年农民乔书领，牢记责任与使命，紧密团结在以习近平总书记为核心的党中央周围，义无反顾、无怨无悔，以美丽中国、中国梦为主题再创新，再次创造世界八大奇迹天上人工河红旗渠，发展太空农业、太空育种、国防教育等，以中国十大民族品牌"硒硒皇后"整体开发项目，带领太行老区人民脱贫致富，共筑红旗渠国家农业公园！

　　2015年8月，为配合集团正在开发建设的"红旗渠国家农业公园"农业与旅游项目，同时也为纪念中国人民抗日战争暨世界反法西斯战争胜利70周年，特别

股份有限公司

制作了3D高清《美丽太行》红色经典纪录片，为人们重温历史岁月、弘扬爱国精神、珍视和平开创未来提供了宝贵的资料。"红旗渠国家农业公园"项目被列为2017年瑞典国际硒与环境和人体健康大会代表项目。

集团董事长乔书领于1997年被评为"河北省新长征突击手""首都绿化积极分子"，1998年被评为"全国花木行业十佳企业家"，1999年被评为"中国十大杰出农民"，2000年被评为"中国当代杰出青年"，2005年被评为"全面建设小康社会百佳红旗人物"，2010年被评为"中国城市园林建设十大贡献人物"，2015年被评为"推动中国农业创新发展十大杰出人物"，2016年被评为"中国经济十大杰出创新人物"等。先后当选为中国民族产业联合会·休闲农业与旅游一体化委员会主任、中国民族产业联合会副主席、中国民营经济发展促进会副会长、中国产业经济促进会副主席、国防科技生产力促进中心副秘书长、中国公益事业促进会副会长等。

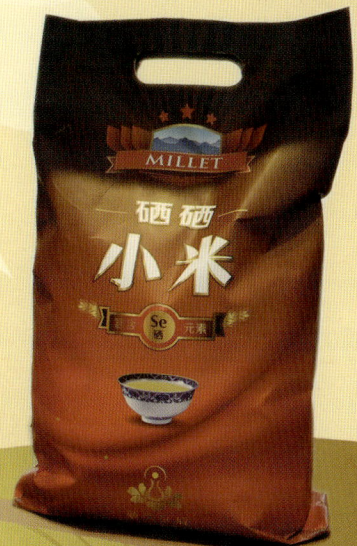

恭城休闲农

恭城文庙

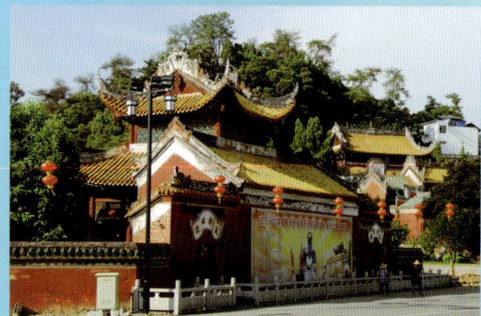

恭城武庙

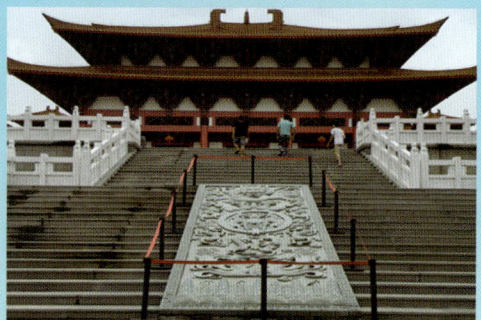

恭城瑶族盘王阁

瑶寨风光

恭城瑶族自治县位于广西桂林市东北部，南望粤梧，北邻三湘，距山水甲天下的国际旅游名城桂林市区108公里，贵广高铁正式通车运行，恭城一步迈进"高铁时代"，与广州、与贵阳之间的车程只需两小时，有着"广州后花园"之美誉。恭城三面环山，县内冬暖夏凉、气候温和，境内山清水秀，自然人文景观独特，是镶嵌在大桂林旅游圈中一颗璀璨的明珠。

恭城于隋末大业十四年（公元618年）开始置县，至今已有1390多年的历史，中原文化与岭南文化的交融，让这块神奇的土地积累了独特厚重的区域历史文化及民间艺术精华。恭城县地貌似天然的大八卦图，母亲河茶江以"S"形穿越整个城区，更添瑶乡之神秘。县内有文庙、武庙、周王庙、湖南会馆等四大古建筑群，分别形成"文、武、官、商、情"等浓郁的游览氛围。特别是建于明代的文、武两庙，气势恢宏，蔚为壮观，为恭城赢得了"华南小曲阜"的美誉。庙内浮雕、石刻做工精巧，镂空木雕工艺高超细腻，脊山彩陶人物花饰别具一格。走进这里，就像进了一座古老的艺术殿堂。文、武两庙并存一地，一文一武，一张一弛，相互辉映。雄伟壮观的盘王阁是继恭城文庙、武庙后又一大型文化景观，展示了中国瑶族优秀传统文化及恭城本地多姿多彩的瑶族民俗文化，吸引了大批游客前来参观。

瑶族是一个能歌善舞的民族，以歌传情、以歌会友是恭城瑶族一大特色。吹笙挞鼓舞、羊角舞、还盘王愿、瑶族婚礼舞、瑶族婆王节、恭城关帝庙会等项目，已列入自治区非物质文化遗产名录。在自然与社会的发

与乡村旅游

展过程中，当地的瑶族歌舞，与时代同歌同舞，既有传统的古朴浓郁，又有现代生活的活泼气息。多姿多彩的瑶家风情，将还给您一个酣畅的瑶乡梦幻。

恭城地方小吃十分丰富，被乾隆皇帝赐名为"爽神汤"的恭城油茶，风韵独具，闻香垂涎，将使您一饱口福。"恭城油茶喷喷香，又有茶叶又有姜，当年乾隆喝两碗，给它取名爽神汤"，由于它独特的制作方式、诱人的浓酽清香、舒心怡神的饮后感，早已名播广西誉满八桂。与油茶佐餐的瑶乡风味小吃品目繁多，排散、柚叶粑、萝卜粑、船上粑、芋头糕等30余种特色糕点，形成瑶乡小吃饮食魅力，为游客津津乐道。

恭城生态怡人、资源丰富。恭城人民20余年持之以恒大力发展生态农业，被冠为"恭城模式"而闻名全国，荣获"全国生态农业示范县""国家级生态示范区""中国月柿之乡""中国长寿之乡""全国休闲农业与乡村旅游示范县"等20多个国家级荣誉称号。根据自然山水、人文景观的旅游特性，恭城依托生态资源品牌优势，按照"观文物古迹，品瑶乡风情，赏生态风光"的发展思路，大力发展生态旅游业。良好的生态环境，秀美的自然风光，厚重的文化底蕴，多彩的民俗风情，给恭城的休闲农业与乡村旅游注入了新鲜的活力，带来了无限生机，一年一度的"桃花节"和"月柿节"更是吸引游客数十万人，桃花节成了桂林市春季旅游的最大品牌。这里春天是花园，夏天是林园，秋天是果园，冬天是公园，一年四季是乐园。第二次全国改善农村人居环境会议在恭城成功召开，"恭城经验"引起全国关注。

表演瑶族拦鼓舞

晒恭城月柿柿饼

恭城沙田柚

中国人居环境范例奖

中国重要农业文化遗产

广西隆安壮族"那"文化 稻作文化系统

　　隆安县作为壮族稻作文化发祥地之一，拥有得天独厚的"那"文化资源，具有丰富多彩的"那"文化遗存。

　　近年来，隆安十分重视"那"文化的挖掘工作并取得成效。目前，在隆安境内相继出土了大石铲、牙璋、遗骨等古文物，比较典型的遗址有大龙潭遗址、谷红岭遗址等。据《文物》杂志1978年第9期刊载的"桂南出土石铲地点统计表"，文中列有大石铲出土的地点共60处，当中仅隆安县就有15处，占总数的25％。在隆安县境内，还发现中国最古老的原始栽培稻和普通野生稻，原产地在该县的野生稻被列入优异品种的达33种。与此同时，隆安的满月礼、婚礼、寿礼、葬礼等风俗习惯，都与稻米有着千丝万缕的联系。许多流传已久的节日都与水稻有关，比较著名的节日有那桐"四月八"农具节、乔建"六月六"芒那节等。这表明在隆安这片古老的土地上使用大石铲的居民已过着相对长久的定居生活，开启了具有鲜明地方特色的稻作农业。目前，隆安已将"那"文化的研究挖掘利用工作列入全县"十三五"规划，明确责任单位，制定《隆安县2016年"那"文化研究挖掘利用工作方案》，进一步深入挖掘"那"文化元素，增强"那"文化底蕴。

　　为传承保护好"那"文化，近年来，隆安县始终把"那"文化的研究和开发作为文化强县的重要内容来抓。

　　2010年5月，隆安县传承了上千年的传统民俗活动"稻神祭"被自治区和南宁市列为自治区、市级非物质文化遗产名录，并将位于该县城厢镇江滨路的关帝大王庙定为"稻神祭"传承基地。目前，该县共有30多个项目列入县级非物质文化遗产保护名录，其渊源大多与"那"文化相关。如"那桐壮族农具节""红良打铁技艺""壮族亥日"和"稻神祭"（芒那节）。同时，隆安以大型节庆、文艺展演等文化活动为载体，通过组织本土艺术家进行创作、编排文艺节目，先后出版了本土作家散文集《那之韵》，创作了《隆安四月八》等本土歌曲，编排了《那之韵》《娅王赐福》《那地娅》等10多个本土歌舞节目，通过多种形式进行展示，使"那"成为隆安最灿烂的文化符号。

　　随着"那"文化影响的不断扩大，隆安县将如何经营好"那"文化品牌，充分发挥"那"文化的经济潜能作为农业文明向现代社会发展的突破口。

　　近年来，隆安县以"生态乡村"建设为契机，将定典屯综合示范村打造成一个具有"那"文化特色的生态农业旅游休闲宜居村。该屯先后荣获"中国特色村""全国一村一品示范村"称号，成为该县"美丽乡村"的典范，日接待游客最多达到2万多人次。

　　为经营好"那"文化品牌，2012年以来，隆安每年都成功举办"那"文化旅游节。在政府的正确引导下，每年的那桐"四月八"农具节、城厢"稻神祭"节、乔建"芒那节"、雁江龙舟比赛等民俗传统节庆活动也遍地开花。越来越多的境内外游客被"那"文化所吸引，感受到了"那"山"那"水"那"人的独特魅力。

　　目前，隆安正着重抓好一批"那"文化项目建设：一"山"（稻神山）、一"馆"（"那"文化博物馆）、一"城"（"那"城）、一"基地"（野生稻保护基地，分发源基地和展示基地）、一"节"（"那"文化旅游节）项目，其中"一山"、一"馆"、一"基地"已是自治区政府专题会明确要求实施的项目。当前，"那"文化博物馆立项申报工作正在扎实推进中，"那"城的建设已完成工程量近半，"那"文化旅游节每年通过不同形式举办，影响力不断扩大……

　　几千年的历史积淀造就了隆安风景"那"边独好的文化资源，"那"文化将带给我们更多期待。

你我的"世外桃源"

江阴朝阳山庄

2011年7月初周武忠教授在朝阳山庄接待国际园艺学会主席安东尼奥·门特罗教授（右）和国际园艺学会景观与都市园艺委员会主席哥特·格鲁宁教授

朝阳山庄办公区

茶庄

竹海怡院

　　江阴朝阳山庄，创建于2008年6月，坐落在江阴东、定山山麓朝阳村殷家湾内，是一座集餐饮、休闲、娱乐、种养殖为一体的生态农庄，是人们暂离尘世喧嚣，尽享世外恬静的旅游度假胜地，堪称江阴人自己的"世外桃源"！

　　农庄建筑群设计匠心独运：东南亚风格的木墙竹瓦配以藤椅篾桌，与定山原生态的秀丽风光相得益彰，不着商业痕迹，仿佛浑然天成。

　　驻足朝阳山庄，您便可在清雅浪漫的云海竹澜中，坐享名师烹调的农家美味，细品"把酒东篱下"的山间闲适，漫谈"柴门临水稻花香"的田园纯净……

　　朝阳山庄是江苏省四星级乡村旅游点，无锡市五星级旅游单位，现有餐饮部、客房部、休闲区、娱乐区、种养殖场等区域。餐饮部拥有20多个大小包厢和一个大型宴会厅，其中大型宴会厅能容纳350多人就餐，是亲友聚会、喜庆宴饮的绝佳地；客房部拥有单人间、标准间和豪华套间，是您与亲友周末小憩或是长假小住的宜居之地；休闲区设立了足浴中心、茶馆，泡一回热水脚，把一盏清茶，便能为您驱散忙碌了一天的疲倦；娱乐区设立了垂钓区、棋牌室、网球场、KTV室内练歌房和露天派对场，垂钓静心，棋牌怡情，而高歌一曲则更能宣泄您身心的不畅快……

　　种养殖场种植了桃子、梨子、葡萄、猕猴桃等水果，这些水果可供庄内餐饮，也可供嘉宾采摘购买；此外，农庄还种植了一些菌菇和应时的绿色蔬菜，养殖了鸡、鸭、鹅等禽类以及青鱼、昂刺等鱼类，这些纯天然绿色农产品都直接供应农庄内餐饮部，来宾们可放心享用纯天然、无污染的农家菜肴。

　　江阴朝阳山庄全体员工在此诚邀天下嘉宾光临农庄，我们将一如既往地秉承"宾客至上、服务第一"的宗旨，以"及时周到、真诚礼貌"的服务，恭候您的到来。

朝阳山庄月季花园

金山嘴渔村

渔村

山阳镇渔业村，是上海沿海成陆最早、保存最为完整的渔业村落，地处杭州湾畔，紧邻城市沙滩，与金山三岛遥相呼应。这里曾是金山地区渔民聚居地，海洋历史文化悠久，现有旅游产业具有相当规模，被盛赞为上海最古老的渔村，也是最后一个"活着"的渔村。

与上海其他渔村不同，金山嘴渔业村是最纯粹的渔村，祖祖辈辈靠海吃海，渔村除了有固定的海域可捕鱼之外，没有可种的土地。村里0.4平方千米的土地，没有一分农田，都是密密麻麻挤挤挨挨的住宅区。村里尚存18艘渔船，从事跟渔业有关的销售、捕捞等还有300人左右。

2011年开始，渔村进行了改造。修缮后的渔村保留了当地渔民原始的居住建筑特色，对于老渔村的房屋屋顶、墙面、门窗和沿街路面采用修旧如旧的办法，保留了明清建筑风格特色的青砖黑瓦马头墙，以及杉木材料门窗，并铺设了青石板路面，还原老街渔村的古韵。随着旅游业的发展，老街沿街店铺日益兴盛，鳞次栉比的业态给古老的渔村带来的新的活力。

金山嘴海鲜一条街，因其浓郁的海洋文化特色，在20世纪90年代享誉沪上。站在海鲜一条街上，面对浩瀚的大海，遥望金山三岛，看浪涛起伏，海风拂面，心旷神怡；待海潮涨起，渔船驶来，海鱼、白虾、梭子蟹等，让人望海鲜兴叹。坐进饭店，餐桌上一盆盆海鲜佳肴，尝之别具风味。在海鲜一条街品海鲜、赏海景，令人心醉，使人流连忘返。

经过几年的村庄改造和打造，渔业村近年来获得了许多的殊荣。这个中国最美休闲乡村，以其独特的魅力，吸引着热爱大海、热爱自然的人们。

金山嘴渔村清澈运石河

渔阅书吧

渔舟唱晚

目　录

国外发展概况及动向

中国重要农业文化遗产

全国休闲农业与乡村旅游
示范县、示范点

领导讲话

法律法规与规范性文件

统计资料

2015 年大事记

附　录

索　引

特 載

关于大力发展休闲农业的指导意见

关于大力发展休闲农业的指导意见

农加发〔2016〕3 号

发展休闲农业是发展现代农业、增加农民收入、建设社会主义新农村的重要举措，是促进城乡居民消费升级、发展新经济、培育新动能的必然选择。为深入贯彻落实中央1号文件精神，进一步改善休闲农业的基础设施，提升服务质量，优化政策措施，推动产业持续健康发展，现提出如下意见。

一、重要意义

休闲农业是现代农业的新型产业形态、现代旅游的新型消费业态，为农林牧渔等多领域带来了新的增长点。"十二五"以来，全国休闲农业取得了长足发展，呈现出"发展加快、布局优化、质量提升、领域拓展"的良好态势，已成为经济社会发展的新亮点。"十三五"时期，随着城乡居民生活水平的提高、闲暇时间的增多和消费需求的升级，休闲农业仍有旺盛的需求，仍将处于黄金发展期。目前，休闲农业发展现状与爆发式增长的市场需求还不相适应，发展方式还比较粗放，存在思想准备不足、基础设施滞后、文化内涵挖掘不够、产品类型不够丰富、服务质量有待提高等问题，亟须提档升级。

大力发展休闲农业，有利于推动农业和旅游供给侧结构性改革，促进农村一二三产业融合发展，是带动农民就业增收和产业脱贫的重要渠道，是推进全域化旅游和促进城乡一体化发展的重要载体。各地要充分认识休闲农业消费对增长的积极作用，进一步提高思想认识，完善政策措施，加大工作力度，切实推动休闲农业产品由低水平供需平衡向高水平供需平衡跃升，为促进农业强起来、农村美起来、农民富起来做出新贡献。

二、总体要求

（一）指导思想

深入贯彻党的十八大和十八届三中、四中、五中全会精神，牢固树立"创新、协调、绿色、开放、共享"的发展理念，紧紧围绕发展现代农业、增加农民收入、建设社会主义新农村三大任务，以促进农民就业增收、满足居民休闲消费需求、建设美丽宜居乡村为目标，以激发消费活力、促进产业升级、实施产业脱贫为着力点，坚持农耕文化为魂，美丽田园为韵，生态农业为基，传统村落为形，创新创造为径，加强统筹规划，强化规范管理，创新工作机制，优化发展政策，加大公共服务，整合项目资源，推进农业与旅游、教育、文化、健康养老等产业深度融合，大力提升休闲农业发展水平，着力将休闲农业产业培育成为繁荣农村、富裕农民的新兴支柱产业，为城乡居民提供望得见山、看得见水、记得住乡愁的高品质休闲旅游体验。

（二）基本原则

一是以农为本、促进增收。坚持以农业为基础，农民为主体，农村为场所，加强规划引导，科学构建利益分享机制，增强农民自主发展意识，激发农民创业创新活力。二是多方融合、相互促进。加强与农耕文化传承、创意农业发展、乡村旅游、传统村落传统民居保护、精准扶贫、林下经济开发、森林旅游、水利风景区和古水利工程旅游、美丽乡村建设的有机融合，推动城乡一体化发展。三是因地制宜、特色发展。要结合资源禀赋、人文历史、交通区位和产业特色，在适宜区域，因地制宜、突出特色、适度发展，避免低水平重复建设。四是政府引导、多方参与。强化政府在政策扶持、规范管理、公共服务、营造环境等方面的作用，发挥市场配置资源的决定性作用，引导和支持社会资本开发农民参与度高、受益面广的休闲旅游项目，鼓励妇女积极参与休闲农业发展。五是保护环境、持续发展。遵循开发与保护并举、生产与生态并重的观念，统筹考虑资源和环境承载能力，加大生态环境保护力度，走生产发展、生活富裕、生态良好的文明发展道路。

（三）主要目标

到2020年，产业规模进一步扩大，接待人次达33亿人次，营业收入超过7 000亿元；布局优化、类型丰富、功能完善、特色明显的格局基本形成；社会效益明显提高，从事休闲农业的农民收入较快增长；发展质量明显提高，服务水平较大提升，可持续发展能力进一步增强，成为拓展农业、繁荣农村、富裕农民的新兴支柱产业。

三、主要任务

（一）加强规划引导。按照生产生活生态统一、一二三产业融合的总体要求，围绕农业生产过程、农民劳动生活和农村风情风貌，遵循乡村自身发展规律，因地制宜科学编制发展规划，调整产业结构，优化发展布局，补农村短板，扬农村长处，注意乡土味道，保留乡村风貌，留住田园乡愁，形成串点成线、连片成带、集群成圈的发展格局。要挖掘农业文明，注重参与体验，突出文化特色，加大资源整合力度，形成集农业生产、农耕体验、文化娱乐、教育展示、水族观赏、休闲垂钓、产品加工销售于一体的休闲农业点（村、园），打造生产标准化、经营集约化、服务规范化、功能多样化的休闲农业产业带和产业群。积极推进"多规合一"，注重休闲农业专项规划与当地经济社会发展规划、城乡规划、土地利用规划、异地扶贫搬迁规划等的有效衔接。依托休闲农业点（村、园）、

乡村旅游区建设搬迁安置区，着力解决异地扶贫搬迁群众的就业脱贫问题。

（二）丰富产品业态。鼓励各地依托农村绿水青山、田园风光、乡土文化等资源，有规划地开发休闲农庄、乡村酒店、特色民宿、自驾车房车营地、户外运动等乡村休闲度假产品，大力发展休闲度假、旅游观光、养生养老、创意农业、农耕体验、乡村手工艺等，促进休闲农业的多样化、个性化发展。支持农民发展农（林、牧、渔）家乐，积极扶持农民发展休闲农业合作社，鼓励发展以休闲农业为核心的一二三产业融合发展聚集村；加强乡村生态环境和文化遗存保护，发展具有历史记忆、地域特点、民族风情的特色小镇，建设一村一品、一村一景、一村一韵的美丽村庄和宜游宜养的森林景区。引导和支持社会资本开发农民参与度高、受益面广的休闲旅游项目。鼓励各地探索农业主题公园、农业嘉年华、教育农园、摄影基地、特色小镇、渔人码头、运动垂钓示范基地等，提高产业融合的综合效益。

（三）改善基础设施。实施休闲农业和乡村旅游提升工程，扶持建设一批功能完备、特色突出、服务优良的休闲农业聚集村、休闲农业园、休闲农业合作社，着力改善开展休闲农业村庄的道路、供水设施、宽带、停车场、厕所、垃圾污水处理、游客综合服务中心、餐饮住宿的洗涤消毒设施、农事景观观光道路、休闲辅助设施、乡村民俗展览馆和演艺场所等基础服务设施，改善休闲农业基地的种养条件，实现特色农业加速发展、村容环境净化美化和休闲服务能力同步提升。鼓励因地制宜兴建特色餐饮、特色民宿、购物、娱乐等配套服务设施，满足消费者多样化的需求。

（四）推动产业扶贫。对资源禀赋有优势的贫困地区，要优先支持农民，特别是建档立卡贫困户发展休闲农业合作社、农家乐和小型采摘园等，重点实施建档立卡贫困村

"一村一品"产业推进行动，带动贫困地区传统种养产业转型升级，促进贫困地区脱贫致富。要探索社会资本参与贫困地区发展休闲农业的利益分享机制，引导和支持社会资本开发农民参与度高、受益面广的项目，着力推动精准脱贫。要通过休闲农业，推动贫困地区优质农副土特产品的加工和销售。积极培树创办领办休闲农业致富带头人，注重培树巾帼创办领办休闲农业致富带头人。

（五）弘扬优秀农耕文化。做好农业文化遗产普查工作，准确掌握全国农业生产系统的发布状况和濒危程度。按照"在发掘中保护、在利用中传承"的思路，加大对农业文化遗产价值的发掘，加强对已认定的农业文化遗产的动态监督管理，加大挖掘、保护、传承和利用力度，推动遗产地经济社会可持续发展。要合理开发农业文化遗产，大力推进优秀农耕文化教育进校园，加强大中小学生的国情乡情教育，统筹利用现有资源建设农业教育、社会实践和研学旅游示范基地，实施中国传统工艺振兴计划，支持发展妇女手工艺特色产业项目。

（六）保护传统村落。不断加强传统村落、传统民居的保护力度，按照保持传统村落完整性、真实性、延续性要求，保护村落文化遗产，改善基础设施和公共服务设施。建立保护管理机制，做好中国传统村落保护项目实施和监督。注重农村文化资源挖掘，强化休闲农业经营场所的创意设计，推进农业与文化、科技、生态、旅游的融合，提升休闲农业的文化软实力。发展主客共享的美丽休闲乡村，加快乡土民俗文化的推广、保护和延续。

（七）培育知名品牌。在整合优化的基础上，重点打造点线面结合的休闲农业品牌体系。在面上，继续开展全国休闲农业示范县（市、区）创建，着力培育一批示范带动能力强的休闲农业集聚区。在点上，继续开展中国美丽休闲乡村推介活动，在全国打造一批

天蓝、地绿、水净，安居、乐业、增收的美丽休闲乡村（镇）。在线上，重点开展休闲农业精品景点线路推介，吸引城乡居民到乡村休闲消费。鼓励各地因地制宜开展多种形式的品牌创建与推介活动，培育地方品牌。

四、保障措施

（一）强化政策落实创设。支持有条件的地方通过盘活农村闲置房屋、集体建设用地、开展城乡建设用地增减挂钩试点、"四荒地"、可用林场和水面、边远海岛等资产资源发展休闲农业。鼓励各地将休闲农业和乡村旅游项目建设用地纳入土地利用总体规划和年度计划合理安排。在符合相关规划的前提下，农村集体经济组织可以依法使用建设用地自办或以土地使用权入股、联营等方式与其他单位和个人共同举办住宿、餐饮、停车场等休闲旅游接待服务企业。鼓励各地将中央有关乡村建设资金适当向休闲农业集聚区倾斜。鼓励各地采取以奖代补、先建后补、财政贴息、设立产业投资基金等方式加大财政扶持力度。金融机构要创新担保机制和信贷模式，扩大对休闲农业和乡村旅游经营主体的信贷支持。鼓励社会资本依法合规利用 PPP 模式、众筹模式、"互联网＋"模式、发行债券等新型融资模式投资休闲农业。国家推动重要农业文化遗产的保护、传承和利用。各地要加大投资力度，组织实施休闲农业和乡村旅游提升工程，推动休闲农业和乡村旅游的提档升级。

（二）加大公共服务。依托职业院校、行业协会和产业基地，分类、分层开展休闲农业管理和服务人员培训，提高从业人员素质。加强科技支撑，依托科研教学单位建立一批设计研究中心、规划中心、创意中心，为产业发展提供智力支撑。鼓励社会资本参与休闲农业宣传推介平台建设，加快构建网络营销、网络预订和网上支付等公共服务平台，增强线上线下营销能力。强化行业运行监测

分析，构建完善的休闲农业和乡村旅游监测统计制度。

（三）加强规范管理。加大休闲农业行业标准的制定和宣贯力度，逐步推进管理规范化和服务标准化。鼓励各地根据实际情况制定地方行业标准，推动本地休闲农业和乡村旅游规范有序发展。加大对认定的全国休闲农业和乡村旅游示范县示范点、中国美丽休闲乡村、全国休闲农业星级企业、特色景观旅游名镇名村示范等景点的动态管理，确保服务质量和水平。加强行业组织服务，加快形成自我管理、自我监督、自我服务的社会化服务体系。强化安全意识，提倡文明出行和诚信经营。

（四）强化宣传推介。按照"统筹谋划、系统部署、上下联动、均衡有序、重点推进"的思路，在重大节假日前和重要农事节庆节点，充分利用网络、电视、报纸、微信等，以图文并茂的形式，有组织、有计划地开展全国性的休闲农业精品景点宣传推介，吸引城乡居民到乡村休闲消费。鼓励各地通过传统媒体和互联网等新兴媒体宣传推介精品线路和精品景点，扩大休闲农业和乡村旅游产业的影响力。鼓励各地举办特色鲜明、影响力大、公益性强的农事节庆活动，努力营造发展的良好氛围。

五、组织领导

（一）加强组织实施。各地要从战略和全局的高度深化对发展休闲农业的认识，将休闲农业纳入当地国民经济和社会发展规划，出台具体的政策措施，支持休闲农业和乡村旅游发展。要充实工作力量，加强人才队伍建设，建立高效的管理体系。要认真履行规划指导、监督管理、协调服务的职责，组织拟定发展战略、政策、规划、计划并指导实施，切实提高推动休闲农业科学发展的能力。

（二）明确任务分工。各相关部门要结合实际情况，支持休闲农业的发展。农业部门负责牵头落实本地休闲农业发展工作，指导产业的整体发展，并做好宣传推广工作。发展改革部门负责统筹利用现有渠道资金完善休闲农业的基础设施建设工作，将休闲农业和乡村旅游作为农村一二三产业融合"百县千乡万村"试点示范工程的重要内容予以支持。工业和信息化部门负责指导休闲农业和乡村旅游电子商务平台搭建。财政部门负责落实财税支持政策，通过现有资金渠道对重要农业文化遗产保护项目予以支持。国土部门负责落实休闲农业和乡村旅游用地政策。住房和城乡建设部门负责指导村庄的规划建设、传统村落和民居保护等工作。水利部门负责指导相关供水设施建设管理、河湖管理保护和水利风景区建设发展。文化部门和文物部门负责指导乡村文化和文物的挖掘保护和传承利用工作。人民银行等金融管理部门负责指导金融机构落实金融政策。林业部门负责指导森林、湿地等自然资源的保护与开发利用。旅游部门负责指导乡村旅游发展工作，推动乡村旅游与休闲农业融合发展。扶贫部门负责协调使用扶贫等专项资金，支持建档立卡贫困户因地制宜发展带动建档立卡贫困户的休闲农业和乡村旅游。妇联负责指导妇女发展休闲农业和乡村旅游，充分发挥"半边天"作用。

（三）形成工作合力。各相关部门要结合职能，将休闲农业发展的有关工作纳入各自工作体系，并予以重点支持。鼓励各地成立由农业部门牵头，有关部门共同参与的工作协调机制，共同推进有关工作落实。各地要将休闲农业纳入当地国民经济和社会发展规划，列入当地经济发展统计指标体系，出台具体的政策措施，整合资金，集中力量，支持休闲农业重点区域的发展。同时，广泛吸引社会力量参与休闲农业的发展，鼓励企业、院校、协会和社会组织发挥积极作用。

2016年7月8日

发 展 概 况

全国休闲农业概况

中国重要农业文化遗产发掘保护工作

全国休闲农业和乡村旅游示范创建活动

中国最美休闲乡村推介活动

全国休闲农业和乡村旅游精品景点线路推介

全国休闲农业概况

【基本情况】 休闲农业是现代农业的新型产业形态、现代旅游的新型消费业态，为农林牧渔等多领域带来了新的增长点。"十二五"以来，全国休闲农业取得了长足发展，呈现出"发展加快、布局优化、质量提升、领域拓展"的良好态势，已成为经济社会发展的新亮点。2015年，各级休闲农业管理部门围绕农业提质增效、农民就业增收、农村繁荣发展，通过加强部门合作、规范行业管理、强化宣化推介、培育知名品牌等工作，推动了休闲农业与乡村旅游持续健康发展，促进了农村一二三产业融合发展。

截止到2015年年底，全国休闲农业和乡村旅游接待游客超过22亿人次，营业收入超过4 400亿元，从业人员790万人，其中农民从业人员630万人，带动550万户农民受益。农业部提出发展休闲农业要以农耕文化为魂，以美丽田园为韵，以生态农业为基，以创新创造为径，以古朴村落为形。各地要充分认识休闲农业对经济增长的积极作用，进一步提高思想认识，完善政策措施，加大工作力度，切实推动休闲农业产业提档升级。

【政策创设工作】 贯彻落实中央1号文件精神，组织专家开展调查研究，会同国家发展和改革委员会、住房和城乡建设部等11部门联合印发《关于积极开展农业多种功能 大力促进休闲农业发展的通知》，进一步明确发展休闲农业的总体要求、主要任务和政策措施，在创新用地政策、加大财税支持、拓宽融资渠道、加大公共服务方面提出政策措施，积极开发农业多种功能，大力促进休闲农业发展，着力推进农业一二三产业融合。

【农业文化遗产发掘工作】 认定北京四座楼麻核桃生产系统等23个传统农业系统为第三批中国重要农业文化遗产，指导各遗产地按标准设立遗产标识，确定保护规划和管理办法。举行第三批中国重要农业文化遗产发布活动，印制《第三批中国重要农业文化遗产》宣传图册，制作宣传视频，不断推动重要农业文化遗产的挖掘、保护、传承和利用，为丰富休闲农业的历史文化资源和景观资源，进一步弘扬中华传统农业文化，带动遗产地农民增收做出贡献。

【休闲农业品牌培育工作】 2015年10月，发布120个中国最美休闲乡村。2015年12月底，与国家旅游局共同认定了68个全国休闲农业与乡村旅游示范县、153个示范点，扩大了休闲农业与乡村旅游品牌的知名度，提高了全社会对休闲农业的认知和接受程度，为推动休闲农业与乡村旅游工作营造了良好氛围，进一步发挥了休闲农业与乡村旅游拓展农业功能，完善基础设施，保护生态环境，提升服务质量的作用，增强了可持续发展能力，为城乡居民提供看得见山、望得见水、记得住乡愁的高品质休闲旅游体验，在美丽乡村和美丽中国建设中发挥了示范带动作用。

【基础性工作】 组织开展休闲农业统计监测工作，科学设置指标和监测统计方式，构建长期稳定的统计监测工作机制。

成立了由21位专家组成的全国休闲农业专家委员会。制定了《农业部重要农业文化遗产管理办法》。举办全国休闲农业与乡村旅游示范县农业局长轮训班，培训省级管理部门负责同志37人、示范县农业局长183人，提高了管理人员的政策理论水平和业务能力。

【宣传推介工作】 根据全年工作部署要求，通过报刊、广播、电视、网络等媒体广泛开展宣传、推介、展示活动。结合"春花经济""美丽田园"主题，联合央视7频道制作公益宣传片；在国庆长假期间，通过制作《国庆休闲农业与乡村旅游线路及景点》网上专栏，向社会推介 450 个景点，100 条线路，吸引更多的消费者前往乡村休闲。

（农业部农产品加工局（乡镇企业局）休闲农业处）

中国重要农业文化遗产发掘保护工作

我国农耕文化源远流长，是中华文明立足传承之根基。中华民族在长期生息发展中，凭借着独特多样的自然条件和勤劳与智慧，创造了种类繁多、特色明显、经济与生态价值高度统一的重要农业文化遗产。中国重要农业文化遗产体现着中华民族的生命力和创造力，是各族劳动人民长久以来生产、生活实践的智慧结晶，是全人类文明的瑰宝。但由于缺乏系统有效的保护，在经济快速发展、城镇化加快推进和现代技术应用的过程中，一些重要农业文化遗产正面临着被破坏、被遗忘、被抛弃的危险。

为贯彻落实党的十八大提出"建设优秀文化传承体系，弘扬中华优秀传统文化"决策部署，农业部组织开展了中国重要农业文化遗产发掘工作。发掘农业文化遗产的历史价值、文化和社会功能，宣传展示内涵精髓，能够增强国民对民族文化的认同感、自豪感，带动全社会对民族文化的关注和认知，对于弘扬中华农业文化，促进农业可持续发展和遗产地农民就业增收具有重要意义。农业部自 2012 年启动中国重要农业文化遗产发掘保护工作，确立了"在发掘中保护、在利用中传承"的思路，深入挖掘遗产价值，创新保护与利用机制，制定了中国重要农业文化遗产管理办法，成立了中国重要农业文化遗产专家委员会。

根据《农业部办公厅关于开展第三批中国重要农业文化遗产发掘工作的通知》（农办加〔2014〕13 号）要求，各地高度重视，积极挖掘整理当地的重要农业文化遗产，积极

组织遴选推荐，共有 20 个省（自治区、直辖市、计划单列市）报送了 43 项申报项目。依据《中国重要农业文化遗产认定标准》和《重要农业文化遗产管理办法》，在省级农业主管部门初审推荐基础上，经农业部中国重要农业文化遗产专家委员会评审，并在中国农业信息网公示，认定北京平谷四座楼麻核桃生产系统等 23 个传统农业系统为第三批中国重要农业文化遗产。

对认定的中国重要农业文化遗产，农业部通过举办发布会，制作中国重要农业文化遗产画册和宣传视频，编写系列丛书，并在《人民日报》《农民日报》等主要媒体进行专题报道等措施，交流各地动态传承的经验措施，不断推动重要农业文化遗产的挖掘、保护、传承和利用。同时，加强动态管理，委托中国重要农业文化遗产专家委员会对前三批 62 项文化遗产保护工作进行第三方评估，对发掘保护工作成效进行客观评价，总结工作经验。通过开展重要农业文化遗产发掘保护工作，推动了农业文化遗产多种功能日益突显、品牌价值日益提高，提高了全社会对农业文化遗产重要价值的认识和保护意识，努力实现遗产地文化、生态、经济、社会全面协调可持续发展，为促进农业可持续发展、带动遗产地农民就业增收和传承农耕文明做出了积极贡献。

全国休闲农业和乡村旅游示范创建活动

休闲农业和乡村旅游是一种新型产业形态和消费业态，它的发展对于我国经济进入新常态下加快转变农业发展方式，调整优化农业结构，促进一二三产业融合互动，实现农业提质增效、农民就业增收、农村繁荣稳定和统筹城乡经济、推动社会一体化发展等方面具有十分重要的意义。

为加快休闲农业和乡村旅游发展，总结产业发展规律，探索发展模式，理清发展思

路，明确发展目标，优化发展环境，2010年农业部联合国家旅游局启动实施全国休闲农业与乡村旅游示范创建，按照坚持示范创建与示范带动相结合、坚持政府引导与社会参与相结合、坚持系统开发与突出特色相结合、坚持设施改造与素质提升相结合的原则，通过地方自愿创建、自愿申报、省级推荐和专家评审，培育一批生态环境优、产业优势大、发展势头好、示范带动能力强的全国休闲农业与乡村旅游示范县和一批发展产业化、经营特色化、管理规范化、产品品牌化、服务标准化的休闲农业示范点，成为推动休闲农业与乡村旅游工作开展的有力抓手，成为促进农村一二三产业融合发展的新引擎。通过示范创建活动，引领了全国休闲农业与乡村旅游持续健康发展，政府引导、农民主体、社会参与、市场运作的休闲农业与乡村旅游发展格局基本形成。

根据《农业部办公厅 国家旅游局办公室关于开展2015年全国休闲农业与乡村旅游示范县、示范点创建工作的通知》（农办加〔2015〕5号）要求，2015年，农业部和国家旅游局继续开展了全国休闲农业和乡村旅游示范县、示范点创建活动。经基层单位申报、地方主管部门审核、专家评审和网上公示，决定认定北京市大兴区等68个县（市、区）为全国休闲农业和乡村旅游示范县（以下简称示范县），北京市中农春雨休闲农场等153个点为全国休闲农业和乡村旅游示范点（以下简称示范点），并通过开展宣传推介，人才培训等工作，有效地推动了示范县、示范点相关产业不断发展壮大，实现了典型引路、以点带面的工作目标，为农业强起来、农村美起来、农民富起来做出了应有的贡献。

中国最美休闲乡村推介活动

为深入贯彻中央1号文件精神，进一步

挖掘和总结推广各地建设美丽乡村的成效经验，保护我国传统村落和特色民居，2015年，农业部组织开展中国最美休闲乡村推介活动。按照"政府指导、农民主体、多方参与"的思路，推介一批天蓝、地绿、水净，安居、乐业、增收的最美休闲乡村。根据《农业部办公厅关于开展中国最美休闲乡村推介工作的通知》（农办加〔2015〕4号）要求，经过地方推荐、专家评审和网上公示等程序，共推介北京市密云县司马台村等120个村为2015年中国最美休闲乡村。其中，历史古村19个、特色民居村33个、特色民俗村30个、现代新村38个。这些最美休闲乡村以农业为基础、农民为主体、乡村为单元，围绕农业生产过程、农民劳动生活和农村风情风貌，是因地制宜发展休闲农业和乡村旅游的典范。

开展中国最美休闲乡村推介活动，旨在深入贯彻党的十八大提出的"大力推进生态文明、努力建设美丽中国"重大决策部署，进一步提升最美休闲乡村的知名度和影响力，激发各地建设最美休闲乡村的积极性和创造性，培育休闲农业与乡村旅游知名品牌，促进农民就业增收，拉动城乡居民休闲旅游消费。中国最美休闲乡村推介活动以行政村为主体单位，依托悠久的村落建筑、独特的民居风貌、厚重的农耕文明、浓郁的乡村文化、多彩的民俗风情、良好的生态资源，因地制宜发展休闲农业，功能特色突出、文化内涵丰富、品牌知名度高，具有很强的示范辐射和推广作用。

农业部举办中国最美休闲乡村发布仪式，向全社会发布认定的中国最美休闲乡村名单，进一步扩大了休闲农业与乡村旅游品牌的知名度，提高了全社会对休闲农业的认知和接受程度。同时，农业部不断加强组织领导，完善政策措施，加大公共服务，强化宣传引导，充分发挥中国最美休闲乡村的示范带动作用，有力地带动了我国休闲农业和乡村旅游持续健康快速发展，促进了农业提质增效、农民就业增收、农村繁荣发展。

全国休闲农业和乡村旅游
精品景点线路推介

为方便城乡居民品味农耕文化、乐享田园生活、体验休闲劳作、感知民俗风情，2015年国庆长假期间，农业部向社会推介一批休闲农业与乡村旅游精品线路和景点，包括全国260个中国最美休闲乡村、62个中国重要农业文化遗产、100条休闲农业精品线路、165家全国休闲农业与乡村旅游五星级示范企业（园区），以供城乡居民休闲出行。所推介的休闲农业与乡村旅游精品是在各级休闲农业主管部门推荐的基础上，经过全国休闲农业专家委员会、中国重要农业文化遗产专家委员会的权威专家严格评审，精心遴选而出的，旨在促进品牌创建、宣传发展典型、打造融合亮点、呼吁社会关注、方便居民选择、带动农民增收，推动市场消费。

260个中国最美休闲乡村推介以推进生态文明、建设美丽乡村为目标，以传承农耕文明、展示民俗文化、保护传统民居、发展休闲农业为重点，向公众推介一批天蓝、地绿、水净，安居、乐业、增收的最美休闲乡村，包括特色民居村、特色民俗村、现代新村、历史古村等。62个中国重要农业文化遗产具有悠久的历史渊源、独特的农业产品、丰富的生物资源、是经济与生态价值高度统一的传统农业生产系统，在活态性、适应性、复合性、战略性、多功能性和濒危性等方面具有显著特征。千岭万壑中鳞次栉比的梯田，烟波浩渺的古茶庄园，波光粼粼和谐共生的稻鱼系统，广袤无垠的草原游牧部落，孕育着自然美、生态美、人文美、和谐美。100条休闲农业精品线路，涵盖了全国27个省（自治区、直辖市）的500余个服务质量优良、产业特色明显、休闲功能齐全的休闲农业精品经营点，类型包括农家乐、采摘垂钓园、休闲农庄、休闲观光园、民俗村、魅力休闲乡村，以及一批农耕特色与自然山水、乡村风貌融为一体的农事景观。165家全国休闲农业与乡村旅游五星级示范企业（园区）有鲜明的农业特色、生态环境优美、设施功能齐全、管理服务规范。

农业部要求各地休闲农业管理部门和相关的经营单位，加强统筹指导，加强宣传推介，拓展功能价值，强化安全管理，提供优质服务，做好接待准备，为城乡居民提供一个舒适祥和安全便捷的休闲度假环境。城乡居民出行可以参考休闲农业与乡村旅游精品线路和景点，根据需要进行选择，乐享吃、住、行、游、购、学、观、教、娱的高品质体验，过一次不快不慢的生活。

各地概況

北京市
天津市
河北省
山西省
内蒙古自治区
辽宁省
吉林省
黑龙江省
上海市
江苏省
浙江省
安徽省
福建省
江西省
山东省
河南省
湖北省
湖南省
广东省
广西壮族自治区
海南省
四川省
贵州省
云南省
陕西省
甘肃省
青海省
宁夏回族自治区
新疆维吾尔自治区
大连市
青岛市
宁波市
厦门市

北京市

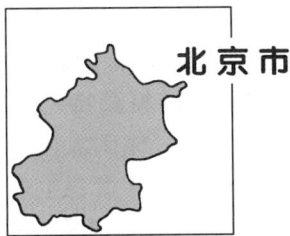

【基本情况】 2015 年，在农业部、国家旅游局的指导支持和北京市有关部门的协同配合下，北京市的休闲农业经营者瞄准消费者需求，勇于开拓，积极创新，休闲农业与乡村旅游新业态不断涌现，产业规模有所扩大，产业素质有了提高，保持了健康发展的良好势头。

1. 休闲农业园区。截止到 2015 年年底，北京郊区开展观光休闲服务的农业园有 1 328 个，其中市级星级园 234 个。2015 年，北京市观光休闲农业园区共接待游客 1 903.3 万人次，同比下降 0.4%；总收入 26.31 亿元，同比增长 5.6%。收入增长的速度高于游客数量增长的速度，说明观光休闲农业园区的效益有所提高。从收入结构看，纯种植、养殖园区的门票收入大幅下降，降幅达 54.8%，而健身娱乐收入增长 49.5%，住宿收入增长 19.6%，餐饮收入增长 14.3%；出售农产品收入、出售其他商品收入、采摘收入与上年基本持平。这表明广大休闲农业园区在市场需求的倒逼下，注重体验项目、娱乐活动、餐饮住宿的开发，开始摆脱对"门票经济"的依赖。从单个园区收入看，2015 年平均每个园区收入 198.1 万元，比上年的 191.5 万元增长 3.4%。从人均消费额看，2015 年观光休闲农业园区人均消费额为 138.3 元/人次，比上年的 130.4 元/人次增长 6.1%。因此，无论是效益的总体指标，

还是人均指标，同比增速都在合理区间，说明休闲农业园区的发展是平稳健康的。

2. 乡村民俗旅游。截止到 2015 年年底，全市共有市级民俗旅游村 227 个，市级民俗旅游户 9 970 户，其中正常经营的民俗旅游户 8 941 户，从业人员 22 313 人。2015 年，乡村民俗旅游户共接待游客 2 139.7 万人次，实现乡村民俗旅游总收入 12.85 亿元，比上年分别增长 11.8% 和 14.2%，发展较快。从人均消费看，2015 年乡村民俗旅游人均消费额为 60.10 元/人次，比上年的 58.79 元/人次增长 2.2%，变化不大。人均消费额低，说明住宿的客人所占比重小，未来游客停留时间和乡村旅游商品开发的潜力很大。

【主要工作】

（一）加大投入，改善基础设施条件

采用多种形式，整合利用多方政策，加大对休闲农业基础设施的投入。丰台区利用市、区财政资金，对 4 个休闲农业项目进行了资金支持，总额度 665 万元，建设内容包括智能连栋温室修缮、园区基础设施升级改造、节水灌溉等，有效地提升了园区的设施条件。密云区筹集区财政资金 425 万元，重点对尚农林丰采摘园、天葡庄园、元丰泰、海华文景生态园、8 号院、奥仪凯源、古北口村、后栗园村、水漳村、黑龙潭东山等 10 个休闲农业与乡村旅游项目进行了升级改造，建设内容包括完善基础设施、改善生态环境、开发特色休闲产品、延长服务链条等。怀柔区则紧紧围绕实施环境综合整治工程、生态治理工程、基础设施建设工程、新村民居建设工程、特色产业工程等五大工程，共集成北京市农村工作委员会、北京市发展和改革委员会、北京市财政局项目 13 个，集成资金 14 197.4 万元，完成休闲农业项目投资 12 157.4 万元。通过实施这些基础设施项目，休闲农业的硬件环境得到了进一步完善，接待服务能力得到了提升。

（二）积极培育新业态，优化休闲农业结构

1. 发展景观农业，改善旅游环境。北京市结合整体生态宜居环境建设，以打造景观农业为切入点，加快美丽田园建设，探索出了一条推动休闲农业转型升级的新路子。2015年，北京景观农业面积达到10余万亩（1亩＝1/15公顷，下同），美丽田园覆盖率约17%。从区域上看，已形成城区、近郊和远郊3种景观发展模式，其中城区景观以阳台农业、屋顶农业、校园农业、社区农业、会展农业等形式为主；近郊景观以主题观光园、作物迷宫、作物大观园、开心农场等形式为主；远郊景观以沟域大地景观为主。从类型上看，初步形成5种农田景观类型，分别为大田景观（如顺义万亩方、房山长沟金秋葵海等）、沟域景观（如延庆四季花海沟域、密云云蒙风情沟域等）、园区景观（如朝阳蓝调庄园、密云人间花海等）、设施景观（如小汤山特菜大观园、通州瑞正园等）、林果景观（如平谷桃花海等）。

2. 举办农业嘉年华，推动会展农业发展。会展农业以农业、农事、农俗、农产品为载体，在打造都市农业品牌形象、拓展农业多功能、加快促进产业融合发展、推动休闲农业提档升级等方面具有积极作用。在2012年成功举办世界草莓大会的基础上，2013—2015年，成功举办了三届北京农业嘉年华。在每年51天的展期里，平均每届累计接待游客106万人次，园区直接经济收入4 000万元，带动周边草莓采摘园实现销售收入1.67亿元，乡村民俗旅游收入近亿元。通过举办农业嘉年华，丰富了北京农业的实现形式，展示了高端农业科技创新成果，更好地满足了首都市民的休闲观光需求。

3. 发展乡村旅游特色业态，满足市民多元化需求。为解决休闲农业"小散低"的问题，北京市在对传统业态进行改造升级的同时，积极培育休闲农业新业态。2008年，北京市旅游系统在调研、总结、提炼的基础上，提出了8种乡村旅游新业态（后改为"特色业态"），并于2009年正式推出《乡村旅游特色业态标准及评定》（DB11/T652—2009）。2015年，经自主申报、特色业态评定委员会评定，当年新增乡村旅游特色业态102家，包括采摘篱园43家、休闲农庄20家、乡村酒店16家、山水人家6家、生态渔家8家、养生山吧7家、民族风苑2家。截止到2015年年底，累计评出特色业态615家。这些特色业态对提升郊区休闲农业与乡村旅游的档次，优化休闲农业产品结构，更好地满足市民的需要，发挥了积极作用。

（三）开展星级评定，推进标准化建设

1. 开展第二批北京市星级休闲农业园区评定，提高市场准入门槛。为推出一批具有示范引领作用的休闲农业园区（企业），使农民"学有目标"，企业"赶有方向"，市民"游有参考"，以促进休闲农业的提档升级，转变发展方式，2015年，北京市在对评定标准进行完善（比如，增添了对无线网络的要求）的基础上，开展了第二批休闲农业星级园区（企业）的评定工作。经过自愿申报、内审员培训、专家现场考察打分、网络公示等环节，评出第二批星级园区（企业）共79家，其中五星级13家、四星级22家、三星级39家、二星级5家。

2. 开展市级星级民俗旅游村（户）评定，打造地方休闲农业与乡村旅游品牌。为全面推进乡村旅游的标准化建设，促进乡村旅游业转型升级，北京市农村工作委员会会同北京市旅游发展委员会等部门，共同组织开展了乡村旅游村（户）的星级评定工作，并下发了《关于开展北京市乡村旅游等级民俗村（户）评定工作的通知》（京旅发〔2015〕26号）。经自主申报、区特色业态评定委员会初评、市特色业态评定委员会认定，2015年共评出五星级民俗旅游村4个、四星级民俗旅游村7个；五星级民俗旅游户13家、四星级民俗旅游户7家。

（四）创新形式，提高宣传推介效果

1. 开展休闲农业信息上网，发展"互联网＋休闲农业"

北京市农村工作委员会与百度在线网络技术（北京）有限公司合作，开展京郊休闲农业与乡村旅游信息采集工作，将京郊休闲农业与乡村旅游资源在百度地图标注，依托百度地图的广泛市场影响力及成熟的技术平台，建立京郊休闲农业与乡村旅游地图。2015年以来，北京市农村工作委员会同北京市旅游发展委员会、北京市城乡经济信息中心，经过数据采集、准确性核实、批量上图等环节，将北京休闲农业与乡村旅游民俗村、民俗户、休闲农业园区等信息在百度地图上标注，累计标注数据信息1万余个，消费者每周检索量约150万次，直接为经营者节省标注宣传等费用约3 000万元。通过与百度公司开展战略合作，利用互联网媒介，借助市场优质资源，进行全面的北京郊区休闲农业旅游资源信息采集和地图标注，建立消费者与经营者的良性互动，提供路线设计、导航、预订等服务，满足个性化消费需求，可解决北京休闲农业与乡村旅游供需信息不对称问题，有效促进休闲农业产业提档升级，打造京郊"互联网＋休闲农业"新模式。

2. 举办北京农园节，打造"永不落幕的休闲农业嘉年华"。由北京观光休闲农业行业协会与北京市农民专业合作社联合会共同主办的首届北京农园节，2015年7月18日在通州拉开了帷幕。农园节以"寻梦秀丽乡村，共享醉美田园"为主题，借助移动互联网平台，通过线上、线下相结合的活动，将各个休闲农业园区现有的农事节庆、主题活动串联起来，并随着时令节气持续不断地对休闲农业园区进行宣传推介。

线下活动精彩纷呈。8月16日的亲子主题活动——寻宝珍珠泉，共有33辆车、102人参与；9月13日的秋收主题活动——浓情黑山寺秋收农园，共有35辆车、110人参与；9月10～23日的玉渊潭公园特色农产品大集，共有29个休闲农业园区参展，日均接待量5万人，现场销售额20万元左右；10月14日的秋游活动，乐新、富力又一城的幼儿园近1 000名师生及家长参与；10月24日的敬老系列活动——心手相约、携爱同行，共有35辆车、110人参与。截止到2015年12月底，免费发放农园地图90 149份、简介折页7 200份、旗帜1 240份、吉祥物2 000份、乡村旅游线路专刊2 000份；推出了100条乡村旅游线路，12 240人直接参与了农园节，50多万人参加了特色农产品大集。

线上活动持续不断。在6月18日农园节新闻发布会召开当天，北京农园节微网站和微信服务账号正式上线开通，北京电视台、新华网、人民网等主流媒体对农园节进行了报道。随后，发挥移动互联网的优势，持续不断地对休闲农业园区进行宣传推介。截止到2015年12月底，首届北京农园节线上已获得20万次左右点击、2 800名会员、发布200篇文章、文章阅读量10万次左右、文章转发量1万次左右。

3. 开展"美丽乡村、筑梦有我"主题公益宣传活动。为了培育和践行社会主义核心价值观，推动"国际一流和谐宜居之都"建设，中共北京市委农村工作委员会、北京市农村工作委员会与北京广播电视台联合组织开展"美丽乡村、筑梦有我"——北京广播电视台主持人牵手双百乡村（美丽乡村＋低收入村）年度大型公益宣传活动，共同持续打造"美丽乡村"品牌。活动得到了北京广播电台133名主持人的踊跃响应，共牵手136个乡村。通过该公益活动，主持人为牵手乡村发展提供了智力支持、信息支持、舆论支持，实现了"五个一"：助力一件乡村实事、实现一次宣传推广、开展一次公益活动、挖掘一个乡村故事、提出一份改进建议。

4. 举办北京创意农业展。2015年9月23日至10月7日，由北京观光休闲农业行业协会和北京设计周组委会共同主办的北京创意农业展在北京吉里国际艺术区举行。本次展览以"艺术＋设计＋农业＋生活"为主题，包括北京创意农业案例展、国外创意农业文献展、奢野·创意美筵、北京创意农业座谈会四大板块，是对近年来北京创意农业成果的一次检阅。其中创意农业案例展推出平谷"醉桃园"、蔡家洼玫瑰情园、古北口村、金福艺农番茄联合国、山里寒舍、田妈妈农乐园、蓝调庄园等7家具有优秀创新业态的代表性企业和园区。这是北京休闲农业第一次跻身北京国际设计周这项亚洲规模最大、最具影响力的创意设计展示、推介、交流、交易平台。

（五）培育品牌，争创名牌

休闲农业与乡村旅游的发展，已进入品牌化时代。以自然生态、田园文化、农耕文明为基础，以诚信经营、提升内涵、保障质量为重点，着力创建一批优势产业突出、发展潜力大、带动能力强的休闲农业与乡村旅游示范基地。

1. 组织郊区区县，积极参与农业部和国家旅游局"全国休闲农业与乡村旅游示范县（点）"的创建工作和中国旅游协会休闲农业分会组织开展的"全国休闲农业星级园区（企业）"的认定工作。通过基层单位申报、地方主管部门审核、专家评审、网上公示、农业部和国家旅游局认定，北京市大兴区被认定为全国休闲农业与乡村旅游示范县；朝阳区中农春雨休闲农场，通州区花仙子万花园，顺义区欧菲堡酒庄、七彩蝶园，平谷区大华山镇挂甲峪村等5家单位被认定为全国休闲农业与乡村旅游示范点；北京市有11家园区（企业）被评为全国休闲农业与乡村旅游星级园区（企业），其中五星级5家（百年栗园、康顺达、密水云山、黄芩仙谷、天葡庄园），四星级4家（奥义凯源、喻海庄园、百里山水画廊、亨美丽嘉山水居），三星级2家（绿富隆、涵碧泉）。需要指出的是，大兴

区被评为全国休闲农业与乡村旅游示范县，标志着平原地区在缺乏山水资源的情况下，依托农业产业优势，瞄准市场需求，突出本地特色，深度挖掘农村传统文化，大力开发农业的多种功能，一样能把休闲农业这篇文章做好。

2. 开展了"中国最有魅力休闲乡村"的申报工作。经过地方推荐、专家评审和网上公示等程序，北京市朝阳区高碑店村、房山区黄山店村、顺义区柳庄户村和密云县司马台村4个村被评为2015年中国最美休闲乡村。

3. 参与了"全国十佳休闲农庄"的评选工作。2015年，农业部农村社会事业发展中心组织开展了"全国十佳休闲农庄"评比。经过企业自愿申报、各省级牵头部门推荐、实地考察、专家评审论证和网上公示等程序，北京市通州区的第五季龙水凤港生态农业园被评为"2015年全国十佳休闲农庄"。

（六）开展培训，提升素质

2015年5月和11月，北京市农村工作委员会举办了两期全市休闲农业与乡村旅游经营管理人员培训班。培训班介绍了全国、北京休闲农业的发展形势，邀请创意农业、景观设计专家、北京电视台美丽乡村节目主持人讲解休闲农业规划建设与经营管理，选取全市发展较好的青云店镇、古北口村、山里寒舍、田妈妈农乐园等介绍了镇、村、合作社、园区的典型经验，组织学员赴怀柔田仙峪村，密云金叵罗村、酒乡之路8号院参观考察。各区县农委主管领导、主管科室负责人，休闲农业示范乡镇镇长，民俗旅游村书记、村官代表，民俗旅游户代表，部分休闲农业园区负责人共300多人参加了培训。北京市旅游发展委员会主办的"京郊旅游百千万培训"活动，受到郊区主管部门和乡村旅游业者的欢迎。通过这些培训交流活动，促进了休闲农业与乡村旅游从业者从第一产业生产者向第三产业服务者角色的转变。

【发展特征】 当前，北京休闲农业正从快速成长期向成熟期转变，消费市场正从由卖方市场向买方市场转变，要素投入正从以资源、资本为主向以资本、创意为主转变。适应这"这三个转变"，从供给侧来说，北京休闲农业呈现出以下几个特征：

1. 产品进一步细分，朝特色化、小众化方向发展。在买方市场到来的背景下，为满足消费者的个性化需求，休闲农业与乡村旅游产品进一步细分，类型越来越多。比如，在市民农园领域，出现了都市菜园（首农三元都市菜园）、开心农场、市民花园；在亲子农业领域，出现了田妈妈农乐园、魔法森林等一批创新型的项目；在休闲农场领域，出现了以花卉（延庆的涵碧泉）、无花果（昌平的鑫鑫合源）为主打产品、专业性很强的项目；在休闲农庄领域，葡萄酒庄异军突起，北京郊区现已有葡萄种植面积 7.5 万亩，其中酿酒葡萄 1.67 万亩，成规模、有一定知名度、已投入运营的葡萄酒庄 33 家；在养老养生领域，出现了都市第三空间、中医药文化旅游项目；在乡村旅游领域，出现了高档乡村酒店（如山里寒舍）、民宿等项目。在经济进入新常态的背景下，这些产品或项目成了深受市场欢迎的一抹亮点。

2. 专业化、社会化服务组织开始形成，为延长休闲农业产业链奠定了基础。休闲农业园区过去是大而全、小而全，所有项目都自己经营，现在有些项目可以外包。近年来，北京郊区出现了园区绿化承包商（位于昌平的乡土花草大世界）、多肉植物园艺承包商（位于通州的北京吸引力园艺有限公司）等专业化的企业或组织。这些专业化公司在所从事的领域，有专业的团队、领先的技术，加上灵活的机制和相对低廉的单位成本，一般在市场竞争中处于优势。社会化合作与专业化分工，是休闲农业发展的未来趋势之一。

3. 休闲农业产业联盟如雨后春笋般涌现，休闲农业的组织化程度有了提高。近两年来，相继成立了北京休闲农业创新联盟、北京乡村旅游促进会、北京休闲农业文创联盟等。这些联盟是休闲农业企业的互助组织，是完全市场化的，对于促进休闲农业规范发展，增强行业自律等具有积极意义。应充分发挥产业联盟的作用，通过政府购买服务等途径，把政府直接向社会公众提供的一部分公共服务事项，按照一定的方式和程序，交给符合条件的联盟承担，或者把政府对休闲农业产业的扶持项目，交由联盟去落实。

4. 新农人是休闲农业产业发展的有生力量，已经并将持续发挥难以替代的作用。新农人是近年来在休闲农业领域出现的一个新群体，不论是叫新农人还是新农民，他们是休闲农业与乡村旅游新型经营主体的一种新类型。他们一般年龄不大、学历较高、大多从其他行业而来，如樱桃幽谷的杜娟，但给休闲农业产业发展带来了新思维、新理念，在他们的带领下，产生了新组织，因此也可以说是新一轮的知识下乡。要创造条件，支持新农人从事休闲农业产业。认真开展"大众创业、万众创新"，引导和支持返乡农民工、大学毕业生、专业技术人员等通过经营休闲农业实现自主创业。鼓励大学生村官领办休闲农业企业，鼓励受过高等教育的农民子弟回村"接班"，在京郊农村扎根就业。应加强对新农人的指导与服务，为他们在京郊休闲农业领域创业或就业创造良好的外部环境。

5. 京津冀三地休闲农业交流越来越频繁，休闲农业协同发展机制正在孕育。2015年以来，京津冀三地的休闲农业主管部门及行业组织之间的联系非常紧密，交流日趋频繁。例如，三地休闲农业行业协会签署了合作框架协议，共同举办了农园节，共同召开了休闲农业产业发展论坛，共同组团外出考察了长三角乡村旅游联盟，并取得了初步成果。其实，京津冀三地具有地缘区位优势，资源互补性强。北京拥有壮阔的山林、丰厚的历史文化资源，天津的水、河、湖、海、湿地资源丰富，河北地域空间大，乡村景观多样，开发潜力大。过去由于受行政区划和体制机制的限制，造成三地各自为政、产品同构、客源市场分散、资源利用率低、产业链短、效益不高。在京津冀协同发展的背景下，三地开展合作，共享市场、信息、资源、线路，可实现优势互补，共赢发展。

（北京市农村工作委员会　范子文　陈奕捷）

天津市

【发展概况】　2015年，天津市围绕休闲农业"9123"载体建设计划，不断加大规划引领、制度引导、品质提升和氛围营造等方面的推动力度，有力提升休闲农业发展水平和内涵。创建了新一批国家级示范典型，新增全国休闲农业与乡村旅游示范县1个，总数达到3个；新增全国休闲农业与乡村旅游示范点5个，总数达到20个；新增全国最美休闲乡村3家、国家五星级示范企业4家，总数分别达到5家和8家。规范完善了市级典型认定标准和认定程序，认定市级休闲农业示范园区5个、示范村点45个、示范经营户600户，超额完成了年初制定的计划目标。归纳整理9条休闲农业精品线路，确定了线路名称、主题特色和精品点位，制定了宣传推广计划。编制了休闲农业京津冀协同发展规划和"天津花季"赏花指南，成功举办了滨海新区第三届迎新春草莓节、第三届北京农业

嘉年华、蓟县梨园情旅游文化节、津溪桃源桃花节、齐心农事体验节等一批重点休闲农业推介活动，开展了8期管理人员、经营人员培训班，共计培训人员2 000多名。

截止到2015年12月底，全市休闲农业与乡村旅游经营户逾3 000家，直接从业人员超过6.5万人，带动农民就业人数超过28万人，接待游客数量超过1 600万人次，同比增长8.6%，实现综合收入50亿元，同比增长26.2%。

【工作举措】

1. 加强组织领导，健全管理机制。一是充实完善了行政管理机构，指导全市规划编制，推动休闲农业标准、导则的制定与实施，以"抓亮点、育精品、重宣传、强培训"为工作重点，积极开展标准认定、星级评定、教育培训、政策帮扶等工作。二是成立了天津市休闲农业协会，面向全社会、全行业开展规划编制、活动策划、人员培训、考察交流等工作。三是与南开大学旅游与服务学院联合成立了天津市休闲农业研究中心，对国内外先进的发展理论、发展实践进行深层次研究，大力开展学术研讨、人才培养等工作，提高休闲农业科研能力和服务水平。

2. 坚持规划引领，加大资金投入。编制了《天津市休闲农业发展整体规划》《天津市休闲农业精品线路规划设计》《天津市农（渔）家乐休闲旅游发展总体规划》等一系列规划方案，结合各区县发展实际，做好休闲农业顶层设计和系列专项规划，与城乡建设规划、土地利用总体规划、现代农业发展规划、旅游发展规划等相关规划衔接，纳入天津和各区县经济社会发展总体规划，科学规划、合理布局。将农业旅游建设项目纳入城市旅游大系统中，因地制宜、统一规划，合理开发。

结合美丽乡村建设，加大公共基础设施投入，加强包括垃圾分类处理、清洁能源使用、游客服务咨询中心、旅游公厕等公共基

础设施建设，提升休闲农业基础设施建设水平，优化发展环境。加大财政资金扶持力度，用于精品培育、基础提升、项目推介、组织创新等休闲农业重点项目的开发建设。

3. 建立标准规范，完善政策体系。建立和完善休闲农业建设标准，制定了《天津市休闲农业园区和村点认定暂行办法》《天津市休闲农业示范经营户认定标准》《天津市农（渔）家乐发展导则》，加强对经营场地、接待设施、活动项目以及食品卫生、环境保护、服务质量的安全规范管理，推进休闲农业标准化建设。对渔船、缆车、观光车等娱乐服务设施，明确管理主体，严格审批制度，落实业主的安全责任，配备必要的安全设施器材，严禁不符合安全要求的设备设施从事经营活动。严格依照生态环境功能区规划等要求，以区域环境承载力和环境功能区达标为前提，通过建立健全环境管理机制、完善环保措施、控制区域污染排放总量等措施，确保天津休闲农业可持续发展。

4. 拓宽融资渠道，推行税收优惠。建立完善的多渠道融资平台，最大限度地满足休闲农业快速发展的资金需求。引导金融机构制定有利于旅游村、农业园区发展的金融政策，简化审批手续，实施贷款贴息，允许农户以土地使用权、固定资产、技术等作为抵押贷款条件。鼓励金融机构开发农户小额信用贷款、农户创业贷款、农户联保贷款、青年创业贷款等信贷产品，不断丰富金融产品和服务方式，满足不同层次休闲农业经营单位的发展需求。鼓励社会资本注入，以独资、合作或者合资的形式发展休闲农业。加强对国家税收政策的研究，充分利用税收减免政策减轻经营者的压力，将更大的精力投入到休闲农业的发展建设上来。

5. 遵循市场导向，推进战略合作。以市场为导向，在充分研究京津冀主要客源地乃至华北地区市场需求的基础上，与时俱进调整开发旅游村的娱乐休闲产品，创新服务理念，开展多种经营和新型经营，更好地满足旅游者的休闲需求和消费偏好，提供更多附加值高、品种丰富且关联度高的休闲产品和服务。

积极推进与科研院所的战略合作，注重在适合休闲农业和创意农产品生产的动植物新品种、新技术引进推广、农业废弃物综合治理、精致农产品保鲜加工、休闲项目主题形象策划、营销网络搭建等领域进行科技合作，助推休闲农业项目上档升级。同时，推进经营主体间的战略联盟和京津冀三地跨地区联盟，联合推出一体化休闲旅游路线，串联特色项目，实现"吃、住、行、游、购、娱"产业合作联盟，增强核心竞争力。

【发展成效】

1. 大项目建设进展顺利。以落实"9123"载体建设计划为目标，加快推进休闲农业重点项目的建设进程。蓟县休闲农业集聚区项目整体完工并进入试运营；提升了蓟县小穿芳峪山野公园、宁河齐心庄园、滨海新区茶淀葡萄科技园、武清金锅生态园等一批精品休闲农业项目，接待设施进一步完善；新建了滨海龙达农夫乐园、宝坻泰泽康休闲农业示范园、蓟县大巨各庄香草乐园等新亮点项目；静海、津南、宁河、北辰等区县设施农业休闲观光功能进一步增强。发挥财政资金的撬动作用，投入1 300万元对20个休闲农业重点项目进行扶持和补助，同时组织市级专家组，对2013年至2014年的37个休闲农业项目进行检查验收，确保财政扶持资金使用规范，落到实处。

2. 规模层次显著提升。按照"挖掘内涵，突出特色，提升品位，打造亮点"的思路，加大休闲农业国家级、市级示范典型的培育力度。武清被认定为2015年全国休闲农业与乡村旅游示范县；蓟县西井峪村、武清南辛庄村、宝坻泰泽康示范园区等5个村点被认定为全国休闲农业与乡村旅游示范点；蓟县郭家沟、武清南辛庄、北辰双街3个村被认定为 2015 年中国最美休闲乡村；滨海新区大港崔庄子枣园被推荐参加全球重要农业文化遗产评选。同时，加大了 2015 年市级典型创建工作力度，新创建市级休闲农业示范园区 5 个，总数达到 10 个；新评定市级休闲农业示范村（点）45 个，总数达到了 165 个；新认定市级休闲农业示范经营户 600 户，总数达到了 2 028 户，通过典型创建有力提升了天津市休闲农业的特色品位。

3. 协同发展推动有力。与北京签署了休闲农业合作协议，建立联席会议制度。与河北加强沟通，在规划制定、项目合作等方面取得实质性进展。2015 年举办了两次京津冀休闲农业发展高峰论坛和研讨会，来自三地的 200 多名专家学者、优秀企业的经营者参会，就京津冀休闲农业协同发展进行广泛深入探讨。讨论并通过了《京津冀休闲农业一体化发展规划》，开展了休闲农业精品线路对接，合作举办了第三届北京农业嘉年华、北京农园节、齐心农事体验节等系列专项活动。12 月，三地协会组织和主管部门就成立休闲农业一体化联盟进行座谈，为深入推进休闲农业协同发展打下良好基础。

4. 宣传推介措施得力。编辑出版了《天津花季》赏花指南，《天津市 9 条休闲农业精品线路手册》完成初稿，正在进一步修改完善。参加天津电台农村广播频道三农办事处栏目，向休闲农业经营者宣传天津市关于促进休闲农业发展的鼓励措施、优惠政策。向《天津日报》《今晚报》等主流报刊输送新闻稿件，通报休闲农业发展情况、重大活动的举办情况以及国家级、市级先进典型的创建情况。

5. 主题活动影响深远。创新举办了滨海新区第三届迎新春草莓节、滨海龙达农业嘉年华、第七届天津渔阳梨园情旅游文化节、武清金溪桃源桃花节、宁河齐心农事体验节、第六届七里海河蟹节等一批休闲农业专项主题活动，以活动促效益，以事件带营销，提升天津市休闲农业的综合影响力。

6. 培训交流广泛深入。积极发挥休闲农业协会和研究中心的作用，从专业角度开展休闲农业典型创建和示范认定的评审工作。以蓟县、宝坻、宁河、静海等区县为主组织管理人员培训班和经营业主培训班共 6 期，培训人员 2 000 多名。组织了第二期赴台研习班，拓宽视野与思路。组织规划团队，完成《休闲农业十三五发展规划》初稿；举办专家座谈会，研究今后一段时期天津市休闲农业的发展方向和重点工作举措，为天津市休闲农业加快发展打下了坚实基础。

（天津市农村工作委员会　林兆辉）

河北省

【基本情况】 河北省休闲农业多年来在农家乐、乡村旅游发展的基础上，伴随着经济的快速发展和社会内在需求不断增强的形势下而发展起来。截止到 2015 年，河北省共有全国休闲农业与乡村旅游示范县 10 个、示范点 21 个，中国最美休闲乡村 7 个、中国美丽田园 5 处；2015 年河北省农业厅在全省范围内开展了河北最美休闲乡村和美丽田园推介活动，共评选出 21 个河北最美休闲乡村和 14 个河北美丽田园。同时，按照中国旅游协会休闲农业与乡村旅游分会的要求，开展了休闲农业与乡村旅游星级企业评定推介等工作。河北省共计创建全国休闲农业星级企业 78 家，其中五星级 7 家、四星级 48 家、三星级 23 家；创建河北省星级休闲农业园 69 家，河北省星级采摘园45家，共114家，其中五星级30家、四星级64家、三星级20家。休闲农业的发展对促进省内产业结构调整和农村剩余劳动力就业，增加农民收入，改善农村生态环境起到了明显的推动作用。

【主要举措和成效】

（一）加强休闲农业发展的宏观指导和管理

一是6月以河北省农业厅名义印发了《关于加快发展休闲农业的指导意见》，明确了到2017年全省休闲农业接待人数增加到1亿人次，年收入达到200亿元，分别比2014年翻一番和翻两番的目标，确定了七大工作重点。二是聘请河北农业大学专家编制《河北省休闲农业发展规划（2015—2020年）》。通过研究学习上级文件，开展省内外调研，与部分市、县休闲农业管理人员、企业座谈，在摸透上情、省情的基础上，起草编写了《河北省休闲农业发展规划》。目前，已对初稿进行了两次讨论修改，下一步将征求各市意见。三是着手制定了《河北省星级休闲农业园评定标准》，即将提交河北省质量技术监督局进行审定。

（二）加强休闲农业品牌培育

一是与省旅游局共同组织了2015年河北省休闲农业与乡村旅游示范县、示范点创建工作，评选出7个省级休闲农业与乡村旅游示范县，15个省级休闲农业与乡村旅游示范点。二是在对66家拟参加省级休闲农业与乡村旅游星级评定企业的内审员培训基础上，通过企业自主申报、县市初选、专家现场核查评分，评选出39家省级星级休闲农业园和19家星级休闲农业采摘园，在此基础上，择优向中国旅游协会休闲农业与乡村旅游分会申报国家级休闲农业与乡村旅游星级评定，通过专家评定，定州市黄家酒庄等15家企业通过国家级评定。截止到2015年年底，全省共有84家获得国家级休闲农业与乡村旅游星级企业，69家省级休闲农业园和45家采摘园。三是启动了十佳现代休闲农业园、河北最美休闲乡村和河北省美丽田园评定工作，以环京津地区为重点，评选唐山迁西县京东板栗大观园等10个园区为2015年十佳现代休闲农业园；在全省范围内，还评选出21个河北最美休闲乡村和14个河北美丽田园。

（三）推动京津冀休闲农业协同发展

借力京津冀协同发展大好时机，与京津休闲农业主管部门和行业协会积极合作，一是以三地协会名义，分别于3月、4月在天津举办了首届京津冀休闲农业一体化发展高峰论坛和休闲农业京津冀一体化座谈会；7月在北京举办了的第一届北京农园节，河北省有10余家企业参加了现场活动。二是以第三届北京农业嘉年华为契机，积极宣传河北省休闲农业的典型和特色，提升河北省休闲农业的知名度，将美丽乡村、美丽田园、智慧农业、休闲农庄、农业文化遗产和民俗节庆活动等进行了图片展示。三是9月份参加了天津休闲农业嘉年华的活动，学习借鉴京津两地的先进经验，推动河北省休闲农业的深入发展。

（四）提升全省休闲农业从业人员素质

除举办了河北省休闲农业星级示范创建内审员培训班外，还组织取得全国休闲农业与乡村旅游示范县农牧业局长参加了农业部举办的专项培训班，组织河北省拟申报全国休闲农业与乡村旅游星级创建企业人员参加全国休闲农业协会举办的内审员培训，组织认定的星级企业人员参加了全国休闲农业管理人员营销培训班。

通过上述四方面的工作，河北省休闲农业呈现出良好发展态势。一是各地对发展休闲农业重视程度提高，积极性日益高涨。许多市县举办了形式多样的休闲农业宣传、节庆等活动。申报示范县、示范点以及星级企业的数量比以前明显增多，各地加大了资金支持力度，如秦皇岛、石家庄等市安排了发展休闲农业的专项资金。二是产业规模发展壮大，效益明显提升。经营规模已从零星分布、分散经营向集群分布、集约经营转变，功能定位已从单一功能向休闲教育体验等多产业一体化经营转变。截止到2015年，河北省153家休闲农业星级企业总面积超过35.3万亩，已投资81.4亿元，建设规模超过15.8万亩，年总收入超过28亿元。三是产业类型多样、产业模式不断创新。河北省共有休闲农庄类、农业科技园类、采摘体验类、观光游乐类、农耕文化类等十大类休闲农业产业类型。产业经营模式已从单农户经营为主向农民合作经济组织和社会工商资本多元化投资经营发展转变。截止到2015年，河北省休闲农业经营主体中企业占72%，农民合作社占22%，个体工商户占6%。四是休闲农业企业在京津的知名度明显提高。据调查了解，到河北省休闲农业园区的京津游客数量比前几年有了明显提升，停留时间明显增长，由过去周边县、市游客为主向辐射省内外游客转变。

（河北省农业环境保护监测站　张秋生　刘　莉）

山西省

【基本情况】　休闲农业是我国农业农村现代化建设进程中涌现出来的新型业态，通过拓展农业的休闲观光、文化传承、生态涵养、教育科普等功能，围绕农业生产过程、农民劳动生活和农村良好生态以及乡土、乡风、乡韵等风情风貌，通过创意、创新、创造让人们品味农业情调、享受田园生活、体验农耕文化，促进了农村一二三产业融合发展。

近年来，全省各级休闲农业工作部门因势而谋，应势而动，顺势而为，通过加强部门合作、完善扶持政策、规范行业管理、加强公共服务、培育知名品牌等工作，齐心协力，迎难而上，开拓创新，扎实工作，有力地推动了休闲农业持续健康发展。休闲农业日益呈现出规模化、现代化、精细化、品质化发展态势。截止到2015年年底，山西省已创建了全国休闲农业与乡村旅游示范县7个、示范点14个；山西省休闲农业与乡村旅游示范县14个、示范点121个；中国最美休闲乡村8个、中国美丽田园3个。全省休闲农业企业及各经营主体1 200多个（不含农家乐），2015年接待人数1 700多万人次，年营业收入近40亿元，吸纳农民就业15万人。

【发展特点】

1. 建设主体多样。农产品加工企业发展休闲农业。汾酒集团高举"中国酒魂"旗帜，中国汾酒博物馆成为我国第一个酒文化旅游基地；水塔老陈醋股份有限公司建设了中国第一个醋文化博物馆，被国家认定为"AAAA"级旅游景区。农民合作社发展休闲农业。晋城市陵川县凤凰田园种植专业合作社办起了旅游客栈，成立了农家协会，实现了对农家旅店、饭店、摊位的统一管理，休闲农业产业链条的合作社员人数超过全村劳力的二分之一。村集体投资休闲农业。晋城市阳城县皇城村修复皇城相府、开发九女仙湖、兴建生态农业园区，形成了人文景观、自然景观、生态农业相互配套，吃、住、行、游、购、娱功能齐全的旅游景区，全村人均纯收入超过3万元。资源型企业转产休闲农业。盂县石店煤业投资2亿元在原煤矿采空塌陷区建成了集生态农业引领、现代林业示范、生态休闲旅游为一体的华北奕丰生态园；胜洁渊煤化有限公司转型投资 2 亿元建成了将生产、生活、服务、休闲、娱乐、景观等功能有机结合，富有乡土特色、浓厚园林氛围、独特生态意境的华辰农耕园。互联网众筹投资休闲农业。吕梁山苍儿会生态文化旅游经济区借助互联网金融的力量，与山西高新普惠平台合力打造集深度体验型、休闲度假型、生态旅游型、会议接待、避暑疗养为一体的国内知名休闲农业企业品牌。

2. 发展类型多样。围绕特色创意设计，挖掘与创新并重，重点推广建设传统旅游景点带动型、当地主导产业提升型、现代农业企业产业链型、与新农村建设融合型、红色旅游文化加强型等休闲农业发展模式，开发出了一批"高、新、特、优、雅、奇"的特色休闲农业示范典型。如以榆次丰润泽、山西大禾等为代表的农林产业高新技术展示型；以清徐县葡萄观光农业、祁县梨花节等为代表的优势产品开发型；以武乡县八路军文化生态园等为代表的红色资源深度开发型；以华辰高科技农业观光园为代表的田园景观欣赏、农事体验、瓜果采摘、休闲垂钓等为一体的种养基地改建型；以左权、榆次庄园经济为代表的休闲庄园型等多种形式。

【主要经验和做法】 山西省立足"富裕农民、提升农业、建设农村"，按照"夯实基础、加快转变、提升水平、引领发展"的思路，以构建"文明、绿色、安全、低碳"的休闲农业体系为目标，以"提高大众生活水平，不与民争利，不打造富人的乐园，服务城市、改善生态、农业增效和促进农民就业增收"为宗旨，科学规划，整合资源，创新机制，规范管理，强化服务，完善设施，打造品牌，优化农业与旅游业相互促进、共同发展的区域布局，使休闲农业成为现代农业发展的新增长点和旅游产业发展的支撑点。

（一）加强领导，高度重视，纳入"八大产业"

山西省从战略和全局的高度深化对发展休闲农业的认识，把促进休闲农业发展摆上重要位置。加强机构职能和队伍建设，理顺职责关系，建立高效的管理体系。把休闲农业纳入省农业厅"十三五"重点发展的"八大产业"之一，组织拟定发展战略、政策、规划、计划并指导实施，切实提高指导推动休闲农业科学发展的能力。

（二）积极开展山西省休闲农业与乡村旅游示范县、示范点的创建活动

山西省农业厅和山西省旅游局紧密配合，在全省开展了山西省休闲农业与乡村旅游示范县、示范点的创建活动，在各市申报的基础上，组织农业、旅游方面的专家、学者认真评审，并在此基础上确定申报国家级示范县、示范点。

（三）积极开展休闲农业与乡村旅游推介活动

在五一、国庆前夕开展全省休闲农业推介活动，开展中国最美休闲乡村推介、中国美丽田园推介等工作，在春节、国庆等重点节假日前，举办休闲农业与乡村旅游推介活动，向社会推介一批休闲农业与乡村旅游精品景点和线路，满足消费者在线购买、线下消费的需求，为广大市民休闲出游提供好去处。

（四）加大政府投入，支持重点休闲农业示范项目

实施全省休闲农业与乡村旅游示范县创建工程，对休闲农业企业发展所需的公共服务进行支持，帮助各休闲企业打造自己的企业品牌；实施休闲农业与乡村旅游示范点、最美休闲乡村提升工程，进行基础设施提升改造，文化挖掘等，引导经营户提高接待品质与档次，营造安全放心、舒适愉悦的休闲环境。

（山西省农产品加工局　郭跃明）

【基本情况】 近年来，内蒙古自治区各地按照党的十八大提出的建设生态文明和美丽中国的目标要求，自治区党委提出的"要把内蒙古建成体现草原文化、独具北疆特色的旅游观光、休闲度假基地"发展思路，以及农业部等十一部委《关于积极开发农业多种功能大力促进休闲农业发展的通知》精神，通过加强部门合作、完善相关措施、开展示范创建、提高服务水平，引导内蒙古自治区休闲农牧业和乡村牧区旅游加快发展。截止到2015年，全区有规模不等的休闲农牧业经营主体2 700多家，从业人员达到5.8万人，其中农牧民4.7万人；带动8.8万户农牧民受益。创建国家级休闲农业和乡村旅游示范县6个，示范点17个；自治区级示范旗县15个，示范点67个。认定2个中国重要农业文化遗产，6个中国最美休闲乡村，推介了一批农事创意景观和休闲农牧业创意精品。

【主要特点】

（一）产业规模不断扩大

2015年全区有休闲农牧业经营主体2 700家，其中农家乐、牧家乐2 100家，休闲观光农园（庄）600家，同比增长20.45%；从业人员达到5.8万人，其中农牧民就业4.7万人，同比增长7.63%；接待游客1 337万人次，营业收入52.26亿元，利润总额8.83亿元，上交税金2.07亿元，带动农牧户8.8万户。

（二）发展方式开始转变

各地探索多种发展方式，从农牧民自发开办"农家乐、牧家乐"开始向政府规划引导转变，经营规模从零星分布、分散经营向规模化、集群和集约经营转变，功能定位从以餐饮为主的单一功能向休闲、体验、展示、产品加工等多产业一体化经营转变，空间布局从景区周边、城镇郊区向适宜发展的区域分布，经营主体除了农户、牧户外，农牧民合作组织、社会资本开始投资休闲农牧业领域。

（三）发展模式丰富多样

各地充分利用农牧业生产条件和资源优势，因地制宜形成多种发展模式。有的利用自家庭院、蒙古包、自产的农畜产品以及周边的田园风光、自然景观开办"农家乐、牧家乐"；有的则建成休闲农场、农庄或观光园区；有的开展民俗风情旅游，民俗村镇特色资源丰富，传承乡土文化潜力较大；有的依托农牧业示范园区，高起点、高标准建设大规模的设施农牧业，形成独具特色的观光农牧业等。形式多样、功能多元、特色各异的经营模式和发展类型，使农牧业的多功能性得到拓展，为建设现代农牧业，促进农牧民创业增收开辟了新途径。

（四）品牌建设不断推进

各地积极开展创意开发，努力打造休闲农牧业知名品牌，各类农事节庆活动、草原度假、沙漠旅游均成为知名品牌。"十二五"期间全区共创建国家级休闲农业和乡村旅游示范县6个，示范点17个；自治区级示范旗县15个，示范点67个；全国重要农业文化遗产2个；中国最美休闲乡村6个；中国美丽田园9个；打造出了一批民俗特色鲜明、民族风情浓郁的休闲农牧业产品，既体现出内蒙古传统农牧业的独特魅力，也展现了边疆少数民族地区丰富的文化内涵。

（五）经济社会效益显著

通过发展休闲农牧业，拓展农牧业功能，就地就近吸纳农牧民就业，增加农牧民收入，促进城乡经济文化融合，使农村牧区面貌有所改善，农牧民综合素质得以提高。2015 年"十一"黄金周期间，休闲农牧业共接待游客 367 万人次，占全区旅游接待人数的一半以上，营业收入近 18 亿元。

【存在的主要问题】

1. 缺乏整体规划和科学指导。多数地区休闲农牧业发展缺乏规划和指导，企业自身也少有发展规划，重复建设，功能单一，发展雷同、无序竞争的现象比较普遍。

2. 专业性经营和管理人才欠缺，经营与服务缺乏创新。企业管理和服务质量参差不齐，标准不高，从业人员素质不一。

3. 缺乏政策引导和资金支持，对发展休闲农牧业的关注度不够，行业发展后劲不足。

4. 档次低，效益差，多以餐饮为主，休闲、度假、娱乐、体验项目等占有的份额少；休闲农牧业旅游商品开发少，购物比重小，游客总体消费水平不高。

5. 季节性特征明显。冬季经营项目少，有的则关门歇业，使发展受到限制和影响。

【主要工作措施】

1. 研究制定自治区发展休闲农牧业政策意见。在广泛调研的基础上，研究起草了《自治区关于加快发展休闲农牧业的意见》，并征求相关部门意见，修改后已报自治区政府审批。

2. 制订发展规划。总结休闲农牧业"十二五"时期发展成效与经验，分析当前面临的形势和机遇，研究制定"十三五"发展规划。目前已形成征求意见稿，召开了征求意见座谈会，下一步将对规划进行修改完善。

3. 开展示范创建工作。2015 年继续开展休闲农牧业和乡村牧区旅游示范创建活动，

同时对认定 2 年以上的自治区休闲农牧业和乡村牧区旅游示范旗县、示范点进行监测。2015 年新增国家级示范县 1 个，示范点 4 个，自治区级示范县 3 个，示范点 15 个，取消 2 个不合格自治区级示范点。

4. 加大宣传力度。编印了《内蒙古休闲农牧业》宣传册，制作了《醉美内蒙古》休闲农牧业宣传片。宣传推介了一批休闲农牧业创意精品，组织推介了一批中国最美休闲乡村和中国美丽田园。2015 年新增中国最美休闲乡村 3 个，美丽田园 3 个。

5. 继续开展人员培训。针对不同群体，开展各类培训。一是组织相关人员参加了农业部举办的各类休闲农业和乡村旅游培训班；二是针对盟市休闲农牧业管理人员队伍变动频繁，业务知识欠缺的实际，举办管理人员和企业从业人员培训班，聘请国家休闲农业专家进行专题讲座，观摩内蒙古自治区休闲农牧业示范点，相互借鉴发展经验，总结交流内蒙古自治区休闲农牧业工作经验。"十二五"期间共培训人员 400 多人次，进一步提高内蒙古自治区休闲农牧业管理人员素质。

（内蒙古自治区农牧业厅　云挨厚　郭荣琴）

辽宁省

【基本情况】 2015 年，辽宁省休闲农业发展迅速，各项经济指标增速明显，休闲农业企业的知名度和公众的认知度明显提高，具体

表现形式如下：

一是加强品牌培育工作。积极开展休闲农业示范创建活动，通过单位申报，休闲农业主管部门逐级推荐，辽宁省本溪县、盖州市被农业部和国家旅游局认定为全国休闲农业与乡村旅游示范县，盘锦七彩庄园被农业部评为休闲农业与乡村旅游五星级单位，辽宁省有4个村被农业部评为中国最美休闲乡村。辽宁省也开展全省休闲农业星级示范创建工作，通过品牌创建，使一些企业的知名度得到明显提高，公众的认知度明显增强。

二是进一步加强宣传推介工作，通过各种宣传媒体加大宣传辽宁省休闲农业企业（如：电台、电视台、各种报刊、网路等），分别组织印制了《辽宁省休闲农业精品荟萃》和《辽宁省休闲农业与乡村旅游精品线路集锦》等宣传画册集中组织宣传，以此提高企业在公众的认知度，增加游客参与数量，提高企业的经济效益和社会效益。

三是创意作品逐步融入休闲农业。通过组织企业参加全国休闲农业精品创意大赛活动，从中学习经验找差距，取长补短，提高辽宁省休闲农业创意作品精细化程度，打造辽宁省知名创意品牌，涌现出如沈阳市的稻梦空间的锡伯族稻田画、葫芦岛葫芦山庄的葫芦雕刻等在国内有一定知名度休闲创意作品。

四是农业文化遗产和民俗文化挖掘工作成效逐步显现。民俗文化是每个地区的灵魂所在和农庄（园区）的差异性所在，开展好此项工作，并将各种文化元素融入到农庄（园区）中，对于提升当地的知名度和企业发展长久不衰具有极为重要的作用，目前辽宁省被列入中国农业文化遗产的有：鞍山的南国梨栽培系统、宽甸柱参传统栽培系统、桓仁京租稻栽培系统等。

五是积极组织管理者和经营者进行现场相互学习借鉴活动。我们在省内确定一条休闲农业精品线路，组织全省一些管理者和企业经营者一起进行相互参观学习，学先进找差距，使其增加感性认识，通过学习交流，取长补短，达到相互促进，共同提高的目的，通过开展此项活动，效果很明显。

六是项目建设突飞猛进。全省休闲农业新建和改扩建项目100个以上，这些项目建成后将逐步改变规模小、功能单一、科技含量不高、文化融入不够等不利局面，对辽宁省休闲农业发展将起到一定的引领和推动作用。

（辽宁省农村经济委员会农产品加工局）

吉林省

【发展概况】　近年来，吉林省以提高生活质量和注重人与自然环境平衡协调为农业发展理念，把文化注入与产业融合作为农业发展的新动力，逐步走出一条传统农业主产区发展休闲农业的新途径。截止到2015年年底，全省休闲农业与乡村旅游企业已达2 988户，已经发展为农民参与度高、产业关联性强、行业覆盖面广的新型消费业态和重要的民生产业，成为推动农村一二三产业联动发展，促进农村产业结构转型升级新的动力。

【发展思路】　以创新、协调、绿色、开放、共享五大发展理念为指导，以建设休闲农业优势区域为目标，以促进农民增收为重点，以龙头带动、项目建设、企业培育、市场运作和品牌引领为突破口，以完善法规政策和创新体制机制为保障。强化政府主导、深化要素融合、突出产业经济、推动做大做强，切实把休闲农业培育成为吉林省产业转型升级的朝阳产业。

【工作措施】

（一）坚持把休闲农业建设摆在重要位置

吉林省政府高度重视休闲农业新型业态的发展，在"吉农综发〔2015〕4号和6号文件"中重点布置了"开发农业多种功能、研究制定专项规划，发展都市农业、休闲农业、旅游农业、创意农业等新兴业态"专项任务，并落实了责任单位，实施了问责制，要求各单位各部门落实到人，并且每个月调度一次工作进程，总结主要成效、存在的问题和对策措施。在《中共吉林省委 吉林省人民政府关于加快服务业发展的若干实施意见》中着重强调了"支持观光休闲农业发展，其农业用地性质可不改变"。

（二）落实政策，搞好调控

为贯彻落实好农业部等11部门联合印发的《关于积极开发农业多种功能大力促进休闲农业发展的通知》文件精神，一是协调各相关厅局，明确任务，制定措施，合力推进全省休闲农业发展。二是开展休闲农业调查工作。围绕吉林省休闲农业资源禀赋、产业发展现状、重大项目建设和存在的主要问题，在全省范围内开展调查，摸清家底，为科学部署全省休闲农业发展提供科学翔实的依据。三是制定发展规划，构建发展蓝图。组织制定了《吉林省休闲农业"十三五"发展规划》，对吉林省"十三五"时期休闲农业发展做出了总体部署，为推进全省休闲农业发展提供了科学依据。

（三）深化农村土地改革，完善利益机制

为了推进休闲农业发展壮大，建立完善的农民利益链接机制，省政府稳步实施了农村土地承包经营权确权登记颁证工作，为进一步落实土地所有权、稳定农户承包权、放活土地经营权，加快推进休闲农业发展奠定了良好的政策基础。同时，通过加强农村土地流转市场服务体系建设和引导农村土地有序流转等措施，鼓励土地承包经营权向休闲农业建设等新型农业经营主体流转，为休闲农业建设用地规模化发展，提供良好的保障。

（四）充分发挥文化对传统农业的拉动作用

吉林省是我国重要的商品粮生产基地，也是传统的农业主产区，近年来农产品生产成本上升和市场价格的下降，严重制约着农业增效与农民增收。通过鼓励发展休闲农业，将农业注入文化符号、文化元素，以文化为脉络，贯穿于农业体验过程中，把传统农业转化为充满文化内涵与创意的新型生产方式，将单一的农业生产转变成集农业生产、农耕体验、文化娱乐、教育展示、生态环保、产品加工销售于一体，带动休闲农业文化旅游消费，提高农产品附加值。

（五）突出农业现代化对休闲农业的推动作用

休闲农业是集约化的农业，特别是东北冬季寒冷的气候特点，传统农业无法实现农业园区的生产标准化、经营集约化、服务规范化、功能多样化。因此，吉林省在休闲农业建设中突出了传统农耕文化与现代科技的结合，以科技为支撑，以设施农业、生态农业、高科技农业等为载体，以观光、教育为主要功能，将园区建设成为向农民及游客提供科技示范的综合平台，展示农业发展历史及现代农业科技成果，满足游客放松心情、体验农业的需求。

【主要成效】

（一）发展规模不断壮大

"十二五"期间，吉林省在立足农业资源的基础上，拓展了农业的观光旅游和文化传承等功能，休闲农业虽然起步比较晚，但是发展速度较快。到2015年年末，全省休闲农业与乡村旅游企业已达2 988户，其中农家乐2 335户，休闲农庄368户，农业观光采摘园285

户，休闲旅游农业营业收入59.8亿元，休闲旅游农业年接待人次为2 950万人次。休闲农业企业安置以农民为主的从业人员近11.6万人，休闲农业已发展成为有质量、有品位、有规模的朝阳产业，成为农村经济新的增长点。

（二）发展水平不断提高

随着传统文化的注入，现代农业科技的广泛应用，吉林省的休闲农业正在从原始的初级发展阶段向产业提升阶段发展，在基础设施建设、服务接待能力和公共服务等方面得到了大幅度提升。到2015年年末，吉林省的集安等9个县（市、区）被认定为全国休闲农业与乡村旅游示范县；吉林市神农庄园有限公司等10户企业被认定为全国休闲农业与乡村旅游示范点，四平市霍家店村等3个村被评为全国最有魅力休闲乡村，国家级休闲农业与乡村旅游星级企业27户，吉林省的吉林市神农庄园有限公司被评为全国十佳休闲农庄。

（三）发展结构不断优化

一是区域结构鲜明化：在长春、吉林等特大城市周边地区，形成了一批以长春关东文化园和吉林市神农庄园为代表的离尘不离城，以休闲、体验、度假为主题的休闲农业产业集聚区；在西部农牧交错带，中部农业主产区和东部长白山区分别形成了以满、蒙传统文化为底蕴，以现代农业为主题和以朝鲜族风情为依托的结构鲜明、风格各异的布局体系。二是功能结构多元化：各地以休闲度假和农事体验为核心，初步形成了集农业生产、农耕体验、文化娱乐、教育展示、生态环保、农产品加工销售于一体，功能齐全，综合性较强的休闲农业产品体系。三是载体结构特色化：依据资源优势，以打造"星级品味儿、农家风味儿、田园农味儿、乡间野味儿和民俗趣味儿"的特色发展理念为指导，统筹发展农家乐、休闲农庄、休闲农园和民俗村等载体类型，许多地区实现了"一镇一品、一村一韵、一屯一景、一处一情，点状布局、错位发展、特色彰显"的休闲农业发展格局。

（四）发展氛围越来越好

经过几年的建设与发展，吉林省的休闲农业已成为了政策、人力、智力、财力集聚的热点，大量的城市资本注入休闲农业，许多农民在自己的土地上成为创业者，创办农家乐、休闲农庄。吉林市的大荒地村通过村企合一的方式，创建了集产品加工、生态农业观光、高科技智能温室采摘、青少年科普教育、温泉养生、休闲娱乐、农耕文化和民俗文化展示等多种功能于一体的神农庄园温泉度假村，年游客接待量达40余万人次，逐步发展成为全国十佳休闲农庄。

（五）拉动作用日益增强

通过发展休闲农业，将农业从单一的生产功能向休闲观光、农事体验、生态保护、文化传承等多功能拓展，农业园区成为了运用现代农业科技、先进农业设施和展示农业成果的重要平台，有效拉动了农村一、二产业的提升。东福集团在打造神农庄园的同时，不断加大科技投入，逐步建立起了机械化生产、市场化运作、企业化管理、产业化经营，产加销一条龙、农工贸一体化、横跨一二三产的新型现代农业体系，企业效益不断提升，现已发展成为拥有子公司12家，总资产达15亿元的大型现代农业集团。

（吉林省农业委员会　包维国　张力伟）

黑龙江省

【基本情况】 黑龙江省农业生态环境优越、

农耕文化底蕴深厚,多年发展绿色有机食品伴生出丰富的休闲度假、养生养老、农事体验产业资源。黑龙江省委、省政府和全省各级农业部门高度重视休闲农业和乡村旅游发展,将其纳入现代农业建设重要内容来抓,统筹规划,规范管理,创新机制,积极推进农业功能向旅游、教育、文化、健康养老等产业拓展,大力提升休闲农业发展水平,全省休闲农业和乡村旅游产业快速起步、强劲发展,成为农业提质增效和农民创业增收新的增长极。截止到2015年年底,全省休闲农业与乡村旅游经营主体达到4 300个,营业收入可达52亿元。

【主要工作措施】

(一)加强规划指导

总体而言,休闲农业和乡村旅游业的发展还是一个新兴的业态,任务新、要求高。为此要求全省各地理清思路,做出规划,科学发展,开展专题调研,制定出台了休闲农业和乡村旅游产业发展规划,明确了发展方向。要求全省各地把休闲农业与小城镇建设、泥草房改造、美丽乡村建设等有机结合起来同步推进,加大资源整合力度,形成工作合力,一大批与休闲农业相关的道路、绿化、亮化、给排水、供热、燃气、通信等基础设施建设被纳入日程。进一步抓好全省宏观产业布局,注重合理开发,挖掘农村长处,保留乡土味道,系统开发建设,逐步成线成群,形成了区域联合,共同发展的良好态势。

(二)突出龙江特色

在全面落实农业部关于休闲农业和乡村旅游工作部署的同时,充分发挥龙江大山、大水、大农业的优势,发展龙江特色休闲农业。重点是突出龙江现代农区特色,以回归农业、体验农味和农事观光为主题,展示乡村农家生活,享受农家的休闲、娱乐、饮食。突出龙江冰天雪地特色,发展冰雪休闲农业,吸引游客体验雪乡雪景,开发冬捕冬钓等休闲项目。突出龙江的绿色特色,推动绿色有机食品和林下经济的休闲拓展,游有深山秀水峰谷田园,购有米耳瓜菌参蜜鹿蚕。突出龙江文化特色,深度挖掘乡土文化和生态文化,比如金源文化、京旗文化、土改文化、朝鲜族文化、关东文化、知青文化等,开发"人无我有"的民俗旅游产品。

(三)培育经营主体

一方面坚持将农业休闲项目列为绿色食品产业项目推进重要内容,吸引工商资本投资建设休闲农业,使农业休闲旅游项目成为投资者关注和投入的一个重点领域,建成了大庆育棣等一批规模大、专业化强,具有一定区域影响力的休闲农园,同时,一些设施农业项目也都规划建设了休闲产业内容;另一方面,培育了讷河市尼尔基斯湖风景区光明旅游合作社等一大批专门从事休闲经营的合作社,以郊野、田园、养生、渔村、垂钓和农业等为主题,发展采摘、垂钓等娱乐项目,延伸烹饪餐饮,形成了一批集观光休闲+农事体验+饮食娱乐为一体的休闲农业产业链条,到2015年年末,全省休闲农庄(农园)发展到900家,农家乐发展到3 400个。

(四)加强宣传推介

坚持政府搭台、休闲唱戏,借助哈洽会、绿色博览会等全国性活动,在局外省推介产品的同时宣传黑龙江省生态环境秀美风光,大力宣传黑龙江休闲农业和乡村旅游,吸引更多投资者前来开发建设。通过报纸、新闻、广告等媒介大力宣传特色农家园、观光采摘园等接地气、高品质、有代表性的本土休闲农业品牌,打响知名度,吸引全国各地的游客到黑龙江省农村消费。组织全省各地制定专项的营销策略,做好专业市场的定位和宣传,精心策划冬捕节、山水文化、野菜采摘、端午踏青等一系列主题节(会)活动,形成错位发展、统一形象、集体营销的良性局面。积极借力宣传,为拍摄《乡村爱情》系列电视剧和《大村官》等影视作品提供拍摄场地,使英杰温泉度假小镇成为东三省闻名的游览胜地。

（五）抓好典型示范

坚持典型引路，对一批基础较好的县（市）、村、点、园等进行重点扶持，促进完善基础建设，总结推广发展经验，在全省发挥示范带动作用。积极参与全国休闲农业和乡村旅游示范创建活动，带动产业质量提升，范围拓展和环境建设。阿城区等8个县被评为全国休闲农业和乡村旅游示范县，兰西县锡伯部落等18个点被评为全国示范点，嘉荫县辽原村等4个村被评为中国最美休闲乡村，宁安响水稻作文化等2个系统列入全国重要文化遗产名单，多条休闲旅游精品线路在农业部宣传平台发布。

（六）推动农民分利

休闲农业和乡村旅游既是农村产业又是农民产业，需要让农民全程参与并从中获利。为此，在休闲农业发展上，全省大力引导合作社办休闲，很多乡村游景点的经营是由村民组成的合作社独家经营，农家乐等接待项目绝大部分也都是农民经营。同时，积极推行合作制、股份合作制、股份制等组织形式，推广"保底收益＋按股分红"等方式，推动经营主体带农惠农。2015年，全省休闲农业和乡村旅游吸纳4万农民就业，从业人员平均工资收入2.46万元，带动6.5万户农民在产业发展中受益。

（黑龙江省农业委员会　王　磊）

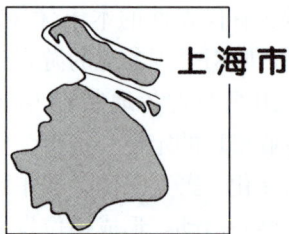
上海市

【基本情况】　2015年，上海休闲农业围绕

"城市让农业增效、农业为城市服务"的主题，积极拓展农业多种功能，促进一二三产业融合；坚持发展与提升并举，努力打造休闲农业升级版，实现都市休闲农业持续稳定健康发展。截止到2015年年底，上海共接待游客1765.86万人次，直接带动各类涉农旅游总收入14.37亿元，其中农副产品销售收入3.86亿元，解决当地农民就业30 677人（其中节日期间新增就业4 845人）。2015年"十一"黄金周，上海各农业旅游景点接待游客90.87万人次，直接带动各类涉农总收入7 434.23万元，其中农产品销售收入2 512.07万元，解决就业5 577人，其中：节日期间新增就业1 863人。

【主要工作措施】

（一）加强宣传推介，助推长三角区域联动

一是通过"上海农业旅游网"网站、"上农游"微信、"上海三农""上海发布"、电台栏目等宣传平台，以最快、最便捷的形式及时发布农业旅游最新信息。二是出版《上海农业旅游简报》、制作长三角休闲农业与乡村旅游护照，及时报道相关工作，宣传农业旅游景点，传递业内动态。三是与《中国旅游报》《东方城乡报》等媒体合作，为美丽乡村及休闲农业点进行专版、专栏宣传。举办以"走进美丽乡村，体验农游乐趣"为主题的"2015长三角休闲农业与乡村旅游博览会"，全面展示长三角地区休闲农业与乡村旅游发展成果，搭建跨省市的宣传展示平台。作为上海旅游节的重要活动之一，博览会在上海旅游节期间得到了重点宣传，特别增设了"美丽乡村、农业旅游"的花车巡游。博览会参展景点230家，推出了摄影达人作品评选、旅游护照发放、民俗文化展示等一系列活动，召开了长三角休闲农业与乡村旅游推介会、研讨会等专题会议，评选并发布"我喜爱的和博览会推荐的长三角休闲农业（农家乐）与乡村旅游景点"各30家，圆满完成招商、宣传、展会布置、大型活动组织等任务。整个展会吸引了近10万市民参观，备受广泛赞誉。

（二）加大投入，塑造休闲农业知名品牌

根据农业部开展中国最美休闲乡村，全国休闲农业与乡村旅游示范县、示范点的要求，指导景点开展品牌创建活动。年内共被认定中国最美休闲乡村4家（张马村、海湾村、瀛东村、杨王村）、全国休闲农业与乡村旅游示范点3家（吕巷水果公园、西来农庄、瑞华果园）、全国十佳休闲农庄1家（上海书农桃业有限公司）、全国休闲农业与乡村旅游星级示范企业16家，其中五星级2家，四星级5家、三星级9家。根据《2013—2015年上海市农业旅游专项扶持资金项目申报指南》要求，组织力量实地查看区县申报的农业旅游专项扶持资金项目，认真审核、汇总、梳理每一个项目的建设内容，保证补贴项目符合《申报指南》要求，经专家评审，确定2015年度本市农业旅游专项扶持资金项目73个，及时下达区县执行，保证项目顺利实施。

（三）组织培训，不断提升农业旅游景点服务水平

与市旅游局联合主办了以培训景点导游、讲解员为主的专题培训班。培训采取课堂授课教学与现场案例教学相结合的形式，80多名学员们互相交流、取长补短，增进了解，共同提高；组织参加全国休闲农业与乡村旅游星级示范创建培训班及电商培训班，培训24人次；组织部分景点会员参加了北京、湖州、长沙等地休闲农业考察活动，进一步拓宽景点企业家的思路，开阔视野。

（四）以节促农，提升休闲农业综合效益

指导区县举办各类农业旅游节庆活动，努力帮助景点立足本地，挖掘民俗文化，

以创意精品吸引普通市民，以节促农，推动农副产品销售，全年共举办休闲农业节庆活动10多个，有力地促进了农民就业增收。如金山田野百花节期间，各景点接待游客85.4万人次，同比增长34%，4个核心赏花区现场销售收入超过1 300万元，带动农产品销售200多万元，"赏花经济"效益显著，有力地促进了当地农民就业增收。

（五）出台政策，促进本市休闲农业健康发展

积极协调市发展和改革委员会、市规划和国土资源管理局、市旅游局等有关部门，通过对用地问题反映较多的区县进行调研，布置上海农业旅游用地情况普查工作，认真分析研究休闲农业用地问题，探索本市休闲农业建设项目规范用地的模式。在调研并征求了市相关部门以及区县意见的基础上，结合上海实际，起草了关于本市贯彻农业部等部委《关于积极开发农业多种功能 大力促进休闲农业发展的通知》的实施意见。

（六）优化布局，编制休闲农业中长期发展规划

一是编制上海休闲农业发展"十三五"规划。认真安排规划的各项前期准备工作，积极配合设计单位做好休闲农业点的调研、问卷调查等工作，多次组织召开区县农委及部分景点负责人座谈会征求意见，与规划课题组一起反复研究论证，完成规划定稿。二是编制全市休闲农业与乡村旅游发展设施布局规划。积极会同市规土局、市旅游局、市发改委、市财政局等相关部门，结合区县经济社会发展目标、农村地区社会管理和公共服务建设和郊野单元等规划，编制本市休闲农业与乡村旅游设施布局规划，明确总体目标、功能定位、重点区域等。

（上海市农业委员会 杨金花）

江苏省

【基本情况】 据年度统计显示，截止到 2015 年年底，江苏省各类休闲观光农业园区景点（包括农家乐）增至 6 000 个以上，年接待游客量突破 1 亿人次，综合收入超过 310 亿元，与 2014 年同比增长 17%。全省休闲观光农业从业人员达 87.4 万人，其中农民 80.3 万人。

【主要举措和成效】

（一）大力开展示范创建工作，培育了一批休闲农业品牌

一是认真组织开展"全国休闲农业与乡村旅游示范县、示范点"创建工作。通过规划引导、规范管理、政策扶持、扩大宣传等举措，成功创建了大丰市、海门市、沭阳县和南京市溧水区共 4 个全国休闲农业与乡村旅游示范县以及无锡市惠山区阳山镇、南京市栖霞区桦墅村、泗阳县大禾庄园、江苏谢湖有机茶果观光基地、东台市生态苗木示范园共 5 个示范点，累计创建全国示范县示范点总数 37 个，与四川省并列全国第一。二是开展"中国最美休闲乡村"推介工作，2015年，江苏省宜兴市湖父镇洑西村、新沂市窑湾镇三桥村、南京市六合区竹镇镇大泉村、句容市天王镇戴庄村和如皋市如城镇顾庄村共 5 个村成功创建为"中国最美休闲乡村"，累计获评总数 11 个，居全国之首。三是开展"全国休闲农业与乡村旅游星级企业"示范创

建、全国十佳休闲农庄和全国十佳休闲农业与乡村旅游精品线路推荐评选工作。江苏省南通市金土地生态农业有限公司等 35 个企业获得全国休闲农业与乡村旅游星级企业认定，同时复评了一批星级企业，全省累计培育创建了 88 个全国休闲农业与乡村旅游星级示范企业，其中五星级企业 19 个，四星级企业 44 个，三星级企业 25 个，创星总数居全国前列。2015 年，南通市世外桃园休闲农庄获评"全国十佳休闲农庄"，江苏沿江生态农业休闲之旅（4 日游）获得全国十佳休闲农业与乡村旅游精品线路认定，示范创建工作成效突出。四是中国重要农业文化遗产发掘取得重大成就，继江苏省兴化垛田农业生产系统获得中国及全球重要农业文化遗产保护项目后，江苏省"江苏泰兴银杏栽培系统"又获得第三批中国重要农业文化遗产保护名录认定，2015 年 11 月中旬，农业部在泰兴市举办了"第三批中国重要农业文化遗产"发布活动，农业部和省市领导为遗产标志石进行揭幕，进一步推动了江苏省遗产地银杏产业加快发展，激发了全省深入开展中国重要农业文化遗产发掘保护和传承利用的激情。五是启动江苏省农家乐集聚村建设。印发了《关于加快推进农家乐集聚村发展的通知》，提出了江苏省农家乐集聚村发展的总体思路、基本原则、目标任务、相关标准和建设重点等，并在年底创建认定了 20 个江苏省农家乐集聚村示范村，示范带动全省美丽休闲乡村发展。江苏省休闲观光农业品牌创建和示范推广的实践证明，不仅引领着全省休闲观光农业经营模式的创新，而且推进了全省休闲观光农业规范发展实践，带动了全省休闲观光农业健康可持续发展。

（二）立足农业的主体功能，有力推进了现代高效农业发展

江苏省休闲观光农业发展坚持以农为本的基本原则，坚持与高效特色产业协同推进的基本思路，坚持农业功能拓展和产业链延

伸的基本途径，实现农业的高附加值和产品营销渠道通畅。全省在大力发展高效设施农业、实施"菜篮子"工程和园艺作物标准园创建中，发展了一大批特色蔬菜基地、优质果品基地、高效生态茶园、高档花木基地、特色食用菌产业基地、规模畜禽养殖基地、特种动物珍禽园、特色水产基地等现代高效特色产业基地。这些产业基地经产业链延伸和农业功能拓展等转型升级，成为集生产、加工、科普、采摘、品尝、体验、餐饮服务、休闲养生等于一体的休闲观光农业，有力推进了全省休闲观光农业的开发建设和快速推进。2015年，认真落实农业部与国家发改委等11部门联合印发的《关于积极开发农业多种功能 大力促进休闲农业发展的通知》精神，进一步明确了发展休闲农业的用地政策、财税支持、融资渠道和公共服务等方面的扶持政策。江苏省在国家现代农业发展项目、省级现代农业产业化引导项目、省级丘陵山区综合开发项目等政府专项中重点扶持引导休闲观光农业项目开发建设，仅2015年省级农业产业化引导专项中超过5 000万元用于全省休闲观光农业示范项目建设，有效改善了项目区基础设施、服务设施及其配套设施，提升了项目区休闲农业内涵及服务管理水平。

（三）突出分类开发和集聚发展，促进了农村生态文明与美丽乡村建设

2015年是"十二五"收官之年，江苏省积极引导各地依托地域特色文化、自然生态环境、优势特色产业等资源禀赋大力开发休闲观光农业项目，形成"生态观光型"等五种类型休闲观光农业，并加快推进全省休闲观光农业园区景点向"一圈二区三带"六大产业群集聚发展。各地在发展休闲观光农业进程中，坚持与生态文明建设、新农村建设、美丽乡村建设等有机结合起来，贯穿于农村环境治理、农耕文化挖掘和农业功能拓展等全过程，不断完善农村基础设施和服务设施，推动农村道路硬化、村庄绿化、环境美化，

推动农村田园风貌、农事体验、农家生活、民俗风情、民间工艺等纳入休闲农业创意开发，促进农村一二三产融合发展，打造了"一村一品""一村一韵""一乡一业"的美丽乡村。

（四）注重宣传推介，进一步提升了江苏休闲观光农业的影响力

2015年，江苏省继续参与举办了"2015长三角休闲农业与乡村旅游博览会"，大力宣传推介江苏休闲观光农业精品景点和特色线路，江苏省组织参展的16个县市区中有9个参展景点（园区）获评"我最喜爱的长三角休闲农业与乡村旅游景点"，4个获提名奖，进一步提升了江苏省休闲观光农业的品牌知名度和影响力。2015年，江苏省还启动了"移动互联网＋休闲观光农业"的手机"旅长"APP休闲观光农业信息平台建设，更加快捷地宣传推介江苏省休闲观光农业精品。2015年10月，省农委联合南京市政府共同举办了第十一届"中国南京农业嘉年华"，持续打造江苏休闲观光农业节庆品牌的亮丽名片。

【相关文件】

（一）省级出台规范性文件

围绕美丽乡村建设、特色镇村打造，江苏省农业委员会制定出台了《关于加快推进农家乐集聚村发展的通知》（苏农办园〔2015〕1号），明确了农家乐集聚村发展思路和基本原则，提出了发展目标和建设重点，突出"五有"建设标准和配备"三员"的管理规范，推动省级农家乐集聚村规范发展。

（二）部分地市出台政策性文件

无锡市制定出台了《关于加快推进发展休闲农业与乡村旅游的实施意见》，明确市级财政每年安排休闲农业与乡村旅游专项资金不少于1 000万元，专项扶持美丽乡村与休闲农业发展。徐州市委印发了《关于加快推进农家乐集聚村发展的通知》（徐委农〔2015〕

27号），推进建设一批集特色产业、田园风光、农家美食、民宿民居、休闲农事、康体养生等多功能交集的农家乐集聚村。镇江市起草了《关于加快推进休闲创意农业发展的实施意见（2016—2020）》。

（江苏省农业委员会　苏士力　王卫生）

浙江省

【工作思路】　近年来，浙江省各地农业部门把发展休闲农业作为拓展农业功能、推进农业结构调整、促进农民就业增收的新兴产业来抓，积极开展示范创建、打造美丽田园、挖掘重要农业文化遗产、构建服务平台等工作，有力地推动了全省休闲农业健康快速发展。2015年休闲农业与乡村旅游已经成为城乡居民的新看点、社会投资的新热点和农民就业增收的新亮点。

【基本情况】
1. 产业规模日趋壮大。2015年，全省休闲农业累计建成园区3 420个，从业人员30万人，各地按照串点成线、连线成片、整体推进的理念，规划休闲农业精品线路，引领休闲农业提档升级，实现全年休闲农业接待游客10 270万人次，休闲农业总产值227亿元，同比增长25.1%。
2. 产业类型丰富多样。各地在发展休闲农业过程中，越来越注重发挥资源特色，充分考虑区位优势、文化底蕴、生态环境、经济发展水平和消费习惯，促进休闲农业从原来比较单一的农家乐、民俗村、休闲农园、休闲农庄等形式向多类型、多业态发展，激活了一片区域、兴起了一批产业、致富了一批百姓，建成了一方乐园。
3. 发展方式逐步转变。通过有序引导与规范发展，休闲农业已从农民自发发展向各级政府规划引导转变，经营规模从零星分布、分散经营向集群分布、集约经营转变，功能定位从单一观光餐饮向农事体验、展示教育、休闲度假等多类型转变，经营主体已从农户经营为主向多主体经营转变。
4. 品牌建设不断推进。各地通过典型带动，不断提升休闲农业的社会影响力，培育了一批各具特色的地方知名品牌。截止到2015年，全省已有17个国家级休闲农业和乡村旅游示范县、29个全国休闲农业与乡村旅游示范点，推介了12个中国最美休闲乡村、19个中国美丽田园，被农业部认定了7个中国重要农业文化遗产。
5. 带动作用不断增强。各地不断强化农旅互动，注重延伸农业产业链，带动农村运输、餐饮、住宿、商业及其他服务业的发展，拓宽农产品销售渠道，带动农户实现二次增收。2014年全省休闲农业带动农户增收40亿元，休闲农业企业营业收入总额中40%以上来自农副产品销售，直接增加了周边农民收入。

【主要做法】
1. 依托产业，融合发展。围绕培育农业主导产业，依托"花""果""农"等特色资源，大力发展休闲农业。一是结合特色优势产业强县强镇、"一村一品"等现有农业产业基础，积极推进特色优势农业产业集聚发展，以特色产业为基础，推出特色农事节庆活动。二是充分利用田园风光、山海资源优势，延伸开发农业生产功能，配套服务设施，突出休闲性，增强参与性，使自然风光与农业生产融为融为一体。三是依托农业高新技术，发展参观游览、采摘体验、科普教育、成果展示等项目，增加农业创意元素，拓展农业功能，延伸农业产业链。四是鼓励支持多种产业与休闲农业融合，如与婚庆公司融合发展婚庆文化、与健康产业融合发展养生文化、与食品企业融合发展饮食文化等。

2. 依托市场，创新投入。按照"建在农村、基于农业、造福农民、惠利企业"的要求，发挥市场配置资源的基础性作用，调动市场各主体从事休闲农业的积极性，着力引导投资主体和经营主体的多元化。重点引导支持农业企业，依托自然景观、文化遗产、农业园区、森林公园和养殖基地，发挥生态功能，拓展农业功能，延长产业链，开展休闲观光农业和乡村旅游，到2015年年底，全省休闲观光农业园区累计投入250.7亿元，其中业主自筹资金208.1亿元，占83%。

3. 依托合作，做大规模。一是加强多部门的合作。积极争取林业、渔业、水利和文化、教育、旅游等部门支持，整合职能优势，统一政策导向，优化创意农业发展政策环境。二是加强与大专院校和科研院所的合作。主动为创意农业经营主体和科研院校搭建交流平台，通过科研合作以及组织培训、讲座等方式，将先进的农业技术、管理理论等引入创意农业发展中来，为推进休闲观光农业发展提供人才和智力支持。三是采取资源互补、行业合作、共建共享的搭接模式，加强休闲观光农业园区与专业团体组织的有效对接。浙江省农业厅、浙江省旅游局2014年共同开展了休闲农业园区与旅行社"百园百社"对接工程，搭建农旅合作交流平台。

4. 依托宣传，扩大影响。农业部门不断创新宣传推介思路，通过在活动载体上搞创意、想点子，营销过程中注重媒体传播与主题活动虚实结合，相辅相成，相生相长。媒体传播上，有宣传册的投放、针对自驾游的传播、传统媒体的软性报道、新媒体的运用；

主题活动借助丰富多彩的节庆、采摘、科普等活动、休闲农业创意精品展示会、创意大赛等，扩大休闲农业的辐射效应。2015年通过微信平台市民投票与专家评选相结合的方式，评选推出30条主题鲜明、各具特色的休闲农业与乡村旅游精品线路。集中推介了省内26个欠发达县（市、区）优秀的休闲农业与乡村旅游观光点、特色农产品、传统农事活动，向大型汽车俱乐部、车友俱乐部发放浙江省休闲农业与乡村旅游精品线路手绘图册5 000余册，扩大休闲农业与乡村旅游的知名度。

5. 依托规范提升，实现促农增收。一是突出农民的主体地位。完善以农户和农民专业合作社为主体、以政府为引导、社会参与和市场运作的经营模式，壮大休闲农业产业规模。如仙居县桐桥杨梅观光园通过"基地＋市场＋农户"形式，带动周边121户农户投资种植杨梅1 000多亩。二是畅通休闲农业就业渠道。引导农户、工商资本等休闲农业经营主体，充分利用荒山、荒坡、滩涂和农村空闲地发展休闲农业基地，雇佣周边农民，促进农民就业增收。2015年全省休闲农业从业人数中农民就业人数占80%以上。三是注重延伸休闲农业产业链。在休闲农业发展中，积极开辟农产品采摘、农产品包装加工、餐饮服务等二三产业，实现农产品增值、带动其他农副产品销售，使土地收入、打工收入、餐饮等服务性收入成为农民增收新领域。

【规范性文件】 浙江省相继出台扶持政策、强化要素保障，休闲观光农业由小到大，由弱到强，数量不断增加，规模效益日益扩大。2014年浙江省人民政府办公厅出台《关于鼓励投资发展现代农业的意见》，2015年浙江省农业厅、浙江省旅游局联合印发《关于加快发展休闲农业与乡村旅游的意见》，进一步推进休闲农业和农旅融合发展。

安徽省

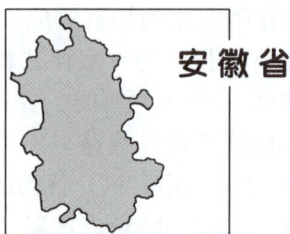

【基本情况】 2015年，安徽省把发展休闲农业和乡村旅游作为拓展农业多功能性的有力抓手，按照"农旅结合、一三互动、接二连三"的发展思路，强化政策扶持，优化发展环境，休闲农业保持快速发展的良好势头。截止到2015年年底，全省休闲农业和乡村旅游经营主体达到9 169家，其中：农家乐6 792家，休闲观光农园、农庄2 377家；从业人员45.26万人，营业收入554.55亿元，接待旅客人数达到1.13亿人次，有力地促进了农村经济发展，带动了农民就业增收。截止到2015年年底，安徽省共创建全国休闲农业和乡村旅游示范县9个、示范点20个，全国十佳休闲农庄3个，中国最美休闲乡村6个，中国美丽田园9个，中国重要农业文化遗产2个，五星级休闲农业和乡村旅游示范企业6个、四星级23个、三星级6个；推介中国休闲农业和乡村旅游精品线路3条；创建省级休闲农业和乡村旅游示范县34个、示范点100个；组织认定9个省级休闲农业专业示范村。

【主要工作成效】

（一）助力了特色产业扶贫，带动了农民就业增收

休闲农业和乡村旅游产业的快速崛起，有力地帮助农民鼓起了钱袋子。一方面，休闲农业实现物化产品和精神产品双重增值，有效增加了农民经营性收入。另一方面，延长农业产业链条，扩大就业容量，有效增加了农民工资性收入。2015年，安徽省休闲农业和乡村旅游带动农民就业人数37.27万人，人均劳动报酬28 094元。

（二）推进了一二三产业融合发展，拓展了农村发展新空间

休闲农业和乡村旅游经营主体，在生产优质农产品做大一产的基础上，大力发展加工业做强二产，积极发展休闲度假、养生养老、农事体验等做优三产，实现了农村三次产业的深度融合发展，拓展了农村的发展空间。安徽省广德县箐箐生态农业有限公司，坚持种养为基，在800亩精品猕猴桃园中进行土鸡、山羊养殖和沼气生产，真正实现了果园立体生态种养循环发展；坚持加工升值，2007年新建猕猴桃果酒加工生产线，猕猴桃果酒年产量达2 000吨，产品一经推出就深受市民热捧；广辟销售渠道，在县城开设2家专卖店，实行线上线下同步销售，增强"箐箐"品牌市场竞争力。

（三）推动了农业供给侧结构性改革，提供了城市居民旅游度假新去处

各地打造功能齐全、环境优美的休闲农业园区，推出内容丰富的体验活动、绿色安全的农副产品等休闲农业和乡村旅游产品，有力地推动了农业供给侧结构性改革，不仅有效地增加了农民收入，还满足了城市居民休闲消费新需求。如合肥市用工业的理念抓休闲农业和乡村旅游，通过做好"无中生有"和"小题大做"两篇文章，推出新产品、打造新去处、满足新需求。包河区在牛角大圩，通过相继引入安徽华绿、徽王蓝梅等企业，打造四季花海、蓝梅和鲜桃采摘项目，仅用3年时间，就实现了由传统农区向休闲景区的华丽转身。

（四）搭建了农民创业创新的宽广舞台，

助推了"双创"深入开展

发展休闲农业和乡村旅游资源消耗低、投资额度相对较小，但就业容量大、市场需求旺、综合效益高，为怀揣激情梦想的农民、大中专生、返乡人员创业创新提供了广阔天地。目前，安徽省休闲农业和乡村旅游各类经营主体中，农民和返乡人员占比达70%以上。宁国市80后农业硕士研究生吴峰，利用自己在上海从事生态观光农业工作的多年经验，于2014年偕同妻子返乡创办了面积达260余亩的宁一果园——以果蔬采摘、亲子游玩、科普教育等为主题的生态农业观光园，年接待游客达5万人，待全部建成运行后，预计年产值可达1 100万元，利润可达200万元。这些已成为创业创新者梦想成真的鲜活案例。

（五）传承了农耕文明，弘扬了农耕文化

安徽省是农耕文化的重要产生地、聚集地，发展休闲农业和乡村旅游对挖掘、保护、传承和弘扬老祖宗留下的宝贵农耕文化遗产具有十分重要的作用。如休宁县为保护好、传承好、利用好"山泉流水养鱼系统"这一中国重要农业文化遗产，在全县14个乡镇开发泉水鱼养殖，目前全县养殖户达4 000余户，规模化养殖场、基地22个，组建流水养鱼专业合作社9个，注册山泉流水鱼商标5个，年总产值达到8 000万元的规模，年接待游客6万多人。

【主要工作措施】

（一）典型引路抓示范

把典型引路、示范带动作为推进休闲农业和乡村旅游的重要抓手，使农民"学有目标"，企业"创有对照"，居民"游有品牌"。一是创建现代生态农业产业化示范县。2015年，按照县域大循环、园区中循环、企业小循环，安徽省启动了30个现代生态农业产业化示范县建设，探索品牌化运营的产品生态圈、联合体组织的企业生态圈和复合式循环的产业生态圈三位一体的发展模式，包河区、贵池区分别作为以设施观光农业、休闲农业为主攻方向，列入首批示范创建县。二是创建国家和省级示范县（点）。按照农业部要求，结合当地资源优势，全力开展国家和省级休闲农业和乡村旅游示范县（点）创建活动。

（二）精心谋划抓指导

安徽省把深入全面系统谋划事关现代农业发展重大举措作为推进休闲农业和乡村旅游发展的重要前提。一是实施"五大示范行动"。2015年，安徽省以现代生态农业产业化为总抓手，组织实施绿色增效示范行动、品牌建设示范行动、主体培育示范行动、科技推广示范行动、改革创新示范行动，既助推现代生态农业产业化这部"绿色跑车"驰骋江淮大地，也为休闲农业和乡村旅游发展奠定了坚实基础。二是培育省级农业产业化龙头企业"甲级队"。2015年，以省农业产业化指导委员会名义制定出台关于培育省级农业产业化龙头企业"甲级队"的实施意见，对蔬菜、茶叶、水果等特色产业的龙头企业进行重点扶持，充分发挥其对休闲农业和乡村旅游发展的带动作用。三是开展休闲农业绿色体验模式攻关。印发安徽省休闲农业绿色体验模式攻关实施方案，重点开展优化区域布局、丰富产业类型、拓展产业领域、发展创意农业、完善服务功能等7项推进行动。

（三）合力推进抓扶持

把加强协调配合，形成推进合力作为推动休闲农业和乡村旅游发展的重要因素。一是齐抓共管共同发力。省农业委员会与省旅游局联合开展国家和省级休闲农业和乡村旅游示范县（点）创建，加强部门协作，发挥行业优势。二是真金白银予以投入。2015年，省农委从财政支农专项资金中，切块安排150万元用于支持省级以上休闲农业与乡村旅游示范县（点）和星级休闲农业企业建设。安徽省部分市县，对获得休闲农业和乡村旅游国家级、省级、市级示范点，分别给予 30 万、20 万、10 万元不等的奖励。三是千方百计积极扶持。在项目实施、贷款贴息、税收减免等方面，加大对休闲农业和乡村旅游经营主体扶持力度。省农委将休闲农业和乡村旅游专业合作社列入农民合作社扶持发展范畴，优先给予扶持。支持经营主体参加合肥农交会、长三角休闲农业和乡村旅游博览会等各类展示展销活动。

（四）持之以恒抓服务

把加强公共服务，帮助经营主体提档升级作为发挥政府作用的重要内容，为休闲农业和乡村旅游发展营造良好环境。一是夯实服务基础。坚持路、水、电、标识标牌、污水处理和服务等硬软件两手抓，努力为旅客创造良好的休闲旅游环境。合肥市包河区大圩和牛角大圩、庐阳区三十岗，基本做到道路硬化、农村保洁与休闲农业发展同步，同时在重要节假日等增加发车班次。二是搭建服务平台。搭好宣传推介平台，连续成功举办 8 届合肥农交会，展示展销休闲农业和乡村旅游经营主体生产的优质特色农产品、手工艺品等。2015 年合肥农交会首次专门设立休闲农业馆，独立全面展示发展成效。精心组织了以马鞍山市为重点的 30 多个示范点，参加第二届上海长三角休闲农业与乡村旅游博览会，取得了很好的社会效益。省农委已筹划建立休闲农业和乡村旅游网页，拟借助网络优势，集中、持续宣传推介精品景点、精品路线等。搭建专家服务平台，从全省范围内遴选专家，成立休闲农业专家库，为产业发展提供智力支撑。三是创新服务机制。建立专家联系合作社、龙头企业，农业部门联系县、村等行之有效的机制。

（安徽省农业委员会）

福建省

【基本情况】 2015 年，福建省休闲农业保持较快增长速度，产业发展初具规模，产业地方特色明显。据福建省农业厅监测，截止到 2015 年年底，全省具有一定规模的休闲农业点达到 2 600 多家，同比增长 18.2%，全年接待游客近 7 000 万人次，同比增长 15.4%，营业额突破 103 亿元，同比增长 18.4%，安排农民直接就业达 12 多万人，同比增长 20%。全省建设了一批规划科学、管理规范、功能完善的休闲农业点，培育发展了一批整体实力较强、具有一定知名度、服务较为优良的休闲农业企业。全省创建的全国休闲农业与乡村旅游示范县 9 个、示范点 30 家，居全国前列；获得全国最美休闲乡村 15 个；获得全球重要农业文化遗产 1 个、中国重要农业文化遗产 3 个。继续认定 2015 年度省级休闲农业示范点 30 个，首批认定推介"福建省最美休闲乡村"20 个。

【主要工作措施和成效】

（一）示范创建活动取得新成效

实施农业部与国家旅游局联合开展的"全国休闲农业与乡村旅游创建活动"，松溪县获得全国休闲农业与乡村旅游示范县，闽侯县龙泉山庄等 7 家经营单位获得全国乡村旅游示范点。组织参加农业部举办的"中国最美休闲乡村推介活动"，武夷山市下梅村、福鼎市赤溪村等 6 村入选"2015 年中国最美休闲乡村"。

长泰县马洋溪（山重村）休闲农业系列旅游获得全国"十佳休闲农业旅游线路"。继续开展省级休闲农业示范创建活动，认定2015年度省级休闲农业示范点30个、首批认定推介"福建省最美休闲乡村"20个。

（二）管理服务能力得到新提升

一是推动出台支持休闲农业持续健康发展的政策意见。2015年，福建省厦门市、漳州市政府相继出台了促进休闲农业发展的政策文件。省农业厅草拟并召开多场座谈会讨论《福建省人民政府关于促进休闲农业持续健康发展六条措施的通知（征求意见稿）》，将征求意见稿发给22个省直相关部门征求意见，并与相关部门沟通协调后形成代拟稿，已正式报送省政府。在省厅的大力推动下，厦门市、漳州市相继出台了促进休闲农业持续发展的政策意见。二是做好宣传咨询。组织福建省农业信息网休闲农业在线访谈，围绕休闲农业主题开展访谈答疑活动，答复厅长信箱有关休闲农业咨询内容，答复有关休闲农业的人大建议、政协提案，配合省人大开展关于休闲农业重点建议的协办和督办，利用各种机会呼吁加强对休闲农业的支持扶持。三是举办2015年闽台休闲农业暨全省休闲农业管理人员培训班。利用漳浦台湾农民创业园（海峡两岸新型农民交流培训基地）平台，邀请海峡两岸著名休闲农业专家、学者，组织在闽投资休闲农业的台湾同胞、全省休闲农业管理人员等140多人，通过集中授课、专题讲座、现场考察等方式，重点学习休闲农业发展的先进理念，研讨省休闲农业的发展方向等，现场参观台资蜜源休闲农场，取得了很好的成效。四是宣传推介持续推进。制作了专题片，组织媒体专栏专版，加大了休闲农业品牌推广推介。一些地市还编印了旅游线路图，休闲农业扑克，形成良好发展氛围。

（三）乡村旅游扶贫取得新进展

一是加强组织领导。省发展改革委、省扶贫办（省农业厅）、省旅游局多次联合召开会议研究乡村旅游扶贫试点工作，根据分工落实好工作责任，通力合作。试点所在县（市、区）、乡（镇）都成立领导小组，加强乡村旅游、美丽乡村工作的组织领导，确保了试点工作顺利推进。二是科学编制规划。各试点村按照"生活宜居、环境优美、设施配套、功能齐全、特色突出"的要求，把乡村旅游开发与美丽乡村、新农村建设相结合，精心编制一体化规划。三是加强宣传发动。试点村充分发挥党员干部的模范先锋作用，率先参加乡村旅游扶贫工程，用自身的行动带动村民积极参与。同时，通过召开村两委会、党员会、村民代表会和群众大会，广泛宣传推进乡村休闲旅游、建设美丽乡村的内容、目的、意义，充分运用电视、广播、报刊网络等主流媒体的作用，开展形式多样的宣传活动。四是多渠道筹措资金投入。坚持"国家、集体、个人一起上""谁投资、谁受益"的方针，鼓励多种形式的资金投入。全省共筹集资金74 535.5万元支持旅游扶贫试点工作，同时各地还加大招商引资力度，多渠道筹措乡村旅游建设资金。动员社会资金投入，为乡村休闲旅游建设提供资金保障。如将乐县吸引客商投资5 000万元成立茂业农业生态园，村民个人投资数百万元参与梅花村乡村区住宿、餐饮和旅游项目的开发与建设。五是开发特色乡村旅游项目。各地充分利用独特的地理环境资源优势，开发独具特色的乡村旅游扶贫项目。如建阳区徐市镇壕墩村，利用良好的生态，以大棚蔬菜种植、农作物采摘等大棚发展观光游；武夷山市岚谷乡客溪村建成"民俗游"。泰宁县旅游资源丰富，为发展乡村旅游，县政府积极引进公司开发休闲农业产业，并采取措施带动贫困户脱贫。

（四）调查监测有新举措

一是做好全省休闲农业监测工作。按照农业部要求，从2015年起开展全省休闲农业行业监测工作。组织各地市上半年报送休闲农业基本情况，次年1月报送全年情况，包括休闲农业基本情况表和全年监测报告。二是做好全省休闲农业典型调查工作。调查全省规模以上（总资产500万元以上）的休闲农业企业，要求每个设区市填写《福建省休闲农业调查表》和提供10个以上以特色农业产业为支撑的休闲农业典型案例，深入了解全省休闲农业现状，跟踪培育重点项目，为加强休闲农业规划引导和管理服务提供依据。

（福建省农业厅 王振惠 王舒宁）

江西省

【基本情况】 江西省各地农业部门高度重视休闲农业的发展，把休闲农业作为江西现代农业强省和旅游强省建设的重要内容来抓。省、市、县各级农业部门不断完善工作机构，配备管理人员，明确工作职责。不断加强与新农村、旅游、财政、发改委、住建等部门的合作，加强了对休闲农业工作的协调和对行业的指导，全省逐步形成了"政府引导、农民主体、社会参与"的良好格局。进一步完善了休闲农业展示、信息交流平台，建立了休闲农业管理、统计报送和社会服务系统，积极推进了智慧休闲农业平台建设，全省休闲农业发展水平不断提升。

【工作思路】 贯彻落实《江西省人民政府办公厅关于促进江西省休闲农业发展的若干意见》和《农业部关于进一步促进休闲农业持续健康发展的通知》精神，以促进农业增效、农民增收、农村环境改善为核心，健康快速发展休闲农业。以创新机制、优化布局、丰富类型、完善功能、突出特色、强化管理为抓手，扩大休闲农业产业规模，创建休闲农业知名品牌，提升服务水平，提高社会、经济和生态效益。

【主要工作措施】

（一）政策引导，科学规划

认真贯彻落实《农业部关于进一步促进休闲农业持续健康发展的通知》精神，加强调查研究，因地制宜，制定休闲农业发展规划。编制了《江西省休闲农业第十三个五年发展规划》。

（二）示范带动，创建品牌

积极参与了农业部"全国休闲农业与乡村旅游示范县、示范点""全国十佳农庄""中国美丽休闲乡村"、星级示范，全国休闲农业与乡村旅游精品线路等休闲农业品牌创建和评选活动。开展全省休闲农业示范县、示范点认定工作。

（三）组织活动，开拓市场

鼓励和支持各地举办农事节庆活动，全省共举办了50多场休闲农业活动，游客参与热情高涨，形成了浓厚的旅游氛围，呈现出"一乡一节，一品一节"新格局。特别是"2015江西休闲农业乡土美食推介活动"，吸引了大批农庄、企业参与，推出了一批特色农家茶和休闲食品。

（四）注重传承，保护遗产

大力推进重要农业文化遗产发掘与保护工作。一是指导和帮助江西崇义客家梯田农业文化系统申报联合国"全球重要农业文化遗产"。二是做好调查研究，深入发掘和储备项目。三是认真实施农业部"江西省实施全球重要农业文化遗产申报与保护项目"，做好江西万年稻作农业文化系统和江西崇义客家梯田系统遗产保护与传承工作，召开了工作会议，在万年县举办了培训班，全省农业部门和当地乡镇、村干部共200余人参加了培训。

（五）创新机制，激发潜力

创新了休闲农业管理和服务手段。建立全省休闲农业监测与统计制度，强化行业运行监测分析。加快构建网络营销、网络预订等公共服务平台，提升行业信息化服务水平。积极开展休闲农业创意产品推介工作，筛选了一批有艺术创新、有文化内涵、有观赏性的产品在各种推介会上推出。积极推进"互联网+"和休闲农业智慧平台建设，编制了平台建设规划，制订了工作方案。

（六）加大宣传，扩大影响

广泛利用电视、广播、杂志、网络信息、手机微信等媒体宣传江西省休闲农业。一是在《江西农业》杂志设立了"休闲农业专栏"，发表了10期20多篇休闲农业发展情况的宣传报告，交流、总结和宣传全省各市县休闲农业发展经验。二是在江西农业信息网"休闲农业专栏"发表了产业发展信息，及时发布通知信息和通报各地开展活动情况。三是加强了与中国休闲农业网及省内外媒体和网站的合作，同时，利用各种农产品展示展销会宣传推介江西省休闲农业企业和创意产品，全范围、多渠道、跨区域发布信息，建立产品供需信息沟通渠道。

（七）加强服务，强化培训

一是密切与大专院校、科研单位及相关部门的关系，在鹰潭市开展了2015全省休闲农业送科技下乡活动，举办了休闲农业产业发展培训班，100余人参加了培训。二是对休闲农业产业带头人、专业技术人员进行培训，举办了休闲农业讲解员、乡村旅游导游员、农家乐接待服务人员等各种内容的培训班，培训了2 000多人次。三是举办了休闲农业统计与监测工作培训、重要农业文化遗产培训、创意农业培训和赣台休闲农业合作培训等。

【主要工作成效】 江西省休闲农业发展成效主要体现在三个方面：

1. 产业规模不断扩大。2015年全省各类休闲农业企业规模年均增长20%以上，总数达3 550多家；规模经营的农家乐年均增长15%以上，总数超过18 300家。

2. 农民增收明显提高。全省休闲农业企业从业人员已超过82万人，其中农民就业达75万人，从业人员收入较普通农民高25%以上。全省休闲农业年接待游客2 200多万人次，休闲农业综合收入122亿元，对江西省农业及农村经济发展的贡献率不断提高。

3. 品牌效应初见成效。全省已创建省级休闲农业示范县22个、示范点220个，有全国休闲农业与乡村旅游示范县10个、示范点20个、星级企业51家、全球重要农业文化遗产1个、中国重要农业文化遗产1个、中国美丽田园11个、中国美丽休闲乡村8个和全国十佳休闲农庄4个。

【相关文件】 2014年江西省1号文件明确提出，要推进生态型农业发展，"要以民俗风情、农耕文化、乡村风貌、特色村镇为依托，以创建乡村旅游精品为抓手，打造一批以农村休闲、农业观光、农家体验为主要内容的休闲农业示范园区"。近年来，江西省出台了《关于推进旅游强省建设的意见》《关于进一步加快县域经济发展的若干意见》《关于促进江西省休闲农业发展的若干意见》《江西省休闲农业"十二五"发展规划》《江西省休闲农业"十三五"发展规划》等政策意见，明确提出了休闲农业发展的目标、任务和措施。

【大事记】

[1] 2015年3月，在鹰潭市贵溪县举行休闲农业送科技下乡活动。

[2] 2015年3月26日和4月10日的《农民日报》图文并茂地刊登了"风景这边独好——江西休闲农业掠影"，宣传报道了江西省休闲农业发展的成效，对企业进行了典型

介绍。同期，中央电视台第七频道摄制组到婺源、武宁等地拍摄中国美丽田园，多次在央视七套播放。

[3] 2015年4月3日至5月3日，举办了第四届中国南昌"休闲农业·秀美乡村"活动月活动。

[4] 2015年8月，在万年县举办全省重要农业文化遗产培训班。

[5] 2015年9月，在我国台湾省举办"赣台休闲农业培训班"。

[6] 2015年10月，江西省进贤县太平村、崇义县水南村、武宁县南屏村、浮梁县严台村、黎川县洲湖村被农业部认定为中国最美休闲乡村。

[7] 2015年11月，在南昌市举办2015年江西休闲农业乡土美食推介活动。评选出"十大特色农家菜""十大风味休闲食品"。

[8] 2015年12月，南昌市西湖李家和"江西花园南昌都市农业休闲游"旅游线路被中国旅游协会休闲农业与乡村旅游分会分别评为2015全国十佳休闲农庄和2015中国休闲农业与乡村旅游十大精品线路。

[9] 2015年12月，江西省南昌县、上犹县、浮梁县被农业部、国家旅游局认定为全国休闲农业与乡村旅游示范县，南昌县湖光山舍田园农庄、武宁县阳光照耀29度度假区、吉安市井冈山国家农业科技园、浮梁县景德镇双龙湾农业生态园、赣县寨九坳风景区被认定为全国休闲农业与乡村旅游示范点。

[10] 2015年12月，江西省九江市永修县、上饶市上饶县、宜春市万载县被江西省农业厅认定为2015年江西省休闲农业示范县，赣州市江西虔心小镇生态休闲度假区等35个点被认定为江西省休闲农业示范点。

（江西省农村社会事业发展局　陈龙祥　周　群）

山东省

【基本情况】　山东是传统农业大省，具有丰富的农业休闲旅游资源。近年来，山东省各地深入贯彻落实中央及省委、省政府关于转变农业发展方式，推进农村一二三产业融合发展的指示精神，以农业提质增效、农民就业增收、农村环境美好为目标，努力拓展农业生态环保、休闲观光、文化传承等多种功能，积极支持和引导休闲农业发展，取得了显著成效。截止到2015年年底，全省创建省级以上"一村一品"示范村镇216个；全省休闲农业经营主体达到8 000余家，其中农家乐6 000多家，休闲观光农园（庄）1 800多家，从业人员近50万人，年接待游客超过6 600万人次，全年营业收入超过240亿元，其中农副产品销售收入超过125亿元，从业人员年均劳动报酬接近25 000元，带动55余万农户受益。

【主要发展模式】

1. 园区带动型。各类农业科技示范园、生态循环农业示范园、现代农业示范园区等，如烟台农博园、苍山现代农业示范园等，通过改造提升，扩展旅游功能，建成集科技研发、示范推广、科普教育、观光体验、旅游休闲等多功能园区。

2. 产业主导型。在发展高效特色农业、"一村一品"及各类农业标准化、产业化基地的同时，进一步延伸产业链条，通过开展采摘、观赏、体验等，促进产品推介和营销，实现产业增值增效。如济南历城区张而草莓采摘园、威海的无花果节等。

3. 企业经营型。依托自然优美的乡野风景、环保生态的绿色空间，吸引企业投资兴建休闲农庄、旅游度假村等，为游人提供休憩、游乐、住宿等服务，满足游客回归自然、享受宁静的消费需求。如沂南竹泉村、泗水万紫千红度假村、滨州三河湖休闲度假旅游区等。

4. 餐饮娱乐型。以各类农家乐、渔家乐为代表的乡村休闲，凭借城市周边、旅游景区等地域优势和特色资源，为人们提供垂钓、捕捞、加工、特色餐饮等服务，让游客品尝原汁原味的农家菜，体验淳厚的农家风情。如高密李村的农家食宿园，菏泽市曹县八里湾农家乐等。

5. 乡村文化型。借助独有的古迹、传说、民俗、传统手工业等历史文化发展休闲旅游的传统古村落、民俗村，如以魏氏庄园闻名的惠民魏家庄，章丘的朱家峪，曲阜吴村的葫芦套等。还有一些近年发展起来的社会主义新农村，如寿光三元朱村，乐陵梁锥希森新村等。

【主要政策措施】

（一）坚持规划引领，推动休闲农业与乡村旅游健康发展

近年来，山东省先后出台了《山东省乡村旅游业振兴规划》和《山东省国民休闲发展纲要（2011—2015）》，印发了《关于提升旅游业综合竞争力，加快建成旅游强省的意见》，编制了生态休闲农业园区建设规范并纳入2015年农业地方标准制定项目。2015年为贯彻落实农业部部署精神，联合发改、国土、旅游等十二个部门研究制定了《关于积极开发农业多种功能大力发展休闲农业的意见》。这些政策、规划的出台，对山东省休闲农业和乡村旅游业发展起到积极的引导和促进作用。

（二）夯实主导产业，强化休闲农业与乡村旅游发展的产业支撑

休闲农业以农业为基础，重在加强农业产业支撑。近年来，山东省紧紧抓住产业发展这个关键点，通过组织实施果菜等产业振兴规划，扎实推进现代农业示范区、标准化农业生产基地、生态循环农业示范区及各类农业园区建设，大力发展果、菜、茶等高效特色农业，强化休闲农业的产业支撑。如依托梨产业发展起来的冠县中华梨园，依托苹果产业发展起来的沂源林果大观园等，都已成为远近闻名的休闲农业和乡村旅游示范点。

（三）立足生态循环，改善休闲农业与乡村旅游发展环境

近年来，山东省各地不断加大生态农业示范县、乡村清洁工程、循环农业示范基地、美丽乡村创建等项目建设力度，努力改善农业生产、农村居住环境和休闲农业发展环境。目前，全省农村沼气用户达到260多万户，农村清洁工程示范村187个，创建美丽乡村53个。许多生态循环农业园已成为城乡居民节假日休闲、观光旅游的重要场所。

（四）强化示范带动，积极开展休闲农业与乡村旅游示范创建

近年来，根据农业部和全省的统一部署，各地不断总结典型、探索经验、培育品牌，积极开展休闲农业示范创建活动。全省已创建国家级休闲农业与乡村旅游示范县14个、示范点30个、中国最美田园12个、最有魅力休闲乡村3个、中国最美休闲乡村11个、中国重要农业文化遗产3个，认定省级休闲农业与乡村旅游示范点86个、省级生态休闲农业示范园区40处、齐鲁美丽田园15处，有力地推动了休闲农业发展和美丽乡村建设。

（五）突出休闲创意，加大休闲农业宣传推介

为更好地宣传山东省农业旅游产品，组

织开展"休闲农业进园区"系列活动，连续三年获好客山东休闲汇优秀专题活动。积极参与部省共建网站活动，组织开展休闲农业园区、景观信息上网宣传活动，并在山东农业信息网、山东农业电视网、《农业知识》杂志开设休闲农业专栏，宣传山东省休闲农业品牌。积极参加全国休闲农业创意精品推介活动，促进全省休闲农业创意产业发展。

（六）加强部门联动，形成推动休闲农业发展合力

加强组织领导，进一步提高对发展休闲农业的认识，建立多部门共同参与的休闲农业工作协调推进机制。加强与旅游、国土、财政、文化等部门的协调配合，明确责任分工，研究解决工作推进中的重要问题，出台具体的政策措施，加强对休闲农业发展的指导服务，提升休闲农业整体发展水平。

【大事记】

［1］2015年5月，根据农业部办公厅、国家旅游局办公室《关于开展2015年全国休闲农业与乡村旅游示范县、示范点创建工作的通知》（农办加〔2015〕5号）要求，山东省下发了《关于开展2015年休闲农业与乡村旅游示范创建申报工作的通知》（鲁农生态字〔2015〕6号）。2015年12月，农业部、国家旅游局联合认定山东省青州市、曲阜市、枣庄市山亭区3个县为全国休闲农业与乡村旅游示范县；认定邹城市石墙镇上九山村、荣成市健康集团休闲农业示范区、临朐县石门坊寨子崮乡村旅游示范区、临邑县"红坛寺省级森林公园"、淄博市博山区池上镇中郝峪村、莱西市沽河休闲农业示范园等6个点为全国休闲农业与乡村旅游示范点。

［2］2015年5月，为进一步提升山东省休闲农业与乡村旅游发展水平，按照农业部、国家旅游局关于开展休闲农业与乡村旅游示范创建工作的要求，2015年 月，经专家评审，确定济南市长清区万德镇等21家单位为第四批山东省休闲农业与乡村旅游示范点，确定济南市西湿地高科农业示范园等40家单位为首批山东省生态休闲农业示范园区，并予以公布。

［3］2015年10月，山东乐陵枣林复合系统和山东枣庄古枣林成功申报为第三批中国重要农业文化遗产。

［4］2015年10月，农业部办公厅认定山东省枣庄市山亭区洪门村、曲阜市周庄村、兰陵县代村、长岛县南隍城村4个乡村为中国最美休闲乡村。

［5］2015年12月，为贯彻落实农业部部署精神，省农业厅联合发改、国土、旅游等12个部门研究制定了《关于积极开发农业多种功能大力发展休闲农业的意见》（鲁农生态字〔2016〕1号）。

（山东省农业厅）

河南省

【基本情况】 河南省位于黄河中下游地区，全省地势西高东低，北有太行山，西有伏牛山，南有桐柏山和大别山，中东部是广阔的黄淮冲积平原，地理位置优越，四季分明，自然资源丰富。国土面积16.7万平方千米，在全省面积中，山地丘陵面积7.4万平方千米，占全省总面积的44.3%；平原和盆地面积9.3万平方千米，占总面积的55.7%。复杂多样的土地类型为农、林、牧、渔业的综

合发展提供了有利的条件，造就了河南美丽而丰富的休闲农业资源。

按照省委、省政府关于"调结构、转方式、提效益、稳增长"的总体部署，我们在一二三产融合发展方面进行了积极探索，近年来，作为农业三产融合发展新业态的休闲农业，得到了长足的发展。截止到2015年年底，全省共有休闲农业经营主体14 766个，营业收入100.89亿元，实现利润25.96亿元，从业人员30.28万人，其中农民就业人数达到28.37万人（占从业人数的93.69%），带动农户29.74万户；各类休闲农业园区、休闲农庄达784个，营业收入25.49亿元，实现利润6.31亿元。休闲农业的发展不但为城市居民休闲度假提供了一个好去处，也为突破农业发展瓶颈、繁荣农村社会、提高农民收入探索出了一条新途径。同时，休闲农业的发展也加速了农村剩余劳动力的转移，促进了新农村建设，为社会资本注入农业、工业反哺农业提供了一个新的平台。

【工作思路和措施】

（一）思想重视，加强政策扶持

休闲农业是具有市场需求、蕴藏巨大潜力的朝阳产业，是发展现代农业的重要途径。近年来，省委、省政府高度重视，坚持把发展休闲农业作为提升农业、致富农民、发展农村的一项重要抓手，在组织协调、发展规划、政策措施、资金扶持等方面做出了明确的规定，为休闲农业发展创造了有利的政策环境。全省各地市、县（市、区）都把发展休闲农业纳入都市农业、乡村旅游和新农村建设的整体布局中，纷纷出台了发展休闲农业和乡村旅游的具体意见，并成立了组织领导机构，工作力度不断加大。洛阳市出台了《洛阳市人民政府关于推进休闲农业发展的意见》（洛政〔2016〕9号）；商丘市下发了《商丘市人民政府办公室关于推动全市都市生态农业发展的实施意见》（商政办〔2015〕37号）等。

（二）科学规划，推进产业发展

根据各地不同的自然条件，指导各地市在充分发挥自身优势条件的基础上，做出休闲农业发展的长期规划，依据规划稳步推进。郑州市于2012年组织编制了《郑州市休闲农业发展规划（2013—2020）》；洛阳市出台了《洛阳市人民政府关于推进休闲农业发展的意见》（洛政〔2016〕9号）；商丘市下发了《商丘市人民政府办公室关于推动全市都市生态农业发展的实施意见》（商政办〔2015〕37号）等，为当地休闲农业健康发展提供了科学的依据。

（三）财政投入，建设基础设施

近年来，各级政府坚持在基础设施建设上向休闲农业倾斜，在农村沼气、农业综合开发、农产品基地、乡村道路、乡村清洁等支农工程项目向旅游点倾斜，对休闲农业财政投入的力度不断加大。目前，河南各地基本上都制定了财政支持休闲农业的相关政策，如：郑州市财政每年都安排专项财政扶持资金，用于休闲农业企业改善基础设施、拓展休闲功能，开展创新创意、提升服务质量。2012—2015年，郑州市财政共支出专项资金5 412.5万元，扶持95个休闲农业项目，带动社会投资2.1亿元。安阳市龙安区每年拿出1 000万元专门用于对休闲农业基础设施建设的补贴。洛阳市每年市县两级财政拿出不少于5 000万的财政资金，专项用于宣传推介和对重点休闲园区进行以奖代补奖励，发挥财政资金四两拨千斤的作用。

（四）加强宣传推介，叫响河南休闲农业

为了扩大河南休闲农业的吸引力和影响力，积极引导各地市举办各类推介活动。如郑州市的"走进乡村 寻梦田园"系列活动——阳春踏青赏花游、樱桃文化节、河阴石榴节、枣乡风情游、绿源山水风筝节和冬枣节、普兰斯薰衣草节、富景生态葡萄节等农事节会等

30多场次。"洛阳市秋季休闲农业推介会暨河洛金秋第11届洛宁上戈苹果采摘节";"2015洛阳休闲农业夏季推介会暨第三版休闲农业导游图发行仪式";"2015洛阳休闲农业春季游暨孟津休闲农业专场推介会"等。

（五）搭建智慧信息平台，推进互联网＋休闲农业

根据国务院《关于积极推进"互联网＋"行动的指导意见》，为满足市民需求，提升经营主体的移动互联网宣传推广水平。郑州市与盈止道明（北京）科技发展有限公司合作，打造了休闲农业移动互联网服务平台"郑州休闲农业"，并于2015年11月正式上线。该平台通过整合移动智能终端、云服务平台以及大数据分析技术，以二维码作为平台入口，为市民提供全面、精准、便捷、时尚的休闲农业信息和服务。"郑州休闲农业"目前已入驻200多家休闲农业经营主体，包含了5条精品旅游线路、2个大型景区全境漫游系统和数十家园区的电子地图导览系统，成为全网数据最全的郑州休闲农业旅游信息平台。

（六）注重业务培训，强化素质提升

为提高休闲农业从业人员的综合素质，我们重视开展休闲农业培训工作。除省里每年举办1～2期休闲农业专题培训班外，引导各地市换脑筋、转思路、促发展。如：洛阳市组织实施了新型农业现代化系列讲座活动。利用周末组织农业系统的各级干部、休闲园区负责人等参加，邀请国内农业方面的有关领导、知名专家、学者到洛阳进行授课，讲政策、谈形势、理思路，拓宽视野，目前已成功举办37期，累计培训7万余人次。组织休闲园区的负责人以及县（市、区）及乡镇负责休闲农业工作的同志外出学习考察。先后赴我国台湾省和成都、湖南、咸阳、信阳等发展较好地方考察12批次，取得了良好的效果。同时，每年还通过休闲农业协会组织多次本地交流活动。郑州市每年都要举办1～2期大型休闲农业学习考察、专题培训活动。通过学习交流，使大家

开阔了眼界，转变了观念，看到了差距，明晰了方向，学会了方法，坚定了信心；通过学习交流，提高了工作人员的科技素质和技术水平，提升了休闲园区管理者的综合管理技能，增强了管理水平。

【主要成效】

（一）产业发展初具规模

打造了一批生态优美、主题鲜明、功能完善的休闲农业庄（园）、特色村、农事节会和精品线路；形成了一批叫得响、传得开、留得住的知名休闲农业品牌。截止到2015年年底，河南省创建全国休闲农业与乡村旅游示范县11个、示范点21个；中国美丽田园6处；中国最美休闲乡村8个；中国重要农业文化遗产1处。

（二）品牌建设成效明显

河南所拥有的"山、河、沟、岭、原"等自然资源优势，以及特有的自然生态、农业资源、历史人文、地理区位等资源优势，为发展休闲农业提供了良好基础条件。各地市区在休闲农业建设和发展过程中，依托地方特色资源优势，坚持"立足三农、依托城市、服务市民、富裕农民"的发展原则，以农业为基础、以休闲为途径，以服务为手段，注重挖掘乡土文化，强化创新创意，丰富文化内涵，突出经营特色，以吃、住、行、游、乐、购、康、教、体等为主要建设内容，因地制宜拓展旅游观光、农事体验、娱乐健身、度假养生、科普教育等休闲功能，积极探索适宜的发展模式。

（三）推动了资金向农村转移

休闲农业是个新兴的朝阳产业，相对于传统产业来说，国家政策支持力度更大，投资回报率高，更有发展前景。通过大力发展休闲农业，大量的城市资本开始投资休闲农业，为城市资本下乡寻求了有效载体，发展休闲农业是当前推动生产要素向农村转移的重要途径。据统计，目前河南省投资休闲农

业的资金，80％以上都来自城市的其他产业。

（四）促进了城乡融合发展

以休闲农业为载体，城镇游客把现代化城市的思想理念、生活方式、文化等行为和信息带到农村，使农民接受现代化意识和生活习俗，在潜移默化中提高了自身素质，进而促进了乡风文明，加快了新农村建设。大量市民到农村观光、消费，既满足了城镇居民的心理、生活需求，又带动了农村餐饮、娱乐等产业发展，实现了城乡交流互动、融合发展。

（五）美化了农村生态环境

通过发展休闲农业，大量资金投入到建公路、修水利、搞绿化中，使农村的道路交通、通讯、垃圾污水治理、商业便民设施、文化体育等公共服务设施等同步得到了提高，农村面貌焕然一新，广大农民群众的人居环境有了明显的提升。

（六）传承了农村传统文化

发展休闲农业，有利于保护和传承农民传统的物质文化遗产和非物质文化遗产，并得到进一步发展和提升，形成新的文明乡风，使农村文化成为乡村物质文明、精神文明、生态文明的永久根本。

（河南省乡镇企业管理局 马国明 陈德权）

湖北省

【基本情况】 2015 年，在农业部主管部门指

导与支持下，湖北省休闲农业按照规划引领、政策扶持、示范带动、多元化投入的思路，大力推进休闲农业发展，初步形成了以农家乐为基础，休闲农庄为主体，农业观光采摘园和民俗民居村落为补充，农业科技园为引领的发展格局，促进了一二三产业融合发展，带动了农民就业增收。

（一）体系架构基本形成

湖北省休闲农业的发展，始于 20 世纪 90 年代中期，经过近二十年的探索和发展，特别是近五年来的快速发展，取得了明显的成效。初步形成了以大中型城市郊区为主体，以风景名胜区周边、干线公路附近、山区特色农产品产区和平原河湖库堰养殖区为补充的休闲农业体系架构。

（二）产业发展形成规模

截止到 2015 年 12 月，全省限上（年营业收入 10 万元）休闲农业点超过 4 200 家，从业人员 10 万人，年接待游客近 4 500 万人次，休闲农业综合收入近 190 亿元，从业农民人均收入达到 22 000 元。

（三）示范创建亮点纷呈

襄阳市南漳县等 3 个县（市、区）被认定为国家级休闲农业与乡村旅游示范县、孝感市孝南区新建源生态农庄等 5 个单位被认定为国家级休闲农业示范点、京山盛老汉家庭农场等 5 个企业（园区）被认定为全国休闲农业与乡村旅游星级示范创建企业（园区）；黄陂区张家榨村等 5 个乡村被认定为"中国最美休闲乡村"；恩施玉露茶文化系统被农业部评为中国重要农业文化遗产。10月，在武汉市黄陂区成功承办了"2015 年中国最美休闲乡村宣传推介活动"。

【主要工作措施和成效】

（一）强化顶层设计，坚持规划引领

认真贯彻落实《湖北省休闲农业发展总体规划（2013—2020）》，按照总体指导思想与基本原则，确立休闲农业发展目标与方向。

根据全省农业资源分布、地理特征、交通区位和客源市场等要素，将全省休闲农业区域布局划分为四大板块，即大中城市郊区板块、鄂东板块、江汉平原板块和鄂西鄂北板块，实现全省休闲农业发展科学布局。各地深入调研、科学论证，及时修订发展规划，引领休闲农业与乡村旅游健康发展。襄阳市南漳县、黄冈市英山县、恩施土家族苗族自治州咸丰县相继出台了休闲农业发展规划，增强了产业发展的规范性、科学性与协调性，为申报全国休闲农业与乡村旅游示范县奠定了基础。

（二）强化政策扶持，引导资金投入

引导工商资本投资休闲农业，鼓励农业产业化龙头企业创办休闲农业点，支持休闲农业企业与农特产品加工龙头企业进行合作或联营，共同促进休闲农业发展。武汉市列支1亿元财政专项，支持休闲农业企业及赏花游项目，营造了良好的发展环境。湖北省先后引入工商资本投资50多亿元投资休闲农业，高起点规划，高标准建设生态农庄，把生态种植、果蔬采摘、休闲观光、农耕文化等要素融为一体，满足游客多元化需求。中国汇源农谷嘉年华生态体验旅游区投资2亿元，新建了现代农业观光体验项目。农业产业化省级重点龙头企业，湖北天门市天海龙生态农业有限公司投资2.8亿元创建的"天海龙农业科技园"，占地546亩，集农业科普、农事体验、飞机低空旅游、休闲度假养生于一体，促进了一二三产业融合，为农民就近就业创造了条件。

（三）强化示范带动，重点扶持培育

坚持开展省级休闲农业示范点创建工作，按照总量控制、优胜劣汰的原则，认定省级休闲农业示范点80家、高星级农家乐346家，进行重点扶持培育。武汉市先后策划了10大赏花游活动，成功举办了"乡村过大年""市长邀您赏花游""绽放在田野的鲜花"摄影大赛等活动，以及黄陂杜鹃花节、紫薇花节、草莓文化节，东西湖桃花节、郁金香节、蔡甸油菜花节、西甜瓜节和观荷采莲节、江夏荷花节和柑橘节、新洲紫薇花节和桂花节等节庆，促进了品牌创建与发展。武大、东湖的樱花，东湖的梅花，黄陂的杜鹃花、中华樱花，在全国宣传推介引起广泛关注。阳春三月，十堰首届郁金香文化旅游节成功举办，吸引赏花游客达16万人次。中国农谷·荆门（沙洋）油菜花旅游节，70万亩错落有致的油菜花汇集成壮观花海，花香万里，成为当地休闲农业亮丽品牌，接待游客10万人次，带动周边农民人均增收达2万元。

（四）强化人才培训，激发创新活力

我们把休闲农业管理人才培训作为重要环节来抓，通过专题培训、以会代训等形式，不断提升休闲农业管理人员及从业人员的综合素质与能力，促进农业农村经济结构调整和农民就地就业增收。10月，组织编辑出版了《赢在创意——湖北省发展创意农业的理论与实践》，作为全省职业农民培训教材，并在武汉市举办了休闲农业管理人员与从业人员培训，注重理论辅导与现场观摩相结合，增强教学效果，不断激发学员创新活力，推进全省休闲农业快速发展。

（湖北省农业厅农业产业化处　张纯军　郭会兵）

湖南省

【基本情况】 2015年，湖南省休闲农业工作坚持以党的十八大精神为指针，围绕贯彻中央1号文件精神、农业部11部委《关于积极开发农业多种功能大力促进休闲农业发展的通知》精神，科学谋划，强力推进休闲农业转型升级、提质增效工程，全省休闲农业呈现出健康有序的发展态势。

【主要成效】

（一）产业规模不断壮大

农业进入转方式发展阶段，越来越多的经营主体投身投资休闲农业。2015年湖南省休闲农业经营主体达1.6万个，其中休闲农庄4 500个，农家乐9 000个，接待游客14 200万人次，经营主体实现经营收入265亿元，同比增长23.2%，休闲农业综合产值320亿元，带动就业人数51万人，带动农户60万户；省级星级休闲农庄676家，国家级星级休闲农业企业103家；全国休闲农业与乡村旅游示范县12个、示范点23个，中国最美休闲乡村8个，农业部美丽田园10个，十佳休闲农庄5个，全国休闲农业与乡村旅游十大精品线路5条；中国重要农业文化遗产2个。

（二）产业融合日益紧密

2015年，湖南省4 300家休闲农庄中，35%的农庄建有规模种养基地，共计160万亩；32%的农庄具有特色农产品加工，加工销售收入总计63亿元，占全省休闲农业总产值的19.76%。一二三产业融合发展的休闲农庄展现出了良好效益。

（三）发展模式不断创新

湖南省休闲农业发展逐步呈现出五种新模式：一是"现代农业、都市农业、美丽乡村"融合发展模式。通过推行"资本集中下乡、产业集中发展、土地集中流转、农民集中居住、环境集中整治、公共服务集中推进"，逐步探索出一条以现代农业为基础，都市农业、美丽乡村建设同步推进，一二三产业协调发展，推动农民增收、农业增效和农村发展的良性互动。二是"休闲园区"引领模式。按照有主体、有基地、有加工、有品牌、有展示、有文化的"六有"要求，高起点、高标准、高水平规划建设了一批休闲农业园区。通过休闲园区，引导农村土地、资金、技术、劳动力及生态资源向园区聚集，做大规模，延长链条，推进产业融合式发展。三是"产业带农庄、农庄带村寨"模式。通过发展"一村一品"，带动休闲农庄发展，农庄发展促进村村寨寨、家家户户办起了农家乐，形成聚集效应。四是农业庄园加农民专业合作社模式。农业庄园联合周边农户成立农民合作组织，由优秀的农技专家和营销团队共同经营，从农产品的播种、嫁接、修枝、坐果、保果等环节进行品控管理，从农产品成品精选环节提升产品的商品性，实现农户、客户和农庄三赢。五是互联网＋休闲农庄模式。以湖南鹰皇电子商务公司为代表的电子商务企业建立电商交易平台，与休闲农庄实现"产品联网、营销联动、服务联营"，让城市消费需求下乡、农业资源和农产品进城。

（四）带动"三农"作用日益凸显

休闲农庄租赁农民土地发展产业，以地租的方式平均每亩每年付给农民租金800元左右。全省休闲农业企业每年付给农民土地租金约10亿元。其次是就近就地安置农民就业。初步预计，2015年，全省休闲农庄就近就地安置农民就业51万人，农民工从农庄获得的工资性收入107亿元，人均2.1万元。三是带动相关产业发展间接增收。全省休闲农业企业带动交通、商贸、旅游、餐饮等相关行业就地就近安置220万农民工就业，农民从中间接增收28.6亿元，人均1.3万元。

【主要工作措施】

（一）深入调研，把握省情

机构改革后，新组建的产业化指导处，

为全面了解湖南省休闲农业发展现状，理清工作思路，展开了休闲农业情况全面调研。前后耗时近两个月，实地考察了9个市州56家休闲农业企业，先后召开5次座谈会，发放问卷调查表1 300余张。通过调查统计，分析研究，撰写了《全省休闲农业发展情况调研报告》，为科学谋划下阶段全省休闲农业工作提供了重要参考和依据。

（二）构建平台，提供支撑

一是构建融资平台，提供资本支撑。7月份，引导、推荐了14家休闲农业企业在湖南股权交易所Q板成功挂牌上市，实现了全省休闲农业企业从间接融资到直接融资的第一次跨越。二是构建网络平台，提供营销支撑。为了适应大流通、大数据的形势发展，创新休闲农业企业的营销模式，经过与湖南鹰皇公司多次接洽沟通，达成了互联网＋休闲农业的合作机制，实现了湖南休闲农业网上营销。三是构建人才，提供智力支撑。针对全省农委系统改革，干部交流变动大，行业管理新手多以及部分休闲农业企业负责人思想观念落后的实际，11月份，成功举办了全省休闲农业培训班。就如何实现休闲农业提质增效、推进互联网＋休闲农业、加快休闲农业创新创意、实现间接融资向直接融资模式跨越等课题，聘请国内知名专家授课，使全省市州休闲农业管理人员和160多家星级农庄负责人更新了发展理念、提升了素质。

（三）强化监测，规范管理

一是与农业部共同开展了国家星级农庄推荐评审工作。通过层层推荐，农业部组织专家评审，2015年，湖南省有32家农庄获评国家星级农庄，其中五星级13家、四星级17家、三星级2家。在全国排名第一。二是认真开展了省级星级农庄复评活动。为了加强对星级农庄的规范管理，优胜劣汰，根据《湖南省星级农庄评定标准》，年内又组织12名专家分3个组，对第四批省级204家星级农庄进行了复评，通过严格对照标准，淘汰

星级农庄15家，黄牌警告5家。

（四）注重创建，强化引领

开展了全国休闲农业与乡村旅游示范创建与全国最美乡村推介活动。2015年，湖南省通过层层发动，激发创先争优的活力，整合多方资源，浏阳市、郴州北湖区、耒阳市荣获全国休闲农业与乡村旅游示范县称号；怀化中方葡萄沟等5家农庄获评全国休闲农业与乡村旅游示范农庄称号；平江县白寺村、茶陵县卧龙村荣获全国最美乡村荣誉称号；衡阳怡心生态园获2015年度全国十佳休闲农庄称号。

（五）办好展会，扩大影响

为积极推介湖南省休闲农庄的民俗民韵、特色特产，为农庄唱戏搭台。11月17～24日在中国（中部）湖南农业博览会上成功举办了湖南休闲农业展。展位面积达1 200平方米，参展星级休闲农业企业40多家。展示活动内容丰富、主题突出、特色鲜明，有休闲农业精品线路图发布、乡音香韵表演、休闲农业电视展播、微信互动、民俗生活体验、农庄加工特产卖场等。初步统计，活动参观人次达16万余人，展位火爆创历史纪录；共发放各种宣传资料110余万册。农庄的创意特色、招牌卖点、文化内涵、品牌推广、品牌价值均得到了完美展示，对湖南省休闲农业的提质增效起到了很好的推动作用。

【存在的主要问题】

1. 农业产业建设滞后。部分休闲农庄农业多种功能开发不够，缺乏产业观光载体，农事体验场所，农业资源与旅游元素没有形成良性互动。单一的休闲消费导致需求萎缩，效益下降，发展后劲不足。

2. 区域特色彰显不够。农庄发展模式单一，经营方式雷同，民俗文化、乡土特色挖掘不够，节庆活动策划较少，特色品牌彰显不够。

3. 资产物权难以到位。投资人租赁大片土地经营现代农庄，需要一定的农业用地转变为建设用地，但由于法律的制约，建设用地很难到位，农庄建筑物很难物权化，导致农庄不能利用现有资产到银行申请抵押贷款。资产沉积影响农庄后续投入和可持续发展。

4. 人力资源支撑乏力。湖南省大多数休闲农业企业主来源于个体户，受教育程度不高，思想观念、经营理念难以跟上休闲农业产业发展形势，驾驭一二三产业融合发展的能力不足。加之农庄工人又是就近就地吸纳的农民工，大部分年龄偏大，缺乏专业培训，对新品种新技术掌握不好，以致大部分优势特色产业因为人的因素难以推进。

（湖南省农业厅 文山彪 胡建群）

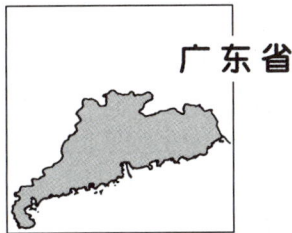

广东省

【基本情况】 随着社会经济的快速发展和人民生活水平的提高，近年来，广东省以农业资源、农村生活、民俗风情和田园风光为特色的休闲农业与乡村旅游有了较快发展，在促进农村产业结构调整、增加农民就业、促进农村劳动力转移、增加农民收入、加快新农村建设等方面，发挥了积极的作用。

截止到 2015 年，广东省共有农业旅游区（点）300 多个，其中有 6 个县（市、区）和 19 个休闲农业旅游点被农业部、国家旅游局联合认定为"全国休闲农业与乡村旅游示范县"和"全国休闲农业与乡村旅游示范点"，1 个乡村被农业部评为"全国最具魅力休闲乡村"，6 个被认定为"中国最美休闲乡村"，3 个景观被认定为"中国美丽田园"，1 个系统被认定为"中国重要农业文化遗产"。47 个乡镇和 100 个休闲农业旅游点被省农业厅、省旅游局认定为"广东省休闲农业与乡村旅游示范镇"和"广东省休闲农业与乡村旅游示范"，23 个基地被命名为"广东省农业旅游示范基地"，50 个广东人文历史最美乡村游示范区（点），50 个广东自然生态最美乡村游示范区（点），认定的广东省国家级历史文化名村 11 个，广东古村落 33 个，还有许多各具特色的山庄、农庄、农家乐休闲点。全省现有 3 000 多个休闲农业经营主体，其中农家乐 2 300 多家，休闲农业就业人数达 10 万人，其中农民就业人数达 8 万多人。一批休闲农业产品脱颖而出，一些资源丰富、起步较早的地区已在部分城市周边形成了休闲农业与乡村旅游度假带，全省休闲农业与乡村旅游市场开始从单一的农家乐、赏花摘果向以观光、参与、康体、休闲、度假、娱乐等为一体的综合型方向发展，发展较快地区的休闲农业与乡村旅游正成为当地经济的特色产业，休闲农业已成为广东省农村发展新的经济增长点。

【主要发展特点】

（一）依托资源优势发展

广东省大部分休闲农业旅游区（点）都是依靠农业自然资源，结合农产品生产而建设的生态环境型旅游产品，如梅州雁南飞茶田度假区、梅州雁鸣湖山庄、潮州绿岛旅游山庄、云浮飞天蚕生态茶园等；部分休闲农业旅游区是整合农业科技资源，展示农业科技进步的现代农业园区产品，如珠海农业科技园、广州友生休闲农业玫瑰主题公园、汕头农业科学园、惠州航天农业科技园等；部分休闲农业旅游区是由专业市场的聚集功能引发，进一步建设扩展功能而成，如顺德陈村花卉世界休闲农业园、广州花博园、中山绿博园等；还有部分休闲农业旅游区是依托乡村生活资源、体验乡村生活为特色，以农业、农村、农事为载体，以"吃农家饭、住农家屋、干农家活，享农家乐"为主要内容，以旅游经营为目的的休闲农业与乡村旅游项目，如广州从化市的"快活田心"农家乐、钱岗古村等。

（二）结合现代农业建设发展

广东省把发展休闲农业作为建设现代农业的重要抓手，从 20 世纪 90 年代起，在建设省级农业现代化示范区和省级现代农业园区过程中，把建设休闲农业示范园区作为现代农业的重要组成部分，指导各地在兴建现代农业示范园区中注意与当地的资源禀赋和农业功能定位相结合，符合现代农业发展要求的休闲农业基地都纳入现代农业示范园区建设范畴，一视同仁地给予政策和资金扶持建设。符合省级重点农业龙头企业评定标准规定的休闲农业企业，同样授予重点农业龙头企业称号，给予同等力度的扶持。据统计，广东省十多年来建设的 34 个省级农业现代化示范区中有 11 个具有休闲农业功能，193 个省级现代农业园区中有 46 个具有休闲农业功能，其中半数以上以休闲农业与乡村旅游为园区主业。2010 年被评为"全国休闲农业和乡村旅游示范点"的顺德陈村花卉世界休闲农业园就是广东省首批建设的农业现代化示范区之一，该园农产品年总产值 40 亿元，出口创汇额 1 600 万多美元，观光旅游人数 1 000 多万人次。凭借花海奇观、中国盆景大观园、园艺会展市场的独特吸引力，该园被评为"佛山新八景"和"顺德新十景"之一。同年被评为"全国休闲农业和乡村旅游示范点"的潮州绿岛旅游山庄，也是广东省首批建设的省级现代农业园区，现已发展成颇有名气的休闲农业与乡村旅游度假胜地。

（三）发展形式多样化

近年来，广东省开展了一系列形式多样的活动，促进了休闲农业与乡村旅游的多样化发展。从 2006 年起，广东省开展了"寻找广东最美乡村"、认定广东古村落、评定广东国家级历史文化名村等一系列活动，开展了评选旅游特色县、镇、村工作，推出一批具有岭南文化特色的旅游目的地（16 个特色县、78 个特色镇、104 个游特色村）。各地还充分利用农业资源优势，结合农作物开花摘果季节，开展形式多样的乡村旅游活动和农事节庆活动，从春天的"桃花节""李花节"，到夏天的"杨梅节""芒果节""漂流冲浪""荔枝节""龙眼节"，秋天的"金稻节""菜心节""柑橘节"，冬天的"红叶节""香雪（梅花）节"等，还有贯穿全年的"小楼人家"、古镇古村休闲假期、乡村田园风光摄影、乡村自驾游等，通过优化自然资源与社会资源，引导市民参与休闲农业体验。通过系列活动和措施的推动，调动了各地发展乡村旅游的主动性和积极性，省内乡村游所占比例逐年以约 10% 的速度上升，丰富了广东旅游产品，提升了广东旅游文化内涵，扩大了广东乡村旅游的影响力。

【主要工作措施】

（一）政府引导扶持

2008 年，广东省委、省政府做出《关于加快广东省旅游业改革与发展建设旅游强省的决定》。2009 年，省政府出台了《关于试行广东省国民旅游休闲计划的若干意见》，省旅游局和省农业厅联合发出了《关于创建广东省农业旅游示范点的通知》，制定了《广东省农业旅游示范点评选标准》，2013 年，省农业厅与省旅游局联合下发了《省农业厅省旅游局关于开展全省休闲农业与乡村旅游示范镇、示范点创建活动的通知》，规定了创建活动的目标任务、申报条件和程序等。计划利用 3 年时间，培育 100 个示范镇和 200 个示范点，至今已认定两批 47 个示范镇和 100 个示范点。联合编制印发了《广东省乡村旅游与休闲农业发展规划（2013—2020）》，提出在规划期内，通过打造八大乡村旅游与休闲农业产品类型、开发十种乡村旅游与休闲农业精品线路、打造十大乡村旅游与休闲农业节庆活动、培育乡村旅游与休闲农业品牌与市场等示范建设，力争实现全省乡村旅游与休闲农业收入以 15%～18% 的速度增长，乡村旅游与休闲农业在全省旅游经济总量中占据 10% 左右的份额，拥有 5 个左右的 AAAAA 级乡村旅游与休闲农业旅游区，5 家与当地乡村环境氛围融合或乡村文化凸显的五星级酒店等目标任务。上述政策的制定出台，对广东省的休闲农业与乡村旅游发展起到了巨大的指导推进作用，社会各界反响热烈、踊跃参与。

（二）设立旅游扶贫项目

广东省自 2002 年启动了旅游扶贫工程，省财政拨出专项奖金，扶持经济欠发达地区的旅游项目，充分利用山区的自然生态资源优势，利用旅游扶贫资金和优惠政策，推动了一大批乡村旅游和生态旅游项目的开发建设，推动了休闲农业旅游产品生产，促进了农产品销售，带动了农民就业增收。2010 年，为进一步推动全省农家乐项目成规模发展，广东省制定了《广东省旅游扶贫专项资金促进农家乐休闲旅游发展暂行办法》和《广东省星级农家乐休闲旅游项目评审标准》，对经济欠发达地区的农家乐项目进行扶持，还精心设计全省星级农家乐标识，制作旅游扶贫星级农家乐牌匾。

（三）不断完善发展环境

各地把发展休闲农业摆上政府工作的议事日程，根据当地的资源优势和经济发展现状，开展了规划、引导和扶持，发展休闲农业。同时制定有关规划和鼓励措施，引导和鼓励社会各类资本发展休闲农业。社会各类投资建设主体也纷纷试水相关产业，广东省的休闲农业与乡村旅游呈现出良好的发展势头。全省已全面完成镇通建制村公路路面硬化任务，并完成大部分村组间公路路面硬化建设。按照《珠江三角洲地区改革发展规划纲要（2008—2020 年）》及关于建设"宜居城乡"的要求，珠江三角洲地区共建成绿道 7 350 千米，包括 2 372 千米省立绿道和 4 978 千米城市绿道，沿线建成 200 个绿道"公共目的地"，形成省级城市绿道网络，并规划向粤东、粤西、粤北延伸，逐步改善省内乡村的交通出行状况。

（广东省农业厅）

广西壮族自治区

【基本情况】 休闲农业是横跨一二三产业的新兴产业。广西自然环境优美独特，生态养生优势突出，农业产业特色鲜明，民俗文化风情各异，具有发展休闲农业与乡村旅游得天独厚的优势。2015 年，广西各级各部门把休闲农业作为富民强农、提升发展现代特色农业的一项重要工作推进落实，取得了一定成效。

（一）产业规模日益壮大

据统计，截止到 2015 年，广西壮族自治区共创建了国家级休闲农业与乡村旅游示范县 8 个、示范点 22 个，中国最美休闲乡村 8 个、中国美丽田园 8 个、"全国休闲农业星级企业"48 家、广西休闲农业与乡村旅游示范点18个、四星级以上乡村旅游区71家、四星级以上农家乐136家、全国休闲农业与乡村旅游"十大"精品线路2条,认定了中国重要农业文化遗产2个。建立农家乐3 600多个,乡村旅游点1 000多个,休闲农业园575个,涉及种养面积36.8万亩,年接待游客4 800多万人次,产业总收入150多亿元。

(二)产品类型日益丰富

形成涵盖农家乐、渔家乐、民俗村寨、生态村屯、农业园区、乡村红色、休闲度假村屯等多主题、多类型、多业态,文化品位和档次不断提升,产业内涵不断丰富。如恭城桃花节、田东芒果节、灵山荔枝节、武宣金葵节等系列名节声名远扬;河池市巴马县大打生态长寿品牌,发展候鸟式休闲农家乐,效果显著。

(三)精品线路日益成熟

形成了桂北山水生态乡村民俗游、北部湾滨海生态渔家风情游、百色起义红色旅游与农业休闲养生游、中越边境山水田园乡村民俗游、桂东古镇古村休闲观光游等主题特色精品线路。如贺州市富川瑶族自治县福利镇顺利通过认证,正式加入国际慢城联盟,成为中国第4个国际慢城。

(四)"一村一品"富有特色

立足"一村一品""百村示范""美丽广西""农业园区"等项目建设打造景点,发展田园生态型休闲农业,使"一村一品"成为发展休闲农业的主要载体和农民增收的重要渠道。如柳州市柳江县下伦屯家家户户种植双季莲藕,并利用莲藕基地以及石山、古榕、古民居、生态竹林等资源发展休闲农业与乡村旅游,成为"一村一品"休闲农业与乡村旅游名村典型。

(五)示范带动成效显著

以农村田园景观、农业生产基地和特色农产品为载体,通过生态休闲游,展现农业技术,带动农业新技术、新品种推广和产业发展,涌现了一批优势特色生态农业产业集群及农家乐示范点。如桂林市恭城县先后荣获"全国生态农业示范县""中国椪柑之乡""中国月柿之乡""全国水果出口示范区"等十多个国家级荣誉称号;南宁市西乡塘区的美丽南方以"产村融合、农旅合一"为发展思路,自2013年年底以来政府先后投入4.5亿元建设基础设施,引进了20多家现代农业和休闲旅游企业,社会投资达3.6亿元,取得了显著成效,被评为自治区现代休闲农业(核心)示范区、中国最美休闲乡村、全国休闲农业与乡村旅游示范点、广西五星级乡村旅游区。目前"美丽南方"已成为南宁市民重要的休闲旅游地之一,据不完全统计,2015年,美丽南方共吸引游客近65万人次,旅游收入达到3 250余万元;同时创造大量就业岗位吸纳农村富余劳动力,大幅提高了当地农民收入。

【主要经验和做法】

(一)立足特色产业,加强休闲农业顶层设计

广西壮族自治区党委、政府高度重视发展休闲农业与乡村旅游,将其作为解决"三农"问题的有效途径来抓,出台了《关于加快建设旅游强区的决定》,下发了《关于打造农业千百亿元产业推进农业产业化的意见》和《关于印发加快旅游业跨越发展若干政策的通知》,制定了一系列促进政策和措施,将休闲农业和乡村旅游的发展与新农村建设、城乡风貌改造、名镇名村建设和城乡清洁工程紧密结合,整体统筹推进。广西壮族自治区农业部门认真研究编写了《2011—2015年休闲农业项目实施指导意见》和《广西休闲农业提升行动方案(2015—2020年)》,明确了广西壮族自治区休闲农业发展的总体要求、基本原则、空间布局、重点任务、主要工作和保障措施,使休闲农业发展与现代农业、生态文明、文化创意、特色农业产业建设融为一体同步实施。

（二）紧密结合实际，探索休闲农业发展模式

创新发展思路，改变传统的分散经营模式，成立农民旅游协会、乡村旅游合作社等农村新经济合作组织，积极鼓励和引导乡镇、村屯参与旅游经营开发，形成了农民自主经营、农民与投资商合作经营、农民股份集资、"公司＋农户""农村＋城市"等多种模式，有效地促进了广西壮族自治区休闲农业和乡村旅游朝着产业化、规模化、集约化、市场化方向健康快速发展。

（三）注重产业融合，大力推进部门联动

广西壮族自治区农业部门和旅游部门签订了《合作推进休闲农业与乡村旅游发展框架协议》，加强产业的联动，在产业结合处寻找发展突破点，研究制定并下发了《广西休闲农业与乡村旅游示范点质量评定管理办法》和《广西休闲农业与乡村旅游示范点质量评分细则》，从 2015 年开始，在全区范围内开展休闲农业与乡村旅游示范创建活动，每年创建 15～20 个休闲农业与乡村旅游示范点，打造一批休闲农业与乡村旅游标志性品牌，带动全区休闲农业与乡村旅游持续健康发展。

（四）加强品牌引领，积极组织休闲农业精品推介

通过开展广西休闲农业推进年、拓展年等活动以及推行休闲庄园评级制度、举办创意农业精品大赛，组织参与中国美丽田园、中国最美休闲乡村、全国休闲农业与乡村旅游示范县、示范点的推荐与创建活动等，大力推介广西壮族自治区休闲农业精品，树立广西壮族自治区休闲农业与乡村旅游产业发展的标志性品牌。

（五）挖掘农业文化，推进休闲农业传承利用

高度重视农业文化遗产保护和发掘工作，提高保护意识，完善保护机制，深挖科学内涵，着力发掘保护好祖先留下的农耕文化财富。目前，龙胜"龙脊梯田"农业系统和隆安壮族"那文化"稻作农业系统已顺利通过农业部评审，入选中国重要农业文化遗产，扎实有效地推进了广西壮族自治区农耕文化的挖掘、保护、传承和利用。

（六）加大宣传力度，全面塑造广西壮族自治区休闲农业整体形象

一是制定了《广西休闲农业与乡村旅游宣传实施方案》，研究提升休闲农业的宣传和服务水平。二是完善提升广西农业信息网的休闲农业频道并充分运用广西农业微信公众号，集中展示广西休闲农业与乡村旅游精品，为广西壮族自治区城乡居民节假日提供最佳的向导。三是通过广西电视台、广西电台、《南国早报》等各种媒体，宣传推介各级休闲农业精品，努力营造政策扶持、舆论关注、社会参与的良好发展氛围。

（七）抓好培训工作，扎实推进休闲农业干部队伍建设和创新人才培养

近年来，广西壮族自治区农业部门通过全员培训、远程教育、举办休闲农业干部培训班、新型职业农民培训班、选派干部到农业部学习等，多渠道、多方式大力推进休闲农业人才工作，全面提升广西壮族自治区休闲农业干部队伍管理水平，培养"亦农亦旅"的休闲农业经营管理和实用技能服务人才。

（广西壮族自治区农业厅市场处）

海南省

【基本情况】 2015 年，海南省休闲农业企业

发展到 226 个，同比增长 13.0%，其中农家乐 62 个、休闲观光农园（庄）164 个；从业人数 1.85 万人，同比增长 7.6%，其中农家乐 0.25 万人、休闲观光农园 1.60 万人；从业人数中农民就业人数 1.41 万人，同比增长 7.5%，其中农家乐 0.21 万人、休闲观光农园 1.20 万人；带动农户 2.90 万户，同比增长 7.5%，其中休闲观光农园 2.90 万户；接待人次 1 281.16 万人次，同比增长 14.8%，其中农家乐 133.14 万人次、休闲观光农园 1 148.02 万人次；营业收入 10.09 亿元，同比增长 15.0%，其中农家乐 0.96 亿元、休闲观光农园 9.13 亿元；营业收入中农副产品销售收入 4.38 亿元，同比增长 17.7%，其中农家乐 0.30 亿元、休闲观光农园 4.08 亿元；利润总额 1.06 亿元，同比增长 10.4%，其中休闲观光农园 1.06 亿元；从业人员劳动报酬 1.86 亿元，其中休闲观光农园 1.86 亿元。呈现出快速增长的态势。

【工作思路】

海南省在 2015 年年初制订 2015 年海南省休闲农业工作要点，确定八项工作目标：一是开展休闲农业政策调研。二是制定规划与标准。三是推进休闲农业与乡村旅游示范创建。四是开展观光果园项目检查督导。五是开展休闲农业宣传推介活动。六是开展休闲农业品牌创建，创意精品打造。七是加强统计工作及乡镇企业休闲农业统计直报点建设。八是完善海南休闲农业网升级改造。

【主要工作措施】

（一）加大宣传推介力度，树立学习榜样

1. 创新休闲农业宣传推介模式。一是开展寻找海南"最美休闲农庄"活动，创新休闲农业宣传推介模式。二是开展寻找海南"最美休闲农庄"活动。三是开展休闲农业创意精品大赛活动。四是组织编辑

制作《朝阳产业·十二五期间海南休闲农业发展报告》。

2. 积极推进休闲农业品牌创建。一是组织市县申报 2015 年全国休闲农业与乡村旅游示范县（点）。二是开展休闲农业与乡村旅游星级企业评定工作。三是推荐申报中国最美休闲乡村。四是开展省级示范点申报评定和到期示范点复评工作。

3. 在屯昌"农博会"期间举办休闲农业发展与美丽乡村建设论坛，在"冬交会"上做好休闲农业馆展示工作。

4. 打造乡村旅游精品线路，重点打造了 8 条省际线路。

5. 打造互联网＋休闲农业等多种休闲农业发展模式，进行促销。

（二）开展调研培训学习

1. 继续组织第五期赴我国台湾省开展休闲农业学习交流的培训班。

2. 开展休闲农业调研。一是积极配合海南省人大常委会组织海南省十二届全国人大代表对海南休闲农业发展情况开展专题调研。二是结合绿化宝岛大行动"四园"建设督查活动开展调研观光果园，推动休闲农业观光果园建设。

3. 举办休闲农业从业人员技能培训班。积极探索休闲农业统计报送模式，为百家"直报点"企业进行相关政策培训学习。

（三）争取出台休闲农业发展扶持政策，支持重点项目建设撬动投资休闲农业

推进休闲农业示范点旅游厕所建设，争取列入了《海南省旅游厕所专项规划方案（2015—2017）》。

【主要成效】

1. 休闲农业发展初具规模，成为农村经济新的增长点、农业结构战略性调整的新模式、农业就业增收的新途径。

2. 推动创新，促进休闲农业产业开发多样化。各地根据自然特色、地理区位、文化

风俗、生态环境等特色优势，发展多元化休闲产业，如海口市依托都市农业，打造互联网＋休闲农业、互联网＋旅游等五种休闲农业发展模式；三亚市将休闲农业园区分为生态文化休闲型、农事农艺体验型、温泉垂钓休养型、生态产品餐饮型、精品花卉观赏型等五大类型，实行多样化发展；文昌市结合航天、渔业、椰子、文昌鸡、瓜果菜五大产业集群，打造五大休闲产业集群；琼海市着力打造"琼海农味"、国家农业公园、乡村旅游三大品牌；保亭县挖掘黎苗文化，打造具有黎苗风情特色的"农乐乐"；定安县突出红色文化、古色文化、绿色文化，打造"百里百村"休闲农业；琼中县重点发展以展现黎苗民族风情习俗的"奔格内"主题乡村旅游，以什寒村中国最美休闲乡村品牌带动发展乡村旅馆（民宿），随着交通条件的改善，琼中县休闲农业与乡村旅游年接待人数可突破50万人次。

3. 品牌创建取得新进展。所推荐的琼海市北仍村、琼海市鱼良村、文昌市葫芦村、白沙县芭蕉村入选农业部组织的2015年中国最美休闲乡村；推荐的定安县被农业部和国家旅游局评定为全国休闲农业与乡村旅游示范县，海口兰花产业园、三亚槟榔河国际乡村文化旅游区被评定为示范点；所推荐的星级企业被评为五星级2家，四星级3家，三星级2家。截止到2015年年底，海南省已有3个全国示范县，12家全国示范点。7个中国最美休闲乡村，1个中国美丽田园。34家全国星级企业，其中五星级10家，四星级10家，三星级14家；100家省级休闲农业示范点。休闲农业正在成为一些地方的特色产业和支柱产业。

【大事记】

［1］2月15日，海南省农业厅印发《关于做好2015年休闲农业工作的通知》（琼农字〔2015〕9号），确定八项工作目标。

［2］5月22日在屯昌"农博会"期间成功举办了休闲农业发展与美丽乡村建设论坛，有200多名休闲农业的代表参加。

［3］5月，请专家草拟了《海南省休闲农业项目管理实施办法》，完成了《海南省休闲农业观光果园评定办法和评分标准》《海南省乡村家庭旅馆（民宿）建设规范》评审。

［4］7月，在海南广播电视总台旅游广播（国际旅游岛之声）开设《快乐乡村游》节目，筛选部分市县观光果园或休闲农庄，打造一小时旅游圈内休闲农业精品线路，针对不同季节组织听众参与采摘和休闲农业游活动。

［5］7月，围绕"推介精品、推进产业"的总体目标，组织休闲农业创意精品择优遴选、宣传推介和供需对接等活动，共有106件作品参加评选，最终选出产品创意类金奖1件，银奖2件，优秀奖3件；包装创意类银奖1件，优秀奖3件；景观创意类银奖1件，优秀奖2件；活动创意类优秀奖1件共14件获奖作品，进一步推动创意产业发展。

［6］7月29日，海南省农业厅与海南广播电视总台在海南广播电视总台1 000平方米演播室联合举办寻找海南"最美休闲农庄"活动启动仪式。

［7］9月2日，省农业厅办公室印发《关于继续开展海南省休闲农业示范点创建工作的通知》（琼农办〔2015〕46号）。同时对到期的68家示范点进行复查工作，共收到21家新的示范点申报材料。

［8］10月，组织编辑制作《朝阳产业·十二五期间海南休闲农业发展报告》，以纪实性、实用性、指导性，记述"十二五"期间海南省休闲农业发展历程，印发100本广为宣传。

［9］10月，省级休闲农业示范点旅游厕所建设列入《海南省旅游侧所专项规划方案》

(2015—2017)，计划任务共 92 座，计划总投 4 160 万元。

[10] 12 月 12 日，组织 25 家休闲农业企业参加"冬交会"休闲农业馆，展示海南休闲农业发展历程及取得的成果。

（海南省农业厅休闲农业处　陈　良　吴万楷）

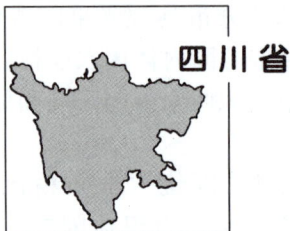

四川省

【基本情况】　2015 年，四川省认真贯彻落实中央 1 号文件、《国务院办公厅关于加快转变农业发展方式的意见》（国办发〔2015〕59 号）、农业部等 11 个部委《关于积极开发农业多种功能 大力促进休闲农业发展的通知》（农加发〔2015〕5 号）等文件精神，按照绿色创新发展理念，围绕促进农民就业增收、满足居民休闲消费需求、建设美丽休闲乡村为目标，利用丰富的农业资源和厚重的农耕文化，以建设休闲农业景区为抓手，推进休闲农业转型升级、提质增效发展。2015 年，全省休闲农业与乡村旅游经营单位发展到 3.1 万家，接待游客 3.2 亿人次，综合经营性收入 1 008 亿元，带动全省 1 034 万农民就业，为全省农民人均增收贡献 82.1 元。

【主要工作措施】

（一）建设休闲农业景区

坚持把休闲农业与国家现代农业示范区、省级现代农业重点县、万亩亿元示范区、新农村建设、精准扶贫工程等结合起来，按照"产业基地为基础、创意农业为手段、农耕文化为灵魂"，推进现代农业产业基地"景区化"建设，建成一批农业主题公园、农业观光园区、农业科普园区等休闲农业景区景点，实现"产区变景区、田园变公园、产品变礼品、民房变客房"。重点加强水、电、路、游客服务中心、公共卫生间、农事景观观光道路、信息网络等基础设施和公共配套服务设施建设。强化创意理念与景观创意设计，推进农业与文化、科技、生态、旅游的有机融合，培植具有创新、创造、创意的农业创意景观和创意休闲产品。注重文化传承保护挖掘，植入产业文化、农耕文化元素，提升农业景区文化内涵。蒲江县依托 20 万亩茶叶产业基地，成功打造了成佳生态观光茶园，建成国家 AAA 级旅游景区。

（二）培育新型经营主体

继续优化发展环境，培育种养大户、农民合作社、家庭农场、农业企业"四大"休闲农业新型经营主体。加快构建以休闲农家为基础，休闲农庄为主体，农业旅游公司为引领的新型休闲农业经营体系。支持农民利用宅基地发展农家乐，规范质量管理，提升服务水平。鼓励农民合作社、家庭农场、农业企业融合发展农村一二三产业，建设以拓展农业功能、传承农耕文化、休闲度假体验为主，服务功能完善、带动农民就业增收明显的休闲农庄。主动与旅游公司对接，利用各自的资源优势，共同开展乡村旅游服务，形成休闲农业发展的全产业链条，推动休闲农业转型升级发展。截止到 2015 年年底，全省已建成休闲农庄近 1 987 个，改变了农家乐单一发展的局面，实现了增长模式向规模质量效益并重的转变。

（三）构建现代营销体系

利用节庆搭台，举办"春赏花、夏避

暑、秋采摘、冬年庆"为主题的特色产业节庆活动 200 多个。启动全省 2015 美丽田园欢乐游系列节庆活动，成功举办 5 个全省性大型节会，开展展示展销活动，实现"以节会友、以节拓市、以节富民"，为休闲农业发展营造了氛围。发展互联网＋休闲农业，省级示范休闲农庄、1 000 家省级示范合作社已在麦味网上开展乡村旅游、特色农产品的宣传推介、线上线下营销活动，加快构建休闲农业现代营销市场。联合多家网络媒体，评选出全省"五个十佳"休闲农业精品，包括十佳精品农庄、十佳乡村美味、十佳最美乡村、十佳创意产品、十佳度假村落。与四川电视台合作，推出休闲农业体验式综艺节目《胖姐下乡》，编印《休闲农业　品味乡村》季刊，广泛宣传四川休闲农业，营造了良好的发展氛围。

（四）加强知名品牌创建

创建国家级休闲农业品牌，纳溪区、江油市、西充县和雅安市被评为全国休闲农业与乡村旅游示范县，彭州市葛仙山休闲农业与乡村旅游景区、自贡市百胜生态农业体验园、绵竹市中国玫瑰谷、成都市新都区花香果居和简阳市贾家东来桃源被评为全国休闲农业与乡村旅游示范点，成都市温江区幸福村、崇州市五星村、蒲江县金花村被评为全国最美休闲乡村，苍溪雪梨栽培系统和美姑苦荞栽培系统被认定为中国重要农业文化遗产。截止到 2015 年年底，培育国家级品牌 103 个。开展省级示范休闲农庄和省级示范农业主题公园认定工作，培育省级两大休闲农业知名品牌。打造精品线路、精品点位、精品节会、特色村镇等地方品牌。

（五）培养新型人才队伍

建立梯级培训体系，开展多层次、多方位培训，培养精于管理、服务优良的休闲农业高素质人才队伍。加大休闲农业管理人员培训，开展政策、管理、技术等方面的专题培训，提高企业经营管理水平。加大休闲农业从业人员的培训和服务水平，将休闲农业讲解员、导览员纳入职业技能培训体系，逐步推动持证上岗制度，有效提升从业人员的业务素质和服务水平。建立人才引进机制，充实一批规划设计、创意策划和市场营销人才，提高休闲农业设计水平。2015 年，举办全省"农村一二三产业融合发展专题培训班"和"全省休闲农业企业高级研修班"，组织 4 批次全省休闲农业管理部门有关人员、休闲农业企业及专业合作社等新型经营主体赴我国台湾省考察学习，有效促进了管理水平的提升。

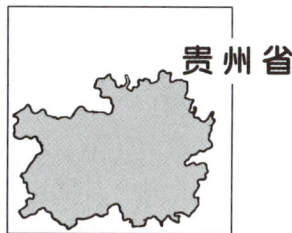

贵州省

【基本情况】"十二五"期间，贵州省休闲农业营业收入平均增长 12%，2015 年完成营业收入 29.6 亿元，带动农民就业 4.2 万人，年人均工资为 1.5 万元。

（一）新农村建设，提升休闲农业与乡村旅游发展的基础条件

2013 年起，贵州省委、省政府出台《关于深入推进"四在农家·美丽乡村"创建活动的实施意见》和《关于实施贵州省"四在农家·美丽乡村"基础设施建设六项行动计划的意见》，广泛开展"四在农家"创建活动，把农民求富、求学、求乐、求美的愿望变成现实。要求创建点覆盖率每年总体上要以 10% 的增速递增，力争 2018

年实现"四在农家·美丽乡村"创建全覆盖。截止到 2015 年 9 月，全省"四在农家·美丽乡村"基础设施建设——小康路、小康水、小康房、小康电、小康讯、小康寨六项行动计划稳步推进，累计完成投资 999 亿元。六项行动计划的实施，切实改善了贵州农村生产生活条件，优化公共资源配置，推动城乡发展一体化，提升休闲农业与乡村旅游发展的基础，提高扶贫开发成效，加快了农村全面小康建设进程。

（二）休闲农业与乡村旅游等示范创建，推动全省休闲农业与乡村旅游快速发展

一是 2015 年，由贵州省农业委员会牵头，全省开展了美丽乡村"百村大战"工作，围绕重点打造、连片推进、争创品牌，重点在城乡统筹、突出特色、产业培育、融资运营上下功夫，创新建设理念，丰富建设内涵，加大整合力度，着力提质扩面，强化考核调度，主打"美丽乡村贵州游"品牌，全省重点打造 100 个六项行动计划省级综合示范村。截止到 9 月底，全省美丽乡村"百村大战"示范村共计划投入建设资金 54.9 亿元，已投入 28.6 亿元，建设项目 2 616 个，完成小康路建设 1 532.7 千米，完成小康房建设 6 603 户。二是"四在农家·美丽乡村"新农村建设小康寨示范创建。突出乡村特点、地域特征、民族特色和文化内涵，将示范点建成"道路硬化、卫生净化、环境美化、村寨亮化、生活乐化"的特色村寨，建设"生活美、生态美、环境美、精神美、人文美"的美丽乡村。2013—2015 年，省农委共创建"四在农家·美丽乡村"新农村建设示范点 194 个。三是开展新农村环境综合治理试点。按照"全国一流、全省第一"的标准要求，在遵义县三岔镇柏香台村开展了以农村生活污水治理和沼气集中供气为主要建设内容的新农村环境综合治理试点。示范点建设完善的污水收集管网，采取无能耗生物处理技术和人工湿地处理系统，对污水进行有效治理，同时实现了治污和景观营造的融合；同时建设沼气集中供气工程，通过对当地畜禽粪便、农作物秸秆、农村有机垃圾的收集和利用，在对废弃物进行有效处理，改善生活环境的同时，为群众生活提供清洁能源。建成后，生活污水通过治理实现达标排放，沼气集中供气 98 户，试点取得初步成功，并在全省推广。2015 年，整合沼气、新农村建设、休闲观光农业等项目资金 7 034 万元，建设新农村环境综合治理示范村 60 个。四是部门的配合联动，开展全国、省级休闲农业与乡村旅游示范点创建和品牌建设工作，积极推进示范点持续、健康发展，到 2015 年年底，创建省级休闲农业与乡村旅游示范点 90 家、国家级休闲农业示范点（县）等 20 家、中国重要农业文化遗产 2 家、中国美丽田园 15 家、中国最美休闲乡村 9 家、中国休闲农业与乡村旅游十大精品线路 1 条。全省休闲农业发展进入重点打造、全面推进的阶段，休闲农业产业品牌不断扩容，品牌影响力逐步扩大。"十二五"期间，累计扶持休闲农业 108 个，扶持资金共计 3 055 万元。

（三）高效农业示范园区建设的融合功能，提高休闲农业和乡村旅游发展的品质

自 2013 年启动省级现代高效农业示范园区建设工作，到现在共有 326 个，成为农村一二三产业融合发展的重要平台。一是坚持多业共生融合。园区从单纯发展种植、养殖业拓展出农产品加工业、仓储物流业、农村休闲旅游服务业等二、三产业，接二连三、联动发展态势明显。二是坚持基础建设先行。累计建成机耕道 12 836 千米、灌溉管网 29 075 千米、温室大棚 1 605 万平方米、标准化圈舍 747 万平方米、贮藏保鲜库房 213 万立方米，配套分级包装、冷链物流等设施，大力发展设施农业和农产品加工流通业。三是坚持企业主体运行。入驻企

业达到 3 063 家，其中省级以上重点龙头企业 461 家，注册资金 500 万元以上企业 1 508 家；建立农民合作社 3 454 家，社员 51.1 万人；从业农民 431.1 万人。通过园区建设，有效促进了农民多渠道就业增收，园区从业农民人均纯收入高出本县域平均水平 40% 以上。高效农业示范园区建设，为观光农业、体验农业提供了发展平台，为游客提供了高品质的农产品。目前，省级农业示范园区中有 1/3 涉及休闲观农业及乡村旅游，其中，40 个省级农业示范园区被省旅游局确定为农业旅游景区。

【主要工作措施】 坚持"创新、协调、绿色、开放、共享"的发展理念，认真贯彻农业部和省委、省政府要求，省农委坚持将休闲农业发展与新农村建设、现代高效农业园区和新农村环境综合治理有机结合，促进休闲农业提升发展。

（一）休闲农业发展与新农村建设相结合

充分利用贵州独特的气候、生态环境、田园风光等优势，以"多彩贵州·四在农家·美丽乡村"为主题，注重人居环境改造、保护生态环境、保护传统文化、传统村落，留住乡愁。结合乡村旅游和休闲农业，推进农业"接二连三"融合发展。一是继续开展 100 个"四在农家·美丽乡村"基础设施六项行动综合示范点，定期召集联席会议，调度相关情况，搞好"百村大战"工作。二是继续建设 50 个以上"四在农家·美丽乡村"新农村建设小康寨示范点。三是继续开展新农村环境综合治理试点工作。四是继续开展国家级和省级示范创建工作，巩固和提高已命名的国家级和省级休闲农业与乡村旅游示范点。引导休闲农业规范建设，做大做强，做出特色，打造品牌，提升贵州省休闲农业的形象。

（二）休闲农业发展与现代高效农业示范园区建设相结合

依托优势产业，加快推进农业园区"接二连三"功能拓展，大力发展休闲农业。一是建成省、市、县、乡四级农业示范园区达到 800 个以上，实现产值 1 200 亿元。二是园区农业规模化、标准化、机械化、产业化和集约化经营水平进一步提升，建成高标准种植基地达到 1 200 万亩以上。三是大力实施省级重点农业园区提升工程，支持建成 100 个引领型示范农业园区，带动全省农业园区发展，推动全省农村一二三产业融合发展。

（三）休闲农业发展与新农村环境综合治理相结合

全面开展新农村环境综合治理建设，加大投入，整合村级公益事业，建设一事一议财政奖补、农村危房改造、污水处理、沼气建设等涉农资金投入环境综合治理建设，改善休闲农业重点村寨道路、宽带、停车场、厕所、垃圾污水处理等基础性服务设施，形成一村一品、一村一景、一村一韵的魅力乡村和宜游宜养的景区。

（贵州省农业委员会农产品加工处）

云南省

【基本情况】 2015 年，云南省各类休闲农业经营主体 9 064 家，获得农业部认定的国家级休闲农业与乡村旅游示范县 2 个，国家级示范点 5 个，形成各类休闲农业企业几千家，农家乐近万家的休闲农业产业体系。

全省休闲农业企业资产总额达 193.39 亿元，年营业收入 92.2 亿元，实现利润 14.62 亿元，上交税金 3.29 亿元，从业人员 11.95 万人，带动农户 141 万户，年接待 5 262.6 万人次。

2015 年，泸西县、盐津县 2 个县被认定为国家级休闲农业示范县，昆明石林"台湾"农民创业园、腾冲市界头镇、文山州普者黑玫瑰庄园、澜沧县芒景帕哎冷茶叶农民专业合作社、普洱市云南斛哥庄园 5 家被认定为国家级休闲农业与乡村旅游示范点。年末，全省共有国家级示范县 8 个，示范点 21 家。

2015 年，农业部办公厅发布《关于公布 2015 年中国最美休闲乡村推介结果的通知》，所推荐的全国 120 个中国美丽休闲乡村当中，云南省有 4 个乡村上榜，其中包括：保山市隆阳区坡脚村（特色居民村）、楚雄州永仁县太平地村、红河州建水县团山村、大理州云龙县诺邓村。

2015 年，经过推选和参评，云南省推荐的云南双江勐库古茶园与茶文化系统成功列入农业部第三批 20 个中国重要农业文化遗产名单中。云南双江勐库古茶园与茶文化系统位于双江拉祜族佤族布朗族傣族自治县，涉及 6 个乡（镇）和 2 个农场，总面积 16 万亩。系统内 1.27 万亩野生古茶树群落，是目前国内外已发现海拔最高、密度最大、分布最广、原生植被保存最为完整的野生古茶树群落，是茶树种质资源和生物多样性的基因库，是中国首个以古茶山命名的国家级森林公园。在认定中国重要农业文化遗产的基础上，云南省有红河哈尼稻作梯田系统、普洱古茶园与茶文化系统被联合国粮农组织认定为全球重要农业文化系统，其余 4 个中国重要农业文化遗产也被农业部列入中国全球重要农业文化遗产预备名单。

2015 年，云南省新增中国重要农业文化遗产 1 地，中国最美休闲乡村 4 处，全国休闲农业与乡村旅游示范县 2 个，示范点 5 处。截止到 2015 年，云南省共获得国家级休闲农业认定 56 个，包括：中国重要农业文化遗产 6 地，中国最美休闲乡村 9 处，中国美丽田园 12 处，国家级休闲农业与乡村旅游示范县 8 个，示范点 21 个。共认定省级休闲农业与乡村旅游示范企业 92 户。是"十二五"期间国家级品牌创建较多的省份，年末，在全国农产品加工及休闲农业工作会上，作为全国休闲农业的两个先进典型省份之一做了交流发言。

2015 年，在农业部的指导下，云南省与农业部联合开展"春花经济"云南行系列报道，效果显著，有效带动云南省"春花经济"的发展。结合休闲农业发展成效，省农业厅编印《休闲农业秀美乡村》（云南休闲农业精品集萃）画册精装册 4 000 册，简装册 1 000 册，画册的印发提高了云南休闲农业的知名度和认知度。

（云南省农业厅　高　蓓　张　慧）

陕西省

【基本情况】 截止到 2015 年年底，陕西省有经营主体 1.1 万个（休闲农家 1 万个、休闲观光农园（庄）0.1 万个）；从业人数 11.6 万人，其中农民就业人数 11 万人；带动农户 9.6 万户；年接待游客 8 000 万人次；营业收入 61 亿元，其中农副产品销售收入 25.4 亿元；利润总额 12.6 亿元；从业人员平均劳动报酬 1.8 万元。

【工作思路】 2015 年全省休闲农业工作按照"保存农业本质、拓展农业功能、延长农业链条、创造农业价值"的理念，以"规范、引导、培育、提升"为重点，科学规划，合理布局，推动农业产业向"六次产业"融合互动发展。

【主要工作措施】

（一）深化认识、提升定位

在贯彻落实中央部署和农业部指导意见过程中，省农业厅高度重视，及时向省委、省政府建言献策，并积极与省发改、财政、旅游等部门沟通，把推动休闲农业发展的意见，转化为省委、省政府工作部署。省政府工作报告，以及省政府推进文化创意和设计服务与相关产业融合发展、支持农民工等人员返乡创业、加快转变农业发展方式、促进旅游业改革发展及旅游投资和消费的部署文件中，都有相关内容，为休闲农业发展营造了日益良好的政策氛围。

（二）示范创建、推广模式

探索休闲农园、休闲农庄、休闲乡村三种业态发展模式在全省推广，使其他从业者学有榜样、追有标杆，对全省休闲农业发展起到积极推动作用。近年来共评定了 29 个以一村一品为特色的省级休闲农家明星村，其中 9 个村被评为中国最美（最有魅力）休闲乡村；在休闲农园和休闲农庄中共评定了 34 个省级休闲农业示范点，其中 19 个被评为全国休闲农业示范点。

（三）融入文化、塑造特色

根据全省不同区域的具体情况，注重引导经营主体积极拓展农业多种功能，延伸产业链条，着力打造陕北黄土风情、关中农耕文化、陕南山水风光三大特色板块。一是引导经营主体依托传统特色农业发展休闲农业，

以农为本确保特色。二是引导经营主体在产品、包装等创意上下功夫，强化创意打造特色。三是引导经营主体在丰富文化内涵上下功夫，融入文化增强特色。四是引导经营主体在强化生态功能，发展环境友好型产业上上下功夫。许多经营主体走出了"种、养、加一体，看、玩、吃、买、住全套"的全产业链模式，综合效益不断提升，发展模式日益成熟。

（四）强化引导、做好服务

一是项目引领。在省财政尚无休闲农业专项资金的情况下，每年从全省一村一品扶持资金中列支 1 000 多万元，用于扶持休闲农业发展。二是学习培训。把学习培训作为提升从业人员素质的重要内容，常抓不懈。每年给各市列支约 10 万元经费，专门用于学习培训。三是加强宣传推介。把宣传推介作为营造良好发展氛围的重要抓手，创新方式、大力推进，营造了良好的发展氛围。

【主要成效】 全省已形成以西安周边地区为核心、关中平原为主带、陕南和陕北为两大辐射区的"一体两翼"发展格局，呈现出"近城、靠景、依产（特色农业产业）"的布局特征，产业发展形成了速度加快、布局优化、质量提升、领域拓展的良好态势。创建国家级休闲农业与乡村旅游示范县 6 个、示范点 20 个，中国最美休闲乡村（最有魅力休闲乡村）9 个，中国重要农业文化遗产 1 处，中国美丽田园 11 处，全国十佳休闲农业企业（园区）1 家，五星级休闲农业企业（园区）4 家、四星级 2 家、三星级 1 家。创建省级休闲农业示范县（区）4 个、示范点 34 个，省级休闲农家明星村 29 个。全省休闲农家经营户年均收入基本在 5 万元以上，从业人员年均收入 1.8 万元以上。关中 5 市大部分休闲农家经营户收入都在 10 万元以上，西安秦岭北麓等重点发

展区域内的休闲农业经营收入已占到当地农业总产值的 30％以上。

【重要文件】

1.《陕西省人民政府关于推进文化创意和设计服务与相关产业融合发展的实施意见》（陕政发〔2015〕3 号）。提高农业领域的创意和设计水平。充分发挥农业多功能性，大力发展休闲农业，推进农业、农产品与文化、科技、旅游深度融合。

2. 陕西省政府 2015 年工作报告。把保持经济运行在合理区间摆在首位，结合建设文化旅游名镇、美丽乡村和保护古村落，支持民俗体验、观光农业和农家乐、自驾游等特色休闲消费加快发展。

3.《陕西省人民政府关于促进旅游业改革发展的实施意见》（陕政发〔2015〕23 号）。扶持发展乡村旅游和工业旅游。依托特色农业，大力发展休闲农业。

4. 陕西省政府专项问题会议纪要（2015年第 40 次）。省农业厅等部门要对渭河汉江等重大水利工程沿线的生态观光农业建设等给予支持。

5.《陕西省人民政府办公厅关于支持农民工等人员返乡创业的实施意见》（陕政办发〔2015〕88 号）。开发农业农村资源支持返乡创业行动计划。充分开发乡村、乡土、乡韵潜在价值，发展休闲农业、乡村旅游，积极推进农村一二三产业紧密相连、协同发展。

6.《陕西省人民政府办公厅关于加快转变农业发展方式的实施意见》（陕政办发〔2015〕105 号）。开发农业多种功能。大力发展都市农业，开发农业生态保护、休闲观光、文化传承等功能，支持建设公共设施。开展休闲农业与乡村旅游示范创建，扶持培育一批具有较强市场竞争力的休闲农业知名品牌。挖掘保护历史文化遗产资源、特色景观资源，保护村庄原始风貌，

整县推进村庄人居环境综合整治，建设美丽乡村。

（陕西省农业厅　罗创国　田　庚）

甘肃省

【基本情况】 2015 年，甘肃省休闲农业经营主体（含农家乐、农业示范园区、休闲农庄、专业村、民俗村等）9 024 家，总资产 500.5 亿元，营业收入 26.36 亿元，占用土地 27.28 万亩，接待人数 3 012 万人次，农民就业 9.36 万人，带动农户 11.91 万户。

【主要工作和成效】

（一）休闲农业扶持政策不断完善

2015 年，全省贯彻落实农业部《全国休闲农业发展"十二五"规划》和甘肃省人民政府办公厅《关于加快发展休闲农业与乡村旅游的意见》精神，全省 14 个市（州）均出台了扶持休闲农业发展的相关政策。86 个县（市、区）有 27 个出台了工作方案或休闲农业经营主体认定标准。

（二）创建了一批示范品牌

和政县创建成为全国休闲农业与乡村旅游示范县，金塔县航天神舟休闲生态园等 5 家休闲农业主体创建成为全国示范点；武威市凉州区高坝镇蜻蜓村等 3 个村被评为全国最美休闲乡村。

（三）积极挖掘保护农业文化遗产

永登苦水玫瑰农作系统成功入选"中国

重要农业文化遗产"，组织迭部扎尕那农林牧复合系统和岷县当归种植系统积极申报全球农业文化遗产。

【存在的主要问题】

1. 政策和资金支持不足。全省大多数县区还没有出台扶持休闲农业发展的政策和办法，政府无投入，发展无规划，基本处于自发式发展状态。

2. 开发深度不够。经营主体特色不明显，对乡村文化内涵挖掘不够深，延伸产品开发不足。

3. 基础设施差。乡村的道路、指示牌、饮水、公共厕所、垃圾污水处理、通讯设施、住宿和饮食卫生不同程度存在问题。

4. 管理人才匮乏。经营管理人员基本都是原来从事农业生产的农民，对休闲农业缺乏管理经验，整体素质偏低。

5. 休闲农业管理机制不健全。农业部门与工商、国土、卫生、公安、旅游等部门齐抓共管的机制尚未形成，游客的餐饮、住宿、娱乐在安全、卫生等方面管理还不规范。

（甘肃省农牧厅农村经营管理处　赵　平）

青海省

【基本情况】　近年来，青海省积极拓展农业功能，以休闲农业与乡村旅游示范县和示范点创建工作为抓手，大力发展休闲农业，加快美丽田园、美丽乡村建设。全省休闲农业已经从"一家一户"的"农家乐"，向休闲农庄、休闲观光农业园、休闲农业专业村发展，休闲农业初具产业规模，成为青海省调整农业结构，推动新农村建设和农民增收的新亮点。据初步统计，青海省有休闲园1 905家，较2011年增加843家，其中休闲农业园区43家，休闲农庄125家，农家乐1 701家，休闲农牧业聚集村、民俗村36个。年营业收入14.4亿元，年实现利润总额4.9亿元，从业人员达到2.7万人，农民就业人员达到2.3万人，年接待游客1 399万人次。截止到2015年年底，全省已经认定休闲农业示范县9家，休闲农业示范点74家，五星级休闲农业示范园区1家。门源回族自治县油菜花等3个景观被评为中国美丽田园，互助土族自治县高羌村、乐都区新联村等6个村被评为中国最美休闲乡村，初步形成传统农业观光型、城郊设施农业休闲型、民俗文化体验型、草地生态旅游型、景区依托型五种休闲农业发展模式，青海省休闲农业产业规模持续扩大、发展类型日趋丰富、品牌效应逐步显现。

【主要工作措施】

（一）制定扶持政策措施，积极创建休闲农业与乡村旅游示范点

近年来，青海省各级政府高度重视休闲农牧业和乡村旅游发展，制定了一系列扶持发展的政策措施，省政府相关部门牵头编制了《青海省"十三五"休闲农牧业发展规划》《青海省"十三五"乡村旅游发展规划》，出台了《关于贯彻落实农业部进一步促进休闲农牧业持续健康发展的实施意见》《青海省休闲农业与乡村旅游示范县点创建管理办法》，进一步引领和规范了全省休闲农牧业的发展。

自2011年以来青海省开始创建休闲农业与乡村旅游示范县（点），贵德县、大通回族土族自治县、湟中县、海东市乐都区、

互助县和门源县等9个县被评为全国和省级休闲农业示范县，湟中县青绿元生态农庄、乡趣农耕文化休闲园、门源县泉口涌翠生态体验走廊、湟源县树莓种植休闲农业观光示范点等74家休闲园被认定为国家和省级休闲农业示范点，其中西宁市乡趣农耕文化休闲园被评定为五星级全国休闲农业与乡村旅游示范园，门源百里油菜花海、祁连县卓尔山油菜花和大通县北川河万亩果园景观获评"中国美丽田园"，西宁市城北区陶北村、门源县东旭村、循化撒拉族自治县红光上村、乐都区新联村、互助县高羌村和尖扎县直岗拉卡村等6个乡村荣获中国美丽休闲乡村称号。示范县（点）和美丽乡村的创建，有力地促进了全省休闲园区的进一步发展，各地休闲农业已经进入蓬勃发展阶段。

（二）政府引导、社会参与，加大资金投入，促进休闲农业与乡村旅游发展

为推动休闲农业与乡村旅游上档次，上规模，各级政府加大对休闲农业的资金投入。近几年青海省政府每年投入400万元，在全省建设20个休闲农业示范点，并通过阳光工程培训安排165万元，重点对休闲农业从业人员培训3 300人次，进一步强化了休闲农业服务规范化管理。西宁市政府也投资3 400万元提升和改造市郊休闲农业园区，着力建设具有西宁特点、河湟特色的融生产、生活、生态等功能为一体的"特色明显、产业带动、绿色休闲、人文和谐"的现代都市休闲观光农业。

其次，各地区结合新农村建设等项目投入配套资金，修建乡村旅游公路，新建扩建停车场，改造旱厕，推广太阳能、风能低碳环保设备，美化绿化村容村貌，整治农村生态环境，保证休闲农业与乡村旅游的可持续发展。

（三）做好休闲农业和美丽休闲乡村宣传

推介，提高休闲农业与乡村旅游知名度

配合青海省文化旅游节，召开了青海省休闲农业与乡村旅游示范县（点）颁牌仪式。会上，给20家全省休闲农业与乡村旅游示范县（点）颁发了牌匾。全国休闲农业与乡村旅游示范县代表湟中县、示范点代表门源县珠固乡东旭村、湟源县树莓种植休闲观光园和大通县华灏设施农业休闲观光基地做了大会交流发言，并以展板形式展示了全国休闲农业与乡村旅游示范县和全省休闲农业与乡村旅游示范点建设成就，与会代表还参观了大通县现代农业展示基地、大通县华灏设施农业休闲观光基地。

组织征集了全省休闲农业与乡村旅游示范县、示范点、节庆活动宣传介绍材料70余份，其中整理了20份宣传材料上传到青海农牧信息网专业栏目，进行宣传推介。在《青海日报》重点报道了全省休闲农业发展和美丽休闲乡村创建情况，扩大了休闲农业影响力。

（四）配合农业部组织开展了全国休闲农业与乡村旅游示范县（点）和美丽休闲乡村创建活动

推介青海美丽休闲乡村参加中国美丽休闲乡村评选，青海省城北区陶北村、东旭村、红光上村和直岗拉卡村等6个乡村荣获中国美丽休闲乡村称号。根据农业部、国家旅游局关于开展全国休闲农业与乡村旅游示范县和示范点创建活动的意见，省农牧厅积极向农业部、国家旅游局推荐休闲农业与乡村旅游示范县和示范点，其中青海省乐都区等5县（区）被认定为全国休闲农业与乡村旅游示范县，青绿元生态农庄等15家休闲园被认定为全国休闲农业与乡村旅游示范点。

（青海省农牧厅　孙　英）

宁夏回族
自治区

【基本情况】 截止到2015年，宁夏回族自治区休闲农业主体单位发展到491家。其中，农家乐275家（星级"农家乐"28家）、休闲农庄216家（规模以上31家）、休闲农业园（区）70家，民俗村5个。农家乐和民俗旅游接待户2 000多户；年接待游客近600万人次，实现经营收入8.7亿元以上，占农业总产值2.7%；农副产品销售收入2.4亿元，从业人员1.2万人。带动相关产业产值20多亿元。

【主要发展成效】 宁夏经济健康持续发展，民生基础稳固提高，城乡居民收入增加，美丽乡村的持续打造，国家休假制度的实施，全民休闲时代已然来临，休闲农业将进入新一轮快速发展阶段，为宁夏休闲农业发展带来广阔空间。

（一）发展趋势良好

近年来，宁夏休闲农业逐步向主题化、产业化、区域化和集群化方向发展，由自发发展向政府引导、规范管理转变，产业实力显著增强，功能日益拓展，发展模式丰富多样，发展方式逐步转变，呈现出了良好的发展态势。一是产业规模不断扩大，成效稳步提升。截止到2015年，全区休闲农业主体单位发展到491家。其中，农家乐275家（星级"农家乐"28家）、休闲农庄216家（规模以上31家）、休闲农业园（区）70家，民俗

村5个。农家乐和民俗旅游接待户2 000多户；年接待游客近600万人次，实现经营收入8.7亿元以上，占农业总产值2.7%；农副产品销售收入2.4亿元，从业人员1.2万人。带动相关产业产值20多亿元。二是产业类型日趋多样，产品品种不断创新。初步形成了形式多样、功能多元、特色鲜明的产业形态和类型：黄河金岸以湿地生态、休闲观光、野趣垂钓为主的休闲农业产业带，沿贺兰山东麓以葡萄酒庄、生态果林为主的经果林品鉴观光产业带，沿艾依河两侧以农家乐为主的休闲农业带，依托六盘山旅游景观资源发展形成的红色旅游观光休闲农业产业圈；依托设施农业、设施园艺等现代农业资源、回乡风情等民族特色资源、沙漠景观资源等，形成一系列现代农业科普生态园、回乡民俗观光园、大漠草原风情园等，培育了森森生态庄园、红柳湾、长枣农庄等特色品牌农家乐和塔桥花海等休闲农业产品品牌，形成了一批发展后劲足、带动能力强、品牌优势明显的休闲农业企业。三是资源高效整合，发展方式逐步转变。整合农业景观资源、生产资源和农村文化资源，休闲农业产业化经营稳步推进，集商、养、学、闲、情、奇、吃、住、行、游、购、娱于一体的产业链条不断完善，产业由零星分布向规模集约、从单一功能向复合多功能转变，推动了农村一二三产业融合发展和城乡资源要素的交流互动，有力促进了城乡一体化进程。四是区域布局渐趋合理、产业特色显现。宁夏休闲农业基本形成点、线、面相结合的休闲农业空间形态，即以黄河金岸良好的农业基础设施和区位优势为依托的沿黄河休闲农业集聚区，以区域特色农业产业和河湖景观为依托的艾依河两岸休闲农业产业带，以中部地区独特资源环境和民俗文化为依托的休闲农业点，以南部山区、贺兰山东麓独特的山水风光为依托的环生态六盘、贺兰山沿线两大休闲农业板块，成为宁夏休闲农业的重点区域，其布

局渐趋合理，休闲农业产业特色显现。

（二）特色发展突出

宁夏休闲农业呈现出起步较晚、发展加快、形式多样并向集群化发展的特点，并逐步向园区化、主题化和产业化方向转变。初步形成了贺兰山东麓以葡萄酒为主题的生态休闲农庄集群；国家5A级景区沙坡头和沙湖旅游区外围以旅游接待为主的"休闲农业园区"集群、石嘴山—银川—吴忠沿河沿湖"农家乐""渔家乐"集群；泾源县冶农村、中卫县童家园子等以旅游接待为主的"农家乐"专业村；建成了银川森淼生态园、贺兰园艺产业园、金沙湾现代农业园、金岸红柳湾山庄、万义山庄、兰一山庄等休闲农业品牌，形成了集吃、住、行、游和种、摘、购、娱于一体的休闲农业产业链。

（三）发展类型多样

一是黄河大漠观赏型。银川市兴庆区、灵武市、吴忠市、中卫市、石嘴山市平罗县、惠农区在黄河两岸、沙漠地带新建黄河、大漠、草原风情园，让游客观赏大漠、黄河景观，体验黄河大漠文化。

二是休闲垂钓型。银川市，石嘴山市大武口区、平罗县、吴忠市、中宁县等借助湖面较多优势，进行有效开发利用，大力发展适水产业，为市民提供休闲、观光、垂钓服务，此种模式为宁夏农家乐的主要形式之一。

三是生态观光型。主要依托黄河沿岸林场、园林、沙漠等生态观光为主，如沿灵武长枣林带，银川市兴庆区黄河大桥两翼、永宁县鹤泉湖、贺兰县清水湖等。

四是认种采摘篱园型。银川市贺兰县利用黄河金岸果园，永宁县利用设施园艺温棚，灵武市利用长红枣产业，金凤区在爱伊河畔等地建设了市民农园，为游客提供集观赏和果类采摘于一体的服务项目，供游客采摘杂果，供市民认种、体验农活。

五是休闲农庄型。银川市、吴忠市、石嘴山、中卫市等部分企业和个体经营者沿黄河金岸依托林园、水系、湖泊建设成一批集特色种植、旅游观光、餐饮住宿、休闲娱乐、景物观赏、会议培训等为一体的综合性生态观光休闲农庄。

六是农家特色餐饮型。沿黄各市、县（区）均发挥本地优势，利用特色畜禽养殖、蔬菜种植等，形成以土鸡、羔羊肉、欧洲雁、清真食品等特色农家酒店餐饮。

【主要工作措施】

（一）领导重视，推进发展

各级领导重视，坚持把发展休闲农业作为推进新农村建设和发展现代农业的重要举措，制定工作目标和政策措施，逐渐形成了各市、县（区）争相发展，率先发展休闲农业、乡村旅游的良好氛围。自治区确立了开放、和谐、富裕、美丽"四个宁夏"建设的战略目标，围绕"一带一路"提出了"两区建设，旅游先行"的发展理念，凸显了旅游业在经济社会发展中的作用和地位；把发展休闲农业和乡村旅游业写进了《关于做好农村工作的意见》《宁夏经济社会发展"十三五"规划》和《宁夏农业和农村经济发展"十三五"规划》中。出台完善《"十三五"宁夏休闲农业发展规划》，各地市也适应经济新常态，调整发展思路，突出休闲农业和乡村旅游业的发展，分别提出了"两宜银川""绿色石嘴山""水韵吴忠""休闲中卫"和"生态固原"的发展理念，并将休闲农业和乡村旅游业纳入经济社会发展整体布局中进行统筹谋划。各县（市、区）的《农业和农村经济发展"十三五"规划》也把休闲农业和乡村旅游业放在了十分突出的位置，所有这些都为休闲农业的发展提供了政策和体制保障，推进休闲农业健康发展。

（二）科学谋划，扶持发展

面对复杂多变的经济形势，各级行业主管部门发挥职能作用，加大指导力度，切实为休闲农业发展掌好舵、把好向，促使休闲农业步入良性发展轨道。一是制定规划指导。组织自治区、各市、县（区）、休闲农业主体单位，利用本地农业资源、开发现状、发展前景，分别制定《"十三五"休闲农业发展规划》，强调规划要在全域旅游、文化创意、互联网＋、共享经济理念引领下，强化宁夏休闲农业产品研发。深入分析新常态下休闲农业主体单位与生态、经济、社会、运营、文化可持续发展等问题，尽可能形成操作性强的创新成果。重视与提高对休闲农业与乡村旅游的认识，把握相关属性。明确市场定位、功能分区、项目设置、开发原则与时序、经费预算、效益分析等规划设计。明确产业发展指导思想、目标任务，制定了发展重点和支持措施，推进了休闲农业集群发展和产业优化升级。二是招商引资助推。通过各种形式发布了全区休闲农业投资指南，布设了"中国与阿拉伯国家论坛·休闲农业馆"。举办了"宁台休闲农业论坛"，宣介并引资投创休闲农业，为自治区休闲农业发展增添了新的动力。三是加大休闲农业项目政策资金支持。

（三）打造品牌，引导发展

品牌建设是休闲农业发展的重要内容，只有建立健全规范的管理机制和高素质休闲农业队伍体系，打造适应社会和游客需求的品牌化、差异化的休闲农业主体单体，才能保障整个休闲旅游农业实现快速健康发展。参加了农业部组织的各项休闲农业示范创建活动、星级创建行动。培育出了一批国家级休闲农业品牌，其中，国家级休闲农业示范县6个、示范点14个，中国最美休闲乡村2个，中国美丽田园5个、全国休闲农业与乡村旅游三星级以上单位28个，中国重要农业文化遗产2项。

（四）农旅结合，带动发展

休闲农业是传统旅游市场的细分与补充，"农旅结合，以旅促农，农旅互动"。宁夏致力于打造"中国穆斯林旅游窗口阵地"，紧紧抓住西部大开发，"一带一路"建设，中阿博

览会的机遇，发挥旅游业的先导作用，先后举办了世界穆斯林旅行商大会，中阿论坛，建成宁夏与阿拉伯国家和穆斯林地区合作交流平台；开展了智慧旅游——网上丝绸之路建设，畅通了旅游交流渠道；开通了银川—大阪、银川—迪拜、银川—新加坡、银川—吉隆坡等多条国际航班，制定了针对穆斯林游客的接待服务标准体系，致力于打造"中国穆斯林旅游窗口阵地"，建设国际旅游目的地。以回族和穆斯林风情为特色，开展特色旅游体验项目，加大漠黄沙、塞上江南、丝路古韵、红色旅游、绿岛消暑、探密西夏等旅游资源和产品开发，将全面带动休闲农业和乡村旅游业融合发展。二是致力于打造贺兰山东麓葡萄酒国际旅游目的地。计划建成100千米葡萄长廊、100万亩酿酒葡萄种植基地、培育100家酒庄，建成30万亩葡萄酒国际旅游目的地核心区，与贺兰山东麓休闲农业与乡村旅游产业带交相辉映，实现功能互补、客源共享、价值提升。

（五）优化服务，健全发展

以休闲农业企业需求为导向，加强休闲农业服务体系建设，为企业发展搞好服务。一是加强培训提升素质。组织参加了由农业部在北京、南京、湖南、武汉等地举办的休闲农业与乡村旅游经验交流会、发布会等各种活动。协调农业部农村事业发展中心在宁夏举办了休闲农业与乡村旅游创业培训班，自治区自行组织培训3期，组织参加了全国休闲农业大县局长培训，拓宽了视野、学习了经验，提高了能力，明确了品牌建设和休闲农业主体建设及行业建设目标。二是产业协会推进。充分发挥行业协会的指导和管理作用，促进行业自律和行业发展。协调协会组织会员单位开展了培训与考察学习620人次，先后到四川、陕西及台湾省和区内参观考察休闲农业，学习休闲农业与乡村旅游产业新理念和发展模式；组织全区休闲农业设计规划对接活动。通过对接，已经有22家企业与规划设计单位签

订休闲农业主体单位规划设计意向性协议，完成了一批休闲农业主体单位的规划设计。编辑印发二期《2015宁夏休闲农业》专刊，大力宣传宁夏休闲农业，提升了宁夏休闲农业企业的知名度。三是建立网站加强宣传。建立宁夏休闲农业网站，积极宣传推介休闲农业企业，发布经营项目信息，为休闲企业提供了较好的经营指导和信息服务。

【存在的主要问题】

（一）受思想认知和体制制约较大

休闲农业是社会经济发展到一定阶段的产物，是现代农业的新业态，属第三产业范畴。对于擅长抓第一产业（种养业）的县级党政组织而言，尚没意识到发展休闲农业是一篇企增长、调结构、转方式和推进城乡一体化的大文章，需要纳入县域经济、社会发展和城乡建设总体规划，在用地、用水、环保、道路、绿化等方面给予大力支持；"规划引导、标准规范、政策驱动、政府推动"的作用缺失，一定程度制约了宁夏休闲农业的快速发展和上档升级。

（二）产业支撑和服务体系相对薄弱

休闲农业在宁夏起步晚，相对于传统农业而言，产业支撑体系尚未建立起来，有关部门在落实财政、税收、信贷、能源政策和实施行业监管、环境治理、市场培育和科技信息装备等方面缺乏系统、长效和制度化的支持和服务体系；部分地区或休闲农庄急功近利，只注重休闲接待设施建设，而忽视农业产业支撑体系建设，出现"休而不农"的现象；许多地方对休闲农业企业征税参照商业企业确定税率，而没有考虑到其农业属性，综合税率偏高，一定程度上影响了休闲农业的招商引资和社会资本对休闲农业的投入。

（三）缺乏系统的策划、规划与创意设计

目前自治区、市、县三级大部分都没有制定和出台休闲农业发展规划，更没有市、县把休闲农业纳入城乡建设总体规划之中，解决建设用地和排污的问题。休闲农业是创意农业，目前宁夏大多数休闲农业企业没有整体的专业化的策划与规划方案，主题不突出，定位不准确，没有运用科技、文化、艺术的手段进行创意设计，以提升休闲农庄（园）的吸引力和农产品的附加价值；同质化、平庸化倾向严重，没有形成核心竞争力和效益增长点。

（四）人文资源和农业要素整合不够

休闲农业是精神变物质的过程，"讲故事"在营销活动中有着至关重要的作用。宁夏休闲农庄对人文资源的挖掘、升华和运用不够，大多停留在简单的垂钓、采摘、餐饮和娱乐等常规项目上，缺乏对乡土文化和民族风情的深度挖掘，更没有结合农业生产过程丰富农耕、农事和民俗体验活动，彰显不出地方风味和民族特色；有的休闲农庄不仅没有很好地利用田园景观与生态系统开发休闲观光、养生度假与科普教育项目，还破坏了田园景观和生态系统，如污水处理不到位，使农庄周边水体、土壤受到污染而遭群众围堵。

（五）商业模式落后，品牌营销滞后

大多数休闲农庄没有很好地对接城市业已成熟的商业模式，解决好"吃什么""玩什么""看什么"和怎么让游客来吃、来玩、来看的问题；有的服务项目与体验活动大体相同，或服务设施陈旧、服务功能单一，造成目标市场相近，恶性竞争加剧；有的没有建立完整的视觉识别系统并进行有效推广，基本停留在口碑相传的阶段；有的没有结合主导产业及乡土气息形成特色鲜明的主题文化，难以给消费者独特而深刻的印象；有的没有在服务与销售过程中注重品牌形象推广，造成消费者对品牌的黏合度与忠诚度不够，经营管理处于较低水平。

（宁夏回族自治区农牧厅 郭德宝 高 昆）

新疆维吾尔自治区

【基本情况】 截止到 2015 年年底，新疆维吾尔自治区休闲观光农业各类经营组织（户）达到 5 231 家，直接吸纳 5.7 万人就业，辐射带动 8.4 万户农民增收，接待城乡居民 1 427 万人次消费，实现营业收入 29.3 亿元（其中，农副产品收入 5.6 亿元）。培育出全国休闲农业与乡村旅游示范县（市）7 个，国家示范点 19 个，中国最美休闲乡村 9 个，中国美丽田园 7 处，中国重要农业文化遗产 3 项，五星级休闲农业企业 3 家、四星级 1 家，自治区休闲观光农业示范县 20 个，示范点 183 个。相继涌现出以景区带动型、城区近郊型、历史古村落型、特色产业辐射型、农业科技示范型、社会主义新农村建设型为代表的经营模式，一批区域中心城市近郊休闲观光集散地脱颖而出，布局合理、特色鲜明、效益可观的休闲观光农业发展格局初步形成，同新疆"旅游大景区"互为补充、相得益彰，丰富了休闲娱乐产品类型，较好满足了城乡居民的生态休闲消费新需求。

【主要发展特点】

（一）加快推动农业提质增效

发展休闲观光农业，客观上促使农业资源集约生产，尤其要求具备一定观赏价值的农作物集中连片种植，如昭苏县百万亩油菜花、霍城县万亩薰衣草、奇台县万亩旱田小麦、和静县千亩油菜花等，有效改善农业生产规模小、格局散的现状，加快了规模化、机械化进程。观光农业作物对农田土壤改良、灌溉设施完善、农产品品种优化、农业病虫害防治、智能化管理的高标准要求，客观改善了农业基础设施条件，增加了科技含量，提高了抵御自然风险和市场风险的能力。广大城乡居民对休闲食品提出无公害、绿色、有机等要求，有助于农产品生产标准在种植基地的贯彻落实，有效提高农产品的商品转化率，提高农业的经营收益。如中心城市近郊农民的自家菜地被开发成为休闲采摘园后，农业生产至少提高 5 倍以上的收益。设施农业种植大棚开发成为城市居民自助采摘基地后，至少提高 3 倍以上的综合收益。此外，传统的果蔬采摘、种植喂养、湖面捕捞、日常餐饮等农事活动，经过设计开发，打造成为供城市居民消费体验的休闲项目，极大地提升了农业的附加值。

（二）有力推动农村社会繁荣

发展休闲观光农业，可有效改善农村、牧区的基础设施和村容村貌。从新疆首批 183 个自治区休闲观光农业示范点分布情况来看，虽然区域不同，但是每个示范点的路、水、电、通讯、排污等基础设施建设相对完善，可进入条件好，相关公共服务配套设施可实现同周边农村资源共享，经营场所通过规划设计，风格同周围生态环境和民族民俗风情和谐共融。如泽普县的长寿村，开发休闲观光农业后，村庄道路、水电、排污、房屋等基础设施条件明显改善，吸引县城乃至喀什市区生产、资本、人才、技术等各项生产要素向该村流动，部分外出务工人员返流回乡创业，催生了当地交通运输、商贸物流、餐饮娱乐、金融服务等相关产业，培养了一批懂经济、会经营的新式农牧民和专业技术人才，使广大少数民族农牧民能够就地、就近享受到和城市市民一样的公共服务。

（三）有效带动农民就业增收

休闲观光农业贯穿农村一二三产业过程的始终，据初步估算，休闲观光农业每增加

1个就业机会,就能带动整个产业链增加5个就业机会。一个年接待10万人次的休闲农庄,可实现营业收入1 000万元左右,直接安置300名农牧民就业,间接带动1 000户农牧民家庭增收。中心城市周边的农牧民通过承包、租赁或者成立农民专业生产合作社等形式,将分散的土地合法流转,农牧民采取收租或者参股形式获得经营外收入。一个具有一定规模的休闲观光农业示范点,通过发展订单农业,能够同周边的农户维持相对稳定的农副产品供求关系,最大限度避免了"物贱伤农"现象的发生。休闲观光农业通过四季经营,将农业生产、生活充分挖掘延伸,辐射带动周边的农牧民常年开展生产劳动,获得工资性收益和资产性收益。

(四)稳步拓宽城乡交流渠道

休闲观光农业让市民走出城市、走向农村开展休闲娱乐活动,为城镇居民及广大游客休闲度假、观光体验、健身娱乐、采风购物等旅游消费活动提供服务,不仅能满足人民群众日益增长的休闲消费需求,带动农民增收致富,而且能够促进城市居民与农牧民在文化、经济科技知识、现代文明生活方式等方面的交流,丰富农村、牧区业余生活,尤其是通过开展农牧业节庆活动,传承了文化,聚集了人气,有助于城乡文明之间的良性互动。市民通过回归自然,感受农村的古朴气息,陶冶了情操。农牧民通过接触现代文明,更新了思想理念,增进了互动。此外,在新疆这样一个多民族聚集区,发展休闲观光农业,还有助于淡化极端宗教氛围,丰富农牧民的现代文化生活,促进汉族和少数民族以及各少数民族之间在语言、文化、饮食等诸多方面的交流,有助于各民族之间增强沟通了解,促进民族团结和社会稳定。

【主要工作措施】

(一)行政高位推动,强化宏观指导

自治区党委、自治区人民政府高度重视休闲观光农业工作,在2015年自治区党委农村工作会议上,自治区主席雪克来提·扎克尔要求"要大力开发农业多种功能,积极发展休闲观光农业,逐渐形成一批各具特色的休闲观光农业聚集区"。自治区党委常委、秘书长白志杰强调"要支持开发农业多功能,培育新的产业发展亮点。要立足城市郊区、特色乡村和牧区,挖掘区位、人文、自然环境优势,推动发展具有地方及民族特色的休闲观光产业。特别是要结合'两居'工程建设、农村人居环境整治、美丽乡村建设,打造休闲农业、创意农业、戈壁农业、农家乐、牧家乐,开发乡村旅游,吸引更多的城市人群下乡消费,扩大农民就业",给全区休闲观光农业工作进行宏观安排部署。自治区农业产业化发展局在2014挂牌成立自治区休闲观光农业促进中心的基础上,进一步理顺职能职责,形成行政指导、事业推进工作机制。争取自治区休闲农业与乡村旅游工作协调小组支持,强化与自治区旅游局沟通联系,确保"十二五"《关于推进自治区休闲农业与乡村旅游发展的合作框架协议》圆满收官。加快编制自治区休闲观光农业"十三五"发展规划,提出了未来发展指导思想、发展思路、目标任务、重点项目和保障措施。研究起草《关于加快推进自治区休闲观光农业发展的指导意见(草稿)》,争取出台自治区层面的政策文件。

(二)加强示范创建,培育知名品牌

结合新疆发展实际,不断充实完善自治区休闲观光农业示范创建标准,面向全区下发《关于组织开展自治区休闲观光农业示范创建活动的通知》(新农加办〔2015〕3号),要求对新疆现有自治区休闲观光农业示范县、示范点进行经营情况运行情况监测,同时,组织基层新申报一批自治区休闲观光农业示范县、示范点。认真贯彻落实农业部农产品加工局关于"中国最美休闲乡村"评选、"中国重要农业文化遗产"认定、"全国休闲农业与乡村旅游示范县、示范点"创建、休闲观光农业星级示范企业评选等系列活动。2015 年国庆节期间，配合农业部推出国庆休闲农业线路与景点。通过示范创建和品牌培育，面向社会推出一批建设规模大、产业基础强、服务功能全、经营效益好、游客满意度高的休闲观光农业一流企业，带动全区休闲观光农业企业规范经营、科学发展，提高了休闲观光农业在全社会的影响力和知名度。

（三）加大财政扶持，吸引社会投资

与自治区财政厅联合印发《自治区财政扶持农业产业化发展贷款贴息资金管理办法》（新财农〔2015〕100 号），明确提出将休闲农业经营组织列为扶持对象，组织开展休闲观光农业经营组织贷款情况摸底调查，根据初步调研结果，储备 73 个休闲观光农业贷款贴息财政资金项目，争取乡镇企业贷款贴息资金 870 万元，全部用于休闲观光农业建设项目，累计吸纳社会资金近 50 亿元投资休闲观光农业，出色发挥了财政资金的导向作用，极大鼓舞了广大农户、农民专业合作社和村集体经济组织通过股份合作的方式，参与休闲观光农业的积极性。同时，也吸引了大批农业产业化龙头企业、工商企业、旅游企业投资开发休闲观光农业项目，较好解决了休闲观光农业规模小、分散化、实力弱的发展难题。

（四）注重文化挖掘，拓宽营销宣传

立足新疆绿洲经济和农耕文化资源优势，融合休闲观光农业要素，深入挖掘新疆历史长河中，各族群众吃苦耐劳、勤劳勇敢、团结互助通过开展农业生产、农事生活积淀而成的优秀文化和智慧结晶，积极争创中国重要农业文化遗产项目。科学指导奇台县人民政府编制奇台旱作农业文化系统申报中国重要农业文化遗产项目文本和保护利用规划，多次组织专家、学者现场调研指导文化遗产申报工作，确保奇台旱作农业文化系统成功

列入第四批中国重要农业文化遗产名录，极大地鼓舞了各族群众爱国爱疆的家园意识和民族自豪感。农业部农产品加工局拨付 10 万元用于遗产地的后续保护与管理服务，新疆配合做好中央财政资金项目的实施工作。同时，依托相关县域特色农业、农事节庆活动，开展以休闲观光农业为主题的推介宣传，支持米泉花儿文化节、精河枸杞节、沙湾辣椒节、泽普胡杨节、若羌红枣节等系列活动，采取"政府搭台、文化唱戏、经济主导、社会参与"的模式，积极引导当地农民开发利用休闲观光农业边际资源、民俗风情等无形资产，提高他们的市场意识和商品意识，使传统的农产品变现速度加快。同时以节促会模式吸引广大城市居民前来消费，带动资本、信息、技术、人才、理念等资源回流，有效推进城乡互动，在潜移默化中培养城市生态消费理念，培养农民现代文明理念。

（五）强化培训服务，全面提升素质

新疆把各级休闲农业管理人员培训作为推动休闲观光农业工作的一个重点，承办2015 年中国重要农业文化遗产发掘保护省级管理人员培训班，将休闲观光农业培训列入自治区党委组织部"天池计划"人员岗前培训和自治区农牧业产业化重点龙头企业负责人培训班内容，累计培训人员1 800 人次。组织基层管理人员和自治区休闲观光农业示范点负责人走出去考察学习，开阔视野和思路。

【存在的主要问题】 新疆休闲观光农业服从并服务农牧业现代化建设进程，符合国民经济社会发展新需求，经过多年探索努力，虽然取得了初步成效，但从整体发展情况看，仍处于发展起步阶段，还存在一些突出的困难和问题，具体表现在：一是新疆休闲观光农业起步较晚，各级行政部门的认识程度和重视程度有待提高，顶层设计还不到位，对

新常态下的发展趋势研究不够深入，行业管理和规划引导不够科学，政策发展环境和相关工作措施需要进一步优化。二是同当前城乡居民多元化生态休闲消费需求相比，休闲观光农业所能提供的服务项目功能比较单一，大多消费仍停留在餐饮、垂钓、采摘、观光和其他简单农事活动层面，同质化竞争严重，缺少文化内涵和创意设计，养生、休闲、生态、健康、科普、文化、教育等高附加值体验项目亟待开发，休闲观光农业经营场所基础设施建设和配套公共服务能力还需要进一步完善。三是受制于市场经济资源配置等因素制约，休闲观光农业发展活力没有得到有效激发，支农惠农发展潜力有待进一步挖掘。由于缺乏休闲观光农业专项资金，新疆从其他支农项目中切块予以扶持，但资金量少，财政资金导向作用有限，社会资本投资休闲观光农业的热情有待进一步调动。四是基层农业产业化部门力量薄弱，人才队伍匮乏，各类经营组织（户）现代文化水平不够高、现代经营意识不强，各级行政人员和企业管理人员的整体素质能力需要通过系统培训得以提高。

（新疆维吾尔自治区农业产业化发展局李卫建）

【基本情况】 大连市地处辽东半岛南端，是辽宁沿海经济带核心城市，共辖7个涉农区市县，4个涉农先导区。全市共有115个乡镇（涉农街道办事处），980个行政村；土地总面积12 574平方千米，其中，耕地面积406万亩；海域总面积2.3万平方千米，海岸线总长1 906千米。大连空气清新、水质优良、交通便利，素有"浪漫之都"的美誉，有着稳定的农业基础、丰富的自然资源、优美的田园景观、深厚的农耕文化、浓郁的风土人情，休闲农业发展条件得天独厚。

大连依托农业自然资源和丰富的田园景观，顺应走进自然、休闲娱乐的城市消费方式发展休闲农业，休闲农业呈现出从无到有，从小到大，从品种单一到形式多样的喜人态势，发展休闲农业和乡村旅游过程中也将民俗文化、建筑文化、餐饮文化、农耕文化和民间艺术等融入其中，休闲农业已成为发展都市型现代农业的"新引擎"。形成了包括农（渔）家乐、果菜采摘园、生态旅游、温泉滑雪和节庆活动五大系列产品协调发展的格局。

截止到2015年，全市共建设特色旅游乡镇40个，旅游专业村100个，农（渔）家乐1 700个，旅游休闲农庄（酒庄）30个，精品采摘园118个，从业人员20 000余人，带动农户38 000余户，年接待900余万人次，营业收入超16亿元。

大连市积极推动休闲农业和乡村旅游示范企业建设，以发挥示范企业的带头作用。2010—2015年，金州新区、庄河市和旅顺口区被农业部评为全国休闲农业和乡村旅游示范县；旅顺口区水师营街道小南村、普湾新区东沟农业旅游风景区、庄河市天一庄园等9个单位被农业部评为全国休闲农业和乡村旅游示范点；普湾新区石河村东沟和王家镇海王九岛东滩村、旅顺口区龙湖村分别被农业部评为中国最有魅力乡村和中国最美休闲乡村；金州新区紫云花汐薰衣草庄园被评为中国美丽田园。2010年至今，全市共获得休闲农业领域荣誉30项，其中，国家级荣誉

16 项，省级荣誉 14 项。

【主要工作措施】

（一）以"政策扶持＋标准化工作"促进品质提升

2006 年以来，大连市坚持政府引导，规划先行，突出特色，差异发展，积极推进休闲农业和乡村旅游工作。2008 年 9 月，大连市制定出台了《加快休闲农业和乡村旅游发展实施意见》，作为全市休闲农业和乡村旅游工作的指导性文件。2011 年 5 月，大连市出台了《大连市政府投资重点园区基础实施项目建设实施细则》，文件的颁布立即得到各区市县的积极响应，各级政府设立了配套发展资金，加大政策扶持力度。这些文件的先后出台，为大连市休闲农业与乡村旅游的发展提供了有力的政策支持和资金保障，着力完善了规模休闲农业企业的基础设施和公共服务配套体系。

近年来，大连市又出台了《大连市特色旅游乡镇考评标准（试行）》《大连市旅游专业村考评标准（试行）》《大连市星级农家乐考评标准（试行）》，完善休闲农业和乡村旅游的标准化体系。普湾新区石河东沟村作为全市第一个制定村级旅游规划的行政村，被国家旅游局授予国家级旅游示范点，同时被农业部评为全国最有魅力乡村。长海县大长山岛镇杨家村被农业部评为全国休闲农业和乡村旅游示范点，并成立了自己的农（渔）家乐协会。

（二）"农旅结合"，相互提升，持续发展

休闲农业具有"农业"和"旅游"兼顾的特点。大连市在发展休闲农业过程中始终按照"农旅结合"的思路，市农委和旅游局积极联动，坚持立足农业根本，突出旅游特色，进一步完善合作机制，采取有效措施，努力构建休闲农业与乡村旅游融合发展新格局。同时积极支持和鼓励休闲农业经营者依托当地特色资源，设计、开发、销售具有地方特色的农产果盒、自酿米酒、非转基因压榨豆油、农产纪念品等旅游商品，逐步完善休闲农业商品生产和销售体系，使"饮食、旅游、购物、娱乐"融为一体，最大限度满足消费者的各种需求，休闲农业与乡村旅游相互提升，持续发展。

（三）依托宣传平台打造品牌，促进农民增收

2010 年以来，大连市通过电视、电台、报纸等主流媒体大力宣传休闲农业打造品牌。在《农村工作通讯》《农产品市场》和农业部农村社会事业发展中心《休闲农业与美丽乡村建设论文集》等国家级、省级刊物发表休闲农业和乡村旅游文章 10 余篇。同时，通过休闲农业宣传手册、广告路牌配合互联网对休闲农业进行新一轮宣传，休闲农业企业的经营者们加强了网络营销力度，运用科技整合资讯，通过国家"魅力城乡网""去农庄网"和大连市农业信息网对休闲农业进行宣传。休闲农业实现网络宣传后，各地休闲农庄游客数量明显增加，经济收入也高于往年同期水平。同时大力宣传各地区农业节庆活动，如国际大樱桃节、苹果节、蓝莓节、温泉滑雪节、垂钓节等，节庆活动把消费者直接拉到了农民家门口，把市场直接开设在田间地头，让游客亲自参与农业生产、采摘过程，既减少了中间环节消耗，又提高了农副产品附加值，还有效促进了当地餐饮、住宿等配套产业发展，形成了新的农业经营模式，也有效增加了农民收入。2015 年，全市农村居民人均可支配收入达到 14 667 元，同比增长 8.3%。

依托网络宣传和节庆活动将引导更多市民和国内外游客走进美丽乡村、领略田园风光，参与农（渔）体验，同时进一步宣传、展示、推介了大连市休闲观光农业，打响了大连休闲农业品牌，提升了知名度与美誉度，促进了农业生产、生活、生态和文化多功能融合。

【**存在的主要问题**】 大连市具有典型特点的休闲农业企业有三种类型，即乡村型、岛屿性、山水自然景观型。通过现场调研，这三种类型的休闲农业企业发展还存在以下五方面问题：

1. 休闲农业相关扶持政策尚未落实。目前，大连市没有与休闲农业发展相关的资金扶持政策，休闲农业发展没有政府资金支持。而一个高标准、带动能力强的精品农庄建设需要投入大量的财力和人力，由于前期投入和运行成本较高，很多企业在经营中短期无法实现盈利，资金压力较大。当前大连市绝大多数休闲农业项目都是自筹资金，由于受土地指标制约，农庄的地上设施建筑没有正规手续，不能用来抵押贷款，加之银行业对发放农业贷款也有很多条款制约，导致很多休闲农业企业在银行贷款受阻，后续发展遇到资金瓶颈。

2. 品牌休闲农业企业带动性不强，企业知名度低。品牌企业带动性、示范性不强，企业之间没有相互学习借鉴的机会，企业建设闭门造车，经营项目趋同，产品科技含量不高。另外，企业没有充分利用所在地的良好自然禀赋，项目求全不求精，忽视了项目的实用性，造成项目闲置。这也导致大连市没有形成像丹东大梨树风景区和浙江奉化滕头村那样的全国知名休闲农业旅游企业。

3. 不重视规划，服务质量低。企业在发展过程中，没有体现规划优先的原则，项目策划创新意识不强。有些企业盲目找一些团队进行规划，导致规划不符合当地实际，更有甚者规划根本不能实施，即便实施了，也导致企业特色不突出。另外，企业对管理人员和服务人员的培训力度不够，导致企业管理不规范，服务水平比较低。

4. 农业文化挖掘不够。没有把历史文化、民俗文化、农耕文化、餐饮文化、建筑文化、民间艺术等与现代农业技术有机结合起来，园区、农庄的发展没有文化支柱的支撑，经营特色不突出，唯一性没有充分体现出来。文化挖掘度低也导致无论是老园区还是新园区，各功能区之间割裂感强、各环节衔接不顺畅、精细度不够、一物一景背后的故事没有充分挖掘和体现出来，神秘感不强，导致游客停留时间短，企业经济效益没有得到真正体现。

5. 宣传力度不到位，导致大连市休闲农业企业在省内外的知名度和公众的认知度不高。

（大连市农村经济委员会　王有志　李松涛）

青岛市

【**基本情况**】 近些年来，青岛市的休闲农业进入了快速发展阶段，直接带动了农业观光旅游人数和收入的显著增加，已成为农村经济和农民增收新的增长点。据统计，2015年全市规模以上休闲农业经营主体达737多家、占全省10%，其中，生态园区66个、休闲农庄86个、民俗村45个、农业观光采摘园区87个、"农家乐"453个。年接待游客2 831多万人次，营业收入142亿元，实现利润10.4亿元，收益农户达11万多户。省级农家宴126家，农业旅游示范点118家，星级采摘园81家。全年先后有桃花节、樱桃节、崂山茶节、祭海节、蛤蜊节、西瓜节、葡萄节等节庆活动67个。

【主要工作措施和成效】

（一）建立健全完善扶持政策

近年来，为发展乡村旅游，青岛市相继出台了《关于加快旅游业率先科学发展若干政策的意见》和《加快发展乡村旅游的意见》，出台了《关于做好乡村旅游发展扶持项目申报管理工作的通知》，确立了奖励扶持政策措施。自2010年以来，市财政每年拿出资金，用于发展和改善乡村旅游的基础设施、人员培训、旅游经营业户的厨房、厕所等（对新创建的青岛市乡村旅游特色镇（街道）、特色村（社区）、特色点，以及乡村旅游合作社给分别给予30万元、20万元、10万元奖励）。市、区（市）两级政府将休闲农业和乡村旅游纳入经济社会发展总体规划，不断优化发展环境。

（二）充分发挥节庆优势，打造休闲农业新品牌

青岛市休闲观光农业形成了以"节庆为驱动"，走"节庆+活动+线路"的道路，催生了一年一度的"田横中国渔文化盛会""北宅樱桃盛会""张家楼国际蓝莓盛会""大泽山葡萄盛会"等"农业嘉年华"活动，依托各类农业特色资源，通过节庆活动为地方经济发展搭台唱戏。据统计，青岛市全年先后有桃花节、樱桃节、崂山茶节、葡萄节、祭海节、蛤蜊节、西瓜节、柿子节、采摘节等节庆活动67个。各级政府对发展休闲农业高度重视，农民对发展休闲农业认可度高，平度市通过四季节庆活动让平度的乡村旅游开始走上了品牌化的道路，促进了地方经济繁荣，带动了休闲观光游的发展，唱响了"乡村让城市更向往"的主题。胶州市洋河镇近年来形成了集果园采摘、垂钓、登山、餐饮多方位于一体的采摘节会，形成了"山水洋河，四季有约"乡村旅游品牌。

（三）培育提升休闲观光农业魅力

看得见山、望得见水、记得住乡愁。近年来，青岛市对富有特色的传统村落和特色建筑，全面规划保护提升，在保护的同时，改造升级村庄基础设施，培育休闲旅游、采摘体验等新兴产业。2012年以来累计培育生态文明村庄338个，城阳区后田村、黄岛区大泥沟头村、即墨市凤凰村荣获"全国生态文化村"称号。胶州市玉皇庙村由于保护得力，成为乡土记忆成功典型。青山渔村、凤凰村、雄崖所村3个村庄还被列入了国家传统村落保护名录和国家历史文化名村。各区市结合美丽乡村建设，加大基础设施资金投入，加大生态文明村庄的发展和培育力度，使全市乡村旅游环境上一个台阶。极大提升了全市农业休闲和乡村旅游的魅力。

（四）依托三山两带优势，打造青岛特色农业景观旅游

三山：指东部崂山、北部大泽山、南部大小珠山等山区村庄。利用三山地区独特自然资源，重点发展民俗游、森林游、果品采摘等项目。形成具有民俗观光、森林浴健身、科普、避暑、度假休闲等多功能的综合乡村旅游区。

东部崂山休闲区。重点发展以樱桃、桃、杏等优质水果、有机茶叶为主的产业和生态园，建设特色农林生产基地、休闲采摘基地。北部大泽山休闲区。重点发展林果采摘、森林游为特色的山地休闲观光区，围绕大泽山万亩葡萄示范园，重点发展以葡萄文化为主题的，集赏葡萄、摘葡萄、吃葡萄、喝葡萄酒、吃农家饭于一体的休闲农业与乡村旅游。南部大小珠山休闲区。重点发展茶叶、蓝莓、食用菌等高效特色农业。同时发展苗木和花卉种植基地。

两带：一是滨海休闲度假带。充分利用青岛海洋、渔业资源，做好"海"的文章，打造吃海鲜、住渔村、赏渔家风情、享耕海牧渔快乐海滨休闲农业旅游产品。以崂山区、黄岛区、城阳区、胶州市和即墨市为重点，在红岛休闲渔村、韩家民俗村、琅琊台航海遗址、崂山渔村家庭度假等休闲渔业项目开

发的基础上，充实海岛旅游、海上旅游内容。

二是大沽河生态旅游带。依托大沽河生态中轴，沿大小沽河流域，重点在平度市、胶州市、莱西市、即墨市打造生态景观旅游带，辐射和带动两侧区域生态旅游、乡村旅游、湿地与山林休闲等建设与发展，强力拉动青岛北部旅游业。将生态农业、园林绿化与生态旅游有机结合，形成独具特色的科技示范园，建设住宿区、餐饮区、特色果品采摘区、有机蔬菜种植区、特色养殖区、农业休闲娱乐区等。

（青岛市农业委员会生态农业处　郭士祥）

宁波市

【基本情况】　2015年，宁波市新增市级农家乐特色村（点）21个、省级农家乐特色村（点）14个、国家级四星级企业（园区）1个，全国最美休闲乡村1个，全市特色村（点）已达到160个，创建全国休闲农业与乡村旅游示范县、示范点各1个。全年共接待游客3 464万人次，营业收入33.8亿元，同比分别增长23.47%和21.52%。带动周边采摘和特色农产品销售43.9亿元，共吸纳从业人员6万余人。

【主要工作措施和成效】　深入贯彻落实中央、省、市农业农村工作会议有关部署要求，紧紧围绕促进农民就业增收、满足居民休闲消费需求的目标任务，以农耕文化为魂，以美丽田园为韵，以生态农业为基，以古朴村落为形，以创新创造为径，结合现代农业、美丽乡村、生态文明、文化创意产业建设，注重项目建设、规划引领、规范管理、内涵提升和氛围营造，着力推进集群发展、融合发展，着力培育精品项目，着力优化发展环境，不断提升发展质量和效益，确保年度增长和建设任务完成。

（一）强化调查研究，优化布局，完善措施

结合市政府组织的四明山区域生态发展座谈会、乡村旅游推进会等会议的召开，以及市人大、政协议案、提案办理工作，赴县（市）区、农家乐发展重点乡镇进行调研，研究农家乐休闲旅游业的市场需求，提出以民宿经济为中心，以美丽乡村建设为抓手，积极拓展农业功能，形成"民宿＋"产业融合发展新模式的工作方向，"十三五"期间，全市建成30个以上农家客栈（民宿）集中村，10个以上农家乐特色区块目标。同时，市政府出台《宁波市人民政府关于加快休闲旅游目的地建设的意见》（甬政发〔2015〕50号）和《宁波市人民政府办公厅关于加快推进乡村旅游发展若干意见的通知》（甬政办〔2015〕69号）等政策，努力构建以四明山区域、象山港—三门湾区域为主体的两大农家乐乡村旅游目的地，重点打造江北、北仑、东钱湖等城郊农家乐休闲旅游观光带，积极培育一批农家乐乡村旅游示范村，把农家乐休闲旅游培育成为宁波市农业经济转型升级的动力产业和惠民富民的民生产业。

（二）强化资源整合，形成合力，协调推进

市新农村建设领导小组办公室将农家乐休闲旅游业的发展列入全市新农村建设考核指标任务中，加强对市级相关部门、县（市）区、乡镇和村的逐级工作考核。市旅委办将乡村旅游列入全市旅游发展考核体系。国土资源部门充分利用 2015 年全市土地利用总体规划调整完善的契机，对符合要求的、情况明确的农家乐休闲旅游项目用地需求予以统筹考虑。市生态办结合四明山区域生态发展、市旅游局结合乡村民宿提升，分别提出了"发展民宿经济三年行动计划"。15 家市级部门组成的市农家乐休闲旅游工作联席会议成员单位，结合各自部门职责，在全年的各类项目建设过程中，积极引导、主动服务，实现保护性开发，打造精品。各县（市）区也加大资源整合、合力推进的力度，如宁海县搭建"3＋2＋T"财政涉农资金项目整合平台，在 2015 年启动的 12 个精品村中，有 7 个村已明确农家乐特色村建设。江北区将发展农家乐休闲旅游业纳入到《发展都市生态休闲农业建设美丽乡村的若干政策》中，加以扶持和推进。同时，各地还探索建立多部门联合、一站式办理的民宿审批制度，打通民宿办证绿色通道。

（三）强化融合发展，抓结合集聚

与农业转型升级相结合，引导有条件的地方依托现代农业园区、农业产业基地、农业科技示范园区等载体发展农家乐休闲旅游示范点、休闲观光农业示范园，做到同步规划，同步建设。2015 年，余姚市戚海农业科技园、江南葡萄园等 11 家单位列入市级示范点创建任务；与美丽乡村建设相结合，引导各地在村庄整治过程中，选择有条件的村庄，依托自然风貌，挖掘民俗文化，科学规划、精心设计，完善休闲旅游设施，实现村庄整治与农家乐休闲旅游业发展同步推进，充分发挥村庄整治的经济社会效益，创建农家乐休闲旅游特色村。2015 年，奉化市滕头村、余姚市柿林村被评为中国最美休闲乡村。列入创建任务的 5 个省级特色村和 6 个市级农家乐特色村，都是环境整治合格村、文明村和卫生标兵村，有的还是全面小康村。与乡村旅游发展相结合，充分利用景区景点人流量大，客源稳定的优势，降低农家乐经营成本，开展休闲农业与乡村旅游示范县、示范点、星级企业（园区）创建。象山县、余姚市九龙湾乡村庄园成功创建全国休闲农业与乡村旅游示范县、示范点，余姚市香泉湾农庄被评为全国休闲农业与乡村旅游四星级企业（园区）、奉化市滕头村通过全国休闲农业与乡村旅游五星级企业（园区）复评。

（四）强化提档升级，规范管理完善设施

推进依法管理。制定下发《2015 年宁波市农家客栈（民宿）集中村建设要求与考核验收办法》，提出农家客栈（民宿）集中村建设的前置、共性、特色三要求，以及考评验收的标准。加快行业标准体系的形成，形成了一套结构合理、体系完善的农家乐标准体系。推动宁波农家乐联盟发展壮大，实现抱团发展，优势互补，目前联盟有会员 30 多家。不断完善农家乐基础设施及功能，结合"五水共治""三改一拆""四边三化"行动，同步推进与农家乐密切相关的山溪河流清洁、道路景观美化、清污环保改造等生态环境的改善和优化，切实提升农家乐村（点）外围大环境。进一步抓好农家乐经营单位外面、门面和里面"三面"环境整治，大力消除农家乐内部区域环境"脏、乱、差"现象。协调推动农家乐休闲旅游公共服务与大旅游、乡村旅游共建共享旅游服务中心体系，为游客提供旅游咨询、预订销售、导览讲解、交通集散等服务。

（五）拓展营销管道，开展线上线下推介

线下，多措并举，打好组合拳。组织摄制了宁波市农家乐休闲旅游主题口号、四明山区域农家乐乡村旅游主题口号宣传片，联合市旅游局，编印宁波农家乐宣传画册，对宁波农家乐乡村旅游业进行全面的宣传展示。参与 2015 中国（宁波）休闲博览会、2015 宁波"美丽乡村"旅游推广年活动，9 月参加长三角乡村旅游推介会，与上海市、宁波本土旅行社深度合作，组织上海市旅行社、社团组织负责人来宁波开展农家乐精品线路体验游活动，拓展农家乐的客源市场。

在线上，把握"互联网＋"趋势，推动"智慧农家乐"体系建设。借力旅游部门网络优势，加强与长三角经济圈各城市乡村旅游对接，建立"景点互通、客源互送、促销联动、管理统一"的网络平台合作机制。全面升级宁波农家乐网站、微信等"智慧农家乐"平台功能，启动宁波农家乐休闲旅游电子地图建设和农家乐无线 WiFi 全覆盖工程；加强与各类电商合作，开展电子商务（网络）营销。宁波农家乐微信公众号 3 月份开通以来关注人数已超 3 000 人，宁波农家乐网站点击量达 200 万人次以上，7 月份宁波农家乐联盟网、电子票系统开始试运营，宁波农家乐全年实现在线交易 2 亿多元。

（宁波市委（市政府）农村工作办公室）

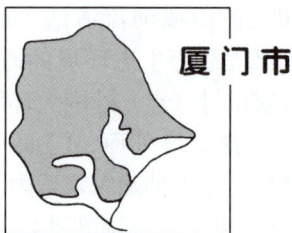

厦门市

【基本情况】 截止到 2015 年年底，厦门市共有休闲农业项目 130 多个，年接待游客 450 多万人次，总收入 4.5 亿元。其中，全国休闲农业与乡村旅游示范点 9 家、全省休闲农业示范点 16 家、全省休闲农业示范镇 3 个、创建中国最美休闲乡村 4 个、全省最美休闲乡村 1 个、全市休闲农业示范点 24 家。海沧区"大曦山旅游休闲公园"、集美区"碧溪农业公园"、同安区"竹坝片区都市休闲农业田园观光园"、翔安区"香山农业公园"岛外四个"农业公园"，正逐渐发展成为厦门市都市休闲农业的新亮点。

【主要工作措施】

1. 规划先行。结合全市"十三五"产业发展战略与布局、生态控制线的管理、永久性基本农田的划定等工作及要求，2014 年编制完成《厦门市现代都市农业产业发展规划（2014—2020 年）》，2015 年编制完成《厦门市现代都市农业产业发展空间布局规划》，落实"多规合一"，推动城乡产业融合发展，完成现代都市农业产业转型升级工作指导手册。休闲农业作为厦门市都市农业的重要组成部分，正成为现代农业的新亮点和融合一、二、三产发展的典范。

2. 政策推动。2015 年 5 月 19 日市政府办公厅印发了《厦门市关于进一步促进休闲农业发展的意见》（厦府办〔2015〕80 号），此外还相继出台了《关于培育扶持新型农业经营主体的八条措施》（厦农〔2015〕31 号）、《厦门市设施农用地管理实施细则》（厦国土房〔2015〕32 号）等一系列政策文件，从用地、资金、组织保障等多个方面加大扶持力度，对厦门市休闲农业快速健康发展奠定了坚实的基础。

3. 资金扶持。为促进厦门市休闲农业发展，2015 年下达休闲农业示范点奖励资金 250 万元，专项用于 2011—2014 年获国家级、省级休闲农业示范点荣誉称号的奖励。休闲农业项目结合农业基础设施、种苗工程、农业产业化工程、美丽乡村等项目建设也获得了大批资金扶持。

4. 示范创建。积极组织厦门市休闲农业企业参评国家级、省级各类休闲农业示范点、最美休闲乡村，仅 2015 年厦门市海沧区的洪塘村和同安区军营村获评中国最美休闲乡村，集美区宝生园和同安区顶上人家获评全国休闲农业与乡村旅游示范点，获评省级休闲农业示范点 4 个，获评省级最美休闲乡村 1 个。2015 年 10 月 10 日厦门市农业局印发《厦门市休闲农业示范点认定管理办法》，并于 2015 年首次评选出厦门市休闲农业示范点

24 家。

5. 密切配合。农业部门密切配合旅游部门、各区大力推动海沧"大曦山郊野公园"、集美"碧溪农业公园"、同安区竹坝片区都市休闲农业田园观光项目、翔安区"香山郊野公园"项目规划和建设。

6. 宣传培训。充分利用《厦门日报》，厦门电视台等主流媒体，在春节、五一、十一等重点时段，围绕吃、住、行、游、娱、购六要素，通过制作播出视频、发布精品路线等方式，对厦门市休闲农业工作进行广泛宣传，对特色休闲农业点进行推介。鼓励厦门市休闲农业企业走出去，到全国进行广泛推介促进市场营销，积极组织企业参加国家、省、市主办的各类培训活动。

（厦门市农业局）

国外发展概况及动向

国外发展概况及动向

国外发展概况及动向

【德国】20 世纪 90 年代以来，德国政府在倡导环保的同时，大力发展创意农业。主要形式除了市民农园之外，还有度假农庄。

近代的市民农园利用城市或者周边郊区的农地，规划成小块出租给市民，承租者可在农园上种植花草、蔬菜、果树等或经营家庭农艺。通过亲身耕种，市民可以享受回归自然以及田园生活的乐趣。例如慕尼黑政府在郊区实施的休闲农业项目——绿腰带项目，广受好评的菜园方案就是农民将自家的菜地分成 60 平方米的小块来出租给城里人，农民会完成土地的翻耕、播种等前期工作，租赁者于每年的 5 月中旬来接管菜园，充分体验种植的乐趣。德国休闲农业特别强调生态绿色的概念，在种植过程中，严格禁用矿物肥料和化学保护剂。使用的能源也大多为可再生的清洁能源。

度假农庄则主要是吸引游客前往农场度假，并与农场主人一起生活，住在农家，使游客在观光度假的同时亦能尽情欣赏田园风光，体验农场生产与农家生活。游客对象多是全家旅游和夫妻旅游的游客，游客一次停留一周左右的占 60%，其中 50% 的每年有 2~3 次度假。例如坐落在以世界遗产著称的莱茵河中上游河谷中段高原的夏特柯尔农庄，建有 14 栋木屋别墅。从农场远眺，中世纪的舍恩堡和山地葡萄园一览无余，美不胜收。在农庄设有马场训练营供大人和小孩体验学习，还提供很多美容桑拿等养生项目，休闲设施配套齐全。主人将自己家的整个家庭与生活方式展现在客人面前，夏天的夜里经常和来访的客人一起在花园里喝啤酒聊天，定时给客人发去他们的问候与关怀。建立人与人、人与自然的美好和谐关系及建立人与动物的和谐接触。给客人一个家的感觉，让客人成为朋友和家人。

由于德国森林面积占国土总面积的 30%，许多度假农庄也建在林区或草原地带。不仅可以提供休闲娱乐功能，而且还发挥出科普和环保教育的功能。许多学校经常组织孩子们来到农庄参加森林休闲旅游，在护林员的带领下接触自然、认识和了解森林。同时也可以企业作为团队建设和学习培训的场地，把团队活动从封闭嘈杂的都市转移到开放清新的森林里，或许会产生事半功倍的培训效果。

近年来德国休闲农业发展的特色是与地方农产品和民俗结合紧密，并且精心设计了体会各种特色农产品和民俗的休闲农业旅游路线。例如巴登芦笋之路，春天的德国为芦笋疯狂，线路从世界著名的芦笋之城施维茨茵根开始，经莱林根、卡尔斯鲁厄、拉施塔特一直延伸到施尔茨海姆，长达 136 千米。在芦笋产地，游客能亲自上阵把白芦笋从地里挖出来！吃着新鲜芦笋，来杯巴登葡萄酒，坐拥如画风景。同时巴登也是出产顶级葡萄酒的种植区，独特的地理环境、温和的气候与优质的土壤使巴登跻身"欧洲最佳葡萄酒产区"之列。在德国，大师级别的酿酒工艺绝对可以带给游客从未有过的感官体验和难以忘怀的旅游回忆。顶级葡萄酒、美味佳肴、热情好客，让这一路线成为了美食爱好者的休闲度假胜地。而广受欢迎的民俗节庆则最能体现出一个地区的特色，不管是南方的啤酒节，还是北方的大白菜节，游客们都可以在节庆上尽情欢乐，不留遗憾。

在德国，有机旅行（Organic Travel）的概念也日趋流行。有机旅行指在尽量减少花费的情况下去国外的有机农场和庄园旅游，体验当地农家生活，以劳动换取旅费。主张与大自然融为一体、和谐共存，主张在旅行过程中自由、健康、环保地享受自然的方式。依据世界有机旅行组织的规则，旅人可以参与到其计划的农场打工（工作内容大多为播种、除草、堆肥、挤牛奶等），每天工作 4~

6 小时，就可以赚取农场提供的免费食宿。世界有机农场机构组织（WWOOF）自 1971 年以来，就招募了许多喜爱乡村生活的旅游者和农业志愿者。例如旅行者可以在柏林的有机葡萄园采摘葡萄，酿造葡萄酒，培养自己的园艺才能和更多的绿色环保意识。德国休闲农业也借此把自己绿色健康、品质优异的口碑传播向全世界，为自身增添了更多吸引力和社会认同感。

德国休闲农业和度假旅游的特点还包括其质量的稳定性和可靠性。德国大约有23 000 个农庄转向了生态环保的种植模式。他们的生态产品处于严格监管之下，并通过质量印章获得认证，否则就无法售卖产品。由于存在大量的度假农庄和市民农园，使得德国旅游业的特点之一是中小型企业较多，根据 2015 年的行业数据，德国有超过 2 000 个旅行运营商，约 4 800 个教练公司和不到10 000 个旅行代理。除此之外，酒店、餐厅等餐饮业还有大约 222 220 家企业，包括约46 820 家住宿和175 400 家餐饮企业。这些分布在全国各地的小型企业为休闲农业的发展提供了有力的支撑。

随着休闲农业的发展，作为旅游目的地的德国正变得越来越受欢迎。在 2015 年，德国连续游客隔夜停留数量创下历史新高，达到了 43 640 万人次，比上年增长 3%。虽然依然以本国游客为主，但外国游客的数量增长更快，2015 年外国游客的隔夜逗留数量增加了 5%，达到 7 970 万人次。德国休闲农业与各种节日庆典的结合也在德国国民中很受欢迎。2015 年，相关酒店的住宿总数为3.576 7 亿人次（酒店、度假公寓和露营地），这比上一年增加了 2%。调查表明，德国作为旅行目的地的市场份额约为 30%，使其成为德国国民中最受欢迎的目的地，这其中休闲农业的贡献功不可没。

【意大利】意大利是世界上旅游业发展最早的

国家之一，意大利境内 56% 的土地是农业用地，旅游在意大利被称为"绿色假期"，意大利将乡村旅游与现代化的农业和优美的自然环境、多姿多彩的民风民俗、新型生态环境及其他社会现象融合在一起，对农村资源的综合开发与利用和改善城乡关系都起着非常重要的纽带作用。

尽管意大利多山的地形不适宜农业种植，但是该国仍有 140 万人从事农业，农场接近 300 万个。作为世界上最早提出休闲农业概念的国家之一，早在 1865 年意大利就成立了农业与旅游全国协会，着力发展本国的休闲农业。近年来，意大利全国共有21 744 家休闲农场，其中，8 937 家休闲农场提供住宿服务，占总数的 41.1%；9 785家农场提供餐饮服务，占 45.0%；8 028 家农场既提供住宿又提供餐饮服务，占36.9%；10 298 家农场除提供餐饮服务外，还开展其他类型的休闲农业经营活动，占47.4%。意大利休闲农业的重要特点之一是重视绿色环保，休闲农庄以种植绿色有机食品为主，与之对应的是有机公司的蓬勃发展。据统计，2015 年意大利有机公司达49 070 家（比 2014 年增长 12%），耕地面积也增加到 140 万公顷（比 2014 年增长5%），意大利有机农业公司占欧洲的 17%。除此之外，意大利还有最大的农场和农民市场网络，可以实现直接交易。

在意大利游客和旅行者喜欢住在农家乐（agriturismi），这些休闲观光农业区往往为访客提供舒适以及现代化的便利设施。从托斯卡纳雄伟的山丘到罗马、那不勒斯或威尼斯等城市周围的乡村，再到西西里腹地，这种类型的休闲农业场所为游客提供接触大自然的可能性，并给予游客各种深入了解农业的方式方法。

农业旅馆是意大利休闲观光农业的重要组成部分，其创立原则之一是使用当地现场收获和制作的美食产品，如山麓地带的意大利熏火腿、波罗尼亚香肠、阿普利亚区橄榄油，此举可以使游客在农业旅游味觉体验上探索到不同地区的饮食习惯，品尝当地特色美味。除此之外，大部分农业旅馆就餐区会让游客置身于自然之中以此扩大客人的美食视野，同时提供优质的服务员来介绍该地的传统与新的烹饪技术，发现古老风味和现代结合的美食。

在意大利休闲农业旅游同时也是一个环境友好度假的理想选择，旅游者可以通过与任何农业人员一起观察或参与耕种、收获农产品，并利用传统或互联网技术分享经验、价值观和土地保护等方法。此外，意大利休闲农业观光旅游也提倡可持续绿色旅游，许多农庄都位于国家公园内。比如，位于意大利托斯卡纳的雷莱斯博尔戈圣彼特罗（Relais Borgo Santo Pietro）乡村民宿曾经是一个废弃的村落，其历史可追溯至 13 世纪，通过改造设计后，焕发了新的生命力，塑造了经典的意大利乡村旅馆。其创作理念是将宁静的环境集优雅与美丽于一身，让游客每一步都能真正享受到意大利生活的诗意。

对于旅游者选择休闲农业旅游度假另一个重要的方面是高质量和优惠价格，这种度假类型开始是一个既廉价又能体验难忘假期的方式，然而随着休闲观光农业的发展，近年来越来越多的前沿概念也应用到传统的休闲观光农业中，如舒适的生活条件、不同主题的酒店以及良好的互联网服务。

为迎合自然本身主题，农业旅馆设有充足的露天空间并由一个家庭管理，在农业旅馆访者可以自如地与管理者一起友好互动，感觉到与城市酒店不同的居家氛围。

在受众目标人群上，意大利休闲观光农业旅游适合每个人，无论是有年幼子女的家庭、一群朋友还是老年人。休闲观光农业在线路设计上也往往满足文化探索、考古、天文爱好者、自然爱好者等。混合是意大利休闲观光农业最好的特点，从食物和乐趣，文化和历史，到人类与自然的艺术，休闲农业

成为了意大利旅游业发展有力支撑，根据意大利国家统计局（Istat）公布的初步数据显示，2015 年入境意大利的游客人数（住宿登记）同比增长 2.7%。虽然与 2014 年相比呈小幅度增长，但为 2012 年以来的最快增速。据意大利统计局，2015 年入境意大利的登记游客人数为 1 093.81 万人。可以说意大利合理的区域性规划和消费者较高的认知度有力推动了意大利有机农业的快速发展。

【美国】适宜的耕植环境、多样化的气候条件、丰富的国土资源以及发达的科技水平使得美国的农业发展在生产和出口领域一直处于世界领先地位，而在优厚农业基础条件之上所发展出的农业观光与农业度假已经成为北美居民日常生活中重要的休闲活动之一，成熟的产品体系和服务设施为游客们提供丰富多样的选择：如采摘蔬果、骑马、品尝蜂蜜、学习酿酒和制作芝士、采购农产品或是手工工艺品等。

可以说，休闲农业作为一种收入来源和营销媒介（Mahoney，Barbieri，2007），对于北美地区的农场本身、当地社区、农业遗产与自然资源均起到积极的保护和推动发展的作用，例如美国的加州地区涌现出许多为休闲农业服务的企业和项目，包括农场、市集及节庆等，并通过电子化建立区域的休闲农业数据库，为游客和潜在商户提供加州所有休闲农场的信息资料。现如今，美国休闲农业在经历几百年发展历史后，在新时代、新环境、新需求的市场推动与活力注入下，形成以下发展趋势。

（一）本地膳食消费的体验地

传统的美国休闲农业活动包括玉米迷宫、乘坐干草车以及采摘草莓等娱乐趣味较强的活动。随着现代文明所带来的快节奏生活压力，人们为摆脱物质和技术主义的束缚，选择在周末与家人到乡野实践返璞归真的生活，领略宽阔的场地、自由的氛围以及新鲜的空气。与此同时，伴随慢食运动（slow-food）

和本地膳食主义（eat-local movement）的流行，人们在参与时更加趋向回归本真的日常生活，例如关注饮食，从城市生活中的快餐文化中逃离，投入安全美味的有机食品加工世界中。许多有机农场采用闭合的生态运作形式，采用农场种植的玉米喂猪，将猪粪作为肥料种植作物，以确保食品安全。人们热衷于直接观看和参与农产品的制作过程，学习如何将农场养殖的无污染牲畜、鸡蛋、蔬果等加工料理为食品；农场借此机会推出烹饪课程，提供更加系统、规范的教学示范。

毗邻密西西比河的桑克雷斯特花园农场（Suncrest Farm），是美国比萨农场的代表之一。比萨农场根据农场经营售卖的比萨所需的原料，分地块种植和生产小麦、奶酪、鸡蛋、肉类以及烘烤比萨所需的果木，以保证每一个比萨都百分之百来源于农场。桑克雷斯特花园农场只在每年5月到9月的每周四和周五下午对外经营，这也是威斯康星州地区人们的周末，农场大片的草坪和绿地为人们提供放松休息的绝佳场所；人们在露天的面胚制作台上揉制面团，在漫长的发酵等待时间内与家人一起聊天、玩乐，共度闲暇，并用手工搭建的意大利砖瓦烤炉烘焙比萨，享受劳动的快乐。

位于华盛顿西南部的多面农场（Polyface Farm），有这样一个原则：其生产的农产品拒绝长距离配送、拒绝供应超市、拒绝批发，农场的猪肉、牛肉、禽肉以及鸡蛋每天都会由附近居民或是前来游玩的游客直接买走。由于产品享有极佳的质量，多面农场的产品价格虽然比一般超市售卖的要贵不少，但每年却能吸引

8 000多位游客前来观光、购买、体验。游客们喜爱与农场主交谈、与食物之源进行直接的互动，并愿意为此支付更高的价格。这个看似"强硬"的原则让多面农场在众多农场中脱颖而出，积聚大量人气。

（二）绿色环保导向的寄宿所

在低谷农业环境下，美国大批量的传统家庭农场面临转型压力，休闲农业成为活化农场的革新方向之一。《美国乡村的旅游促进》（Promoting Tourism in Rural America）一书指出，当地居民的参与对于一个地区的旅游业来说大有裨益，因此农场主与游客的深入互动则正可以实现农业物化产品和精神产品的双重增值。

作为全球最热门的以劳动换食宿的农庄寄宿制服务机构，世界有机农场义工组织（World Wide Opportunities on Organic Farms，WWOOF）最早成立于英国，之后在全球多个国家成功运作；北美地区的成员主要有美国分部和加拿大分部，分别有2 161个和903个有机农场供报名者选择。WWOOF一般会选择关注绿色环保议题的农庄作为提供工作和食宿的场所，从而连接有机农场主人与游客，双方通过缴纳会费获取参与机会，且彼此有充分的互选权利，农场按照"正在开放""急需帮助"和"下季开放"分类，方便义工检索。

除加入类似组织以外，美国农场本身会提供许多过夜游的寄宿机会，一方面延长游客的旅行时间，为其提供深度的农场与乡村文化体验；另一方面协助农场主进行可持续性的农场维护与经营。

表1　美国寄宿制农场搜索网站示例

序号	网站名称	网站主题和内容	网址
1	休闲农业世界（Agritourism World）	用户可以按照不同分类方式（州与城市、开放季节、农场动物等）进行索引，找到心仪的农场目的地；农场主可以在网站上免费注册发放自己的农场信息	www.agritourismworld.com
2	寄宿农场（Farm Stay USA）	提供搜索的农场区别于传统的B&B，旨在让游客体验原汁原味的农场生活，没有专门的培训课程，游客采取自主学习和观察的方式参与农场生活	www.farmstayus.com

（三）儿童智识教育的娱乐场

根据 Claudia，Carla（2013）等人对于"休闲农业"的定义，农业设施（agricultural setting）、农场（entertainment）、娱乐性（farm）与教育性（education）成为休闲农业概念必不可少的四个要点。其中，教育功能将休闲农业方式与家庭旅游紧密联结在一起，父母们常常会在周末将孩子带到乡间田园，参与农场的劳作活动，将农场作为孩子学习、科普、玩乐的场所；也有学校组织学生体验农场活动，寓教于乐，使得休闲农场成为儿童自小接触自然与文化的独特教育场所。

霍桑山谷农场（Hawthorne Valley Farm）设置实地学习中心，为学校及其他团体提供农场旅游、农活培训等一系列服务。农场与华尔道夫学校长期合作，提供学生到农场实践的学习机会，按照不同年级划分不一样的体验内容，这种实地参与式的学习经历为孩子们带来持久深刻的记忆，使他们产生对于自然新的认知视角和方式，收获在书本中无法获得的感知力和创造力，以及全方位得到锻炼的生活技能。

表 2　霍桑山谷农场学生体验内容示例

序号	年级	体验内容
1	幼儿园	将吃剩的早餐放入食物回收桶后，带着去猪圈喂猪
2	一年级	参与农场的基本零活，如喂鸡、看护农场动物等
3	二年级	参与种植农产的农作物，如小麦等谷物，并学习如何打谷子收获庄稼
4	三年级	在农场采集枫树汁，磨小麦做煎饼，自己动手做饭；参与搭建花园棚屋
5	四年级	认养和照顾奶牛

【**日本**】在日本，休闲农业可分为绿色休闲农业、观光休闲体验农业以及都市休闲农业三种基本形态。在 2015 年，日本的都市休闲农业主要在法规建设与规模发展方面取得了新的进展与成果。

日本是世界上最早出现都市农业并修订相关法规的国家之一。1968 年，由于《都市计划法》被修改，日本大量的都市区域内的农业用地被编入住宅建设用地，并需要支付与住宅用地相同的税金以及继承税，所以在一段时期内，日本国内曾一度盛行城市中"不要农业"的论调。但是，点缀在都市中的农地作为一种特殊形态的农业，其所具备的独特的多重功能日益得到社会认可，自 20 世纪 90 年代起，随着《改正绿地法》和《新农业法》相继实施，其多种功能逐渐得到官方的重视。据 2015 年的官方数据显示，日本目前从事都市农业的农家为 22.8 万户，约占全国总农家数 252.8 万户的 9%；经营都市农业的耕地面积为 8 万公顷，约占全国总耕地面积 451.8 万公顷的 2%；都市农业经营产值为 4 466 亿日元（约合人民币 273.4 亿元），占全国农业总产值 58 366 亿日元的 9%（约合人民币 3 573.4 亿元）。再从都市农业生产经营的作物来看，蔬菜比重为 64%、水果为 5%、花卉为 11%、稻米为 8%、畜产品为 8%，与全国平均 24%、9%、5%、22% 和 31% 形成鲜明的对比。如东京都、大阪府的都市农业主要生产蔬菜、水果，特别是不耐储存运输的绿叶蔬菜占较大的比例，其中最高的是东京行政区，蔬菜比重高达 79%。

在日本的都市农业中，劳动力流失现象严重，兼业农户比例高。目前大城市都市农业中的第二类兼业农户①比重明显较高，这表明由于城市工业企业提供了大量的就业机会，都市农业区域内的大部分农民通过从事非农行业以获取主要的经济来源。据统计，2015 年都市农业农户年均收入 610 万日元

---

①　笔者注：在日本，农户被划分成三大类：一是专业农户；二是以经营农业为主同时兼营他业，家庭收入以农业收入为主的第一类兼业农户；三是以经营农外产业为主同时兼业农业，家庭收入以农外收入为主的第二类兼业农户。

（约合人民币 37.3 万元）中有 65％来自不动产经营所得。这在一定程度上也对都市农业的经营形态等方面造成了负面影响。

为此，2015 年 4 月，由日本农林水产省和国土交通省共同起草的《都市农业振兴基本法》正式颁布施行，为日本都市农业带来了新的发展机遇。首先，该法规对都市农业的多种功能进行了总结，共计六个方面：为市民提供新鲜农副产品，为市民提供优质生活环境，为市民提供休憩娱乐场所，为市民提供防灾御害的生存空间，为市民提供农业体验与交流、学习的场所，国土的环境保护。

更重要的是，该法规明确规定了全国自上而下各级政府在税收、培养经营人员、保证农地等方面对都市区域中的都市农业需实行相应的优惠政策措施，将农业规划纳入城市规划中统一考虑。通过立法和规划，确保农业成为城市中一个有机构成要素。

此外，市民农园作为日本都市休闲农业的主要表现类型之一，在 2015 年的发展状况具体如下：

在 2015 年，全日本市民农园的总数达到 4 223 个，较 2014 年增加了 45 个，增幅约为 1％。总区划数达到 189 895 个，较 2014 年增加了 1 017 个，增幅约为 1％。不过，市民农园的总面积从 2014 年的 1 402 公顷缩减到 2015 年的 1 381 公顷，降幅约为 2％。

具体而言，按地域类别划分，相较于 2014 年，2015 年城市地域、平地农业地域、中间农业地域的市民农园数量均有增加，各增加了 38 个、5 个和 3 个，并分别达到 3 366 个、276 个和 401 个。而山间农业地域的市民农园减少了 1 个，为 180 个。

按地域类别划分，相较于 2014 年，2015 年城市地域、平地农业地域的市民农园的区划数均有增加，各增加了 1 310 个和 248 个，并分别达到 155 550 个和 13 383 个。而中间农业地域和山间农业地域的市民农园则各减少了 400 个和 141 个，分别为 14 542 个和 6 420 个。

按地域类别划分，相较于 2014 年，2015 年城市地域、平地农业地域的市民农园的面积均略有增加，各增加了 7.4 公顷和 2.1 公顷，而中间农业地域和山间农业地域的市民农园面积则各减少了 25.6 公顷和 5.6 公顷。由此可见，后两者面积数的减少导致 2015 年日本市民农园总面积的整体减少。

按市民农园的主体类别来分，2015 年地方公共团体开设的市民农园数目最多，达到 2 321 个，但较 2014 年减少了 19 个；农业合作组织的开设数较 2014 年减少了 7 个，为 511 个；农民的开设数增长较快，较 2014 年增加了 65 个，总数达到 1 078 个；企业和非营利组织（NPO）等开设的市民农园数量较 2014 年略有增加，为 313 个。

【韩国】2015 年，韩国休闲农业在宏观计划层面有新的成果。2015 年年初，韩国农林畜产食品部公布了农业"未来增长产业化"计划，核心课题主要有三：一是发展农业的第六产业化、创造工作岗位；二是增强国际竞争力和扩大出口；三是建设幸福农村。

该计划是在韩国农业人口减少、农村老龄化和农村中青壮年人口流失的背景下提出的，因此，韩国着重在国内推行"第六产业"，通过把农业向第二和第三产业延伸打造围绕农业的产业融合，进而形成集农业生产、加工、销售、服务为一体的产业链。

韩国政府推行农业"第六产业"化旨在吸引更多人、特别是年轻人回归农业和农村，提高农业和农民收入，以期重塑农业生产活力。据韩国农村振兴厅 2015 年统计，韩国目前向"第六产业"转化的农户有 3 800 余个，年平均所得较此前增幅达到 23％，创造就业岗位逾 30 万个。

2015 年 12 月，"韩中农业新经济论坛"在完州郡召开。中国河南省漯河市干河陈村、四川省彭州市宝山村与完州郡签订了《中韩共同农业发展合作协议书》，将互相利用商业场所和网络展示各自特色旅游和特色农产品，韩方还将向中方提供发展"第六产业"的成功案例。

【澳大利亚】作为一直以来都以"生态休闲度假、农业旅游观光"为休闲农业旅游产业核心吸引点的国家，澳大利亚的休闲农业产业发展备受世人关注，虽然这与其地广人稀、自然环境优越的国家环境条件密不可分，但澳大利亚大力宣传推广休闲农业景点、持续发展产业链等不断推陈出新的休闲农业发展方式也值得他国借鉴学习。2015年的澳大利亚休闲农业产业发展主要呈现出以下三个特征。

（一）"休闲农业＋互联网"的理念深入人心，智慧休闲农业应用广泛

2013年被称为中国互联网产业元年，2014年是中国互联网产业的快速发展之年，2015年互联网行业发展渐趋理性化，对国外先进理念、经典案例的借鉴学习也越来越成熟，休闲农业的发展也需要与互联网技术等高新科技理念相结合。

澳大利亚的农业信息化进程始于20世界90年代，到21世纪初各农场的电脑普及率就已达到相当程度，这也为后来发展日渐红火的休闲农业产业提供了良好的技术基础。刨除良好的网络信息基础系统建设，澳大利亚国家信息与通信技术研究机构自主研发了多种适用于农业生产生活的应用软件，且对农民免费开放，电脑、手机等终端都可以使用，再加上原有国家农业信息平台所提供的大量气候、土地、农产品信息，从基础与交互信息平台的角度为想要参与休闲农业活动的农民与游客提供了便利。在此基础之上，绝大多数农民或企业都可通过互联网与外界直接联系，充分展示自己漂亮的牧场、健康的牛羊、无污染的农产品等休闲农业产品的旅游吸引力，通过个体宣传久而久之成规模成气候地强化地区、国家在休闲农业产业方

面的良好形象，可以说信息技术在旅游业中的作用是非常巨大的。值得一提的是，发展至今的澳大利亚休闲农业信息化网络向游客提供的是真正系统全面的信息网，如一般旅游酒店的网站上除了酒店自身介绍外，还有专门的内容描述相关食品的来源、产地以及供应商信息，农民的定期组团销售信息也会在网上公布。这是通过互联网应用创新增强休闲农业产业链黏性的良好范例，由此所新开发的诸如闻名世界的"品酒之旅"等新兴休闲农业旅游线路就是对"休闲农业＋互联网"深入挖掘的产物。

此外，"互联网＋""智慧休闲农业"的理念在无论是开发建设者还是游客中接受度都较高，澳大利亚的许多本地农庄结合旅游开发设立了方便自驾游客停靠游憩的农庄旅游点，并通过智能应用连接互联网，让游客能够提前合理规划出行；国家也结合"慢生活"理念推广闲适旅游基础设施，沿途多建厕所等停靠站点、建立旅游信息中心、互联网信息预先发布、提供无线网络服务等，通过多种智慧旅游手段让居民与游客感受现代休闲农业游的舒心。

（二）休闲农业产品的多元化发展与旅游产品推广

休闲农业的早期产品形式因其农业与旅游相结合的特点，一开始是偏向于农业景观观光与农产品售卖的较为单一的旅游形式，而随着休闲农业产业的不断发展，体验式乡村生活、稻田民宿、升级版农家乐等新产品逐渐走入大众的视野并呈现出欣欣向荣的良好态势，这充分说明了人们对于休闲农业产品多元化的需求在不断增长。

澳大利亚的休闲农业产品，最著名的莫过于养殖农业与特色酒庄了，充分利用自然生态环境以及人与动植物和谐相处关系的这两项充满地域风情的休闲农业产品每年为澳大利亚吸引数以万计的世界各国游客。但即使是再有吸引力的旅游资源在"见多识广"

的游客群体间也难免出现腻乏之感，于是产品体系的更新完善、多样化新产品的开发推广就成为了澳大利亚旅游业的必经之路。

位于阿德莱德山的澳大利亚经典休闲农场贝伦伯格草莓农场是有着悠久历史的草莓种植农场，在作为休闲农业景点对外开放之初主要是以新鲜甜美的草莓为主要资源吸引游客的到来，这难免会因为其核心吸引物的时效性特点而使农场在每年的很多时间处于旅游淡季而收入堪忧。但随着休闲农业不断发展，贝伦伯格草莓农场结合新技术、新风向不断开发新的旅游产品，现在游客们不仅可以在每年5~11月的草莓应季期采摘草莓，还可以全方位地参与到包括选种、种植、加工的草莓产品一条龙体验过程之中，亲自感受种植草莓的辛苦与乐趣、参观古老的制作工场甚至品尝自己的劳动果实，还可以制作各种美味果酱、调味品和腌制品或是挑选购买心仪的草莓产品，结合互联网信息系统和社交软件，提前规划自己的贝伦伯格农场草莓之旅或是和他人分享休闲农业的愉悦，这无疑大大延展了农场的休闲农业产品系统。

同样的，强调人与动物和谐共处的澳大利亚旅游业不会放弃对于动物趣游之旅的开发工作，以不断更新人们对于澳大利亚考拉、袋鼠的固有旅游印象，位于石灰岩海岸的鸸鹋农场就是很好的例子。鸸鹋素有"澳洲鸵鸟"之称，栖息于澳洲森林和开阔地带之中，外形漂亮而体形硕大，却鲜少为世人所知。于是鸸鹋农场便主打稀缺品种的旅游品牌，让游客们能够在此充分领略鸸鹋的魅力，可以和它们拍照留念，甚至摸一摸或是喂一喂乖巧的鸸鹋，同时也能在这里学习到与鸸鹋有关的许多知识，颇有教育旅游的文教意义，在游客群体中反响热烈。

除了最为有名的葡萄酒农庄美酒的吸引力，澳大利亚休闲农业产品体系，甚至世界任何一地都不可能缺少了"美食"这样重要的一环，澳大利亚的休闲农业产品开发在美食上也是下足了功夫，顶级生蚝产地之一的柯芬湾新建的生蚝养殖农场便吸引着全世界各地的美食老饕们。除了农场本身的观光之旅与充满海天自然魅力的出海观光游外，农场中养殖的生蚝都生活在自然纯净毫无污染的海水里，令人赞叹不已的生蚝品尝游才是最有吸引力的旅游产品，令人心旷神怡的自然景色，加上异于常物的最具有特色的美食品尝，成就了地方休闲农业旅游的红火盛景。

在产品体系的不断开发完善之余，如何让更多人领略到休闲农业的独特吸引力也是旅游业中一项重要的工作。由于资源的特质性以及许多休闲农业产品的稀缺性，澳大利亚的旅游产业宣传一直将休闲农业置于重要的地位，近年来更是如此，甚至有出现旅游宣传之中都是休闲农业产品的情况。除了传统景点悉尼歌剧院、黄金海岸、墨尔本等，葡萄酒农庄、风情牧场也赫然在列，12天的行程、6个重要旅游地，里面两个都是休闲农业景点。

（三）全方位"旅游+农业"产业链融合

休闲农业的发展健康与否，与其"农业+旅游"产业链的完善程度息息相关。澳大利亚的休闲农业产业发展充分结合了其良好的生态基础，向"生态休闲游+绿色产品游"的复合式旅游不断发展，产业融合呈现出产业链不断延伸完善、关键环节大力扶持的特点。

澳大利亚的农场有很多是属于个人的私有农场，也就是所谓的"家庭农场"，其分布广、覆盖面大的特点使得其在休闲农业体系中扮演着重要的角色，其优势与缺陷都十分明显。家庭农场一般由一个家庭单元拥有和运作，由于澳大利亚农业的机械化与信息化程度较高，农田产量、运作方便程度、农场覆盖面积都较为客观；但也因为个体化运营的特性，在管理、规模以及对休闲农业新动向的把握等方面都存在着一定的困难。于是澳大利亚为促进家庭农场的发展发布了一系列政策，在一定程度的优胜劣汰后施行税收优惠政策，鼓励家庭农场的健康发展，并引导其向专业化、产业化方面发展。到 2015 年，澳大利亚全国农业用地范围已超过 40 万平方米，农作物种类、产量也在稳步增长，政府对休闲农业产业关键环节的扶持作用初见成效。

澳大利亚的休闲农业产品充分发挥了其业态交叉的特性，不仅在第一产业农业上发展成熟，还与第二、三产业融合发展，形成独具特色的农业旅游产品，实现了城市与农村、工业与农业的休闲农业旅游有机融合。如葡萄酒庄主题旅游是以葡萄酒工业、农业复合园区为吸引物，结合参观、学习、娱乐、购物于一体的专项旅游活动，而接近 80% 的澳大利亚酿酒厂都涉及旅游业务，提供体验游、酒产品、文化游等旅游产品；而颇具卖点的农场休闲旅游吸收了传统欧洲农场的优势，结合现代化农业建设开发了如度假村、文化村、活动游等具有丰富旅游功能的旅游集散地。

休闲农业的特点在于农业与旅游业的结合，因此开发完善的休闲农业产业价值链的核心在于对第一产业即农业产品的深度包装打造以及对于第三产业旅游服务的文化挖掘与功能补足。拓展休闲农业产业链有多种形式，可以考虑多产业围绕旅游业功能的充分结合，选取各个产业中与旅游最为相关的环节进行重点打造，联合减少中间环节以降低成本，从文化内涵的角度充分提升产品附加价值，从而双向增加利润；也可以对农业产品从选种培育、加工制造到仓储运输、批发零售，再到品牌价值打造的全环节进行资源整合；同时还需要充分研究市场与游客需求，从客体的角度开发延展并优化自身，另辟蹊径创新打造特色农业旅游产品，延长与开阔休闲农业产业价值链，完善休闲农业发展体系。

（周武忠　周之澄　徐媛媛　孟乐　周予希）

中国重要农业文化遗产

北京平谷四座楼麻核桃生产系统

北京京西稻作文化系统

辽宁桓仁京租稻栽培系统

吉林延边苹果梨栽培系统

黑龙江抚远赫哲族鱼文化系统

黑龙江宁安响水稻作文化系统

江苏泰兴银杏栽培系统

浙江仙居杨梅栽培系统

浙江云和梯田农业系统

安徽寿县芍陂（安丰塘）及灌区农业系统

安徽休宁山泉流水养鱼系统

山东枣庄古枣林

山东乐陵枣林复合系统

河南灵宝川塬古枣林

湖北恩施玉露茶文化系统

广西隆安壮族"那"文化稻作文化系统

四川苍溪雪梨栽培系统

四川美姑苦荞栽培系统

贵州花溪古茶树与茶文化系统

云南双江勐库古茶园与茶文化系统

甘肃永登苦水玫瑰农作系统

宁夏中宁枸杞种植系统

新疆奇台旱作农业系统

北京平谷四座楼麻核桃生产系统

平谷位于北京市东北部，地处燕山山脉南麓和华北平原北端交汇处，三面环山，中间为平川谷地。平谷历史悠久，早在1万多年前就有人类繁衍生息，境内现有古文化遗址40多处，7 000多年前的"上宅文化"就发源于此。

四座楼山出土的核桃被认为是我国起源最早的，现存的十几株300～500年的麻核桃树被认定是我国树龄最老的麻核桃古树。平谷的先民采用播种、嫁接等技术将野生麻核桃进行繁殖，经过千百年的传承、演化与发展，拥有了四座楼、老闷尖、三道筋等一系列优秀的文玩核桃品种，果形独特、品质优良。

千百年来，平谷地区形成了灿烂的文玩核桃文化，如收藏、雕刻、民风民俗等，每年定期举办文玩核桃擂台赛，吸引海内外的广大核友聚会交流。麻核桃生产系统在催生休闲旅游发展的同时，也较好地保护了当地的生态环境。

当前，平谷四座楼麻核桃生产系统正面临现代生产方式的冲击和威胁，对千百年来积淀的麻核桃文化提出了严峻挑战，保护工作迫在眉睫。平谷区政府按照中国重要农业文化遗产保护工作的要求，制定了《平谷文玩核桃生产系统保护与发展规划》和《北京市平谷区文玩核桃生产系统管理办法》，让北京平谷四座楼麻核桃生产系统这一具有丰富生物多样性和文化多样性的重要农业文化遗产发挥出更好的生态、社会和经济效益。

北京京西稻作文化系统

北京京西稻作文化系统主要分布在海淀区清三山五园周边区域（即海淀京西稻栽培区）和房山区长沟镇、大石窝镇及十渡镇境内（即房山贡米栽培区）。

京西地区水稻种植可上溯至先秦时期，到东汉已有明确记载。辽、金时期，已是"粳稻之利，几如江南"。明朝迁都北京后，周边稻作生产开始供应宫廷。到清朝时，京西水稻得到多位皇帝推广，形成了以"御稻"和"紫金箍"等品种为代表的京西稻稻作文化（海淀）和以石窝"御塘稻"等品种为代表的贡米稻作文化（房山）。

海淀区京西稻清朝时种植在由皇帝亲自开辟的"官田"之中，以玉泉山山泉水灌溉，由国家机构管理，寄寓着数位清朝皇帝"以农为本"的治国理念，是农业生产的国家示范田。后发展为由国家管理和交于农民耕种两种形式，并且保留了包括"御稻"和"紫金箍"在内的水稻品种1 650个，是京西稻稻作品种种质资源库。稻田与明清皇家园林遗产相得益彰，是明清园林的景观标识之一。

房山区石窝御塘稻种植于北京市三块"山前暖区"之一，依赖泉水灌溉，是生长期最长的水稻之一。米质优良，耐蒸煮，"七蒸七晒，色泽如初"，明清时即为御贡米。系统合理利用湿地水域，形成稻田与淡水泉、河流、湖泊、草本沼泽、库塘相协共建的湿地景观；因地制宜，在平原地区充分利用泉涌实现平原稻田的自流灌溉；区内"御米皇庄"的贡米文化和平民稻作文化相得益彰。

北京京西稻作文化系统系住了北京人的记忆和乡愁，其遗产保护与文化传承成为北京市农业生态文明建设的典范，也在京津冀协同发展进程中对农业生态化与农业文化遗产保护起到模范作用。

辽宁桓仁京租稻栽培系统

京租稻，起源于自然资源丰富、生态环境优越的桓仁满族自治县，因在清朝同治年间专供皇宫膳用而被御赐得名，距今已有140年的栽培历史，是东北水稻种植最早的品种之一。

高句丽民族在长期的生产、生活中编制了乞求稻谷丰收的民族舞蹈——乞粒舞，总结并传承了京租稻独特的农耕文化。京租稻以其植株高、芒子长、芒色黄、米质好为显著特点，特殊的品种特性为培育优质水稻品种提供了良好的试材；独特的生态栽培过程散发着浓厚的传统农耕魅力；金黄色的稻浪为发展休闲农业增添了靓丽的风景；晶莹飘香的京租米饭让人赞不绝口。京租稻于2010年、2014年在国家工商行政管理总局分别注册了"京租"牌和"官地"牌大米商标，2014年成功申报了国家地理标志保护产品。

所需肥料完全采用优质农家肥配以适量的豆粕而成，灌溉用水是上游河水自流而成，病虫害防治采用灯光诱杀和性诱捕杀，收获采用人工刀割、码垛后熟。京租稻生产过程散发着浓厚的传统文化魅力。

随着现代农业的发展，传统农耕方式正面临严重的挑战，挖掘、保护和传承工作势在必行。桓仁县政府制定了京租稻保护发展规划和管理办法，并将每年8月22日确定为京租文化节，通过对品种提纯选优的恢复、栽培技术规程的完善、传统农耕文化的传承以及与休闲农业的结合，积极促进农业文化遗产传承与保护，让桓仁京租文化绽放新的光芒。

吉林延边苹果梨栽培系统

延边苹果梨是我国高纬度寒冷地区主栽的优良品种，原产于延边朝鲜族自治州龙井市老头沟镇小箕村，已有100多年历史。延边地区独特的地理、气候条件孕育了延边苹果梨独有的风味，素有"北方梨之秀"的美誉。1995年龙井市被命名为"中国苹果梨之乡"；延边苹果梨2002年认定为原产地域保护产品，曾荣获农业部部优产品、吉林省名牌产品。延边苹果梨的主产区龙井市西郊有

连绵20余千米树龄达60多年的连片苹果梨园，被称为龙井万亩果园。

延边苹果梨文化特色与延边朝鲜族民俗文化内涵息息相关，有关苹果梨的历史传说、民俗文化、旅游文化、文学作品不胜枚举。延边近年来不断挖掘苹果梨文化，成功举办中国龙井"延边之春"苹果梨花节，已成为对外宣传的一张名片。

延边苹果梨传统栽培系统面临着劳动力不足、后续力不足等问题，龙井万亩果园的保护与发展工作势在必行。龙井市政府按照农业部中国重要农业文化遗产保护工作要求，制定了《龙井市苹果梨栽培系统保护与发展规划》和《龙井市苹果梨农业文化遗产保护与发展管理办法》，使延边苹果梨产业得以传承和发展。

黑龙江抚远赫哲族鱼文化系统

抚远地处黑龙江和乌苏里江的三角地带，是赫哲族的主要集居地。独特的地理位置造就了水富鱼丰的资源优势，抚远也因为盛产鲟鳇鱼、大马哈鱼，成为中国的"鲟鳇鱼之乡""大马哈鱼之乡"。

赫哲族是一支渔猎民族，他们原始的生活特点、饮食习惯、手工制作等特色形成了别具一格的鱼文化。赫哲族人以打鱼为生，传统的捕鱼方式有小网挂鱼，操罗子捞鱼，"蹶搭钩"钓鱼，冬季"铃铛网"捕鱼。赫哲人喜爱吃鱼，特色鱼品佳肴有塔拉哈、杀生鱼、鱼条子、余鱼丸子以及鲟鳇鱼全鱼宴等，味道鲜美、口感独特。赫哲人传统手工技艺精湛，独具特色的鱼皮制作工艺十分精美，一件鱼皮制品从剥皮、晾晒、清理、裁剪、粘贴到缝制需要十几道工序才能完成，鱼皮衣、鱼皮画、鱼皮饰品、鱼皮挂件等远销世界各地。

鲟鳇鱼是白垩纪时期保存下来的古生物群之一，1998年被认定为濒危动物。2005年

赫哲人在抚远县大力加湖建立起鲟鳇鱼网箱养殖基地和史氏鲟原种场，已成功研制出鲟鳇鱼活体取卵、四季人工孵化、四季人工繁育、幼鱼驯养等技术，同时积极研制开发鱼产品，鱼子酱、鱼松、鱼柳、鱼筋、鱼骨等12个系列品种，多次在黑龙江省佳木斯市科技产品展示会上获得金奖。

黑龙江宁安响水稻作文化系统

响水稻作文化系统重点区域位于宁安市渤海镇、东京城镇和三陵乡，包括18个行政村，总面积5 334公顷，是世界上唯一在火山熔岩台地上生产稻米的区域。这里生产的稻米被称为响水大米，又被称为响水贡米，从唐朝以来历代都是皇室用米，并成为当今的国宴用米，连续荣获农业博览会金奖。区域内现有米类注册商标159个，响水大米获得国家地理标志保护产品认证，"响水"牌大米和"邢瑞雪"大米荣获黑龙江省级名牌产品。

响水稻米除具有唯一性、区位性外，同时还具有生态性、历史性、人文性等特征，营养价值极高。响水稻米被称为千年贡米，根据《新唐书·渤海传》记载，1 300年前的唐朝附属国——渤海国，就已经在这里利用石板田种植水稻。当时渤海国进贡给唐王朝的贡品之中，就有"太白之鹿、率滨之马、卢城之稻、北海之鳍"的描述，其中"卢城之稻"指的就是响水大米。目前，区域内还遗存几处1 000多年前的水稻灌溉水利遗址。响水稻米生长的土壤是经过万年风化和侵蚀后积聚的10～30厘米的腐殖土，这种土土质松软、肥沃，含有丰富的有机质和矿物质。灌溉水源来自镜泊湖和小北湖，水质清澈，没有污染。火山石吸热、散热快，昼夜温差大，米粒中积累的干物质较多。米中矿物质、微量元素、氨基酸及维生素的含量高于普通大米，富含人体所需的18种氨基酸，含量达

6.9％；在人体所不能合成的8种氨基酸中，卢城之稻响水米就含有7种。

宁安市委、市政府已完成了稻作文化系统保护和挖掘整体规划，形成了较详尽、可行的生物多样性保护和传统知识发掘体系。

江苏泰兴银杏栽培系统

泰兴银杏种植遍布在全市境内，面积22万多亩，其中银杏围庄林面积20.2万亩，并拥有20多个百亩以上古银杏群落。全市定植银杏树300万株，常年白果产量1万吨，约占全国总产量的1/3。

泰兴银杏种植有着悠久的历史。据《泰兴县志》记载，泰兴银杏栽培历史已有1 400多年，通过一代又一代人的驯化、选育、研发，逐步形成了银杏嫁接、人工辅助授粉、科学施肥、病虫害防治等一整套完善的银杏种植技术体系。泰兴先后制定了泰兴白果江苏省地方标准、无公害农产品"泰兴白果"生产技术规程、雄银杏生产技术规程、"泰兴白果"绿色食品、有机食品标准等系列生产技术规程，2002年被国家标准化管理委员会授予全国银杏标准化示范区称号。

"泰兴白果"具有果大、出仁率高、浆水足、糯性强、耐贮藏等特点，先后获得多项国家级荣誉称号。"泰兴白果"商标经国家工商行政管理总局商标局核准注册，被国家质量监督检验检疫总局批准为原产地域保护产品；被中国绿色食品发展中心认定为AA级绿色食品、有机食品。

泰兴把成片银杏林保护列入全市整体建设规划中，先后两次颁发林权证依法保护，对一级古银杏树编号挂牌，加装构架，复壮维护。全市现有50年以上树龄的银杏树9.4万余株，100年以上的6 180多株，500年以上的34株，千年以上古银杏12株。以国家级古银杏公园为重点，发展了集休憩、观光、度假、科普服务为一体的银杏生态休闲观光

旅游项目。

泰兴市坚持把银杏栽培系统保护与发展作为全市经济社会发展重点工作，制定出台了一系列政策措施，加快推进银杏种植系统保护与发展、文化传承和产业开发融合发展。

浙江仙居杨梅栽培系统

浙江仙居是国家级生态县，山水秀美，杨梅生产环境得天独厚，有"闽广荔枝，西凉葡萄，未若吴越杨梅"之美誉。

仙居杨梅种植源于唐宋，兴于明清，盛于当代。明朝古杨梅历经千百年，今日依然生机勃勃。作为农村经济最重要的主导产业，仙居相继实施了"万亩杨梅上高山""杨梅梯度栽培""百里杨梅长廊""杨梅品牌工程"等重点工程，种植面积 13.8 万亩，投产面积 11 万亩，年产量达 7.5 万吨，成为全国杨梅种植第一大县，拥有国内最大的杨梅专业加工企业，建有两条国内首创的万吨杨梅深加工生产线，年加工转化杨梅能力近 4 万吨，开发了杨梅干红、杨梅原汁、杨梅浸泡酒、杨梅发酵酒、杨梅浓缩汁、杨梅醋饮、杨梅蜜饯等 30 多个系列产品。

以梅为媒，仙居每年举办杨梅节，推动了农业与二三产业的联动发展，总产值超过 10 亿元，构建了地方独特的杨梅农耕文化和杨梅经济现象。仙居杨梅先后荣获国家地理标志产品，原产地保护标记注册证书及中国驰名商标。作为中国杨梅之乡，仙居成功创建全国绿色食品原料（杨梅）标准化生产基地，仙居杨梅观光带被评为中国美丽田园。

浙江云和梯田农业系统

云和梯田农业系统位于浙江省云和县崇头镇，最早开发于唐初，兴于元明，距今已有 1 000 多年历史。该梯田系统横跨高山、丘陵、谷地 3 个地质景观带，最多处有 700 多层，不仅具有江南独特的山区农耕文化，而且拥有浓郁的畲族风情，素有"千层梯田，千米落差，千年历史"的美称，被摄影界誉为中国最美梯田。

春花夏禾秋金穗，隆冬白雪兆丰年。

梯田春是一轴淡淡的水墨画。春孕万物，梯田在春的微风中苏醒，山花点点，一簇簇一行行低矮苗壮的水稻秧齐刷刷地摇曳，绿茸茸油汪汪，在秧苗底部的空隙里闪过盈盈波光。

梯田夏是一帧精美绝伦的绣品。稻禾由嫩绿而碧绿再墨绿，浓浓的绿，重重的绿，绿得绵密，绿得厚重，犹如一针针一线线的刺绣扎透了梯田的每一层泥土，直到把整座山谷织成绿色的绒毯。

梯田秋是一幅色彩浓郁的油画。饱满的稻穗洒下遍地碎金，一层络黄一层褐黄一层橙黄，金色涟漪从山脚一波波升上山顶，又从山顶一波波往下流淌。

梯田冬是一件轮廓分明的黑白木刻。梯田在纯净的白雪映衬下，所有蜿蜒起伏的曲线骤然凸显，那阡陌纵横、婀娜多姿的线条，如此洒脱流畅、随心所欲，似行云流水，亦如空谷传扬的无声旋律。

安徽寿县芍陂（安丰塘）及灌区农业系统

芍陂——中国留存至今最古老的蓄水工程，比都江堰和郑国渠早 300 多年，为春秋时期楚庄王令尹孙叔敖所建。《水经注》记载，"泄水流经白芍亭，积水成湖，故名芍陂"。在芍陂的北岸，坐落着为纪念孙叔敖而修建的孙公祠，至今已有 1 400 多年历史。后因隋朝在此地设置安丰县，又称为安丰塘。其选址科学，布局合理，工程浩大，故有"芍陂归来不看塘"之誉。

在 2 600 余年历代王朝的兴衰中，芍陂也在发生沧海桑田的演变。至 6 世纪时芍陂已经具有完善的塘堤、斗门节制工程体系。20 世纪 50 年代兴建佛子岭水库，经渒东干渠注入芍陂。今天的芍陂，塘周边长 26 千米，蓄水面积 34 平方千米，库容 8 400 万立方米，灌溉面积 67 万余亩。因其"纳川吐流，灌田万顷"，被誉为"天下第一塘"。

"西风十里藕花香，红蓼滩边鸥鹭凉"；"鲂鱼鲅鲅归城市，粳稻纷纷载酒船"。芍陂灌区以种植小麦和水稻为主，盛产大豆、酥梨、席草、香草等上千种农产品。这一方水土的生物多样性，不仅造就了让无数文人墨客吟咏赞叹的野趣美景，也自然形成植物的王国、动物的天堂。

作为国家重点文物保护单位和省级水利风景区的芍陂，其农业功用和历史文化源远流长。

安徽休宁山泉流水养鱼系统

山泉流水养鱼是休宁山区传统的养鱼方法，主要分布在休宁西南部和南部，涉及 15 个乡镇。南宋《新安志》和明清时期的《徽州府志》《休宁县志》都有详细记载。它是古徽州居民为适应人多地少的自然条件，创造和发展起来的农业生产方式和土地综合利用方式，是山区代代延续的生产传统，也是一道别具生机的人文风景。

千百年来，山区居民依托优越的生态环境，在村落附近，或家前屋后，或庭院天井中，挖坑筑池，引入清澈甘洌的山泉溪水放养家鱼。鱼池都设有进水口和出水口，池内长期保持优异的水质，鱼群常年生长于山泉流水环境中，摄食当地无污染的天然饵料，是地道的有机绿色食品。山泉流水养鱼系统通过水陆相互作用，把多种生物聚集在同一单位的土地上，多层次利用物质和能量，构成了"森林—溪塘—池鱼—村落—田园"为要素的农业生态系统，营造

出多样的生态基底和多元的生态空间，蕴含丰富的人文与自然景观资源，并衍生出与系统相关的乡村宗教礼仪、风俗习惯、民间文艺及饮食文化。形成了人与自然和谐共处，村落与池塘共生，水鱼与林山共育，人文与自然共荣的生态系统。

休宁县人民政府按照农业部中国重要农业文化遗产保护工作要求，制定了山泉流水养鱼系统专项规划和管理办法，通过生物多样性的保护，传统农业文化传承及乡村旅游和生态农业发展，从根本上解决农业增效、农民增收和文化遗产保护问题。

山东枣庄古枣林

山东枣庄因枣得名。枣庄古枣林位于山亭区店子镇 8 万亩长红枣园内，核心保护区面积 1 800 亩，其中，树龄 100 年以上的古枣树 7 200 余棵，500 年以上 1 186 棵，1 000 年以上的 372 棵，1 200 年以上的"枣树王""枣皇后""唐枣树"等 38 棵，尚能正常开花结果，是山东现存规模最大、保存最完整的古枣林。

枣庄古枣林栽培历史悠久，起源于北魏，盛行于唐宋。明万历十三年（公元 1585 年）《滕县志》记载："枣梨东山随地种植，山地之民千树枣，土人购之转售江南。"文字中"东山"即现在山亭区店子镇。由于该镇特有的红砂石土壤，造就了长红枣的独特品质：果实肉厚、核小、质细、无渣，鲜果酥脆酸甜，干果油润甘绵，富含人体必需的 17 种氨基酸和 24 种微量元素，既可食用又能入药，被誉为"天然维生素丸"。

近年来，由于大枣价格相对走低，许多枣树被砍伐，转种其他果树，致使部分古枣树遭到破坏。为此，区政府专门成立保护委员会，编制保护规划，设立古枣树保护基金，邀请有关专家对保护区内的千年古枣树"体检"，实行一树一策一责任人，加大古枣林农

业文化遗产宣传力度，争取广大枣农对古枣树保护的认可和支持。

山东乐陵枣林复合系统

山东乐陵枣林复合系统涉及 7 个乡镇，乐陵枣树栽培始于商周，迄今已有 3 000 多年的历史，曾是皇家御用品，因其果、叶、皮、根均可入药，被乾隆皇帝誉为枣王。被誉为全国最大千年原始人工结果林、山东省旅游摄影创作基地。千百年来，枣树已是祖辈们在战天斗地、防风固沙中留下的宝贵物质遗产和精神财富。

在培植方面，乐陵人民探索出了一套"育枣经"。他们独创的枣树环剥技术，有效提高了枣树的坐果率，保证了乐陵小枣的品质和产量。利用枣树发芽晚，落叶早，枝疏叶小，根系分散，水肥需求高峰与农作物相互交错，枣树和农作物的生长具有互补性的特点，发明了枣粮间作复合生态系统，有效改良了土壤，提高了枣粮产量；同时聪慧的乐陵人发明了枣树、杏树、花椒树等树种混种、同时在树下散养家禽的庭院经济生态系统模式，既提高了经济收益，也有效防治了树木的病虫灾害，形成人类与动植物的良性生态系统。

乐陵市政府按照农业部中国重要农业文化遗产保护工作的要求，制订了古枣林保护发展规划与管理办法，从根本上解决农民增收、农业可持续发展和遗产保护的问题。

河南灵宝川塬古枣林

川塬古枣林位于河南省灵宝市，由明清古枣林和古枣树群落组成。其中明清古枣林地处兵家必争之地的函谷关和中华民族摇篮的黄帝铸鼎塬及其周边的 5 个乡镇，枣树品种为著名的"灵宝大枣"。古枣树群落则零散分布于全市居民的房前屋后，枣树品种则以历经数千年传承的地方品种"小灵枣"为主。

有着 5 000 年种植历史，并有 1 800 余年利用记载的灵宝川塬古枣林，是中华民族的宝贵财富。早在数千年前，大枣已成为当地的支柱产业，同时也是重要的救灾食物；而作为重要的园艺作物，其在 2 000 多年前已形成的蔬花技术、株行距技术等仍是目前国际园艺生产中最重要的技术；其地方品种特有的根蘖苗、防风固沙、抗旱耐涝等特征，则为当地品种种性的保持和目前生态保护与治理提供了重要技术。

地处中华民族发源地、中华道教文化发源地和古代主战场，独特的地理位置又赋予灵宝川塬古枣林以独特的文化、军事和医药价值。著名的《道德经》便产生于该遗产地中心的函谷关，铸鼎塬承载着中华民族起源的符号；作为战时屯兵主要场所的古枣林和战时优良薪柴，明清古枣林极具特定的军事价值；历代积累下来的枣医药和养生文化则成为中华医药的重要部分，而灵宝枣的特有医药功效又赋予该项遗产以独特的价值。

湖北恩施玉露茶文化系统

恩施地处湖北省西南部的武陵山区，属亚热带季风性山地湿润气候，雨量充沛、温暖湿润。冬无严寒、夏无酷暑。境内层峦叠嶂、森林茂密，蕴藏着极其丰富林特资源、旅游资源和矿产资源。巴楚文化在这里水乳交融，有土家族、苗族、侗族等 28 个少数民族。

恩施是茶叶的原产地之一，西周有"武王伐纣、巴人献茶"之说，陆羽《茶经》有"巴山峡川有两人合抱者，伐而掇之"的记载。恩施现有茶园面积 32.5 万亩，年产以恩施玉露为主的名优茶 0.7 万吨以上，占干茶总产量的 42% 左右，是全国重点产茶县、中国名茶之乡。

恩施玉露创制于清康熙年间，因获当地

土司和当朝皇帝"胜似玉露琼浆"的盛赞而得名,在《中国茶经》中位列清代名茶。恩施玉露的加工,延续了唐朝陆羽《茶经》中的"蒸之、焙之……"工艺,创新了特殊的搓制手法,是针形蒸青绿茶。1965年入选中国十大名茶,2007年获国家地理标志产品保护,近年获得中国驰名商标,其制作工艺入选国家级非物质文化遗产保护名录。

恩施美丽的茶园与自然景观融为一体,成为休闲观光的理想去处。而赋予了硒元素的恩施玉露则被世人推崇为健康奇珍。"恩施玉露"是恩施市人民政府重点打造的"三张名片"之一,制定并颁布了恩施玉露地理标志产品的生产和加工技术规程,编制了恩施玉露保护与发展规划,建设了恩施玉露国家级非遗传承基地。

广西隆安壮族"那"文化稻作文化系统

隆安壮族"那"文化稻作文化系统位于北回归线以南的广西右江下游谷地。壮族人口占94%。区域内河道纵横,湿地密布,水、土、热资源丰富,发展稻作农业的自然条件优越。壮族人民把水稻田叫作"那",隆安壮族稻作文化历史悠久,以大石铲祭祀遗址、"雒田"遗址景观、稻神祭习俗遗存最具特色,被学术界誉为"那"文化之都。

隆安以稻神山为中心的罗兴江、渌水江、右江三角洲区域,旧石器时代和新石器时代的稻作生产、生活和文化的遗址众多,形成了独特的稻作历史文化遗址景观,学术界认定其为我国栽培稻的重要起源地之一。远古时,壮族先民古骆越人在这一区域因地制宜创造了"依潮水上下"而耕作的"雒田"生产方式,开辟了我国最早的有相当耕作规模和完备灌溉系统的水稻田,创造了石器时代稻作生产的专门工具大石铲,形成了许多流传至今的、具有独特风情的稻神祭祀习俗和生产生活民俗,成为壮族标志性的稻作农业

历史文化景观。2014年,隆安的布泉河稻田景观被评为中国美丽田园。

隆安县政府努力打造壮族"那"文化品牌,编制了相关保护与发展规划,落实各项保护措施,壮族"那"文化品牌成为隆安县文化的最亮点。

四川苍溪雪梨栽培系统

苍溪县地处四川盆地北缘,位于大巴山南麓,全县森林覆盖率46.5%,气候适宜、交通便利,独特的地理环境和气候孕育出了苍溪雪梨。苍溪雪梨又名施家梨、苍溪梨,民国《苍溪县志》引《元和郡县志》:"梨类有施家梨、水梨、香梨各种……",说明唐代元和时(公元806—820年)已有此梨栽培。苍溪雪梨具有"外形美观,果肉洁白,味甜如蜜,清香无渣,入口即化"的特点,果实多呈倒卵形、特大,平均单果重472克,大者可达1 900克,被誉为"砂梨之王"。1964年,毛泽东主席品尝苍溪籍老红军罗青长赠送的雪梨后,曾指示:"你们家乡还能产这么好的梨,要大力发展,让全国人民都能吃上它。"苍溪县利用苍溪雪梨这一独特优势资源,在每年梨花盛开的时候举办梨花节;大力发展以"赏梨花、品雪梨、住农家"为主的生态乡村旅游,建有中国·苍溪梨文化博览园,博览园现有百年老树202棵,虽历经沧桑,仍枝繁叶茂,果实累累,单株产量高达350千克。

苍溪雪梨于1989年被农业部评为优质农产品,先后获得"梨王"牌注册商标、证明商标、中国驰名商标、地理标志产品等称号;苍溪县1998年被授予中国雪梨之乡,之后被评为全国绿色食品苍溪雪梨原料生产标准化基地县。

四川美姑苦荞栽培系统

美姑苦荞栽培系统位于四川西南部的凉

山州美姑县。在美姑县海拔 2 800～3 400 米的范围之间，是苦荞的发源地，苦荞长势最好。在有文字记载的人类历史中，凉山彝族是最早种植、开发苦荞的民族，至少在公元前 14 世纪中叶甚至更久远，凉山彝族人民就已经驯化、栽培、种植和食用苦荞，举凡彝人出生、满月、成人礼仪、婚丧嫁娶、祭祖大典都离不开苦荞食品，是彝族人民祖祖辈辈传承的重要农业文化遗产，是美姑县农民收入的重要来源。

美姑苦荞栽培系统具有重要的生态价值，使种植区自然生态形成良性循环。美姑苦荞与玉米、大豆、燕麦等其他作物有良好的间作套种模式，有生物多样性方面的利用价值，其点播、犁沟条播等集约化栽培方式，有利于保持水土；在大规模连片种植中，有利于调解农田气候，控制病虫草鼠危害，秸秆与荞壳通过牲畜过腹还田，实现养分循环，维护资源永续利用和农业生态平衡；系统涵养水源，减少烟尘、二氧化硫等有害气体排放，减轻大气污染和水污染，改良土壤，提高土壤有机质含量，种养互助，遏制环境恶化。

美姑县高度重视苦荞栽培系统的挖掘与保护，全面开展苦荞品种资源利用、高产栽培与标准化技术推广，制订苦荞栽培与食用习俗文化保护计划等一系列举措，促进美姑苦荞这一传统优势产业获得可持续发展。

贵州花溪古茶树与茶文化系统

花溪古茶树与茶文化系统位于贵州省贵阳市花溪区久安乡，地处东经 $106°33.5'$～$106°38'$，北纬 $26°29'$～$26°34'$。

花溪以古茶树为原材料，推出了久安千年绿、久安千年红两款佳茗。久安千年红，外形条索紧细卷曲、匀整、显金毫，色泽乌润，古韵深远，香味浓郁高长；久安千年绿，外形条索紧细卷曲、匀整、色泽翠绿、显毫，香味高扬，古韵深远。

久安乡古茶树的平均树龄大概在 600 年左右，几乎等于贵州"文明开化"的历史年限。在宋代，茶马交易的制度已经建立并已成熟运用，一直沿用到了明朝，朱元璋继续推行"以茶制戎"的政策。

久安村早期的传统农业经济主要以粗放型为主，农业产业结构较单一，生产规模较小，森林生态系统是一个由多层次小型生态系统组成的复杂的生态系统。森林所具有的独特而优越的生活环境，久安乡地形多为山地，坡土多，坝子少，自然风光秀美，主要有牛鼻孔、仙人搭桥、二龙抢宝、燕子岩、鸡冠石、芦笙岩、半岩探险、大坪水库等景观，还有美丽的阿哈湖，迷人的森林和美妙的楠竹基地等。

云南双江勐库古茶园与茶文化系统

云南双江勐库古茶园与茶文化系统位于双江拉祜族佤族布朗族傣族自治县，涉及 6 个乡（镇）和 2 个农场，总面积 16 万亩。系统内 1.27 万亩野生古茶树群落，是目前国内外已发现的海拔最高、密度最大、分布最广、原生植被保存最为完整的野生古茶树群落，是茶树种质资源和生物多样性的基因库，是中国首个以古茶山命名的国家级森林公园。

据史料记载，明成化二十年（公元 1485 年），双江开始在勐库冰岛一带人工驯化种植茶树，经过 500 余年的种植驯化，铸就了当今勐库大叶种茶内含物质丰富、茶汤明亮、醇香悠长的优良品质。曾两次被全国茶树良种审定委员会评为国家级茶树良种，被中国茶叶界权威赞为"云南大叶茶正宗""云南大叶茶的英豪"。

双江是全国唯一由拉祜族、佤族、布朗族、傣族共同自治的多民族自治县，各民族生产生活与茶叶息息相关，创造了灿烂的茶文化。拉祜族的七十二路打歌，是非物质文化遗产，更是拉祜人民的茶心；佤族的鸡枞陀螺，是飞旋的使者，更是佤族人民的茶性；布朗族的蜂桶鼓，是生命的方舟，更是布朗人民的茶灵；傣族的象脚鼓，是节日的祈福，更是傣族人民的茶魂。

近年来，双江自治县人民政府出台了《古茶树保护管理条例》，制订了《勐库古茶园与茶文化系统保护与发展规划》，成功申报勐库大叶种茶农产品地理标志认证，对保护、传承和利用好这一珍贵的农业文化遗产，推动经济社会跨越发展奠定了坚实的基础。

甘肃永登苦水玫瑰农作系统

永登县位于甘肃中部，是闻名遐迩的"中国玫瑰之乡"，玫瑰栽植历史久远，距今已有200多年历史。所栽植的苦水玫瑰是我国四大玫瑰品系之一，为半重瓣小花玫瑰，属亚洲香型，是世界上稀有的高原富硒玫瑰品种，具有生长茂盛、花色鲜艳、香气浓郁、肉厚味纯、产量及出油率高、抗逆性强等特点。苦水玫瑰花朵中含有100多种有效成分，其中玫瑰精油含量0.000 4%、总黄酮（以芦丁计）含量0.48mg/g、硒含量3.88mg/g、香茅醇含量50%以上，含有的营养成分和药物成分对人体心脑血管、消化系统、新陈代谢以及免疫功能系统具有明显的药理作用，并具有抗氧化、抗衰老、抗肿瘤等功能。经过200年的提纯扶壮和不断选育，苦水玫瑰已发展成为既可食用、药用，又可用于轻工业加工的特色玫瑰，品种和品质优势逐渐显现，市场竞争力显著增强。目前，已注册了苦水玫瑰证明商标，制定了《苦水玫瑰生产技术标准》《玫瑰精油国家标准和国际标准》《玫瑰干花蕾地方标准》，完成了苦水玫瑰农产品地理标志登记。

在文化产业发展方面，与苦水玫瑰相生相伴发展起来的民间文化历史悠久、丰富多彩，主要有以猪驮山、渗金佛祖、母子宫为主的佛教文化，以苦水高高跷（国家级非物质文化遗产）、太平鼓、木偶戏、下二调（市级非物质文化遗产）为主的民俗文化和以玫海观光、梨园风情、丹霞地貌为主的旅游文化等，形成了一条极具特色的文化产业发展道路。

宁夏中宁枸杞种植系统

中宁枸杞种植系统始于唐、兴于宋、扬于明、盛于今，抒写了一千多年长盛不衰的壮丽史诗和辉煌篇章，探索出了一整套技术完备的栽培管理系统和生物共生系统。唐代孙思邈的《千金翼方》、郭橐驼的《种树书》均系统记载了中宁枸杞的栽培方法；明朝弘治年间，朱元璋第十六子朱栴将中宁枸杞推为贡果，进献朝廷；《中华人民共和国药典》六易其版，始终确定中宁枸杞为唯一可入药的枸杞品种。中宁枸杞传承人遍布城乡村落，分六大派别，共有传承代表27名。正是他们无怨无悔的传承守护，才留下了中宁枸杞的根和魂。改革开放以来，在中宁枸杞种植面积迅速扩增而耕地供给严重不足的情势下，成千上万的中宁人将中宁枸杞苗木、技术和栽培管理方法引种至甘肃、青海、新疆、内蒙古等幅远辽阔的土地上培植，派生出了甘肃产地中宁枸杞、青海产地中宁枸杞、新疆产地中宁枸杞、内蒙古产地中宁枸杞和宁夏境内各县区产地中宁枸杞。中宁枸杞如同星火燎原，产生了巨大的裂变效应。据估算，目前世界枸杞市场70%以上的干果都与中宁枸杞同族同宗。经历1 000多年的栽培，上百个品种的演变选育，中宁人民不仅开创了传统枸杞种植与现代枸杞种植高度融合的栽培模式，还创造性地继承了枸杞粑粑茶、枸杞糕、枸杞宴等传统养生保健食品制作方法，成功研制生产了上百种现代养生保健产品，开辟了枸杞养生与国内外对接的先河，更是建成了全世界最大的枸杞交易中心，成为中国乃至世界枸杞价格的晴雨表。

每年五月初五，中宁枸杞传统种植核心区的茨农都要举行盛大的祭拜枸杞仪式，祈望风调雨顺，枸杞丰收。茨农们一直传承着枸杞婚礼民俗仪式，祈望日子红红火火、爱情甜甜蜜蜜、福寿吉祥、白头偕老。每逢节日，中宁人总要品着枸杞粑粑茶、吃着枸杞宴，思绪顺着茶中涟漪轻轻散开、细细品出独属于中宁枸杞的一份古韵情怀。

新疆奇台旱作农业系统

奇台县位于新疆维吾尔自治区东北部，地处天山北麓、准噶尔盆地东南缘，总面积1.93万平方千米，总人口30万人。作为古丝绸之路新北道上的重要坐标，这里历史悠久，地域辽阔，土地肥沃。汉朝郑吉曾分兵300在此屯田，之后历代军屯、民屯、官屯、商屯和农垦得以延续发展，在山梁沟壑间创造了万亩旱田，至今仍保持着稳定的产量，成为新疆农耕文化的重要发祥地。

奇台旱作农业系统是天山北麓"靠天收"的农业生产典型，主要以旱作种植为主，并涉及林业、畜牧业和副业等农业类型。历代先民依靠独特的光热资源和水土资源，利用当地复杂地形和垂直地带气候，在不同海拔高度播种适宜的作物，探索出作物种植—留茬地放牧种植模式，"二牛抬扛"畜力耕作方式、"水打滚"和"浪苗子"撒播生产方式、轮流休耕土壤保持肥力方式、堆草火烧和深耕条播防治虫草灾害方式等传统农业生产方式。旱作农业不浇水、不施肥，实行轮作、休耕制度，确保农业生产可持续，有效保护了当地生态系统的完整性。

旱地景观随季节更替而变化，彰显着农耕文化的原生态魅力。春季种子撒播在连绵群山之上的旱地里，出苗后绿色绵延起伏，夏季麦子成熟金色满山，秋季遍野残茬中牛羊成群，冬季冰封山峦白雪皑皑，一年四季有着不同的令人震撼的美景，被誉为天山麦海、空中麦田、中国最美的麦田和摄影家的天堂。

随着全球气候变化和周边城市工业污染加剧，旱作农业系统面临严峻挑战。奇台县人民政府按照农业部中国重要农业文化遗产保护要求，制定了旱作农业系统保护规划和管理办法，通过围栏禁牧、加强生态保护，举办"开犁节"传承农耕文化，大力发展休闲观光农业等方式，保障农民增收和重要农业文化遗产价值永续传承。

全国休闲农业与乡村旅游示范县、示范点

天津市武清区

河北省承德市双桥区

黑龙江省哈尔滨市阿城区

山东省青州市

海南省定安县

四川省雅安市

云南省泸西县

陕西省留坝县

甘肃省和政县

青海省海东市乐都区

青岛市崂山区

新疆生产建设兵团第八师一五〇团

河北省乐亭丞起颐天园现代农业园

山西省晋中市太谷县美宝农业观光园

内蒙古赤峰市元宝山区和润农业高新科技园区

黑龙江省嘉荫县向阳乡茅兰沟村

黑龙江省伊春市新青区松林户外风情小镇

上海市金山区吕巷水果公园

上海市崇明县光明食品集团瑞华果园

浙江省嵊州市飞翼生态农业园区

安徽省岳西县大别山映山红文化大观园

安徽省潜山县天柱山卧龙山庄

安徽省水墨汀溪风景区

福建省长泰县马洋溪生态旅游区山重村

福建省福安市新坦洋天湖山茶庄园

福建省福州市相思岭现代农业科教观光园

河南省漯河市西城区沙澧春天现代农业园区

广东省博罗县农业科技示范场

海南省海口兰花产业园

重庆市云阳县三峡库区峻圆生态休闲观光产业园

贵州省安顺市西秀区旧州镇生态文化旅游园

贵州省水城县猕猴桃产业示范园区

贵州省务川县洪渡河旅游休闲点

云南省腾冲县界头镇

陕西省榆林市瑞丰生态庄园

甘肃省金塔县航天神舟休闲生态园

甘肃省定西市金源水保生态观光农业示范园

青海省湟中县青绿元生态农庄

新疆哈密市贡瓜休闲观光园

青岛市莱西市沽河休闲农业示范园
青岛市黄岛区海青镇茶业生态示范区
第四师六十九团香极地香料植物观光园

天津市武清区

一、基本情况

天津市武清区地处京津之间，历史悠久，素有"京津走廊"之称，是天津的农业大区，全区耕地面积129万亩，农业人口69.3万人。近年来，武清区坚持都市型现代农业发展方向，不断提高农业产业总体水平。2014年农业总产值90亿元，农业增加值44亿元。2013年被农业部、财政部评定为全国21个国家现代农业示范区农业改革与建设试点之一。随着城镇化的不断发展，越来越多的城市居民渴望亲近大自然，感受大自然带来的宁静和自由，享受生态农业和乡村生活带来的惬意。武清区作为天津市的远郊区，发展休闲农业具备条件好、类型多、市场前景广阔等优势，是天津市休闲观光农业极具发展潜力的地区之一。发展休闲农业是乡村旅游业与农业生产、乡村自然生态景观、农家文化、旅游度假的融合，不仅可以有效地改变旅游产品结构，弥补武清区旅游产品单一性的缺陷，促进旅游业的发展，也可以提高农业经济效益，拓展农民增收渠道，是农村经济发展的一个新的增长点。

二、取得成效

近几年，武清区大力发展休闲农业，建成了一大批休闲农业村庄和示范项目。目前，选址于天津市武清区下朱庄街南湖生态区的绿博园已经修建完成，总面积5 700亩，园内拥有2 000余亩的人工湖资源，8月将召开第三届中国绿化博览会。武清区现有天津市旅游特色村3个，分别为梅厂镇灰锅口村，大黄堡镇后蒲棒村和大碱厂镇南辛庄村；天津市休闲农业示范园区1个，君利农业示范园；天津市休闲农业示范村（点）11个，分别为梅厂镇灰锅口村，大碱厂镇南辛庄村，大黄堡镇后蒲棒村、东汪庄村，大良镇蒙辛庄村、田水铺村、宝建农庄，大孟庄镇蒙村店村、后幼村，下伍旗镇西王庄村，高村镇北国之春示范园。灰锅口村被评为"2011年中国最有魅力休闲乡村"，南辛庄村荣获2012年"天津美丽乡村"称号，燕王湖湿地生态园、天鹅湖休闲旅游区和君利农业示范园被评为国家3A级旅游景区。全区现有农家乐、渔家乐200家左右，主要集中在梅厂、大黄堡、大良、大碱厂、河西务、大孟庄等镇。2014年全区农业总产值90亿元，旅游业总收入50亿元，其中：休闲农业与乡村旅游总收入8亿元；全区旅游年接待1 200万人次，其中：休闲农业与乡村旅游年接待228万人次；休闲农业与乡村旅游点248个，其中：规模以上旅游点48个；休闲农业与乡村旅游从业人员2 260人，其中：农民从业人员1 808人。

目前，全区正致力于实现物联网与休闲农业的有机融合。通过休闲都市农业信息服务系统，将休闲农业以360度全景漫游的形式展示给消费者。现已有休闲农业主体园区28家、农家院56户、休闲乡村18个、美食特产32种、节庆民俗20个、精品旅游线路6条通过"美丽天津、魅力武清"休闲农业网进行宣传，同时消费者能在网上进行预订。

三、经验做法

（一）制定规划，促进整体协调发展

为更好更合理地将全区的休闲观光农业与旅游业结合起来，特聘请天津市农业科学院区划所的专家为我们制定了《天津市武清区农家乐休闲旅游发展总体规划》，从发展规划、区域布局和保障措施等方面对全区休闲农业与乡村旅游做出了整体规划，提高了规划的科学性、针对性、可操作性。并会同全区相关部门制定《武清区休闲农业旅游管理办法》，制定和落实相应的土地、财税、投融资、管理审批、环保、人才等优惠政策。

（二）培育典型，促进产业集群式发展

为进一步推进全区休闲农业和乡村旅游

业健康快速发展，提高全区休闲农业和乡村旅游业整体发展水平，特扶持一批具有典型示范性的休闲农业精品项目，带动全区休闲农业与乡村旅游的发展。一是积极组织农业园区、休闲农庄等规模较大、具有较强带动作用的园区、村、点申报国家级、市级休闲农业项目，君利农业示范园、大碱厂镇南辛庄、大良镇蒙辛庄等单位均获得市级财政资金扶持，进行基础设施提升改造、业务培训等软件提升改造、宣传推介提升品牌影响力。通过财政资金引导与扶持，切实发挥示范引领和辐射带动作用，为全区休闲农业和乡村旅游再上新水平提供了坚实基础。二是组织曙春蔬果专业合作社、大良镇中草药产业园区、宝建农作物种植有限公司、大孟庄镇后幼庄村等17家单位加入天津市休闲农业协会，其中大孟庄镇后幼庄村、君利农业示范园为天津市休闲农业协会理事单位。加入协会，使武清休闲农业单位能够参与到整个行业的发展规划、经营管理、经验交流中去，提升自身发展水平，促进全区休闲农业与乡村旅游上水平。

（三）开展培训，促进农民素质提升

利用各种渠道、手段，如与有旅游专业的高校或利用天津市休闲农业协会平台，举办休闲农业经营服务人员培训班，开设专题课程，对农民进行培训，提升休闲旅游经营的软环境；对从业人员在礼仪礼貌、餐饮服务、菜肴制作、旅游纪念品开发、包装宣传等方面给予行业指导，不断提高素质，提升服务质量。

河北省承德市双桥区

一、双桥区概况

双桥区是承德市的核心区，是市委、市政府所在地，是全市政治、经济、文化中心，现辖5个镇，53个行政村，全区户籍人口31万人，农业人口4.7万人，区域面积361.9平方千米，有林地面积149.05平方千米，森林覆盖率41.19%，现有耕地面积4.6万亩，农村人均收入8689元。双桥区拥有驰名中外的世界文化遗产、国家级风景名胜区避暑山庄及宏伟的"外八庙"古建筑群，有磬锤峰国家森岭公园和承德丹霞地貌国家地质公园等十余处自然景观，形成"青山无墨自然画卷"。多年来，在打造国际旅游城市建设过程中，全区旅游产业初步形成了以"皇家、生态、民俗"为特色、古文明与现代休农业相结合相互辉映的大旅游产业发展格局。

二、休闲农业与乡村旅游发展现状

自2005年以来，双桥区休闲农业与乡村旅游产业作为带动全区农村经济发展的龙头产业，已发展成为全区农业农村发展的优势主导产业，重点区域建成"一区、一环、两带、三线、六园"休闲观光产业发展基地。

"一区"：即盛世山庄休闲观光园区，涵盖山湾、甸子、西坎、南堂4个村，重点发展高档温泉养生保健、高端休闲度假酒店、花卉观赏、中草药种植、高端农业观光温室等特色产业项目。

"一环"：即环双峰寺水库生态休闲观光区，涵盖东坎、李营、东荒、下南山、新房子、上窝铺6个村，围绕双峰寺水库及库区周边风景旅游区发展与之配套的休闲农业观光产业项目。

"两带"：一是围绕空港城周围的休闲观光带，涵盖贾营、双峰寺、平房沟、干沟子、小东沟、三道河、小井、老西营8个村，重点发展体育休闲、果蔬采摘、湖鱼垂钓、农耕体验、休闲度假等特色产业项目；二是鸡冠山至双庙的休闲观光带，涵盖鸡冠山、石门沟、西北沟、袁家庄、马家庄、双庙、车子沟、陈家沟8个村，重点发展风光游赏、访古寻幽、果蔬采摘、地质科考、科普教育、农耕体验、特色养殖、休闲度假等特色产业

项目。

"三线"：一是高庙至狮单公路沿线，涵盖高庙、水泉沟、狮子园、柳树底、山神庙、大沃铺6个村，重点发展果蔬采摘、森林探险、户外活动、历史探秘、文化体验等特色产业项目。二是元电公路沿线，涵盖碾子沟、平房、下河套、东沟4个村，重点发展花卉博览、文化创意、文化展演、休闲度假酒店等特色产业项目。三是红石砬沟沿线，涵盖红石砬、马架子、水泉、柠檬树、蛤蟆石5个村，依托独特的丹霞地貌景观，重点发展户外运动、探险、游赏、休闲度假等特色产业项目。

"六园"：即石门沟都市庄园、牧禾休闲农业观光园、西和生态休闲文化产业园、老沟庄园、承德云枫岭农业旅游观光园、智乔体育休闲产业园，重点建设好以玫瑰游赏、旅游度假、果蔬采摘、特色养殖、休闲垂钓、农耕体验、拓展训练、高尔夫球训练等为特色的精品旅游观光园项目。

2011年双桥区老西营村被评为十大"承德特色旅游乡村"，2013年石门沟村被评为全省"美丽乡村"，2014年西坎村被评为全市典型示范村。

双桥区休闲农业与乡村旅游经过近十年的发展，服务内容已由单一的吃农家饭、观赏自然景观发展到集吃、住、玩、赏于一体的多元化服务。乡村旅游产品基本形成了五种类型，既自然观光型、农家乐型、果蔬采摘型、农业园区型和健身娱乐型，截止到2014年，全区休闲农业与乡村旅游点226家，规模以上62家，其中综合性休闲农业园区6家，乡村旅游经营户已达到220户，从业人员4 500余人。2014年全区接待境内外游客1 300万人，其中休闲农业与乡村旅游接待游客120万人次，年实现旅游收入9 000万元，带动农民增收5 000余万元。农民受益面达到60%以上，从业人员中农民就业比例达到80%以上。

三、区委、区政府高度重视休闲农业与乡村旅游工作

（一）高度重视，规划先行

一是区委、政府高度重视现代农业发展，区委常委会多次专题研究休闲观光农业产业发展问题，区财政拨付专项资金对休闲观光农业给予政策支持，实施了项目招商引资优惠政策等一系列政策措施，鼓励引导支持休闲观光农业产业发展。二是注重科学规划的龙头作用，投入200万元专项资金，编制完成了沟域型休闲农业与乡村旅游发展规划，即《承德市双桥区皇家沟域型休闲农业与乡村旅游发展规划（2011—2020年）》，以主城区周边350平方千米12条沟域为空间布局，提出了盛世山庄、梦里山庄等"十大山庄"发展思路，不断扩大城乡规划范围和专项规划覆盖面，向周边要发展空间。三是区委、区政府先后出台了《双桥区推进沟域经济发展的实施意见》和《加快发展休闲观光农业、进一步增强农村发展活力的实施意见》，对全区重点发展区域按照"一区、一环、两带、三线、六园"进行了规划布局，将文化、休闲、旅游与现代农业发展等多种业态融为一体，通过加快园区建设推进生态休闲游、发展林果产业推进果园采摘游、打造旅游景区推进山水观光游、发展农家乐推进乡土趣味游，着力培育休闲观光农业示范园和具备生态、休闲、采摘、体验等多功能于一体的乡村旅游农家乐，使全区休闲观光农业与乡村旅游产业有了较快发展。

（二）健全完善机制，强化工作保障

区委、区政府坚持将农业和旅游作为区域经济发展的主导产业来培育，健全完善工作机制，强化各项保障，采取有力措施保发展，形成了加快发展的强大合力。一是领导包建机制。区政府成立由分管区长任组长，区旅游、农牧、国土、工商等相关部门主要负责同志为成员的休闲农业与乡村旅游产业

发展工作领导小组。具体负责休闲农业与乡村旅游产业发展的组织领导、指挥调度和综合协调。二是政策激励机制。区财政每年安排700多万元，作为休闲农业与乡村旅游发展专项资金，对新发展的乡村旅游户和休闲农业园区通过评星定级，评为一星、二星、三星、四星、五星的农家游户，分别给予相应的以奖代补资金。同时，在项目占地方面，积极鼓励农户利用荒山、荒坡、荒滩、鱼塘等资源进行乡村旅游开发，支持农户利用自家承包的果园、林地、草地或者宅基地等用于乡村旅游开发。另外，在证照办理和税收方面给予最大的支持，工商、税务、卫生等部门简化办证手续、免收相关费用，并对乡村旅游户实行前三年税收全额返还政策，为乡村旅游发展创造了一个宽松的环境。三是资金投入机制。实行项目资金打捆使用，明确休闲农业与乡村旅游产业的重要地位，在新民居、公路、通讯、供水、供电等基础设施、农村环境治理工程安排摆布上，积极与休闲农业和乡村旅游产业发展相结合，统筹考虑，坚持做到项目向乡村旅游发展重点村、户倾斜，以国家项目助推乡村旅游产业发展。四是多种经营机制。积极探索"公司＋农户"和"庄园＋旅游景点"等投资经营机制，整合分散的乡村旅游点，实行集中经营、统一管理，促进乡村旅游向市场化、规模化、品牌化发展。

（三）强化基础设施建设支撑

一是出台了《双桥区经济林发展规划》《关于加快经济林产业发展的实施意见》《双桥区2013—2017年度经济林发展奖补政策》，确定了"两环、四带、多点"的林果网络空间格局，按照宜花则花、宜果则果的原则，在滦河流域、武烈河流域、元宝、狮单公路沿线流域打造300～2 000亩面积不等的精品示范果园12个，总建设面积1万亩，栽种果树50万株，错季果试验区1万平方米，积极引进寒富苹果、锦丰梨及枣、杏、桃等新品种，为四季观光采摘奠定基础。同时，结合双桥区万亩经济林建设，积极争取财政扶持资金，依托盛业中草药种植联合社，加强与企业的合作，配套发展林下中草药种植，种植桔梗、苦参、苍术等中药材1 000余亩。二是加强采摘果园、农业示范园的水利配套设施建设，新增小水库畜水量达13万立方米，完成"五小"水利工程171处，完成新增改善灌溉面积0.04万亩。三是扎实开展农村面貌改造提升行动，连续启动了22个省级重点村的农村面貌改造提升行动，筹集6 000余万元各项涉农、惠农和社会资金集中投入到重点村，彻底改善了农村脏、乱、差的旧面貌，提升了农村新形象，为休闲观光农业产业发展奠定了基础。

（四）严格规范标准，创优服务环境

为进一步加快产业结构的战略转型，提高全区休闲农业与乡村旅游的综合竞争力，区委、区政府相继制定出台相关文件，严格工作要求，加强基础设施建设，狠抓环境综合治理，确保加速向充满活力、国内领先的休闲农业与乡村旅游目的地迈进。一是先后出台了《双桥区休闲观光农业示范园和农家乐示范户星级评定及奖励办法》《乡村休闲旅游星级评定服务标准》等，实行乡村旅游户星级评定。根据农户发展水平和条件，设定了评定标准，以硬件环境建设、庭院特色设计、民族文化挖掘、饭菜制作、服务水平、经济效益、带动作用等方面作为评星依据，挂星营业，末位摘牌，激励了先进，淘汰了落后，营造了公开、公平、公正的产业发展环境。二是开展业务培训。由区旅游局、农牧局牵头，通过举办培训班、结对帮扶等多种形式，开展多层次、多渠道的教育培训活动，每年培训1 000人次，逐步提高从业者在经营服务、食品卫生、旅游文化、接待礼仪等方面的素质和服务技能。三是提质创新争优。通过外出学习交流，结合本区实际情况，对先进经验，明确了提质、创新、争优的工

作目标，确保体现区域特色。立足景区景点周围、旅游公路两侧、重点城镇周边三个重点部位，倾力打造特色乡村旅游专业村。

黑龙江省哈尔滨市阿城区

一、阿城区基本情况

阿城区位于哈尔滨中心城区东南 23 千米，总面积 2 452 平方千米，辖 7 镇、12 个街道办事处，108 个行政村，总人口 58 万，其中农业人口 34 万。公元 1115 年，女真族首领完颜阿骨打在阿城建立大金王朝，史称"金上京会宁府"，历 4 帝 38 年，清宣统元年（1909 年）设县，称阿勒楚喀城，简称阿城，1987 年 2 月撤县建市，2006 年 8 月撤市设区，阿城成为哈尔滨市最年轻的新区。2014 年，全区生产总值实现 283 亿元，同比增长 6.3%；地方公共财政预算收入实现 5.6 亿元；全社会固定资产投资完成 333 亿元，城镇居民人均可支配收入和农民人均纯收入分别实现 21 681 元、12 615 元。阿城先后被评为中国优秀旅游城市、中国特色魅力城市 200 强、最具投资潜力中小城市 50 强，国家级农产品质量安全县，国家级绿色食品原料标准化生产基地等荣誉。

二、阿城区旅游业发展现状

阿城山青、水秀、林茂，区位优势明显、文化底蕴深厚、生态环境优良，被国家旅游局称为旅游资源富集区，具有发展旅游业尤其是发展休闲农业与乡村旅游业良好的资源禀赋和基础条件。经过几年的倾力建设，阿城现已形成以"金龙山国际旅游度假区、红星湖旅游度假区、平山旅游度假区、玉泉旅游度假区、金源文化旅游区"等五大景区为主，沿 160 千米旅游环线休闲农业与乡村旅游为辅的大旅游发展体系。

经过几年的倾力建设，美丽乡村阿城游建设取得了一定成效，现已发展乡村游经营业户 238 家，现有国家级休闲农业暨乡村旅游示范点 1 个，市级乡村旅游示范点 11 个，区级乡村旅游星级定点单位 83 家，其中三星级 14 家，二星级 39 家，一星级 30 家，形成了天一生态农副产品有限公司、金水河农业有限公司等为代表的 20 余家农副产品公司。全区从事休闲农业与乡村游从业人员 3.0 万人，其中农民就业 2.3 万人，带动农户近 2.3 万户。2014 年，全区共接待国内外游客 311.36 万人次，实现旅游收入 14.72 亿元，全区休闲农业与乡村游接待游客 178.1 万人次，旅游营业收入实现 6.1 亿元，阿城区已经成为哈市近郊重要的乡村旅游目的地。

三、阿城区发展休闲农业与乡村旅游的主要做法

为进一步优化产业结构，有效破解"三农"问题，促进全区旅游业快速发展，基于区内金源文化悠久、自然资源丰富、山水风光秀美、少数民族集居、特色文化鲜明、民俗活动极富吸引力等优势，区委、区政府提出大力发展以乡村观光、乡村休闲、乡村体验、乡村娱乐为主的休闲农业与乡村旅游发展战略，主要围绕满足哈尔滨中心城区及省内地（市）居民的休闲度假需求，着力发展"都市型、生态型、观光型、休闲型、科技示范型"等现代休闲农业和"景区配套服务型、自然山水休闲型、特色农家采摘型、民俗风情体验型、金源美食品尝型"等乡村旅游产品。我们的主要做法是：

（一）突出规划引领，大手笔勾画休闲农业与乡村旅游发展格局

为充分发挥阿城的资源和基础优势，规划建设了以长江南路和 301 国道为轴，以金龙山、红星湖、平山、玉泉和金源文化等"五大景区"为连接的 160 千米黄金旅游环线。聘请国内知名的达沃斯巅峰旅游规划设计院编制了《阿城区旅游发展总体规划》《金龙山国际旅游度假区规划》，编制了《阿城区

休闲农业与乡村旅游发展规划》，以"红叶山村，森林人家"为主题编制了《金龙山头道河子屯乡村旅游发展规划》、以"稻海弦歌，朝族家园"为主题编制了《料甸镇红新村乡村旅游发展规划》、以"山村水乡，世外桃源"为主题编制了《红星镇南排子屯乡村旅游发展规划》、以"杀猪菜发源地，金源美食第一街"为主题编制了《舍利街太平村乡村旅游发展规划》。借鉴西安大明宫遗址保护开发模式，编制了《金上京会宁府遗址保护规划》。在规划编制过程中，我们坚持旅游整体开发、休闲农业、乡村旅游、小城镇建设和新农村建设"五规"同绘，对旅游景区及160千米黄金旅游沿线的基础设施、村镇风貌、生态环境、旅游地产、都市农业发展通盘进行考虑。通过对全区休闲农业与乡村旅游业的发展方向、发展目标、发展措施和发展模式的思考完善，进一步明晰了全区休闲农业与乡村旅游业发展的目标定位，对今后一段时期休闲农业与乡村旅游的科学发展起到了有力的指导作用。近期，还将对玉泉霜雪滑雪场、平山果园山庄、阿什河北大荒生态园、红星三合萨满风情屯等休闲农业与乡村旅游示范点编制规划，以确保全区休闲农业与乡村旅游在科学规划的指导下高水平、高标准建设，最大限度地释放休闲农业与乡村旅游业对经济社会发展的拉动作用。

（二）突出政策扶持，充分调动从业者的积极性和主动性

在发展休闲农业与乡村旅游过程中，区委、区政府认真贯彻落实中央、省、市关于加强"三农"和旅游工作的方针政策，年初预算逐年递增安排旅游发展金用于扶持旅游业发展，区财政设立专项资金用于蔬菜基地、果蔬采摘、苗木大棚等从事休闲农业经营者的奖励。结合本区实际，制定了《哈尔滨市阿城区关于进一步发展旅游业的实施意见》《哈尔滨市阿城区关于促进休闲农业与乡村旅游业发展的实施意见》《哈尔滨市阿城区发展

休闲农业扶持政策》《阿城区乡村旅游定点单位等级评定标准》等政策，对资源丰富、基础条件好、重视程度高的镇（街），积极帮助争取国家、省、市农业和旅游扶持资金，并在扶持资金分配上给予重点倾斜。根据《哈尔滨市阿城区发展休闲农业扶持政策》，通过上级扶持和本级财政自筹，对集中连片每建设1栋（亩）标准化大棚补贴5 000元，建设1栋（亩）温室补贴4万元，两年来，累计为从事休闲农业的经营者发放扶持资金1 500万元。根据《阿城区乡村旅游定点单位等级评定标准》，对乡村旅游定点单位进行星级评定和星级管理，对新评定的和晋星升级的定点单位，区政府从旅游发展金中投入资金予以奖励，奖励主要以乡村游经营单位需要的物品为主，三星级、二星级、一星级分别奖励3 000元、2 000元、1 000元标准物品，5年来，累计发放奖励物品价值65万元。同时，各涉及乡镇（街）采取积极措施，通过招商引资吸引社会资本参与投资休闲农业与乡村旅游开发。一系列政策和资金扶持，促进了全区休闲农业与乡村旅游业的快速发展。

（三）突出组织领导，为休闲农业与乡村旅游快速发展提供有力保障

为将旅游产业发展的美好蓝图变为现实，在区二次党代会上，我们作出了未来五年全面实施"大旅游"战略的重大部署，并着重强调加快休闲农业与乡村旅游的开发建设力度。为强化组织领导，区委组建了由区委常务副书记任党工委书记、一名区委常委负责、16个相关部门主要领导为成员的阿城区旅游党工委，具体负责"大旅游"战略的推进实施，在决策和实施层面将发展旅游产业上升为区委战略。为进一步提升保障力度，区政府成立了阿城区休闲农业与乡村旅游工作领导小组和乡村旅游管理办公室，区农业局、旅游局、建设局、160千米旅游环线涉及的12个镇（街）也分别成立了领导小组，具体指导组织实施休闲农业与乡村旅游的开发建

设。区市场监管局、税务、电力、水务、卫生等相关部门密切配合，在政策允许范围内最大限度地对从业经营者给予扶持。区旅游局、旅游咨询服务中心充分发挥引导作用，动员组建了阿城区休闲农业与乡村旅游行业协会，建成了阿城旅游信息网，为从业者并面向市场提供有关休闲农业与乡村旅游方面的信息咨询、创业辅导、宣传推介、教育培训等服务。通过培训，从业人员的经营理念、行业素质、服务水平得到了有力提升，全区休闲农业与乡村旅游工作逐步走上科学化、规范化轨道。

（四）突出行业管理，全力打造阿城休闲农业与乡村旅游品牌

为确保休闲农业与乡村旅游业持续健康发展，阿城区在成立休闲农业与乡村旅游业行业协会的基础上，进一步完善行业协会自律公约，强化管理，规范从业者的经营行为，不断提升服务质量和服务水平。在阿城区被评为黑龙江省农村环境综合整治试点区的基础上，区农业、旅游、卫生、建设、城管、环保、国土、林业、市场监督管理、消防大队等单位和部门联合，每年对160千米旅游沿线的村屯环境和从事休闲农业、乡村旅游的经营场所进行综合整治，整治涵盖旅游景区景点和129个自然屯，对卫生条件不合格、垃圾处理不规范、违法占用耕地和基本农田、污染和破坏生态环境、存在安全隐患的坚决予以严肃处理。在严格管理的同时，有关部门对相关业主、从业人员分期分批开展食品安全、消防安全、环境卫生等专业培训，培训面70％以上，47％的从业人员取得了相应职业资格证书。三年来，全区休闲农业与乡村旅游行业没有发生安全生产、食品质量安全、环境污染等事故，并被确定为国家首批农产品质量安全县。一系列有力的行业管理措施，极大地提高了经营者的依法经营观念和管理服务水平，树立了阿城区休闲农业与乡村旅游良好的行业形象。

（五）突出基础保障，为休闲农业与乡村旅游发展创造良好环境

围绕加快发展休闲农业与乡村旅游，阿城区不断完善160千米旅游环线所涉200余家景区景点配套设施建设，以交通干道、旅游环线、景区道路建设为重点，累计投入近10亿元资金启动实施了一批基础设施建设工程，旅游景区景点的服务功能进一步完善。目前，全区建设农村公路总里程1 170千米，硬化农村巷路711千米，实现了通乡、通村公路硬化率两个100％。目前，从事休闲农业与乡村旅游业场所的通行道路全部实现硬化，通水、通电率达到100％，移动、联通通讯信号实现全覆盖，停车场、餐饮、娱乐、卫生、路标路牌等设施日趋完善。另外，区旅游、卫生、建设、城管、环保、国土、林业、工商、消防大队等单位和部门联合，每年对160千米旅游沿线的村屯环境和从事休闲农业、乡村旅游的经营场所进行综合整治，整治涵盖旅游景区景点和129个自然屯，对卫生条件不合格、垃圾处理不规范、违法占用耕地和基本农田的，对污染和破坏生态环境以及存在安全隐患的坚决予以处理，为休闲农业与乡村旅游发展创造良好环境。

（六）突出产业引领，整体推进全区休闲农业与乡村旅游快速发展

通过几年的投资建设与培育发展，全区初步形成了特色突出、兼顾广泛的休闲农业与乡村旅游产品，打造了亚沟黏豆包、阿什河大蒜、舍利杀猪菜、料甸朝鲜狗肉、红星水库鱼等一批各具特色的休闲农业与乡村旅游品牌，阿城被命名为"中国大米之乡""中国北方大蒜之乡""中国北方名酒之乡""中国黏豆包第一镇"等称号。截止到2015年，全区已建成现代农业科技示范区2处，蔬菜种植面积发展到13万亩，创建国家级蔬菜标准化示范县，认定国家级地理标志产品7个，即："阿城大米、阿城大蒜、阿城黏玉米、阿城香瓜、阿城大白菜、红星水库鲢鱼、杨树

小米"，认证无公害、绿色和有机农产品 372 个，发展休闲农业项目 129 个，其中，国家级蔬菜标准园 1 个，哈市级蔬菜标准园 14 个，农产品加工基地 19 个，观光采摘园 19 个、特色生产基地 31 个、民族风情园 17 个、特色农家饮食 3 个村、特色养殖 18 个、休闲垂钓 7 个。直接总投资 38 002 万元；确定了 23 个乡村旅游重点村（屯），涉及 12 个镇（街），休闲农业乡村旅游分布在全区 80% 以上的镇街，发展乡村游经营业户 238 家，评定乡村旅游星级定点单位 83 家，其中三星级 14 家，二星级 39 家，一星级 30 家。按照"一镇一色，一村一品"的差异化发展原则，重点打造了以北大荒有机生态园、金沅水上乐园、丽水庄园、龙鸿生态庄园、金龙山蓝莓基地、红星采摘园农家院等为重点的一批休闲农业与乡村旅游品牌，确立了自然山水休闲型、景区配套服务型、特色农家采摘型、民俗风情体验型、金源美食品尝型五大类型产品，初步打造了一批各具特色的休闲农业与乡村旅游示范村屯：以北方山村农家乐园著称的金龙山镇头道河子屯，以龙江杀猪菜美食第一村闻名的舍利街太平村，以朝鲜族民族第一村闻名的料甸镇红新村，以金源文化为体验的料甸镇海古寨，以房车露营为特色的金龙山镇砖庙子屯，以萨满风情为主的红星镇三合屯，以绿色采摘和绿色餐饮为主的北大荒有机生态园、金龙山蓝莓基地、红星镇南排子屯、平山镇七棵松屯等，特别是新涌现出了金沅水上乐园、龙鸿绿色生态庄园、金龙山蓝莓基地、丽水庄园、凤凰旅游文化村、那家大院等乡村旅游企业，投资均在 2 000 万元以上，使全区乡村旅游档次整体得到了极大提升。

（七）突出品牌营销，宽领域宣传推介休闲农业与乡村旅游产品

坚持宣传推介与项目建设同时部署、同步推进，阿城休闲农业与乡村旅游的知名度和影响力不断扩大。编辑制作了一册内容丰富翔实、可操作性强的《阿城区旅游指南》《阿城区休闲农业特色产品推介》；制作了一部画面优美、特色浓郁的旅游宣传风光片；打造了一个版面新颖、功能强大的旅游综合网站。我们坚持媒体宣传、展会宣传、主题推介多轮驱动，充分利用报纸、广播、电视、网络等现代传媒手段，与《哈尔滨日报》《新晚报》等媒体建立了长期友好合作关系，《金都阿城》系列节目在央视 4 套《走遍中国》栏目播映。通过开办旅游咨询服务公司，举办摄影大赛、征文比赛，携手哈尔滨电视台、广播电台组织市民来阿城进行自驾游、徒步、登山、植树等主题活动，使更多的人自发地来阿城品读历史、感受自然。此外，我们还创新传统广告宣传模式，着力增强阿城休闲农业与乡村旅游在机场、车站、宾馆等对外窗口，以及公路沿线、城市重要节点的宣传力度，构建了全方位、立体化的旅游营销宣传网络。同时，充分借鉴发达旅游城市和成熟景区的经验，围绕丰富四季旅游产品构成，增强旅游活动的趣味性和吸引力，精心策划举办了"金源文化节"和"红叶节""杜鹃节""养生节""嬉雪节"等系列节庆活动，通过节庆活动，让游客零距离感知金源文化、体验怡情山水、感受田园风情。

经过几年的培育发展，全区休闲农业与乡村旅游发展取得了一定成绩，阿城先后被评为中国优秀旅游城市、中国特色魅力城市 200 强、最具投资潜力中小城市 50 强，国家级农产品质量安全县，国家级绿色食品原料标准化生产基地等荣誉。2014 年，全区共接待国内外游客 311.36 万人次，实现旅游收入 14.72 亿元，其中，休闲农业与乡村游接待游客 178.1 万人次，旅游营业收入实现 6.1 亿元，从事休闲农业与乡村游从业人员 3.0 万人，其中农民就业 2.3 万人，农民就业人数达到 76.7% 以上，带动农户近 1.5 万户。从业人员分期分批开展食品安全、消防安全、环境卫生等专业培训，培训面 70% 以上，

47％的从业人员取得了相应职业资格证书。

阿城已经探索走出一条独具特色的休闲农业与乡村旅游发展之路，成为哈市周边休闲农业与乡村旅游的热点地区。阿城区必将以优美的景色、纯朴的民风、完善的服务迎接八方游客。

山东省青州市

青州，为古"九州"之一，位于山东半岛中部，1986年由原益都县撤县设市，总面积1 569平方千米，辖4个街道、8个镇、1个省级经济开发区，1 060个村（居）委会，人口91.8万人。先后获得国家卫生城市、国家园林城市、中国优秀旅游城市、中国历史文化名城、国家级生态建设示范区、国家级绿色农业示范区、中国花木之乡等国家级荣誉称号，是山东30强、全国百强之一。近年来，青州市依托良好的生态和区位优势，利用农业和自然资源，加快培植壮大休闲观光农业主体，涌现了一大批休闲农业与乡村旅游新景点。休闲农业与乡村旅游的发展，起到了小村庄连接大世界、小经营开拓大市场、小投入获取大回报的效果，促进了全市农村一二三产相融合、经济与文化相融合、发展与和谐相融合。

一、休闲农业与乡村旅游产业现状

（一）产业优势

青州市发展休闲农业与乡村旅游优势明显、潜力巨大。一是区位交通发达。青州地处山东半岛中部，东海和泰山之间，位于山东省济青发展主轴中段，胶济铁路、济青客运专线和羊临铁路、济青高速和长深高速公路在境内交叉贯通，交通条件十分便利，铁路、高速公路、国道、省道形成的内外交通网络造就了青州市得天独厚的交通优势，将是未来青州市与周边地区取得客源联系、信息联系、要素联系的重要通道。二是自然资源丰富。青州属暖温带东部季风区，水资源较为丰沛，现有大小河流20条，分属弥河、小清河两大水系，动植物资源较为丰富，野生种类繁多，地势西南高、东北低，全市森林面积63.98万亩，森林覆盖率35.15％。呈现出"右有山河之固，左有沃野万顷"的总体格局。青州市连绵的山脉、清澈的河湖、古朴的村落、满山的林果、知名的花卉以及怡人的气候造就了青州良好的休闲农业与乡村旅游资源基底。三是产业基础扎实。全市种植粮食70万亩、蔬菜62万亩、水果20万亩、花卉10万亩，形成了瓜菜、花卉、果品、优质粮、畜牧五大农业产业支柱，弥河银瓜、青州蜜桃、敞口山楂等特产远近闻名。农产品"三品一标"品牌203个，规模以上农业龙头企业335家，其中潍坊市级以上农业龙头企业86家。四是文化底蕴深厚。青州历史悠久，在7 000年的人类文化发展过程中积淀了丰富的文化底蕴，钟灵毓秀、人杰地灵，名胜古迹众多，地域文化特色鲜明，可称之为东夷文化古都、青齐文化名城、东方佛教圣地、历代军事重镇和非物质文化遗产摇篮。青州博物馆珍藏的状元卷、宋铜锭、宜子孙玉璧、商代铜、唐三彩、《清明上河图》等2万多件文物则是青州历史悠久与文化灿烂的写照。五是旅游资源雄厚。青州名胜古迹众多，明朝云门山的巨"寿"，隋、唐时期的驼山石窟造像群，清"康熙风格"的园林建筑，天然公园"仰天山"，元代中国三大伊斯兰寺院之一的真教寺，此外还有驼山、玲珑山、唐赛儿寨、清风寨、圣水峪、范公亭公园、偶园等旅游景点，同时也是国家级地质公园。通过近几年的开发建设，已经形成东部花好月圆观赏景区，南部农业休闲采摘园区，西南山地休闲生态景区，中部古村民俗风情景区的基础格局。古城文化、佛寿文化、山地森林生态休闲、弥河水生态休闲"四大旅游片区"初具规模。全市拥有1处国家一级博物馆，12处国家A级旅游景区，1

处国家级风景名胜区，2处国家森林公园，2处国家级文物保护单位，1处省级旅游度假区，11处省级文物保护单位，1处国家级工业旅游示范点，3处省级工业旅游示范点，3处省级农业旅游示范点，3家旅游强乡镇，4家省级精品采摘园，4家好客人家星级农家乐，8家星级饭店，6家星级旅游餐馆，22家旅行社。六是基础设施完备。青州市政府不断加强旅游基础设施、服务设施、环卫设施、安全设施、购物设施等的建设，拥有完善的水电路通讯网络设备，主干路至旅游景区的路面硬化实现100%，公共交通畅通率100%，水电路通讯实现了全覆盖。七是示范带动作用突出。独特的区位优势，丰富的自然旅游资源、深厚的历史文化资源必将为青州市旅游产业的发展壮大提供得天独厚的条件。创建休闲农业与乡村旅游示范县，不仅可有效推动青州市现代农业建设步伐，带动旅游、文化、餐饮、娱乐等多领域的迅速发展，而且可以探索休闲农业与乡村旅游业的新经验和新做法，加快青州"旅游立市"战略实施。

（二）发展成效

青州市委、市政府高度重视休闲农业与乡村旅游发展，提出了"旅游立市"发展战略，坚持"农旅结合、以农促旅、以旅富农"方针，积极转变农业发展方式，拓展农业功能，融合特色农业、自然景观、民俗文化，实施"旅游产品打造、文化旅游融合、旅游乡镇创建"三大举措，打造"游山清水秀青州 享健康休闲生活"的"青州人家"特色品牌，休闲农业与乡村旅游热的协调发展，使农区变景区、田园变公园、农产品变商品。产业功能从简单的"吃农家饭、摘农家果"逐步向"休闲、养生、教育、体验、健身、度假"等多样化、综合化、产业融合化转变，休闲农业与乡村旅游已成为全市农村经济新亮点。

在东部重点培育花卉休闲游。以花卉资源的旅游利用为手段，打造花卉观光游、花卉休闲体验和花卉探秘之旅三条特色花卉旅游线路，培育中国（青州）花卉苗木交易中心、花卉公园、青州（国际）花卉创业园等一批花卉特色景区（点），开发花卉生态观赏、花卉主题度假、花卉主题体验、农业观光、康体休闲特色旅游产品。在南部打造"孝美"农家体验旅游。以省级旅游特色村侯王村为核心，建设孝德园、仰天农庄、农民画体验中心、"孝美"农家乐等旅游项目，游客可以在浓厚的孝德文化氛围中体验地道的山区农民生活。在西南山区发展山地休闲生态游。依托仰天山、泰和山两处4A级旅游景区，整合周边乡村资源，为游客提供生态休闲、户外运动、森林观光、山林养生、康体娱乐、乡村餐饮等旅游产品，是回归自然，返璞归真的好去处。在中部重点培育古村风情民俗游。保护修复明代建筑井塘古村，将井塘古村、南闫村、张家峪村以及玲珑山通过"衡王嫁女"古道连成一体，并配套画家村、农家乐、有机蔬菜种植和采摘园等基础设施，为游客提供古村风貌观光、古村主题度假、民俗文化体验、古村休闲娱乐的乡村体验空间。在北部，打造新农村体验游。依托南张楼村，整合民俗博物馆、文化中心，胡萝卜种植大田、农家乐等资源、为游客提供田野骑行、农事体验等旅游体验服务。

目前，建成省级农业旅游示范点3处（黄楼花卉基地、富大地果蔬农业合作社、百纳城葡萄酒庄）、省级旅游强乡镇3处（黄楼街道、王坟镇、庙子镇）、省级旅游特色村3处（南张楼村、辛庄村、侯王村）、省级历史文化名村3处（王府井塘村、弥河上院村、王坟赵家峪村）、省级精品采摘园4处、好客人家星级农家乐4个、潍坊市级休闲农业示范园3处。建成休闲农业与乡村旅游点145个，其中规模以上41个。建成国家级水果标准园3处，国家级蔬菜标准园3处。建成全省第一家乡村旅游合作社，成立旅游农家乐

320 多家，吸纳农民就业 5.5 万多人，当地农村劳动力占职工 70%，上岗人员培训率达 100%，产业区农户人均增收 4 200 元以上。2010 年王坟镇被授予"中国优秀乡村旅游目的地"称号，2013 年荣膺"好客山东最美乡村"称号 5 个。2013 年，青州市被确定为潍坊市首家山东省乡村旅游示范县。2014 年，荣获"美丽中国"十佳旅游县（区）称号，山东省仅此一家。庙子镇、何官镇南张楼村、王坟镇侯王村等三家单位获"2014 好客山东最美村镇"荣誉称号。弥河文化旅游度假区被评为国家 AAA 级旅游景区、国家湿地公园和国家级水利风景区，南阳河景区获国家 AAA 级旅游景区、省级湿地公园和水利风景区称号。古城游、古村游、花卉游、休闲农业和弥河生态游持续火爆，全年共接待国内外游客 632.45 万人次，增长 15.26%。全市旅游总收入 60.25 亿元，增长 16.12%，全市休闲农业和乡村旅游接待游客 274.35 万人次，其中港澳台 5.3 万人，国外 4.57 万人。

二、主要做法和经验

（一）科学编制规划，合理安排产业布局

青州市委、市政府将休闲农业与乡村旅游纳入青州市经济发展的特色产业之一，制定了休闲农业与乡村旅游发展规划。《中共青州市委、青州市人民政府关于进一步推动旅游业发展的意见》（青发〔2012〕47 号）提出了城乡旅游一体化的发展思路，要"把全市作为一个大的景区来规划，统筹城乡旅游基础设施建设、统筹城乡旅游要素合理配置、统筹城乡旅游市场协调发展，逐步形成城乡旅游一体化发展格局"。休闲农业方面，提出了 2014 年至 2020 年"围绕'山区发展有机农业、花卉农业、平原地区发展绿色、无公害农业'的发展思路，依托生态优势，大力实施'品牌农业'战略，通过进一步加强优质农产品基地建设，在区域内形成以高新农业技术为先导，以有机、绿色或生态农业、循环经济模式为主体，生态—经济协调共生的发展模式。"2014 年，《青州市乡村旅游发展总体规划》通过了山东省旅游局组织的专家评审。

以花卉、山林、山村、田园、果园、水系、瓜菜等优美的自然生态、多样的乡土物产等特色乡村旅游资源为依托，以旅游市场需求为导向，以创造生态、营造景观为理念，以重点突破、以点带面为方式，以培育乡村旅游产业为重点，以农为基、农旅结合，深度挖掘、创意展示、系统传播青州特色乡土文化，不断丰富乡村旅游产品体系，精心培育乡村旅游新业态，科学实施乡村旅游标准管理，积极塑造乡村旅游品牌，全面构筑农村产业新格局，实现旅游助农、兴农、富农的目标，建设成集美丽乡村、智慧乡村、科技乡村、艺术乡村于一体的山东省具有影响力的休闲农业与乡村旅游发展示范市和休闲农业与乡村旅游目的地。按照"一村一品"的发展思路，培育 6 种休闲农业与乡村旅游特色业态，打造休闲农业与乡村旅游特色村。

（二）加大政策扶持，积极争取专项资金

对休闲农业和乡村旅游给予资金补偿，建立休闲农业与乡村旅游商品开发专项资金，重点用于休闲农业示范园区配套设施建设和乡村旅游商品的研发、设计、包装宣传、销售渠道、配套设施等的补助。实行税收优惠，休闲农业与乡村旅游商品生产企业为开发新技术、新产品、新工艺发生的研究开发费用在计算应纳税所得额时可加计扣除。简化贷款手续，全市各级金融机构支持对有市场、有订单、有效益、守信用的休闲农业示范点和重点乡村旅游商品生产经营企业（包括非公有制企业）的信贷资金投放，创新旅游产业链的金融产品，简化贷款手续，提高贷款审批效率。放宽市场准入，推进投资主体多元化，鼓励和支持多种经济成分企业研发、生产和销售休闲农业与乡村旅游商品。放宽注册资本缴纳期限，除法律、行政法规另有规定的外，一律不得设置前置性审批事项。

青州市认真贯彻落实全省乡村旅游发展的政策措施，积极争取休闲农业与乡村旅游扶持资金，为云门山省级旅游度假区争取乡村旅游发展专项资金 600 万元；获评省乡村旅游发展示范县奖励资金 100 万元；《青州市乡村旅游发展总体规划》列入省旅游局补助范围，获得补助 60 万元；获得乡村旅游改厨改厕专项省级专项补助 54 万元。

（三）建立健全管理制度和行业标准

明确休闲农业与乡村旅游产业主管部门和管理职能，实行市旅游局、市农业局、市农经局、市招商局、市水利局、市环卫局、市环保局、市花卉局、市国土资源局及其他部门多部门联动管理机制。制定《青州市乡村旅游发展总体规划》《现代农业示范园区建园标准》等管理制度和行业标准，加速推进青州休闲农业与乡村旅游从初级观光向高级休闲、同质开发向差异发展，从单体经营向集群布局、从粗放经营到示范先行的转变。建立农产品质量安全监管体系和农业化学投入品审核备案制度和稽查制度，杜绝环境污染、破坏生态平衡、擅自占用耕地和基本农田行为，确保休闲农业与乡村旅游产业区的生产安全和食品安全。积极推广乡村旅游合作社的发展，先后成立了多家乡村旅游专业合作社，形成了较为完备的"公司＋基地＋农户"的产业化经营模式。

（四）完善基础设施，统一经营管理

进一步完善休闲农业与乡村旅游基础设施建设，从路网毛细血管化、配套游客服务设施、做好"改厨改厕"工程、做好从业人员培训等方面重点强化。

转变经营管理和发展模式，鼓励支持以农民家庭为主体，通过自主经营、联户经营等多种形式发展乡村旅游；鼓励各地组建乡村旅游专业合作社；鼓励各类企业、社会团体和工商户等，采取各种方式，创新乡村旅游管理模式。

（五）逐步完善公共服务体系

建成休闲农业与乡村旅游交通系统、环卫服务系统、安全与救援服务系统等公共服务体系。打通和提升现有各乡镇之间及各乡村旅游项目之间的连接通道，形成四通八达、相互连接的乡村旅游交通网络。解决废弃物与污水处理系统和旅游生态厕所的问题；制定《旅游安全工作应急预案》，在规模较大的休闲农业与乡村旅游景区（点）和农家接待处建成完善的旅游救援系统。

（六）将休闲农业、乡村旅游与社会主义新农村建设紧密结合

休闲农业与乡村旅游的发展使传统的农业产业结构发生了变化，由单一的种植结构向综合农业转变，延长了产业链，带动了餐饮服务业和其他特色产业的发展，形成了良性循环，促进了农村剩余劳动力的就地转移。下一步，将加快休闲农业、乡村旅游与新农村建设的结合，以农民增收为核心，充分利用乡村游产业关联性、带动性强的特点，引导他们做长产业链，最大限度地发挥休闲农业、乡村旅游对关联产业的带动作用，使休闲农业、乡村旅游成为农民致富的好载体、结构调整的好形式、农民增收的好措施，成为全市社会主义新农村建设的新创举。

三、青州市休闲农业与乡村旅游发展规划

（一）发展模式

青州休闲农业与乡村旅游发展应立足"旅游市场精准定位、农业与旅游资源创新利用、农业与旅游产业创意开发、农业与旅游效益全面凸显"四大原则，形成"环城依景、融产托村、特色业态引领"的发展模式。

（二）总体目标

以花卉、山林、山村、田园、果园、水系、瓜菜等优美的自然生态、多样的乡土物产等特色农业资源为依托，以旅游市场需求

为导向，以创造生态、营造景观为理念，以重点突破、以点带面为方式，以培育休闲农业与乡村旅游产业为重点，以农为基、农旅结合，深度挖掘、创意展示、系统传播青州特色乡土文化，不断丰富休闲农业与乡村旅游产品体系，精心培育休闲农业与乡村旅游新业态，科学实施休闲农业与乡村旅游标准管理，积极塑造休闲农业与乡村旅游品牌，全面构筑农村产业新格局，实现旅游助农、兴农、富农的目标，建设成集美丽乡村、智慧乡村、科技乡村、艺术乡村于一体的山东省具有影响力的休闲农业与乡村旅游发展示范市和休闲农业与乡村旅游目的地。到2017年，休闲农业与乡村旅游产业成为全市旅游产业的主要门类，全市休闲农业与乡村旅游总收入占农业增加值的比重达到30%以上，占旅游总收入的比重达到30%。建成2个具备现代服务功能的高端休闲农业与乡村旅游集聚带（泰和山—仰天山沟谷、弥河滨水休闲农业与乡村旅游谷）；培育打造3个山东省乡村旅游小镇（特色休闲农业小镇——黄楼镇、王坟镇；山岳养生小镇——庙子镇）；创建2个全国特色景观旅游名镇（黄楼街道、庙子镇）；创建3个全国特色景观旅游名村（井塘古村、杨集村、张家峪村）；按照"一村一品"的发展思路，培育6种休闲农业与乡村旅游特色业态，打造36个休闲农业与乡村旅游特色村；按照《山东省好客人家农家乐等级划分与评定办法与标准》建设100家星级农家乐（其中五星级40家）；建设1个休闲农业与乡村旅游商品研发推广展示中心，开发10个特色休闲农业与乡村旅游商品品牌，培育100家休闲农业观光示范园，培育100家休闲农业与乡村旅游商品企业；建立1 000个休闲农业与乡村旅游商品销售网点。

（三）发展布局

以优势旅游资源为布局的核心，按照"环山依景、融产托村"的发展路径，将青州市的休闲农业与乡村旅游产业格局确定为"三带四组团"。

1. 三带。弥河花卉景观带：以弥河沿岸生态景观和花卉产业为核心，涉及以黄楼为核心、包括弥河、谭坊、东夏等乡镇，依托弥河的自然景观和沿线村庄，打造包含农业观光、康体休闲等在内的休闲农业与乡村旅游产品，成为串联青州市东部区域的乡村景观带和乡村产业带。

阳河田园景观带：依托北阳河两侧丰富的农业景观资源和绿道体系，开发农业观光、乡村休闲、健康漫游等休闲农业与乡村旅游产品，成为青州西部的乡村田园景观带。

山乡水韵景观带：依托仰天山、泰和山景区，引导沿线村庄发展休闲度假、文化创意、农业观光等休闲农业与乡村旅游产品，成为青州市西南部休闲农业与乡村旅游集聚带。

2. 四组团。田园美境休闲农业组团：以王坟镇葡萄园、邵庄镇核桃园等现代有机农业为核心，将高科技农业同旅游业结合，发展特色产业园，开发商务会议、休闲度假、乡村体验等旅游产品，成为青州市农业综合效益提升的典范。

花舞人间文化创意组团：以黄楼花卉种植基地为核心，依托花好月圆等景区，挖掘花卉文化内涵，创意开发花卉休闲农业与乡村旅游，打造融花卉生态观赏、花卉主题度假、花卉主题体验的花卉文化创意组团。

古村风韵乡村体验组团：以井塘古村、南阎村和张家峪村为核心，重点发展古村风貌观光、古村主题度假、民俗文化体验、古村休闲娱乐等四大功能产品。

山林人家山水度假组团：以仰天山、泰和山区域为核心，依托山林、山村、河流、林果等生态产业资源，开发以生态观光、休闲采摘、山林养生、康体娱乐、乡村餐饮等为核心的休闲农业与乡村旅游产品。

（四）重点项目

1. 国际花卉旅游小镇。位于黄楼街道。

作为青州市休闲农业与乡村旅游的龙头项目，从娱乐导向、主题场馆、体验式消费、互动式游乐、时尚街区等方面，将汇聚国际前沿的花卉主题游乐体验项目，以颠覆性和创意性的主题游乐定位为特色，打造中国一流的花卉主题休闲农业与乡村旅游品牌，建设滨河展示区、花卉科研院所区、花卉示范企业基地、宜居生活区、花卉交易区，引进文化旅游地产业态，盘活花卉经济、提升土地价值。

2. 八喜谷休闲庄园。位于王坟镇八喜谷，作为青州市高端休闲农业与乡村旅游的典型代表，以百纳城葡萄酒庄园为核心产品，发展集观光、体验、休闲度假、餐饮娱乐、购物、交流等功能于一体的葡萄酒主题休闲农业与乡村旅游系列产品，将旅游渗透入葡萄的各产业链中，增加葡萄产业的附加经济价值。结合八喜谷的林果种植基础，丰富生态农业观光、林果采摘、农家乐、农事体验等系列产品，升级为既是功能完善的葡萄产业园区，又是内容丰富、特色鲜明的休闲度假区。主要建设百纳城葡萄酒庄园、八喜谷田园休闲长廊、黑虎山滨水休闲度假区。

3. 花漾弥河果蔬飘香带。位于弥河流域，立足银瓜、蔬菜、花卉等资源，深入挖掘弥河沿岸的自然、人文、工艺、民俗等乡村资源，走"创意驱动、文化为魂"的发展路径，开发休闲农业与乡村旅游深度体验产品，所有乡村游乐体验活动都紧扣"体验"二字开发，紧紧围绕"视、嗅、味、触、感"五觉来打造。主要建设弥河生态农庄、"菜"高八斗果蔬博览园、"花漾弥河"休闲农业与乡村旅游带。

4. 乡艺创意养生谷。位于庙子镇南部山区，范围为由泰和山风景区至仰天山景区沿线的山区，充分依托庙子镇域内已有的乡村艺术氛围，以新型城镇化建设为契机、以新兴产业培育为突破口，创新性地提出"艺术采摘"概念，构建包括"游"——艺术庙会、"购"——艺术品、"娱"——艺术酒吧街、

"吃住"——艺术农家、"住"——艺术酒店、"学"——艺术基地在内的乡村艺术创意产业链，实现"以艺兴镇"的目标。主要建设杨集画家村、乡村艺度空间、岸青峡谷运功基地、仁河谷。

5. 玲珑井塘乡愁体验区。范围包括玲珑山、井塘古村、南阎村、张家峪村在内的"三村一山"。以山东省启动"乡村记忆工程"为契机，借助民间传统技艺展示、古村落修缮保护等形式实施"乡愁记忆"工程、"非遗活化"工程。将玲珑山、井塘古村、南阎村、张家峪村"三村一山"开发成为集古村文化休闲、农事体验休闲、艺术养生休闲于一体的休闲农业与乡村旅游产品集聚区。主要建设井塘古村博物馆、张家峪手艺村、南阎乡村艺术部落、生态农耕文化体验园。

6. 孝美侯王村青州王坟镇侯王村。深入挖掘侯王村历史及全国文明村的孝文化底蕴，围绕"孝美乡村"核心理念，提升现有设施和景点，立足以仰天农庄为引领的草莓采摘、葡萄园等有机、绿色农业，注重休闲农业与乡村旅游和孝亲文化的融合，体验淳朴民风，传播孝德文化，建设孝美乡村。建设内容包括入口景观、孝美农家、孝文化广场、仰天有机农庄、侯王草莓山庄、孝亲活动。

7. 南张楼国际乡村旅游度假区。南张楼村中东部。坚持高端一流标准，突出国际性，实现产品国际化、环境国际化、服务国际化，将该区域打造成为吸引国际、国内高端休闲农业与乡村旅游人群的品牌核心区；以村东部农业种植基地、民俗博物馆、银杏林为点，辐射周边；充分利用资源，开发四季皆宜旅游产品。主要建设张楼别居、现代农业示范园、民俗博物馆、银杏活态博物馆。

8. 青骑乡游绿道体系。在主题上本着"一段一景、一道一色"的原则，建设主题乡村绿道网络，通过绿道串联乡村自然环境、乡村人文景观、特色村落、休闲篱园等项目，将青州市休闲农业与乡村旅游的"山、水、

田、林、乡"逐步融为一体，并成为游客进入的"快速"通道，带动其休闲农业与乡村旅游快速发展。在建设上采用"以藤结瓜"的方式，即以绿道为"藤"，将沿线重要村庄打造为旅游节点为"瓜"，沿途建设自行车驿站、自行车租赁点、休闲节点等，完善沿途旅游标识系统及智慧租赁系统等，将青州市乡村绿道系统建设为集环保、休闲、运动、健身、娱乐、旅游及食宿功能于一体的综合性生态休闲廊道，打造为具有青州特色的休闲农业与乡村旅游业态。主要建设内容为乡村主题绿道、自行车管理中心、自行车驿站、自行车租赁点。

9. 青城国际养生旅游度假区。位于谭坊镇，以全方位、国际化、最前沿的养生养老服务体系为主要卖点，以生态休闲、高端养老、养生度假为核心功能，兼顾农业转型示范、美丽乡村建设、区域环境改善的生态养生养老度假区。建设养老度假中心、中国第一花道、七大花卉主题休闲板块。

四、保障措施

（一）机制保障

始终把休闲农业与乡村旅游发展作为事关统筹城乡综合配套改革的大事来抓，加强党委统一领导、党政齐抓共管、农村工作综合部门组织协调、有关部门各负其责的工作领导体制和工作机制，在工作安排、财力分配、干部配备和资源利用上，切实体现重中之重的要求。加强对休闲农业与乡村旅游工作的宏观指导，建立部门分工负责、无缝链接的协调领导机制；加强对自发开展分散经营的休闲农业与乡村旅游经营户的引导，不断提高组织化、市场化、规范化程度，建立休闲农业与乡村旅游经营协作机制；建立休闲农业与乡村旅游社区参与机制，积极鼓励社区农民参与到旅游决策、开发、规划、管理、监督全过程之中，深化社区农民参与旅游发展程度。

（二）资金保障

通过政府扶持、"三资"（工商资本、外商资本、民间资本）投入和农户自筹三种融资渠道发展全市休闲农业与乡村旅游。由市财政每年匹配一定数额的资金作为全市休闲农业与乡村旅游发展专项资金，鼓励金融机构创新金融产品，搭建融资平台，稳步推进旅游招商引资工作，鼓励旅游投资主体多元化发展，广开融资渠道，吸引民间和外商投资，实现以政策换资金、以资源换资金、以项目换资金和以服务换资金。至2019年，全市计划投入资金260亿元，其中基础设施建设投资额为41亿元，重点项目投资额为219亿元。

（三）人才保障

从休闲农业与乡村旅游经营户、休闲农业示范点、能工巧匠传承人中，选择人才进行系统培训，着力培养乡土旅游带头人队伍，创意农业技术人才；对濒临失传的民间绝技，鼓励带徒授艺，培养民间绝技传承人，使民间绝技后继有人；由政府或有关部门出面，向各行各业的有关部门借调专业技术人员，培养休闲农业与乡村旅游管理者。

（四）环境保障

保护乡村的大气环境、水体环境不受污染，维持生物多样性和乡村景区的卫生环境，保护田园风光以及农、林、牧、渔及园艺等农村资源，突出农村生活特点，形成乡土文化氛围。保护古村落景观风貌：通过对古建筑、构筑物以及其他环境要素的整体性保护，完整保护和展示古村落的景观风貌。注重文化保护与传承，加大力度保护已经列入国家非物质文化遗产名录优秀文化遗产，积极申报国家非物质文化遗产。

海南省定安县

2014年，定安县巧用资源支撑力，科学规划、合理开发，完善旅游服务功能，加大品牌营销，带动了乡村休闲游产业的发展。2014 年，定安乡村旅游接待人数达 100.1 万人次，乡村旅游收入 7 659.08 万元。包蜜园乡村度假公园、龙门红花冷泉湖、彩虹农场于 2015 年 6 月成功申报海南省三椰级乡村旅游点。

发展规划方面，完成《文笔峰盘古文化旅游区控制性规划》《定安县旅馆业发展专项规划》《母瑞山国家乡村度假区总体规划》《龙州河旅游区概念性规划》编制，启动《定安县乡村旅游专项规划》的编制。

政策规定方面，2015 年 7 月，出台《定安县促进旅游文化产业发展的实施意见》，为全县旅游业发展提供政策支持。

管理体制机制方面，2014 年 7 月，制定《定安县乡村旅游示范点创建工作方案》，成立相应领导小组，推动省级、县级乡村旅游示范点创建工作，同时推动省级示范点等级评定工作。同时，研究出台《定安县旅游企业旅馆文明诚信经营倒扣分管理制度》，从"年度投诉次数、诚信经营记录、年度安全生产"三个方面量化管理。

基础设施方面，进一步完善乡村旅游标识系统，在文笔峰建设五星级旅游咨询服务中心，并在定城、黄竹建设旅游服务点，组建了由各景区及百里百村各镇 100 多人组成的旅游志愿服务队，为游客提供服务。完成丁湖路改造等项目，启动红军驿站等母瑞山红色旅游景区项目建设，完成母瑞山画家旅馆项目建设，并推动龙门、龙湖风情小镇改造，提升旅游服务功能。组建定安县旅游协会、定安旅游商品协会，推动成立定安丽景旅行社，积极培育乡村旅游市场对接平台。

四川省雅安市

一、雅安灾后恢复重建总体情况

根据"4·20"芦山强烈地震灾后恢复重建总体规划，纳入总规实施项目 2 160 个（不含国外优惠贷款项目），总投资 713 亿元。截止到 2015 年 9 月 15 日，累计完工项目 1 767 个，占 81.8%，累计完成投资 594.7 亿元，占 83.4%，全面完成灾后重建目标任务的时间进度。

根据"4·20"芦山强烈地震灾后恢复重建旅游和农业专项规划，纳入专项规划的农业项目 218 个，总投资 54.72 亿元；纳入专项规划实施的文化旅游项目 240 个，总投资 25.6 亿元；灾后农业文化旅游项目共 458 个，总投资 80.3 亿元，分别占总规项目、总投资的 21%、11%。截止到 2015 年 9 月 15 日，累计完成农业项目 165 个，占 75.7%，累计完成农业重建项目投资 48 亿元，占 87.6%；累计完成文化旅游项目 202 个，占 84.2%，累计完成文化旅游重建项目投资 17.5 亿元，占 68.1%；农业和文化旅游行业基本完成了灾后恢复重建目标任务的时间进度。

二、创建全国休闲农业与乡村旅游示范市是雅安重建攻坚和后发追赶的战略选择

（一）创建全国休闲农业与乡村旅游示范市是落实习近平总书记重要指示的重大举措

2013 年 5 月 21 日至 23 日，习近平总书记在四川芦山地震灾区考察时指出"生态优势是雅安最突出的优势，要围绕这一优势，大力发展生态文化旅游产业，把这一特色产业做大做强"。为贯彻落实习近平总书记重要指示精神，雅安确立"抓住灾后重建大机遇，做好生态文明大文章，建设幸福美丽新家园"的总体要求，把生态、农业、文化、旅游融合发展确定为国家赋予雅安"生态文明建设"的光荣任务，作为雅安发展的大方向和大抓手。在推进生态文明建设中实施后发追赶，在全面深化改革中保护生态环境，在转化生态优势中形成新的增长动力。全市形成了以休闲农业与乡村旅游示范建设为抓手，全面推进现代农业发展，实现农业现代化、景观

化，全面推进幸福美丽新村建设，实现生态、农业、文化、旅游融合发展的良好局面。

（二）创建全国休闲农业与乡村旅游示范市是落实"4·20"芦山强烈地震灾后恢复重建总体规划的重点内容

"4·20"芦山强烈地震发生后，党中央、国务院提出以人为本、尊重自然、统筹兼顾、立足当前、着眼长远的科学重建要求，根据雅安独特的自然、生态、环境和资源优势，国务院《芦山地震灾后恢复重建总体规划》，明确提出在芦山地震灾区建立"国家生态文化旅游融合发展试验区"。在落实总规的过程中，我们将生态文化旅游融合发展试验区建设由国家的"三位一体"变为"四位一体"，突出了发展现代生态农业的基础地位。其实质是促进农旅融合发展，增强地震灾区的"造血"功能，转变区域经济发展方式。通过试验区建设使地震灾区在产业融合机制、融合发展路径等方面先行先试，为以市为单位创建国家休闲农业与乡村旅游示范重建新路。

（三）创建全国休闲农业与乡村旅游示范市是地震灾区灾后产业重建突出农旅先导的重要抓手

"4·20"芦山强烈地震后，农业部和四川省政府签署了《共同推进四川芦山地震灾后农业农村恢复重建的合作协议》，国家旅游局和四川省人民政府签署了《关于支持芦山地震灾后恢复重建旅游主导产业紧密合作协议书》，省委、省政府又专门分别安排了8亿元、5亿元的灾后重建农业产业基金、生态文化旅游产业发展基金（其中：旅游产业3亿元、文化产业2亿元），支持雅安市生态农业文化旅游产业项目建设，促进生态农业文化旅游产业升级和结构调整，积极有效地推进雅安生态农业文化旅游融合发展。雅安按照2015年中央1号文件对发展涵盖生态、农业、文化、历史等内容的休闲农业与乡村旅游新要求，依托"五雅"产业和良好的生态、旅游、文化等资源，按照"农业景观化、景

观生态化、生态效益化"的重建思路，创造出"农旅＋"模式，统筹一三互动、农旅结合发展，串点成线、连线成片，着力建设百千米百万亩茶产业、百千米百万亩果蔬产业、百千米百万亩果药产业三条农业农村和生态文化旅游融合发展经济走廊，培育农民持续增收新极点，建设产村相融的幸福美丽新村。

（四）创建全国休闲农业与乡村旅游示范市是美丽乡村建设的重要载体

"中国要美，农村必须美。"雅安紧紧抓住休闲农业与乡村旅游发展这个"牛鼻子"，把现代农业园区、农村新型社区、乡村旅游景区结合起来，共同打造，建设布局优化、质量强化、配套深化、卫生洁化、村庄绿化和环境美化（"六化标准"）的美丽乡村，全面推进幸福美丽乡村建设，让广大农村群众住上好房子、过上好日子、养成好习惯、形成好风气。

三、雅安休闲农业与乡村旅游发展基本情况

雅安地处成都平原向青藏高原的过渡地带，面积1.54万平方千米，人口157万，距成都120千米，属成渝经济圈内的重要城市，是汉、藏、羌、彝民族人文交融走廊，自然风光、历史文化独具特色，地缘优势明显，是大熊猫科学命名地和世界茶文化发源地，被誉为"熊猫家源．世界茶源"。是国家级生态示范区、中国优秀旅游城市、中国低碳先锋城市、全国生态气候城市、全国生态文明建设示范市、全国首批生态文明先行示范区和国家生态文化旅游融合发展试验区。

近年来，市委、市政府按照"农旅结合、一三互动、接二连三"的发展思路，结合雅茶、雅林、雅果、雅药、雅畜（禽）等"五雅"特色农业，着力把雅安休闲农业和乡村旅游基础做牢、规模做大、业态做特、产品做精、服务做优、环境做美、产业做强、品

牌做响，使休闲农业和乡村旅游成为全市农村经济发展中最具活力的增长点之一。目前已建成涵盖全市2区6县特色各异、优势互补的雅安休闲农业和乡村旅游产品体系。雨城和名山区依托雨城和名山两个城区，碧峰峡、蒙顶山两大景区，G318线、G108线现代茶产业走廊，雅上线茶文化旅游走廊，中峰乡—双河乡—红草坪环线生态观光走廊等三条走廊发展以"茶"为主题的休闲农业与乡村旅游，并通过"小规模、组团式、生态化、微田园"的新村聚居点和"业兴、家富、人和、村美"的幸福美丽新村建设，让雨城和名山分别形成集产业基地、产业园区、幸福美丽新村、新村聚居点、景观节点、县城集镇等为一体的绿茶和藏茶文化为主题的茶产业休闲农业与乡村旅游产业带；汉源和石棉县依托樱桃、梨、苹果、黄果柑、枇杷等特色水果基地，核桃、花椒等干果产业基地，推行万亩园"带"精品园、种植园"套"养殖园，发展庄园经济，以"阳台晒坝、前庭后院、地域特色、鸡犬相闻、圈舍分离、栽瓜种菜、宜居宜业"的微田园风格打造幸福美丽新村，将汉源形成"春赏百花、夏避酷暑、秋品水果、冬享阳光"为特色，以"果蔬"为主题的休闲农业与乡村旅游经济带；石棉除果蔬种植外，以"翼王悲剧地，红军胜利场"安顺场为核心，形成了生态旅游、红色体验、少数民族文化融合为一体的休闲农业与乡村旅游带；荥经县以"生态荥经·鸽子花都"的定位，以县域为中心，以龙苍沟、牛背山、云峰山三大龙头景区为重要节点，打造以森林云海旅游观光为主，佛教民族文化体验、特色农产品砂器展销、生态观光农业等多点开花的精品旅游线路，成为带动沿线经济文化、生态环境、农业农村、城镇建设、旅游产业等融合发展的休闲农业与乡村旅游产业带。芦山县以飞仙镇飞仙村为核心，建设新型农村社区；以芦阳镇黎明村、火炬村为核心，建设县城后花园；以龙门乡

青龙村为核心，建设精品旅游古镇；以龙门—围塔漏斗、大川河国家森林公园为核心，建设生态旅游产业带；结合优质猕猴桃产业基地、千亩珍稀林木产业基地，芦山逐渐形成观田园风光、吃农家美食、体民俗文化、观龙门冰洞、追汉姜遗迹的休闲农业与乡村旅游产业带。天全县依托南山现代农业科技园和茶马农耕文化产业园建设，按照规模化、标准化的要求打造农兴源公司的千亩猕猴桃农业种植观光基地、老场禾林村千亩山药种植观光体验区、城厢镇两岔溪百亩桃林观光休闲基地等农业观光基地，重点推广农兴源公司生产的野生猕猴桃酒、天蜀公司和二郎山森林公司生产的二郎山森林蔬菜和龙祥春茶叶等特色旅游商品，逐步形成以旅游商品和川藏驿站为特色的休闲农业与乡村旅游产业带。宝兴县以杉木、药材产业基地为主支撑，依托高山有机蔬菜、有机菊花、林下养殖产业，挖掘藏族文化，将农事活动、人文景观、民俗文化等融入高山雪域的自然生态体验中，形成独具特色的休闲农业与乡村旅游产业带。目前，全市已建成全国农业旅游示范点2个，省级乡村旅游示范县4个，省级乡村旅游示范镇8个，省级乡村旅游示范村18个，省级示范休闲农庄2家，市级休闲农业与乡村旅游示范村27个，正在申报全国休闲农业与乡村旅游示范县1个、示范点1个，农家乐1 420家，其中：星级农家乐230家。以"4·20"芦山强烈地震灾后重建为机遇，坚持一村一品、一县一特、产村相融理念，全市建成"业兴、家富、人和、村美"的幸福美丽新村35个，新村聚居点232个，改造提升旧村落点40个，建设新农村综合体9个。

在产业发展布局上，全市坚持农业农村生态文化旅游融合发展理念，进一步优化特色农业产业发展布局，突出集中连片发展，坚持点、线、面相结合，实现农业产业连点成线、连线成片、连片成面，建成"万亩亿

元"示范区 50 个。坚持每一个重建新村，都结合自身产业优势和资源优势，围绕新村建设培育主导产业，强化新村产业支撑，奠定富民增收的基础，围绕"3+1"生态文化旅游走廊建设，各新村积极推进第三产业发展，坚持农旅结合、一三互促，大力发展现代休闲观光农业，为新村居民致富增收拓宽道路，成功打造百千米百万亩茶叶产业生态文化旅游经济走廊、百千米百万亩果蔬产业生态文化旅游经济走廊、百千米百万亩果药产业生态文化旅游经济走廊、百千米荥经森林云海生态文化旅游经济走廊 4 条经济走廊。2014 年全市休闲农业与乡村旅游接待 1 338 万人次，实现休闲农业与乡村旅游综合收入 131 亿元；休闲农业与乡村旅游从业人员 77 349 人，其中：农民从业人员 55 072 人，占 71.2%，从业人员 30% 以上取得相应的职业资格证书，坚持开展经常性的业务培训，上岗人员培训率达 100%。

四、主要做法

（一）切实加强领导，明确工作职责

市委、市政府成立了由市委副书记青理东为组长，分管农业和旅游副市长孙久国、徐旭为副组长，相关单位负责人为成员的雅安市休闲农业与乡村旅游发展工作领导小组，负责研究制定全市休闲农业与乡村旅游规划和政策措施，解决发展中的重大问题，统筹休闲农业与乡村旅游示范市创建工作。领导小组下设办公室在市政府办，由市政府副秘书长李蓉兼任办公室主任、由市旅游局长胡雷、市农业局长吴洪江共同兼任办公室副主任，负责全市示范创建工作相关规划和政策研究工作以及休闲农业和乡村旅游特色产业的发展，并对示范创建工程项目进度进行指导督导，牵头组织相关部门抓好示范创建工作的贯彻落实。全市制定了《雅安市创建全国休闲农业与乡村旅游示范市实施方案》，明确了休闲农业与乡村旅游发展的指导思想、基本原则、发展目标、工作重点以及保障措施，为全市休闲农业与乡村旅游发展指明了方向。

（二）培育优势产业，夯实发展基础

充分挖掘和开发农业、农村资源，拓展其休闲功能，达到以旅强农、以农促旅的目的。全市抓住灾后农业产业重建机遇，重点发展雅茶、雅林、雅果、雅药、雅畜（禽）等五大重点生态农业产业，着力打造"雅字头"生态农业品牌，坚持生态农业产业集中连片规模发展，助农增收效果显著，为休闲农业与乡村旅游的发展打下坚实的产业基础。2014 年全市特色产业基地面积累计达到 425 万亩，农业经济作物总面积 208.5 万亩，产量 138 万吨，收入 57.1 亿元，全市建成"万亩亿元"示范区 50 个。

（三）深度挖掘文化，丰富旅游内涵

坚持"文化先行"理念，深度挖掘雅安的熊猫文化、茶文化、汉文化、"三雅"文化、红色文化、农耕文化、乡村民俗文化、民族文化等，极大地丰富乡村旅游内涵。开发、建设、发展及传承了以蒙顶山、中峰、双河、万古为代表的茶园观光与绿茶文化体验园，以多营、茶马古道为代表的藏茶文化；以安顺场、夹金山为代表的红色文化；以上里古镇、望鱼古镇为代表的古镇文化；以汉源、石棉为代表的花海果蔬农业观光文化；以宝兴硗碛、石棉蟹螺为代表的藏族文化；以周公山为代表的温泉文化；以九大碗、华新苑、经河度假山庄为代表的农家乐文化；以茶叶、根雕、砂器、汉白玉、中药材、黄果柑、车厘子为代表的农产品文化；以雅鱼、坝坝宴、挞挞面、棒棒鸡为代表的饮食文化。

（四）强化宣传营销，全面提升美誉度

充分利用旅游咨询门户网、手机客户端、微信公众平台、自助查询平台、互动电子杂志等五大平台宣传提升雅安市休闲农业和乡村旅游的美誉度。邀请中央电视台《远方的家》等多家媒体到雅安市拍摄旅游宣传专题

片，采用纪实手法，全景式、多角度、深层次地展现了"景美致雅、行旅平安"风景如画的美丽风光和魅力独特的人文景观，充分展示雅安的生态美、形态美、业态美和文态美。与成都市旅游局紧密合作，在全国多个城市召开专题旅游资源和旅游产品、线路推介会等。通过多种手段的宣传营销，充分展示了雅安休闲农业与乡村旅游建设成果及特色乡村旅游景点，吸引游客到此进行观光休闲、养生度假、乡村体验活动，休闲农业与乡村旅游游客量近年平均每年以40％的速度快速增长。

（五）举办特色会节，提高知名度

通过举办中国·四川蒙顶山国际茶文化节，中国·雅安国际动物与自然电影周、四川花卉（果类）生态旅游节、四川花卉（果类）生态旅游节暨石棉黄果柑节，荥经鸽子花节、宝兴红叶节、上九节、雨城年猪节等重大节事活动，充分挖掘休闲农业与乡村旅游文化内涵，基本形成了雅安乡村节庆活动四季不断、一县一特、好戏连台、精彩纷呈的局面。丰富多彩的乡村旅游节庆活动成为打造雅安休闲农业与乡村旅游的"金字招牌"，兴旺了乡村旅游市场，推动了休闲农业升级，促进了美丽新村建设，富裕了广大父老乡亲。

（六）规范管理服务，夯实行业基础

坚持以制定标准、推广标准为重点，引导产业科学运行、有序发展，先后印发了《雅安市旅游服务标准化建设工作实施方案》，制定了《雅安旅游饭店服务标准实用手册》《农家乐等级划分与评定》等多项地方旅游标准。以旅游协会、休闲农业协会为抓手，从提升服务水平入手，切实抓好村组干部、经营业主、从业人员"三支队伍"培训，采取专家上门、送教下乡等方式，面向休闲农业与乡村旅游管理和服务人员举办服务礼仪、菜品设计与文化等专题培训，走出去、引进来，广泛开展经验交流，进一步提升行业管理队伍和从业人员素质，强化人才支撑和发展后劲。对农庄、农家乐实行准入制度，进行动态管理调节，以此加强管理、改善环境、提升服务接待水平。

云南省泸西县

一、泸西县旅游业发展成效

近年来，泸西县旅游发展工作紧紧围绕云南省旅游强省建设和泸西县高原花园城市建设目标，坚持"稳中求好、好中求快、改革创新、示范引领"，抓住滇中经济圈和昆玉红旅游文化产业经济带的发展机遇，以"一县三城"（全省乡村旅游示范县、休闲旅游城、新型产业城、高原花园健康城）为城市发展定位，围绕"花园康城、滇东闲都"这一主题，突出"闲""养"两大特色，主推"古韵泸西、秘境泸西、花漾泸西、水舞泸西"四大路线，打造"四花（玫瑰花、灯盏花、除虫菊、万寿菊）一果（高原梨）二叶（烟叶、银杏）"特色产业品牌，形成"一核心（以阿庐古洞为核心）、两长廊（阿庐风电景观长廊、中大河生态农业观光长廊）、三片区（吾者康体度假片区，白水塘休闲运动片区，文笔山、黄草洲湿地公园片区）、一名村（城子历史文化名村）"的休闲农业与旅游发展新格局。2014年，接待国内外游客169万人次，同比增长11.77％，其中国内游客167.32万人次，同比增长11.8％，海外游客1.68万人次，同比增长8.35％。全县旅游业总收入为100 400万元，同比增长34.03％。全县各类宾馆酒店总数达70家，按五星级酒店修建的1家、四星级酒店1家、三星级酒店4家、二星级酒店1家，共有客房2 345间、床位4 454张。旅行社3家，在册导游31人，建成景区景点2处。旅游产业作为第三产业龙头的地位日益增强，旅游知名度和品牌荣誉快速提升，阿庐古洞被评为国家重点风景名胜区、国家AAAA级景区、国家地质公园。城子古村成功入围云南省历史文化名村、云南省第三批旅游特色村、第三届中国景观村落、云南30佳最具魅力村寨。

乡村旅游是旅游业与农业合二为一的新兴产业，是农业发展的一条新途径，也是旅游业发展的一个新领域，为农民增收开辟了新的渠道。目前全县共有休闲农业及乡村旅游点110家，主要分布在乡镇和县城周边，发展较好并形成一定规模的有城子古村、菊畹村、青龙山、阿庐康体运动休闲度假区周边。乡村旅游在满足游客需求的同时，丰富了泸西旅游业的内容。

（一）发展乡村旅游的优势。一是丰富的资源优势。泸西县为农业大县，全县辖5镇3乡，81个村委会，477个村民小组，国土面积1 647平方千米，总人口43万，其中农业人口34.78万。居住着汉、彝、傣、苗、回、壮等多个民族，民族众多，文化丰富，有吸引力。泸西县多年来重视扶持高原特色农业和乡村旅游的发展，出台了扶持农业产业发展的政策措施，灯盏花、除虫菊、万寿菊等生物产业的发展特色凸现，10万亩高原梨梨花盛开时景色壮观，高原梨成熟季节吸引了省内外众多游客观光旅游。在推进国家级现代农业示范区建设的过程中，顺应产业发展趋势和市场需求，逐步以休闲旅游为目标转型为旅游目的地迈进。二是形式多样的主题活动。泸西县旅游资源丰富，除国家级风景名胜区、国家AAAA级旅游景区阿庐古洞以外，还有云南历史文化名村、被称为民居发展史"活化石"的城子古村和吾者温泉、阿庐康体运动休闲度假区、观音山景区、东方玫瑰谷国际旅游度假生态园等。近年来，泸西县依托独特的资源优势，针对以昆明为中心、周末自驾车休闲游，策划开展以野营避暑为主题的"恒温17℃，我在阿庐古洞避暑"，以摘油桃、高原梨等水果为主题的"阿庐果缘之旅""泸西洋芋好吃节""阿庐古洞心洞音乐节""阿庐古洞中秋情人之夜"的系列休闲主题活动，让更多喜欢休闲旅游的朋友认识泸西。三是独特的区位优势。泸西距昆明150千米，全程路况良好，距弥勒38千米、师宗凤凰谷约50千米、罗平约85千米，非常适合自驾车休闲旅游。泸西县紧紧围绕打造以泸西为中心节点的滇东南休闲旅游片区为目标，进一步在深度挖掘县内休闲产品的同时，更注重整合周边县市的资源，联合昆明比较有实力的旅行社，共同策划以泸西为首站的滇东南自驾车休闲旅游线路，并取得了初步成效。四是丰富的文化底蕴。泸西县有着丰富的历史文化、民俗文化和饮食文化。到泸西体验休闲旅游，不仅可以感受到热情好客的彝家酒歌、壮族虫茧巴乌，还有原始神秘的阿庐部落文化、虎文化，以及令人回味的荞全席、荷全席、羊肉汤锅和凉鸡米线。与云南省旅游业协会自驾车与露营分会，联手打造省内首批自驾车旅游露营地，为泸西县的休闲旅游产业发展搭建了良好的平台。

（二）乡村旅游的模式。泸西县的乡村旅游主要是休闲农庄、农家依托模式、农业依托模式以及文化依托模式。一是农家依托模式。是以吃农家饭、住农家屋、购农家物、干农家活、体验农村生活为特色的乡村旅游活动。主要是吸引贵州省、昆明市、曲靖市、师宗县等近距离的游客前来消费，游客一般停留时间较短。白水梨园、午街铺镇水果观光采摘就是典型的农家依托型乡村旅游。双休日城里人可带上小孩骑行至这些村子农家美美地吃上一餐丰盛的农家饭，采摘新鲜的水果。二是民风民俗依托模式。主要是以民俗风情、生产活动、生活方式以及传统节日为特色吸引游客，这种类型在城子古村、阿庐古洞较为普遍。如永宁壮族歌舞节、白水白彝歌舞节、城子古村的火把节、阿庐古洞风景区农历二月十九日的观音会等。三是农业依托模式。是以农业生态园、特色农业生产方式等吸引游客。如云南尚美嘉花卉、白水塘高原梨果园、午街铺镇的艳色坡油桃果园片区等就是以种植各种花卉和高原梨为主的农业观光型的乡村旅游。通过整合资源，延伸了旅游产业链，改善了农村面貌，增加了农民收入。四是文化依托模式。是以乡村及当地的历史文化吸引广大游客前来观光游览、学习研究的旅游形式。近年来，兴起的红色旅游就是属于以文化为载体的乡村旅游的一种，如城子古村看张冲将军的就学点、紫薇山看革命烈士战斗历史就属于这种类型，主要是依托革命历史，使旅客在旅游中受到革命传统的教育。

（三）乡村旅游开发情况。按照《泸西县旅游业总体发展规划（修编）》的要求，泸西县旅游空间逐步调整优化形成"一轴、三组团、三带、八区"布局，泸西县乡村旅游主要分布在县城中枢镇周边、永宁及白水、三塘等地。

1. 城子古村。城子古村位于泸西县永宁乡，距县城 25 千米，城子古村因其彝汉结合的建筑——土掌房而著称。土掌房为彝族先民的传统民居，至今已有 600 多年的历史，堪称民居建筑文化与建造技术发展史上的"活化石"，至今仍保留有"昂土司府"遗址"江西街""李将军第""姊妹墙"等建筑及相关的众多历史传说；天人合一的自然山水田园风光，原生态气息浓郁，代表性景观有"太阳山""月牙山"等。目前主要开发特色彝族"土掌房"，古建筑风情游、科考修学游和传统山水田园体型休闲为主，生态农业观光、现代休闲娱乐、度假养生等为辅助的综合旅游，是泸西县休闲农业与乡村旅游发展的重点。已荣获云南历史文化名村、云南省旅游特色村、亚洲民俗摄影之乡、亚洲影艺摄影创作基地、云南省美术摄影创作基地、第三届中国景观村落、云南 30 佳最具魅力村寨等。

2. 吾者温泉。该景区位于阿庐古洞风景区以东 18 千米处，距昆明 175 千米，与南昆铁路师宗站毗邻，交通便利，风光旖旎、景色秀美、环境雅致，是十分理想的集吃、住、玩、乐为一体的休闲度假场所，人称"世外桃源"，它以自然、幽静而闻名。该项目由香港景宜养老与健康产业（香港）有限公司投资开发，总投资 5 亿元，分三期建设，一期主要建设温泉度假酒店、温泉 SPA 水疗会馆、养生公寓、理疗康复中心、森林泡池、温泉度假屋等旅游养生康体项目。项目划分为八大功能区块，即：入口区、叠翠湖、温泉大池区、西山谷温泉 SPA 区、主题音乐喷泉水池度假酒店区（梦幻人生）、东山谷康体疗养别墅区（含东北沟谷的康体疗养天体温泉洗浴）、水库游览区、发展预留区等八区，着力打造全省知名的乡村温泉文化旅游项目。

3. 南盘江观光带。南盘江景区位于县境东南部，源于曲靖市马雄山，流经泸西县 33 千米，江面宽 50～100 米。盘江，是少数民族语"盘绛"一名的同音译写，汉语之意为"妇水"。景区主要观赏南盘江两岸陡峭岩石的险峻，青松野花的秀丽。江水急泻地段，浪击礁石，声若万马奔腾，令人触目惊心，旋涡暗流峰回浪转又是一景观，水面平稳处设有渡口，两岸人马货物有大木舟载渡。在这里即可以漂流探险，又可以观光旅游和发展乡村旅游。现截流建成的云鹏电站"高峡出平湖"，是一道亮丽的景观。

4. 阿拉湖景区。阿拉湖景区位于县城西北 26 千米，距省道 S208 公路 2 千米，南昆铁路召夸车站 14 千米。南来北往的客人可以十分方便地游览阿拉湖后再游阿庐古洞等风景区。阿拉湖是一个人工湖，拦水大坝长 306 米，高 37 米，湖区游览线长 30 余千米，容水量 7 600 万立方米，水面面积 8 000 亩。湖区四周青峰蜿蜒，植被良好，碧波绿水，数十种水鸟嬉戏于湖光山色之间。这里，风清水碧，山秀景雅，不但是旅游胜景，也是理想的疗养度假基地。

5. 歹鲁瀑布群景区。"歹鲁"为彝语，

译意是獐子跑过的地方。景区位于县城东部，该风景区为典型的瀑布群，在 7 千米长的距离间，有瀑布 11 级，分花瀑和大叠水。这里群山蜿蜒，峡谷深涧，一派青郁。山顶一河，清流飞泻而下，形成高 70 余米、宽 10 余米的瀑布，水分两台，直跌深潭，水花飞溅，一片白雾。七高八矮的怪石自潭底露出，好似在水波中，迎着跌水凑趣。潭边那些艳丽的野花、参差的劲草，在水雾中，伴着跌水的强响，翩翩起舞。游人到此，精神振奋，仿若千古名句"飞流直下三千尺，疑是银河落九天"的意境。

6. 白勺地下飞瀑景区。白勺地下飞瀑景区位于县城南 23 千米处。距城子古村南 2 千米。"白勺"，彝语"白"为"山"，"勺"为古代部落的名称，"白勺"即"勺"部落活动的地方。白勺地下瀑布以及约 3 千米的地河，是泸西县的又一地下奇观。由洞口至洞底 84 米，洞下瀑布分为两台，第一台高 25 米左右，幅宽 10 米。第二台高 30 米左右，幅宽 8 米。河水流入洞内，落差大，飞流直下，喷珠溅玉，水气像烟雾从山间另一洞穴中冒出，常年不息，所以也叫冒烟洞。冲天烟雾高约 10 余米，直径约 5 米左右，十分壮观。该景区在地面观赏洞穴烟岚，入洞观赏壮观的地下飞瀑，3 千米地河，可行舟观赏千姿百态的石钟乳。

7. 黄草洲湿地。位于泸西县城中枢镇境内，项目范围：东至龙甸村、南至黄草洲、西至石洞村、北至泸发大街延长线，包括黄草洲村、大小龙甸村、石洞村、格来河村、民主村 6 个自然村，总用地面积 13 平方千米。湿地恢复后即把黄草洲湿地核心区，联同文笔山、灵龟山连成一个版块，打造成集休闲、度假、娱乐为一体的旅游项目。该景区正在规划建设之中，预计风景游赏用地 214.8 公顷、游览设施 81.1 公顷、居民社会用地 89.0 公顷、交通与工程用地 55.2 公顷、耕地 630.1 公顷、水域 255.9 公顷；投资基础设施建筑面积 90 万平方米（包括道路、停车场、管网、新增水体、码头、服务设施、土地等），商家新建、改建民俗文化村、街巷、浏览区、中央湿地、生态逸养核心区、养生岛、SPA 主题宾馆、植物迷宫、休闲活动浏览、户外运动拓展、民族运动体验等区域。

8. 泸西县中大河农业观光带。泸西县中枢中大河生态农业观光项目贯穿中枢镇全境，项目全长 15.067 千米，起自泸西气象站大桥，终点为工农隧道入口。该项目是泸西县打造高原花园城市的一条重要生态农业观光走廊，集防洪、生产用水、生态农业旅游观光为一体的综合项目，项目总投资 7 657.68 万元。建成后将与黄草洲湿地联成一体，成为泸西县休闲农业观光的一个重点。

9. 泸西县"东方玫瑰谷"国际旅游度假生态园。泸西县"东方玫瑰谷"国际旅游度假生态园位于泸西县白水镇白水塘周边，项目规划用地 748.95 公顷。主要建设玫瑰主题公园、超五星级酒店、企业总部会所、养生温泉、旅游休闲商业、旅游文化产业园、养生度假社区、康体理疗基地、水上娱乐中心、农业生态观光示范园。项目将融合阿庐资源和玫瑰资源发展知名的国际性休闲旅游度假区，以"花为美、水为蕴、文为魂"的理念打造乐、慧、安、康、逸的功能，以田、园、水、岸、花海五大元素打造乐；以泉、岸、滩、主题酒店四大元素打造慧；以花溪、流水、小镇、公园、民俗街五大元素打造安；以山、林、水、泉、户外远动打造康；以岭、岛、湿地、庄园、会所五大元素打造逸，从而形成观光旅游区、商务休闲区、品尚生活区、户外运动区、极致度假区规划。

10. 中国（泸西）高原足球训练基地。基地位于白水塘边，紧靠泸西县"东方玫瑰谷"国际旅游度假生态园，规划面积 832 亩，主要建设内容划分为"一心五区"，即：综合服务中心、比赛训练区、教学训练区、体能训练区、康复疗养区、休闲度假区，计划总投资 9.6 亿元。该项目由香港星元文化体育投资有限公司和云南星元文化体育投资有限公司投资建设，已纳入云南省"十二五"规划的高原体育基地范畴，现已完成足球场场区内道路建设和足球场地下管网的安装以及 12 块足球场草坪培植工作，已接待国内知名赛事。

11. 泸西县观音山景区。该景区位于泸西县白水镇观音山，重点开发休闲度假旅游，目的是以旅游资源为依托，以旅游设施为条件，以特定的文化景观和服务项目为内容，以休闲为主要目的。目前，正在建设观音寺，观音寺以佛教文化为载体，以百塔千碑万佛为特色，以世界海拔最高观音佛像为标志，营造一个高品位的云南佛教活动场所。建成后将成为滇中建筑奇葩、佛教艺术珍品、中国西南佛教文化中心，能满足各方信众需求，对促进泸西县旅游业的发展，拉动周边村寨经济增长有着极为重要的作用。

12. 泸西县阿庐印象旅游综合体。泸西县阿庐印象旅游综合体项目位于泸西县阿庐古洞周边，项目共分三期进行，一期为阿庐古洞前洞水体景观、绿化景观及公共基础设施、文化旅游商业街等；二期为阿庐古洞水体至阿路发美丽家园河道提升改造、商业开发；三期为泰和园片区 100 亩景观水体、景观绿化及公共基础设施，商住开发、五星级酒店等。项目建成后，增加阿庐古洞片区的旅游内涵，延长游客逗留时间，提高游客消费水平，带动周边第三产业的升值。

13. 高原特色水果庄园。该项目位于白水镇白水塘周边，弥泸师公路沿线已连片种植的达 4 万余亩，全县种植总面积达 20.8 万余亩。主要品种有泸西高原梨、油桃、甜杏等，仅高原梨系列就引入了 80 余个国内外良种，经筛选推广和发展，规模达到 12 万余亩。曾两次获《云南省优质水果产品证书》，1999 年获世界园艺博览会"金奖"，雪花梨

于 2005 年再获首届昆明国际农业博览会"金奖"；金花梨于 20 世纪 90 年代获《云南省优质水果产品证书》；早酥梨于 1997 年在庐山召开的南方早熟梨评选会上获第一名；早白蜜于 2004 年获全国优质早熟梨奖。2008 年泸西高原梨又获云南省名牌农产品称号。在今后的几年中还将围绕泸西高原花园城市建设的目标，扩大种植面积达 10 万余亩，进一步增加当地农民的收入，泸西县高原特色农业的快速发展，极大地丰富了旅游商品的供给。

14. 中草药文化庄园。该庄园是以三塘乡菊畹村为中心，延伸至烂泥箐村、箐门村等。近几年，泸西县选准重点，围绕打造"中草药之乡"这一奋斗目标，着力打造"三七—草乌—金银花—半夏—重楼中药材种植产业带"。自 2007 年起，泸西县采取资金激励措施，群众每种植一亩草乌、半夏等新兴产业奖励 200 元，对村小组每连片种植面积达 50 亩奖励 1 000 元，每超过一亩奖励 10 元的标准进行奖励。到目前为止，仅菊畹村种植面积达 1 000 余亩，三个村子连片种植达 3 000 余亩，已在吉湾村鼓励兴建了 3 家农家乐。2013 年，泸西县以三塘乡菊畹村为核心，大力发展乡村旅游的同时扩大种植面积达 3 000 余亩，目前，三七、重楼、板蓝根、金银花、当归、草乌、灯盏花等中草药材已成为该村一大优势产业。

15. 泸西县银杏庄园项目。泸西县当前以培植农业新兴生物产业为重点，坚持产业优先、绿色增长、和谐发展，围绕建设高原花园泸西这一目标，积极调整优化种植结构，竭力破解农民增收难题，大力发展银杏产业，并致力于庄园化发展。该项目位于白水镇，与浙江康恩贝集团公司合作，在全县发展 10 万亩银杏种植的同时，结合阿庐温泉康体运动休闲度假中心项目，在白水塘周边规划种植 5 000 亩银杏庄园，正式签订了《泸西县银杏树种植及深加工项目合作框架协议》。按照

协议规定，种植一亩银杏需种苗834株，每株苗价2元，农户每亩需投入1 668元。泸西县负责完成庄园的基础配套建设，项目资金预算3 600万元。项目建成后将形成规模化产业集群，成为当地农民增收致富的途径。

二、泸西县休闲农业与旅游发展的经验、做法

（一）科学规划，统筹发展

发展乡村旅游要坚持先规划后开发的原则。县住建、旅游、国土、农业等部门科学编制全县乡村旅游发展规划，高标准、高起点、高质量整合开发乡村旅游资源，实现了城市、旅游、林业、土地"四划"合一。加强对规划编制和实施的监督指导，将乡村旅游点规划纳入所在地小城镇和村庄规划中，与本区域总体规划、农业发展规划、旅游发展规划相衔接，按照"因地制宜、突出特色、合理布局、和谐发展"的要求统一编制，统一实施，切实提高规划的科学性、可操作性和实施的权威性。

（二）谋定后动，组织有力

泸西县现有的优势和条件，为发展乡村旅游和休闲农业提供了条件和可能，为加快这一新兴产业的发展，县委、县人民政府加强领导、强化组织发动，成立了县委书记任组长，县人民政府县长及县委副书记、新农村工作队队长、县人民政府分管领导任副组长的工作机构，切实加强该项工作的组织领导和发动工作，从思想认识、工作措施、发展规划等方面着力。

（三）多元发展，打造精品

坚持以项目为抓手，实施乡村旅游发展工程，加快推进重点乡村旅游项目、农家乐示范村、特色农庄以及乡村旅游休闲度假区发展，精心打造乡村旅游节庆品牌和经典旅游线路。

1. 美丽田园创建行动。围绕城子古村、风电景观、白水塘农业庄园等景点，以稻田景观、百花争艳、瓜果飘香等为创建载体，通过示范带动，创建一批富有泸西特色的美丽田园，培育美丽田园品牌。抓好创意农业，有计划地扩大除虫菊、万寿菊、灯盏花、玫瑰花、荷花、桃树、梨树等农业产业，建设百亩、千亩、万亩连片农事景观带，形成一批农耕特色与自然山水、乡村风貌为一体的农事景观，打造泸西风光农业、魅力农业。

2. 休闲农业示范园创建行动。围绕生态农业、种养体验、果蔬采摘、户外运动、休闲度假等不同特色，强化农耕文化、民俗文化的塑造，鼓励农业经营主体挖掘农耕文化资源，打造田园风光景观，利用农业高新科技，结合农业经营活动，创建休闲度假式、参与体验式和DIY式等多种类型的休闲农业示范园（点）。鼓励中枢镇糯布村梨园、青龙山庄、白水镇竹家庄等有条件的农家乐转型提升，培育发展一批突出体验乡村农事和田园生活功能的休闲农庄。

3. 农家乐示范村创建行动。大力推进以"吃农家饭、住农家屋、干农家活、游农家景、购农家物、娱农家乐"为主要内容的农家乐示范村建设，发展以农民家庭为基本接待单位、以自然村落为主的农家乐特色示范村。重点建设向阳乡很坎生态壮族村、三塘乡菊畹中草药基地等具备现代服务功能的农家乐乡村休闲旅游集聚区。

4. 秀美乡村景观带打造行动。依托山水资源、地方文化和秀美乡村建设的成果，按照"全县做品牌、风景线做特色、精品村做个性、农家屋做乡土"的要求，串点成线，由线到面，在全县范围内创建几条"秀美乡村风景线"，提升秀美乡村建设水平，丰富乡村旅游内涵。围绕"两轴三组团，四带六片区"思路，重点打造4条精品线：白水镇—中枢镇—午街铺镇，突出"高原特色水果"主题，打造"高原特色水果产业观光带"；金马镇—中枢镇—永宁乡，突出"田园风光"主题，打造"城市客厅—中大河农业观光体

验带"；向阳乡—永宁乡，突出"民俗生态"主题，打造"南盘江景观休闲带"；中枢镇—三塘乡，突出"风电花海"主题，打造"东山风电花海景观带"。

5. 农事节会品牌推介行动。按照政府引导和市场运作相结合的原则，围绕我县特色农业，创新休闲农业农事节会活动方式，丰富活动内容，做好特色产品推介，做好特色农事节会的组织和宣传工作。组织以高原水果、花海骑行等为主题的农事节庆活动，每年向社会公开推介至少2个农事节庆活动，重点推介"四花一果"等乡村旅游地方特色商品，不断提升泸西县休闲农业与乡村旅游的知名度和美誉度。

6. 乡村民俗文化开发行动。加强文物古迹、非物质文化遗产保护及民间民俗文化的挖掘和弘扬，组织开展内容丰富、形式多样、农民参与度高的农耕文化活动，继续办好二月十九观音洞会、三月三庙会、午街铺镇文化节等节会，举办歌舞、美食等赛事，推介各类乡村民俗文化和特色土菜、名菜、招牌菜，提升乡村旅游文化和餐饮服务水平。

7. 乡村游特色产品开发行动。重点开发泸西风情摄影游、徒步花海体验游、乡村购物自驾游、壮乡文化感知游、康体运动休闲游、休闲农庄体验游、修身养性悠然游、快乐美食泸西游、四季水果采摘游等休闲旅游特色产品。通过专场促销、旅交会推介、旅行社外联促销、乡村旅游网络营销平台推介等多种方式加以宣传推广，吸引更多的市民和游客体验泸西休闲农业与乡村旅游。

8. 乡村旅游环境优化提升行动。有效整合农业、旅游、新农村、交通等项目资金，着力改善休闲农业与乡村旅游点基础设施。推进休闲农业与乡村旅游主干线道路硬化、绿化和靓化工作，对精品旅游线路沿线的房屋外观进行改造，规范生产生活垃圾处理，完善旅游点标牌、标识设置。改善旅游景点的供电、供水、通信、消防、卫生等配套设施，完善旅游点特色餐饮、住宿、购物、娱乐等配套服务设施，努力提升休闲农业与乡村旅游基础设施档次。优先解决重点休闲农业点与乡村旅游景区、乡村旅游示范点与旅游镇（街）村之间的道路连接线建设问题，依据客流量情况和换乘需要，合理设置专线，增加通往县内休闲农业景点的交通线路；推动乡村旅游景区（点）公共厕所及停车场升级改造工作，完善国家级景区、工农业旅游示范点、省级、州级乡村旅游点和自驾游基地的旅游交通标识系统建设。

9. 强管理、优服务行动。按照"农业转型升级、农民创业增收、新农村建设和城乡统筹发展"的要求，积极开展休闲农业与乡村旅游示范县争先晋位活动，开展农家乐文明经营示范户评星、休闲农业与乡村旅游区（点）创星、省级自驾游基地创建等工作。通过送教上门、集中办班、现场观摩、结对帮扶等方式，开展针对休闲农业与乡村旅游特色村镇（街）干部、发展带头人、经营户和服务人员的技能培训，不断增强从业人员的经营理念、服务意识、服务技能，促进休闲农业与乡村旅游服务品质不断提升。

10. 乡村游宣传促销行动。加强休闲农业与乡村旅游目标市场的定位分析，建立部门协作、上下联动的宣传促销机制。利用省内外知名电台、电视台、报刊、网站、手机等多种载体，开设休闲农业与乡村旅游专版和专栏，加大休闲农业与乡村旅游产品宣传力度，实现产品与市场的对接。相关主管部门积极指导好休闲农业与乡村旅游产品的策划、组织和包装，把休闲农业促销纳入农产品促销计划，把乡村旅游促销纳入旅游促销计划，齐抓共管、开拓市场。一是强调保持乡村自然人文环境的原真性；二是与生态旅游相结合，走持续发展之路；三是深度挖掘旅游项目，增强旅游体验性；四是做好培训工作，提高从业人员素质；五是建立多元化投资融资体系；六是加大对外宣传力度。

（四）完善配套，优化服务

加大道路、通信、水、电等农村基础设施的改建力度，完善乡村旅游配套设施。重点解决好乡村旅游交通建设，全县乡村公路通达率达 100%，交通部门制定乡村旅游交通建设规划，结合"村村通工程"优先解决云南省民族特色旅游村寨、乡村旅游景区、乡村旅游示范点与旅游镇村之间的道路连接线建设问题，依据客流量情况和乘车需要，合理设置专线，开通各乡镇乡村旅游景点的交通线路；推动乡村旅游景区（点）公共厕所及停车场升级改造工作，完善乡村旅游点的旅游交通标识系统建设，切实提升管理和服务水平，创造良好乡村旅游环境，打造文明和谐、清新亮丽的乡村旅游形象，满足旅游者的多层次需求，设计专门的、与当地环境协调的旅店、娱乐和购物场所等，使游客进得来、住得下、有得买、玩得愉快、走得高兴。

（五）加强宣传，广泛促销

加强乡村旅游目标市场的定位分析，建立部门联合、上下联动的宣传促销机制。利用电台、电视台、报刊、网站、手机等多种载体，开设乡村旅游专版和专栏，加大对乡村旅游产品的宣传力度，实现产品与市场的对接。旅游和农业部门积极指导乡村旅游产品的策划、组织和包装，把乡村旅游促销纳入旅游促销计划，齐抓共管、开拓市场。

三、发展规划

为加快休闲农业与乡村旅游业发展，推进泸西县转变经济增长方式和产业结构优化的战略进程，提高现代服务业比重，增强文化软实力和生态硬实力，促进旅游发展进程，巩固和强化旅游业的产业地位，实现旅游产业转型升级，提高旅游综合竞争力，发挥旅游业对新型工业化、城市发展、城乡统筹的重要功能，泸西县通过加快全县旅游业持续发展，实现乡村旅游的共同发展，最终形成充满活力、带动性强、国内领先的旅游目的

地。根据《国务院关于加快发展旅游业的意见》，编制了《泸西县旅游业发展总体规划》《泸西县阿庐风景名胜区总体规划》和《泸西县休闲农业与乡村旅游发展规划》。根据优势产业优先发展的原则，以"建设高原花园城市"为主题，确立优势产业优先发展的理念，分阶段、分步骤完成泸西县旅游业作为经济新增长点、第三产业龙头和支柱产业地位的确立，将旅游业纳入经济建设的中心、社会发展的主流，实现旅游促进发展，构建以休闲度假为主导，以观光旅游为基础，以溶洞观光、康体运动、温泉养生等专项产品为延伸的"休闲之旅"产品体系，配套完善旅游产业要素，保持旅游业发展高于全县国民经济的平均增长速度，成为云南省新型康体休闲旅游度假城市、全国高原农业示范基地。在规划期内分阶段、分步骤完成泸西县旅游业作为国民经济新的增长点、第三产业龙头和国民经济支柱产业地位的确立，实现旅游促进发展。

通过科学整合资源，精心培育乡村旅游特色旅游产品，大力创新发展模式和经营机制，努力构建种类齐全、结构合理、特色明显、功能配套、服务良好、发展规范的乡村旅游新格局，形成具有泸西特色的旅游产品体系，把乡村旅游业培育发展成为繁荣和壮大全市农村经济的特色优势产业，成为社会消费新热点、社会主义新农村建设新亮点、县域经济发展和农民增收致富新增长点，有力促进城乡经济社会一体化发展。

2015 年的发展目标是：全县乡村旅游接待旅游者 20 万人次，实现乡村旅游综合收入 8 000 万元，同比增长 10%。实施乡村旅游产品建设工程，即：打造五个特色农庄，建设四条乡村旅游精品线路。

创建县级农家乐文明经营示范户 10 家；培训乡村旅游发展带头人、经营户和服务人员 500 人次；新增乡村旅馆及农家乐床位 100 张。2015 年，实现完成接待海外旅游者

1.809 4万人次，同比增长5%；国内游客203.19万人次，同比增长20.5%；实现旅游总收入15.5亿元，同比增长13%。

四、旅游发展的政策规定

按照云南省委、省政府出台的《关于加快旅游强省建设的决定》和红河哈尼族彝族自治州州委、州政府《关于加快旅游强州建设的决定》，泸西县先后配套制定了相关政策和优惠鼓励措施，出台了《泸西县关于加快旅游强县建设的实施意见》《泸西县旅游行业管理办法（暂行）》《泸西县关于加快酒店业发展的实施意见》《泸西县关于进一步加快高原特色农业发展的实施意见》，做好旅游农业融合发展、招商引资工作，积极扶持培育一批龙头企业，发挥龙头企业在引进、种植和推行新品种、新技术和先进管理理念等方面的作用，不断进行技术创新，形成农业科技示范园。加强企业、基地与农户之间的联合与合作，引导龙头企业与农民结成利益共享、风险共担的利益。

泸西县委、政府高度重视休闲农业与乡村旅游发展工作，作为全县经济社会发展的首要推动力量，把依靠科技抓产业发展，作为贯彻落实中央精神和省州党委、政府加强"三农"工作的实际行动，作为调整农业种植结构，实现农业增效、农民增收的目标任务。近年来，泸西县委、县政府出台了《泸西县关于加快旅游强县建设的实施意见》《加快农业产业化发展的实施意见》《泸西县关于进一步加快高原特色农业发展的实施意见》《泸西县旅游行业管理办法（暂行）》《泸西县关于进一步加快休闲农业与乡村旅游发展的实施意见》《泸西县关于推进南盘江沿岸综合扶贫开发工作的意见》等一系列扶持政策。根据相关政策，出台了具体的扶持措施。

强化政策扶持，优化发展环境。县发改、住建、规划、国土、交通运输、环保等部门加大对各乡镇乡村旅游发展规划、重大基础设施建设、公共服务体系建设的支持力度，积极扶持、鼓励发展乡村旅游。对省、州重点旅游项目，优先给予用地支持；对利用荒地、荒坡、废弃矿山和未利用地开发休闲农业与乡村旅游项目的，给予相应优惠政策；对符合土地利用总体规划和保护自然生态环境的乡村旅游项目，在不改变土地性质和承包农户依法、自愿、有偿的前提下，用地者可通过土地流转方式获得使用权；对乡村旅游景区内的设施农业自用屋篷、游乐设施、公厕以及竹楼、木屋等非永久性建筑设施，泸西县各乡镇可参照临时建筑予以审批管理，但不得占用基本农田。积极争取各级级财政资金，为乡村旅游项目开发提供经费支持，同时我县应设立专项资金，用于扶持发展乡村旅游工作。

五、管理体制机制

泸西县旅游业的发展与政府主导部门相互联动，制定了促进旅游业和乡村旅游发展的相关政策措施，出台了《泸西县关于加快旅游二次创业的实施意见》《泸西县关于加快旅游强县建设的实施意见》《泸西县旅游行业管理办法》《泸西县关于加快酒店业发展的实施意见》《泸西县关于进一步加快高原特色农业发展的实施意见》《关于推进集中连片特殊困难地区区域发展与扶贫攻坚的实施意见》《泸西县关于推进林业生态绿县景观美县产业富县的实施意见》《泸西县关于推进南盘江沿岸综合扶贫开发工作的意见》《关于18.1万亩高原特色现代农业示范区的实施意见》等一系列扶持政策。具体措施：（1）建立农业与旅游产业发展联席会议制度；（2）建立旅游重点项目库；（3）增加旅游发展专项资金；（4）加强旅游规划建设管理；（5）加强交通规划与旅游规划的衔接；（6）制订发展旅游的优惠政策；（7）部门协作推动旅游发展；（8）加强队伍建设，严格旅游执法。

加强旅游管理与协调，改变观光旅游形

成的传统旅游管理体制和模式，加快实现从旅行社管理到旅行业务管理，从星级饭店管理到流动住宿管理，从旅游景区管理到旅游吸引购物管理，从供给管理到需求管理，从行业管理到公共管理的转变。加强旅游行政管理机构建设，从实际管理需要出发，适当增加旅游机构人员编制，招聘具有相关背景和专业技术的人员充实各个岗位。加强旅游局外联和促销能力建设，面向社会招聘旅游促销与外联、信息管理、外语等专项人才，增加旅游促销财政预算。加强旅游服务质量监察与调查机构和队伍建设，提高旅游质监办公设备设施，建立旅游质量常规调查制度，配备专门人员，保证旅游质量抽查工作开展。

加强旅游统计管理，提高旅游统计质量，为未来的旅游规划和管理决策提供丰富可信的旅游统计数据库。

建立旅游项目建设领导联系制，对旅游项目建设进行全程跟踪服务，重大旅游项目专门建立项目服务组，由县领导牵头，各相关部门参与配合，保证项目建设实施。

建立旅游现场办公机制，定期或不定期召开泸西县旅游发展现场办公会，集中力量解决重大瓶颈问题。整合相关渠道资金加大投入，启动一批优先项目，研究形成长效机制。

六、基础设施

近年来，泸西县委、县政府紧紧抓住滇中经济圈和昆玉红旅游文化产业经济带的发展机遇，在"建设高原花园城市，推动泸西跨越发展"的目标指引下，以城旅一体化为目标，结合城市市政改造，启动建设县城至白水塘花园大道、阿庐大街延长线、黄草洲环湖道路等多条主干道，实现项目、景区、景点间的绿色、生态通达，着力打造阿庐旅游区整体形象。同时，以打造"云南省乡村旅游示范县"为目标，树立以阿庐古洞为龙头、山水为载体、文化为灵魂、道路为主线、

农业观光为特色、乡村旅游为依托的泸西文化旅游品牌。完成了吾者温泉景区道路建设，城子古村村间道路、阿庐风景名胜区保护设施、中大河旅游观光带建设等。

为加快乡村旅游业的发展，促进农村经济的繁荣、农民增收，县委、县政府十分重视，加大道路、通信、水、电等农村基础设施的改建力度，完善乡村旅游配套设施，对田间道路采用白砂铺垫，农田水沟基本支砌硬化网络分布，农业基础设施逐步完善配套。交通部门制订乡村旅游交通建设规划，组织规划县城至永宁城子古村旅游二级专线建设，重点解决好乡村旅游交通建设，结合"村村通工程"优先解决乡村旅游景区、乡村旅游示范点与旅游镇村之间的道路连接线建设问题，依据客流量情况和乘车需要，合理设置专线，适时开通各乡镇乡村旅游景点的交通线路；推动乡村旅游景区（点）公共厕所及停车场升级改造工作，完善乡村旅游点的旅游交通标识系统建设，切实提升管理和服务水平，创造良好乡村旅游环境，打造文明和谐、清新亮丽的乡村旅游形象，满足旅游者的多层次需求，设计专门的、与当地环境协调的旅店、娱乐和购物场所等，使游客进得来、住得下、买得实惠、玩得愉快、走得高兴。

陕西省留坝县

留坝北依秦岭，南眺汉江，总面积1 970平方千米，总人口4.7万人，农业人口3.8万人。独特的地理位置，显现出冬无严寒、夏无酷暑的亚热带湿润气候特征。境内栈道纵横，名人往返，碑联留存，历史文化积淀丰厚，自然景观与人文景观交相辉映，蕴藏着极其丰富的农业、旅游和文化资源。

自2013年县内启动精美留坝六大整治工程以来，全县累计投资近2亿元，建成食用菌、经济林、药材和养殖四大产业基地，完

成了沿 316 国道和 210 省道等总长 160.5 千米路肩路沟造型植树种花美化，完成大小沟、渠、管网及河道整治近 110 千米，全县道路、河流、绿化美化等基础设施建设大大改善；依托新农村建设，加强环境整治与村居景观建设，全面推进农村生活污水治理工程，采取生态处理与管网进厂集中处理两种模式，到 2014 年底，全县农村基本实现畜禽粪便污染的生态化处理。

截止到 2014 年年底，全县共建成休闲农业示范点 25 个，休闲农业（区）点 10 个，建成休闲农家 139 户、农家宾馆 46 个、休闲农庄 10 个，2014 年接待游客 102 万人次，休闲农家和乡村旅游营业收入 1.02 亿元，从事休闲农业人数达到 5 000 余人，其中农民从业人数 4 201 人，从业人员中农民就业比例达到 75%，52% 以上取得相应的职业资格证书，90% 以上从业人员接受专门培训。

一、创建措施

1. 政府引导，健全体系。留坝县委县政府高度重视旅游产业和休闲农业的融合发展，坚持将休闲农业和旅游产业作为党政一把手工程来抓，先后发布了《关于加快旅游产业突破发展的决定》《关于加快休闲农业与乡村旅游发展的决定》《留坝县招商引资优惠政策的通知》，确定 3 名县级领导包抓全县休闲农业和乡村旅游工作，落实了部门领导对休闲示范农家实行点对点包扶，纳入干部实绩考核范畴；根据留坝"十二五"社会和经济发展总体规划，以省、市休闲农业示范园区创建为切入点，带动全县休闲农业与乡村旅游建设迅速起步；县农业局干部经常深入农户，掌握和了解全县休闲农业一手资料，及时协调解决休闲农家建设方案和筹措资金等各类问题，促进了休闲农业的建设速度。

2. 科学规划，政策扶持。在休闲农业发展和乡村旅游开发中坚持科学论证、规划先行。聘请国内知名规划权威机构，量身定做

了《留坝县休闲农业与乡村旅游发展总体规划》及各示范园区建设的详细规划。确定了"全县一体、产业支撑、多元发展"的休闲农业发展框架。在省、市高度重视下，从 2012 年开始，截止到 2014 年年底，以每年投资 1 000 万元的速度，相继开发了高江现代农业科技示范园、秦岭最美小镇和秦岭最美乡村自驾营地等休闲农业和乡村旅游项目，引领休闲农业和乡村旅游的快速发展。一是县财政每年自筹 100 万元、35 个包扶部门出资 100 万元、县小额担保中心投入 1 800 万元贴息贷款为休闲示范农家进行提升改造，由乡镇负责、县级领导分片包抓，从外部环境整治、内部设施配备、从业人员培训和农产品电子商务平台等方面开展"一对一"指导，上下形成齐抓共管的包抓格局；二是细化提升改造项目，将精美留坝六大整治工程具体到 26 个小项，逐户制定了提升改造方案，实现了一户一个案，一家一特色的目标。2015 年全县休闲农业与乡村旅游更上一层楼，除了政策扶持和资金补贴投入，还加大了对休闲农家和乡村旅游示范户基础设施的建设规划、提升改造和经营服务的培训力度。

3. 规范管理，强化基础。留坝县农业局、旅游局、休闲农业休会建立统一的管理制度和行业标准，对现代农业园区、休闲农庄及连片的休闲农家等实行标准化管理，年底实行以奖带补资金投入模式。同时，结合新农村建设，开展"公路常景改造、河道清洁治理、村庄综合治理等提升工程。实施垃圾集中处理、污水达标处理等民生环保项目，为休闲农业和乡村旅游奠定了坚实基础。近 5 年内全县无安全生产和食品质量安全事故发生，也无擅自占用耕地行为。

4. 文化搭台，市场运作。留坝县农业局、旅游局、教体局先后联合举办了两届以"玉皇神韵、乡土风情"为主题的农耕文化节，开展斗鸡大赛和全县农民趣味运动会，各休闲农业示范镇还分别举办了以漂流山庄

为基地的泼水节、以秦岭最美小镇为基地的板栗采摘节、以张良庙为基地的枣木栏百年老集等节庆活动，全县农民和外地游客广泛参与农家服饰秀、民俗节目汇演、手工艺品展览、紫柏山宴厨艺大赛等活动中。2015年年初，留坝县农业局还举办了全县休闲农业摄影大赛，充分展示了留坝县近几年来休闲农业及乡村旅游发展为农村带来的显著变化。由陕西省旅游局、汉中市政府主办、留坝县人民政府承办的紫柏山登山节暨栈道漂流节，已连续举办九届，这些农民为主要参与对象的节庆活动广泛开展，极大地显示了留坝传统文化的魅力，不断吸引更多的外地游客领略当地的民俗风情、自然风光和历史文化。为留坝县加快发展休闲农业与乡村旅游增添了丰富的内涵。

5. 外树形象，内促服务。通过"山水云居、唯美留坝"旅游品牌的宣传，重点打造乡村旅游，着力加大宣传促销。通过陕西户外俱乐部留坝行、陕西省作家协会创作基地笔会、陕西省摄影家采风等各类节庆活动，为乡村旅游发展聚集了人气、财气，进一步提高了留坝乡村旅游的知名度。与此同时，留坝县积极组织休闲农家示范户、乡村旅游经营户参加县内外各类旅游推介会，加大宣传促销力度；组织部分经营者到四川、湖南、等地进行考察学习，开阔了视野，增强了信心，提升了服务意识和服务技能。同时，通过招商引资的方式，进一步扩大乡村旅游接待点，促使全县休闲农业和乡村旅游全面开花。

二、发展休闲农业和乡村旅游的资源优势

（一）自然资源

留坝县地处中国南北气候分界地带，属亚热带北缘湿热季风气候区。气候受秦岭及紫柏山等特殊山体影响较为明显，呈现出垂直差异明显，降水充沛，四季分明的气候特

点。境内以紫柏山为分水岭，紫柏山以南为汉江水系，以北为嘉陵江水系。独特的地理位置和气候条件，形成了生物群落的多样性，是秦岭生物宝库的核心地带，有各类植物5 000余种，其中植物药材1 720种，素有"天然药库"之称。精品参观项目有留侯镇千亩西洋参种植园、玉皇庙镇的万尾大鲵养殖基地和百万筒食用菌生产基地、火烧店镇的万亩板栗采摘园。

（二）文化资源

留坝县历史悠久，先民在此生息，迄今已有6 000余年，汉张留侯祠闻名海内外，被誉为陕西的"小碑林"，留坝也由此得名。此地面蜀汉而背陇秦，历史上为交通要塞、军事重地和文化名城。特别是以古栈道文化为主体的文物古迹比比皆是。"明修栈道，暗度陈仓""萧何月下追韩信"的故事家喻户晓。三国时期，诸葛亮在紫柏山下修建赤崖府库，囤积粮草，厉兵秣马，多次由栈道伐魏；南宋时吴玠兄弟在武休关英勇抗金威震褒河两岸；西汉初年修建汉王城及三交城；清嘉庆五年设留坝厅，延续至民国建立。至今碑联、摩崖石刻遗迹犹存。精品参观项目有汉张留侯祠内的小碑林及周边的摩崖石刻，县城厅城路古城墙遗址和留侯镇闸口石古战场军事要塞等。

（三）度假资源

留坝县境内森林覆盖率达95％以上，生态条件极为上乘，峰崖沟谷挺拔交错，河流泉瀑星罗棋布，洞坦岩柱苔铺苍翠，乔木枯桩枝连藤牵，飞鸟走兽出没林间，加之县域内零工业，无污染，远离闹市，空气洁净，沁人心脾。可以说，只要踏入留坝县境，便可感受净化心灵、降浮去噪的隐士情怀和最真的大自然境界。精品体验项目有：县城老街紫柏山宴饮食文化观光、武官驿镇的中国栈道第一漂、留侯镇的汉张留侯祠探幽和紫柏山攀登攀岩、玉皇庙镇的中国最美乡村道路自驾游、火烧店镇的少年自然成长营和佛

爷坝板栗采摘园、马道镇的"萧何月下追韩信"和凤鸣寺古迹探访。

（四）休闲资源

留坝历史上曾是古羌、秦、蜀国的交汇地区，民风民俗秉承南北、兼备东西的特点，南腔北调的语言在这里交织，巴蜀文化与汉唐文化在这里融汇，使得留坝的文化艺术具有粗犷奔放而又朴实激越的特点，尤其是现代群众文化活动的兴起，显得更加丰富多彩，到处洋溢着祥和与快乐的氛围。留坝人生来憨厚朴实、勤劳勇敢、诚信节俭而又热情好客，为外地游客所称赞；独特的地形地貌和自然风光，悠久的历史文化、舒适的环境气候、丰富多彩的民俗活动和热烈的乡俗乡情，使留坝成为理想的探幽访古、避暑度假、休闲疗养、体验自然的好去处。精品休闲项目有一年一度的登山节、漂流节、斗鸡大赛、紫柏山宴食神大赛、火烧店镇的板栗采摘节、休闲示范农家服饰秀、栈道水世界游乐场、民俗节目汇演等。

三、今后发展休闲农业与乡村旅游的方向

一是强调保持乡村自然人文环境的原真性；二是与生态旅游相结合，走持续发展之路；三是深度挖掘旅游项目，增强旅游体验性；四是做好培训工作，提高从业人员素质；五是建立多元化投资融资体系，拓宽投资渠道；六是加大对外宣传力度，实现休闲农业的效益提升。

通过多年努力，留坝县先后获得全国生态示范县、全国卫生县城、首批省级旅游示范县、省级文明县城、省级休闲农业示范县、省级园林县城等荣誉。

甘肃省和政县

和政县位于临夏回族自治州南部，南北长46千米，东西宽37.5千米，总面积960平方千米。县城距兰州市100千米，距州府所在地临夏市20千米。康临高速公路和省道309线贯穿东西。和政县地处黄土高原与青藏高原交汇地带，地势南高北低，平均海拔2 200米。全县有汉族、东乡族、回族等8个民族。全县辖6镇7乡，122个行政村，1个居委会，1 438个村民小组，4.63万户，总人口21.14万人，总耕地面积23.54万亩，人均耕地1.1亩。种植农作物主要有小麦、玉米、蚕豆、油菜、洋芋、中药材等。全县共有草场面积52.82万亩，可供利用的面积47.74万亩。和政自南至西有大南岔河、小南岔河、新营河、牙塘河、牛津河五条河流，年均径流量为3.623亿立方米，水能总蕴藏量为3.7万千瓦，可开发量为2.6万千瓦，开发小水电潜力极大。

和政旅游资源丰富。县内山清水秀、风光旖旎，名胜古迹星罗棋布、自然景观玉凿天成，以国家AAAA级风景名胜区松鸣岩、省级风景名胜区太子山、省级森林公园南阳山以及柳梅滩、寺沟、三岔沟等景点景区为代表的"宁河八景"享誉陇上。松鸣岩国家森林公园位于县城南23千米的松鸣镇小峡之中，顶峰海拔2 730米，面积33平方千米，是国家AAAA级旅游景区，也是河州花儿的三大主会场之一和发祥地，有许多神奇美丽的传说。1992年被国家林业部门批准为国家森林公园，经过近几年的建设，基础设施已基本完善，服务功能日趋健全。和政县古动物化石富集。依托丰富的古动物化石资源建造的和政古动物化石博物馆位于县城东约1千米处、县城迎宾路北侧。和政是河州花儿的发祥地，松鸣岩"四月八"花儿会被西北民族大学定为该校民俗学民间文艺学科研教学基地，被国内外文化研究专家称誉为"中国古老文化的活化石"，被国家文化部列入第一批国家非物质文化遗产保护名录，2010年入选联合国教科文组织"人类非物质文化遗产代表作名录"，和政县被中国民间文

艺家协会授予"中国花儿传承基地"称号。有以和政秧歌为代表的省级非物质文化遗产，有马家窑、齐家、寺洼等文化遗址。明朝大学士解缙等文人名士留下众多遗迹墨宝，甘南起义领袖肋巴佛、牙含章曾在这里从事革命活动。境内康临高速公路贯通东西，和合公路贯穿南北，区位优势十分优越，是兰州——临夏——拉卜楞——九寨沟黄金旅游线上的重要节点，是依托兰州、面向藏区的物流中转站。

一、和政县主要景点

（一）松鸣岩风景名胜区

松鸣岩风景名胜区位于和政县城南 23 千米处的小峡口，景区面积约 33 平方千米，顶峰海拔 2 700 多米。与太子山逶迤相连，小峡河奔腾于峡谷之间，青峰接云，古松参天，四季云雾缭绕，终年流水潺潺。每当山风劲吹时，松涛震荡峡谷，故名"松鸣岩"。景区由西方顶、玉皇峰、南无台、鸡冠山四峰组成，鬼斧神工、陡峭险峻；独岗岭、拜殿山独居一秀。云杉、冷杉、马尾松遍布山野，古树参天蔽日，四季苍翠，故松鸣岩又有"须弥翠色"之雅称，列"宁河八景"之首。鸡冠山、玉皇峰、西方顶突兀挺拔，状似笔架，故称笔架山。

据文献记载，松鸣岩佛寺初建于明永乐二年，正统二年河州都督刘昭自捐俸银并倡导民众捐钱创修，至清同治年间，先后建起了大殿、二殿、三殿、玉皇阁、圣母宫及南无台和西方顶等处的殿宇。以后毁了再建，建了再毁，到民国十八年建县时一无保存。原甘南民变主要领导人之一——肋巴佛在松鸣岩寺坐床剃度。1985 年，群众捐资出力又在原址新建了大殿、独岗寺、山门、玉皇阁、娘娘殿等古典建筑。十多座古寺、亭台楼阁掩映在西方顶、玉皇峰、南无台等山峰松林之间，幽静、雅致，藏传佛教、汉传佛教、道教和睦相处，香火兴旺。

松鸣岩风景名胜区内动植物资源非常丰富，有乔灌木树种 200 多种，野生花木约 174 种，有野生药材 205 种，有一定经济和观赏价值的野生果品类 10 种；各种珍禽异兽，淡腹雪鸡、红腹锦鸡、蓝马鸡、野雉、麋鹿、大鲵等多种野生动物在这里繁衍生息。丰富的植物资源使这儿四季分明，春雨过后，报春花迎着寒风开放；夏季更是百花盛开，万紫千红；秋天，漫山红遍、层林尽染；冬季，漫山遍野白雪皑皑，银装素裹。

松鸣岩风景名胜区不仅景色秀丽迷人，民俗文化更是积郁浓厚，这里还是河州花儿的发祥地，每年农历四月二十六至二十八，附近县市的群众云集于此，自发举行一年一度的传统"四月八"花儿盛会，人如海、歌如潮。2005 年、2006 年和政县连续举办了两届"中国西部民歌（花儿）歌手邀请赛"，取得了圆满成功。松鸣岩"四月八"花儿会被西北民族大学设定为该校民俗学民间文艺学科研教学基地，被国内外文化研究专家称誉为"中国古老文化的活化石""民间狂欢节"。

1992 年松鸣岩被国家林业部列为国家级森林公园，2000 年甘肃省政府将松鸣岩列为省级风景名胜区，2002 年被甘肃省委宣传部列为省级青少年爱国主义教育基地，2006 年评为国家 AAAA 级旅游区。几年来，修建了三孔桥、牌坊门、松鸣塔、浴佛湖、水帘洞、鸳鸯湖等旅游景点，完善了景区主干道、停车场等旅游基础设施，修建了松鸣岩度假村、太子山宾馆、松鸣岩宾馆、花溪夏宫娱乐园等旅游服务设施。目前，景区服务设施完善，服务质量不断提高，基本实现了吃、住、行、游、购、娱配套的服务体系，松鸣岩已成为和政县旅游业发展的龙头。

（二）和政古动物化石博物馆

和政古动物化石博物馆位于和政县城迎宾路，占地 65 亩，建筑面积 8 000 平方米，分一、二、三期馆，共展出四大动物群不同时期代表性的 12 000 多件精品古动物化石，并穿插绘制达1 000平方米各种不同动物生活场景大型背景画。在展厅内部展示化石标本，制作巨型山体、机械动物、动物雕塑，应用空间成像等现代化的声、光、电展示方式，真实地再现了不同历史时期古动物生活的原始生态环境。

和政古动物化石博物馆存放的古动物化石有3万多件，分属新生代晚期的4个不同哺乳动物群，从而占据了六项世界之最：世界上独一无二的和政羊；世界上最大的三趾马化石产地；世界上最丰富的铲齿象化石——铲齿象头骨个体发育系列史；世界上最早的披毛犀头骨化石；世界上最大的真马——埃氏马；世界上最大的鬣狗——巨鬣狗。其中一级品50多件，二级品180多件，三级品350多件，其数量远远大于整个欧亚大陆已知同时代的任何一个地点的采集数量，在全世界是少有的，具有极高的科研、珍藏和展览价值。和政化石被誉为古动物学界的"东方瑰宝""高原史书"。它的出土与发现，掀起了青藏高原隆升变迁的神秘面纱，打开了人类窥视黄河古老文明的窗口。

桦林古动物化石遗迹保护馆位于和政县松鸣镇桦林村，主要包括采洞、岩壁、化石原始埋藏区等功能区，新生代数字化图书馆，网络中心，4D影视厅及配套设施和古动物化石文化广场、化石时光隧道等。构思主线突出化石遗址自身价值的挖掘，体现对自然的崇敬。通过展示地球演化、动物进化、化石形成、发掘保护等整体过程，让游客重返古动物的伊甸园，认识远古时代的沧海桑田，综合讲述和政地区古环境、古地理、古气候变迁的历史。桦林是地质公园内最重要的三趾马动物群化石产地，也是区内唯一一处化石集中产出并保持原始埋藏状态的化石点，化石出露面积达1万平方米，所产化石数量巨大，种类丰富，保存完整，质量上乘。通过在该地建立保护馆，永久性保护珍贵的古动物化石及其地址遗迹，使其免遭风化破坏，

并使其成为人们了解化石原始埋藏状态和产出状态的窗口。在此基础上，完成必要的配套设施建设，最终将该馆建设成为一个集收藏、展示、研究、科普教育和娱乐休闲等诸多功能为一体的专题博物馆，并成为在国内外古脊椎动物学研究领域具有重要影响力的科研基地。同时也是大众，特别是广大青少年接收地学知识普及和爱国主义教育的基地。

和政古动物化石博物馆是国内为数不多的专业博物馆，为举办科学展览，接纳国内外研究人员，进行文化交流和科普提供了便利，为古城宁河架起了一座连接五湖四海的桥梁。

（三）铁沟风景名胜区

铁沟风景名胜区位于县城南部太子山麓，在新营乡境内，距县城20千米。景区呈峡谷状，纵深15千米，峡口有炼铁遗迹，故名铁沟，又称炉子滩。

铁沟风景区交通方便，和合路公路是和政至合作的一条带动和政经济、交通、旅游业的南北公路大动脉，和合路贯穿铁沟风景区。景区内修建有一座古典式牌坊门。景区内林木丛生，两边群峰耸立，石壁万仞，峰高云低，绵延起伏，形态各异，形成一山一景，景景如画的山水长卷。

景区内，溪涧流水清澈见底，小鱼悠闲自在，卵石被山泉冲洗得似珍珠玛瑙，登山俯瞰流水如一带白练，隐现于山林之间。林密蔽日，山映树，树依山，山风吹过，迎风摇曳，婀娜多姿。至秋月，层林尽染，景色尤佳。林内珍禽众多，到处出没。灌林中山珍遍布，唾手可得。峡谷中，百鸟和鸣，人游其中，仿佛置身于音乐的海洋。游人嬉戏于地毯般的草地上，融入大自然的怀抱，尽情享受人间的快乐，这就是铁沟，如诗如画绚丽多彩的人间天堂。

（四）柳梅滩风景名胜区

柳梅滩风景名胜区位于县城以南的太子山下，距和政县城25千米，包括柳梅滩、大

湾滩、麻崖等景点。其中大湾滩原系表代驻河州镇压绿营军牧马场，建有马王庙；麻崖原建有麻崖寺院，清戊辰之乱中被毁，再未修复。

进入柳梅滩风景区，即听到轰轰然巨响连绵不绝，这就是人们所说的海眼，巨大的水流从地下喷涌而出，气势磅礴，颇为壮观。当地群众视为大海的眼睛，心中充满了崇敬膜拜之情。

柳梅滩风景区内景秀、峰奇、水清，距海眼数米处，牙塘河滔滔奔流，河水清澈见底，游鱼悠闲自得，卵石被山溪冲洗的光滑圆润，其中从左侧山谷中流出的响水河，盛产大鲵，俗称"娃娃鱼"，通体黝黑，有温胃续骨折之功效，民间视其为接骨仙丹。

座座山峰各具特色，如从湖面升腾而起，如奇峰横空出世。看峰高云低，犹如千帆竞发，各领风骚。与奇峰相依的牙塘水库所形成的湖面水清如黛，碧波荡漾，微风吹过泛起千层涟漪。夏日的湖面，风光旖旎，群峰倒映其中，煞是好看。荡舟其中，惬意之情可与泛舟西湖相媲美。冬季来临，在皑皑奇峰映衬下，巨大的湖面平滑如镜，可嬉戏、滑冰，是天然的游乐场，吸引着众多的孩童、游人，其乐融融，陶陶然沉醉其中。

环视远眺，蓝天、白云、雪峰、松柏、湖光、游人交相成映，景中有景，更是林间点缀着的谷香、村舍、成群的牛羊构画成一幅幅田园景象，让人感悟到"绿树村边合，青山郭外斜"的情趣。

（五）寺沟风景名胜区

寺沟是夹在狮子峰和象山之间的峡谷，位于县城西 13 千米处的葱花岭下，在峡谷中建有佛寺，景色优美，玲珑别致。寺沟又称"小普陀山"，又有"普陀仙境"之美誉。

景区瀑布飞流入潭，雾气冲天，瀑声如雷，形成"十"字形幽池，称为"十字玉渊潭"。由此上行，依次为玉石珊瑚潭、琉璃净瓶潭。峡谷内植被丰茂，桦树挺立，百草茂盛，绿茵如毯，主要景点有普陀山佛寺、南天台、摸子洞等。西峡壁下的菩萨殿，高高的石壁上刻着一尊佛像，此寺系明代刘昭修缮，可惜后来被毁，1983 年以来由群众集资重建，结构精巧，款式端庄。松树郁郁葱葱，八卦亭玲珑剔透，为山水锦上添花。爬上西峡半壁的百子洞，这是一个天然石洞，洞口有"百子宫"三字。出了百子洞沿盘旋的小径向前就是观景亭，一眼望去只见一个登天云梯从东崖落下，原来它是一道从八级石台流下，形成八个连接的瀑布，银光闪闪，涛声轰鸣，雾气弥漫，煞是好看。瀑布从高坎处陡然落入峡谷，形成宽约四五米的"油缸池"。寺沟原有大殿、八海殿、百子宫、独岗、牌坊、山神庙等建筑，在清咸丰年间毁于战乱。1982 年以来，大殿、百子宫、牌坊等在原址重建。

站在寺沟底部，环视两边，山形奇特，怪石嶙峋，各种树木郁郁葱葱，许多珍禽异兽出没于其间，好奇地探视着一群群游客，百鸟鸣啼谱成一曲曲鸟儿协奏曲。

（六）油菜花长廊

和政地处高寒阴湿地区，气候冷凉、雨水充沛、光照充足、昼夜温差大，十分适宜油菜生长，而且产量高、品质好。每当 6 月油菜花飘香的时候，和政十几万亩油菜花竞相开放，和政变成了金色的海洋，波浪翻滚、蔚为壮观。和政秀美的自然风光交相辉映，组成了一道独特的风景线，似乎更能体味到春日的温馨。一团团、一簇簇金黄色的油菜花和着田野的泥土气息，沁人心脾。这里的油菜花主要分部在公路沿线的农家田地里，耀眼夺目的金黄色犹如一条巨型的长龙冲击着人们的视神经，那便能体味到最自然的春韵。没有任何商业化的操作，一切都是自然而淳朴。让游客充分体验乡村文化，感受农耕文明，品味乡村旅游之无穷魅力。

近年来，和政县坚持"旅游主导、基础先行、项目支持、城乡并重、整体推进"的基本思路，统筹推进经济建设、政治建设、文化建设和社会建设，努力把和政建设成为生态休闲旅游基地、古动物化石科研科普基地、民间民俗文化体验基地、特色农产品培育加工基地。

通过大力发展旅游业，每年将吸引一百万甚至更多的人群前来观光、游览、消费，将强有力地推动休闲农业与乡村旅游产业发展，大幅度提高当地及周边群众的经济收入。以乡村风味经营为特色、以农家村居为载体的农家乐、生态旅游、休闲旅游等形式的乡村旅游已经初具规模。据不完全统计，截止到2014年，全县拥有各种形式的乡村旅游经营户108家，直接就业人员3 600余人，年接待旅游者183万多人次，年接待旅游收入75 102万元。

2012年，由和政县城关镇教场村柳编农民专业合作社开发的柳编工艺品获得全国休闲农业创意精品大赛西北赛区"产品创意金奖"。2013年，和政县申报的"大南岔流域油菜花长廊"入围中国美丽田园评选。2014年和政县松鸣镇吊滩村被评为中国最美休闲乡村。

二、主要做法及经验

1. 着眼长远，科学规划。为更好的指导乡村旅游业的发展，和政县编制了《和政县旅游业发展规划》，对发展乡村游从基础设施建设、产品开发等方面提出了比较具体的目标和措施，为发展乡村旅游指明了方向，提供了科学依据。

2. 政府引导，强化扶持。政策推动是产业发展的助动器。和政县历届县委、县政府面对旅游迅猛发展的势头，高度重视，认真贯彻党中央、国务院关于加强"三农"和旅游工作的方针政策，根据和政县休闲农业与乡村旅游发展的实际需求，出台了较为完善的扶持政策和工作措施。把全县的旅游景区、旅游资源进行统一规划，做到总体规划与景点规划相结合，长远规划与近期规划相结合，使全县旅游开发有计划、有步骤地推进。同时从政策上给予充分优惠，简化办事程序，减少中间环节，创造宽松的投资环境，吸引更多外商前来投资开发，不断加快旅游资源的综合开发和新农村建设的步伐。

3. 强化职责，措施到位。发展休闲旅游观光农业，服务是核心，职责是保证，措施是保障。和政县近年来不断完善旅游管理体制，制定出台了旅游交通安全管理制度、旅游住宿安全管理制度、旅游餐饮安全管理制度、旅游景区安全管理制度、旅游娱乐安全管理制度、旅游购物安全管理制度等，设置了医疗救护中心，并对旅游从业人员进行安全培训教育，提高他们的安全意识和业务技术水平，增强其安全问题处理能力。组建成立了和政县松鸣岩景区管理局等单位，对松鸣岩景区内的农家乐的建设、环境卫生、经营行为实行统一管理，解决了管理中多头执法，相互推诿的情况，也解决了对农家乐管不住、管不好的问题。

4. 规范管理，制度保障。长期以来，和政县始终坚持"以人为本"的理念，切实加强管理，规范经营行为，建立了统一的管理制度和行业标准，对现代农业科技园、休闲农庄、观光采摘园、民俗村及连片的农家乐等实行标准化管理，努力提高旅游服务质量。同时狠抓培训工作。为强化服务意识，提高服务技能，打造一支训练有素的农家乐管理人员和服务人员队伍，每年举办美丽乡村管理人员和服务人员培训班，累计举办美丽乡村管理人员和服务人员培训班6期，培训人员达360人次。从县情、旅游法规、服务意识、服务技巧等方面进行了系统培训，使农家乐管理人员和服务人员初步掌握了一定的旅游基础知识和服务技能。同时，旅游部门每年抽派专业人员深入农家乐指导农家乐经营、管理、服务等工作，积极开展农家乐星级评定工作，全县创建星级农家乐12家。

5. 夯实基础，强化服务。近年来，和政县把基础设施建设当作旅游业健康发展的切入点、出发点来抓。各个旅游景区、乡村旅游点做到了通路、通水、通电，通信网络畅通，有路标、有指示牌、有停车场。要求住宿、餐饮、娱乐、卫生等基础设施要达到相应的建设规范和公共安全卫生标准，生产和生活垃圾、污水实行无害化处理和综合利用。把公路建设作为和政县的一项长期工作来抓。乡村街道实现了水泥硬化，基本实现了乡乡通油路，村村通水泥路，为和政县观光旅游创造舒适的通行条件。

青海省海东市乐都区

海东市乐都区位于青海省东部，东接民和，西倚平安，南邻化隆，北壤互助。总面积为3 050平方千米，下辖19个乡镇。境内气候适宜，物产丰富，交通便利，是青海通向内地各地的交通咽喉所在，是青海东部旅游门户和集散中心，是经济文化重镇和生态宜居城市，是海东市未来的政治、文化、教育中心，是青海省旅游发展新高地。

近年来，乐都区立足实际，以创建国家休闲农业和乡村旅游示范县（区）为契机，因地制宜，分类指导，推动休闲农业与乡村旅游向深度和广度发展。2014年全区农业总收入18.9亿元，旅游业总收入2.33亿元，其中：休闲农业与乡村旅游总收入1.6亿元；全年旅游接待110.4万人次，其中：休闲农业与乡村旅游年接待77万人次；休闲农业与乡村旅游接待点157处，分布在全区19个乡镇，其中：星级乡村旅游接待点33户，休闲农业与乡村旅游从业人员1 062人，休闲农业与乡村旅游的从业人员中40%以上取得了相应的职业资格证书，70%以上接受过新型农民、阳光工程等劳动培训。

为进一步对加强休闲农业与乡村旅游工作的组织、协调和领导，乐都区委、区政府成立了乐都区休闲农业与乡村旅游工作领导小组，编制了《乐都区休闲农业和乡村旅游总体规划》，制定了《关于乐都区促进旅游业发展的实施意见》《乐都区乡村旅游定点管理办法》《乐都区农家乐接待户评定标准》《乐都区乡村旅游服务质量标准》《乐都区旅游业奖励办法》等一系列政策措施，确立了"一线两翼"休闲农业和乡村旅游发展战略，规划了11个初具规模、独具特色的乡村旅游发展重点片区，大力发展具有乐都特色的大樱桃、富硒大蒜、乐都长辣椒、藏香猪、绿壳蛋鸡、沙果、软儿梨等特色种养殖业。成功举办了国际民间射箭邀请赛、西北地区花儿会、樱桃采摘节、休闲垂钓节、乡村旅游摄影大赛以及书画展览等大型旅游促销活动。

乐都区地域辽阔，气候适宜，物产丰富，自然景观优美，乡村民俗风情浓厚，发展休闲农业与乡村旅游具有得天独厚的条件、巨大发展潜力和广阔市场前景。但在发展中也存在一些问题：一是休闲农业和乡村旅游产品系列化、深度化开发不够；二是由于地方财力有限，对休闲农业与乡村旅游的扶持力度不大；三是乡村旅游出现了去农村化的问题，乡趣、乡味、乡情淡化；四是乡村旅游服务水平有待提升；五是农村基础设施建设还有待完善。

青岛市崂山区

崂山区辖中韩、沙子口、王哥庄、北宅四个街道，拥有国家级旅游度假区和风景名胜区各1个、拥有农业旅游示范点11家。其中国家级农业旅游示范点4家，省级农业旅游示范点5家，市级农业旅游示范点2家；拥有旅游强镇、特色村共19家，其中省级旅游强镇3个，市级旅游强镇1个；省级旅游特色村10个，市级乡村旅游特色村5个。区内乡村旅游资源丰富，初步形成了以"山海风光、渔村民俗、休闲度假、体育健身、商贸节会、道教文化"为特色的旅游资源体系。先后被誉为中国樱桃之乡、中国江北名茶之乡和中国民间艺术之乡。全区有50余个社区开展了乡村旅游，农家采摘户、农家宴、农家旅馆等总量已近千户。

崂山区是一个以山海为主体的区域，形成了既有田园风光又有山乡特色、既有陆域风情又有海滨美景的独特景观，开发出了丰富多彩的旅游产品，这使得崂山区的乡村旅游具有了强大的魅力和吸引力。立足现有的资源和优势，实施了乡村旅游品牌化发展，形成了以特色节会、特色品牌、特色路线、特色商品为主要内容的旅游板块。

1. 特色节会。按照"整体推介，错位经营"的原则，依托北宅街道的生态资源、沙子口街道的山海资源、王哥庄街道的崂山茶资源、中韩街道的花卉资源，策划组织了"北宅樱桃节""沙子口鲅鱼节""崂山茶文化节""枯桃花会"等节会活动，将整个崂山区打造成集"赏花卉、吃樱桃、品香茗、休闲游"于一体的新型生态观光旅游区。

2. 特色品牌。结合崂山区实际情况，制定并出台了《崂山区星级农（渔）家宴评定标准》《崂山区星级农（渔）家宴管理办法》，使农（渔）家宴的规范管理有据可依。先后推出以渔家旅馆为载体的"山海人家"、以农家宴为主的"山里人家"、以体验茶园风情为主要内容的"茶乡人家"三个乡村旅游品牌，有效提升了崂山乡村旅游的知名度、美誉度和吸引力。目前，"山海人家"已发展到110户，床位达到1020张；"山里人家"发展到198户；"茶乡人家"发展到21户。

3. 特色线路。深入挖掘北宅、中韩、沙子口、王哥庄四个街道的旅游资源特色，推出"崂山十大乡村旅游特色村"，将特色与地域有机结合，创新推出"渔家体验在青山""赶海垂钓去会场""观光健身石老人""一分良田种北涧""解家河旁采果忙""采摘樱桃逛大崂""游山休闲登北头""山海人家西麦

窑""茶乡怡人品晓望""姹紫嫣红美枯桃"十大旅游主题，依托这些资源和产品，精心设计了10余条乡村旅游特色线路，全力打造融观光、休闲、体验于一体的崂山乡村旅游特色线路。

4. 特色商品。通过组织"崂山十大特色产品""群众喜爱的地方品牌"评选等活动，向社会推出崂山矿泉水、崂山绿茶、北宅樱桃、金钩海米、沙子口鲅鱼、流清河银鱼、王哥庄豆腐、会场蟹子、崂山刺参、崂山茶枕等30多个特色旅游商品，拉长了乡村旅游产业链条。

近年来，崂山区委、区政府制定并实施了一系列激励乡村旅游发展的政策措施，投入资金扶持全区乡村旅游的发展。一是从年度预算中预留项目扶持资金，重点扶持发展休闲乡村旅游项目，加大对项目规划、旅游标识、休闲设施的扶持力度。目前，已扶持发展了青山渔村、二龙山景区、二月二农场、会场渔村、港东渔码头、大崂樱桃园等乡村旅游景区（点）。二是鼓励村集体、有实力的企业和个人入股各类乡村旅游项目建设，并抓好道路修建、生态保护、农村改厕等配套工作，确保游客进得来、出得去、住得下。三是制订了《崂山区星级农（渔）家宴评定标准》《崂山区星级农（渔）家宴管理办法》等行业标准，对生态园、农家宴、家庭旅馆等实行统一规范、统一挂牌、统一管理，推动乡村旅游的规范经营。另外，还加强了旅游培训等工作。区旅游局联合劳动局、卫生局等部门制订培训计划，对乡村旅游从业人员进行系统培训，包括农家宴及农家旅馆业主、厨师、讲解员、服务员等，提高了业务技能，促进了乡村旅游服务水平的提高。

新疆生产建设兵团第八师一五○团

兵团第八师一五○团地处天山北麓、准噶尔盆地古尔班通古特沙漠南缘，距石河子

市 97 千米，东、西、北三面环沙，深入沙漠 70 多千米，是个水路电三到头的团场，素有"沙海半岛"之称。2011 年，驼铃梦坡景区创建为国家 AAAA 级景区。2014 年，团场完成生产总值 12.6 亿元，增长 17.6%，农牧工家庭人均可支配收入 2.6 万元，人均产值 7 万元，职均收入超过 7 万元。近些年，团场在开展城镇化、新型工业化和农业现代化的进程中，依托国家 AAAA 级景区驼铃梦坡，大力扶持乡村旅游，实施乡村旅游富民工程，开展 100 家农家乐打造计划，制定了扶持乡村旅游发展政策。一五〇团先后获得全国水土保持先进单位、全国农牧渔业丰收二等奖、全国科技进步先进县（市）、国家三北防护林优质造林工程奖、全国群众体育先进单位、兵团红旗团场、兵团屯垦戍边劳动奖状、兵团文明团场、兵团级文明小城镇等称号。2013 年获得中国旅游协会颁发的"美丽中国"十佳旅游镇（村）和"中国最令人向往的地方"奖。2015 年驼铃梦坡景区获得国家森林公园称号。

一五〇团交通便利，有省道古新线、新西线和石莫线。团场确立了旅游小城镇发展的基本思路：围绕达到天蓝、地绿、水清、风轻、夜明、人安的目标制定城镇规划，围绕"发展最快、产业最优、实力最强、职工最富、小城镇最美、社会最和谐"六个"最"和围绕"缩小团场职工与城市居民的收入差距、缩小团场职工与城市居民的生活居住设施差距、缩小团场内部职工收入不均的差距"出台团场城镇化发展的总思路。投资 2.3 亿元完善西古城镇基础设施，更换镇区照明路灯 200 余盏，为主干道周围建筑物和树木安装 LED 彩灯，实现了镇区亮化、美化、绿化、净化，每到夜晚，来团的游客犹如置身在海滨小城，早已忘却了这是深入沙漠腹地的偏远团场。

为发展乡村旅游，保留了 20 世纪 50～60 年代军垦老前辈们留下的，有代表意义的老房屋、老建筑、老树木等能引起人们乡愁的遗迹，这成为了乡村旅游的重要元素；镇区的三个社区不断开展"热爱伟大祖国，建设美好家园"的爱祖国、爱家乡教育活动；一个有着 120 个床位的现代化敬老院，居住着包括 20 世纪 60 年代兵团劳模邵明耀在内的 30 余名老军垦，他们每天都享受着晚年的幸福生活。学校、职工医院、幼儿园的环境、配套设施和每幢建筑都是镇区的亮点；镇区中心 18 万平方米的文化广场，绿树成荫，鸟语花香，是一五〇团开展各类大型活动的重要场所，也是人们休憩娱乐的好地方；集城镇智慧化管理、职工教育培训、农业现代化智能监控和信息采集为一体的西古城镇信息中心为团场现代化建设发挥着重要作用；规划出水域面积 200 亩，林地面积 400 亩的兵团最大人工湖休闲度假区，定于 2015 年 10 月全面建设完工；兵团第一个在团场建设低密度职工住房的别墅群，是 2013 年全兵团召开的城镇化建设的观摩点，也是一五〇团旅游城镇今后吸引游客度假的新亮点。

2013 年，一五〇团党委就提出并制定扶持政策，在西古城镇周边创建 100 家星级农家乐，制定了《150 团农家乐旅游经营管理办法》，明确了扶持奖励政策：一星级农家乐奖励 3 万元、二星级农家乐奖励 6 万元、三星级农家乐奖励 10 万元、四星级农家乐奖励 15 万元、五星级农家乐奖励 20 万元。以上扶持政策，不仅调动了广大职工的积极性，为职工多元增收搭建了平台，还吸引了中外游客的光临，带动了人的思想变化。职工个人投资 3 000 万元在镇区建设四星级旅游酒店；做了 10 年边贸生意，家产超过 5 000 万元的年轻人回乡开办"半岛会所"旅游度假村。团场旅游小城镇环境好了，胜利油田在古尔班通古特沙漠的石油开发基地指挥部也搬迁到一五〇团（西古城镇）；肩负着国家气象中心数据采集的任务，落户一五〇团近 60 年历史的国家一级气象站为此扩建，标志性的建筑矗立在西古城的主要交通干道上；为了发展小城镇旅游，6 000亩红枣、2 000亩葡萄、3万亩花生、2.5万亩番茄、1万亩设施农业等特色农产品部局在一五〇团周边，为乡村旅游时代的到来奠定了基础。

2015年，为提升一五〇团乡村旅游服务水平，团里提出改厕改厨工程，要求现有星级农家乐必须配套水冲式厕所，目前已完成。为提升乡村旅游管理和营销水平，团里成立了驼铃梦坡旅游公司，统一品牌，统一营销，扩大了一五〇团乡村旅游知名度，取得了良好效果。

一五〇团的旅游事业不断发展和创新，党委书记王建彬亲自编写《我骄傲，我是兵团人》一五〇团团歌在职工中传唱；国家著名作曲家田歌为一五〇团西古城驼铃梦坡旅游创作的《驼铃梦坡恋歌》制作了MV登上了旅游卫视；香港凤凰卫视、中国旅游卫视、中央电视台乡村大世界栏目、中国旅游报社、中国旅途网、面对新疆周边中亚五国语言播出的新疆电视台五套等多家媒体都曾多次宣传报道一五〇团乡村旅游和驼铃梦坡的旅游，使一五〇团的旅游事业走向全国，走向世界。

河北省乐亭丞起颐天园现代农业园

乐亭丞起颐天园现代农业园位于唐港高速乐亭出口连接线南侧，唐港高速东侧。规划占地面积6 000亩，其中核心区占地1 246亩，该项目由乐亭丞起现代农业发展有限公司投资建设，总投资6.06亿元。2010年6月开工建设，2011年6月10日正式对外开园。

乐亭丞起颐天园现代农业园2011年被列入河北省重点建设项目。公司2012年4月被唐山市委、市政府评为2010—2011年度振兴唐山先进单位，2012年被河北省林业厅评为果品产业工作先进单位和果品产业重点合作组织；2013年被中国科学技术协会、财政部

评为中国农村科普示范基地，被河北省林业厅评为河北省观光采摘果园，被唐山市评为市乡村旅游示范点和唐山市十佳花卉基地；2014年被评为河北省五星级休闲农业园区和全国休闲农业与乡村旅游五星级企业，被河北省政府评为省级农业产业化经营重点龙头企业，被评为省级院士工作站；2015年河北省农业生态环境与休闲协会又授予公司京津冀休闲农业一体化发展共建示范单位称号，被评为全国巾帼现代农业科技基地。

本着现代农业、休闲农业、特色文化的发展理念，坚持立足农业、服务农业、做强农业，集农业科技引进研发、新品种展示推广、农艺体验、生态旅游、科普教育、物流加工为一体，实现现代农业示范与旅游观光有机融合、一二三产业发展有机融合、现代农业与新农村建设有机融合、现代农业产业与传统文化有机融合，全力打造八大功能，即现代农业发展的导向功能，新品种、新技术、新工艺的展示功能，新型农民的培训功能，新型农业经营方式的创新功能，放松心情、亲近自然的休闲功能，农耕文化的传承功能，旅游服务的中枢功能，新型农村社区的示范功能。核心区重点建设了以下四大功能区。

一、新科农艺展示区（占地85亩）

主要包括智能温室（14 000平方米），建有全自动现代育苗工厂，种植着高端果蔬，栽植着十几万株海南果树和名贵花卉，构成国家级科普教育基地。蔬菜、水果新品种、新技术的引进示范，带动着区域现代农业进程；果树苗木繁育拉动着当地现代农业发展。

二、生态休闲区（占地210亩）

园区内建有18处生态文化景观，构成百果、千花、万树园。主要包括温泉保健养生园，户外大型儿童娱乐园，颐天垂钓湖，配以八大亲水平台及精美木屋。配备五区八景

的生态餐厅一座，并附以特色文化内涵的假山、瀑布、小桥流水、竹木亭阁等园林景观，为就餐者提供安全、可口的生态（有机）食品等，打造冀东最适合休闲娱乐的温泉养生游乐园。生态广场栽植了169棵古银杏树饲养着驼鸟、孔雀、驼羊、梅花鹿等，为人们提供一个观赏、科普、娱乐的休憩场所。千米荷花景观带姹紫嫣红、莲塘荷韵景色迷人。京东最大成方连片的牡丹园、芍药园、樱花园、紫薇园、玉兰苑供游客观赏，另有绿色、无公害水果和蔬菜百余种，供游客全年采摘，年接待游客20万～40万人次。

三、精品种植展示区（占地747亩）

主要包括24栋第五代日光温室、37栋高标准春棚，种植有机水果和蔬菜，可供游人采摘，供生态餐厅使用。精品果树培育种植区（230亩），培育和种植特种桃、苹果、梨、葡萄、樱桃、桑葚等水果，用于栽培模式示范。大樱桃苗木繁育基地（200亩），引进最具世界前瞻的德国培育的系列新型大樱桃矮化砧木培育优质大樱桃苗木，目前已建成了嫩枝扦插圃10亩，育苗温室9栋，拥有大樱桃半成品苗、成品苗、砧木苗35万株，8个以上品种，以递增式年培育优质大樱桃苗木60万～100万株。以设施保护地栽植模式推广全县和周边，进而促进县域及省内农业的发展进程，合理调整农业结构，实现林果产业第二次革命，达到富民强县强省的目的。

四、低碳示范及配套服务区（占地204亩）

地热温泉综合循环利用：温泉养生、温泉供暖、温泉养殖；光伏太阳能设施照明，新民居改造建设和大型沼气池建设以"培养新农民，服务新农村"为宗旨，开展农民科技教育培训；对农耕文化、地方民俗的有形推介，聚集展示乐亭文化。

园区发展规划按照"研发、生产、加工、销售"一条龙模式，"贸、工、农"一体化方法，拉长产业链条，提高产品品质和附加值。努力嫁接第三产业，改变农业单一"食为天"的功能，拓展农业的观光休闲功能、文化传承功能、生态保护功能等，建立休闲旅游基地、文化产业基地。引导农村发展，培养新型农民，实现一二三产业融合发展。同时将产业发展与新农村建设相结合，探索新型社区和农民进城模式，统筹城乡发展。是一个集探究伟人故里、院士之乡、将军之县之根脉，了解冀东"三枝花"文化之发祥，掌握现代高科技农业之进程和休闲娱乐观光学习为一体的AAAAA级旅游区。

通过经营管理机制创新，实行投资主体多元化、园区管理企业化，逐步建立管理科学的现代管理制度，实现生态效益、经济效益和社会效益的最大化。以满足市场需求、适应当地农业结构特点为发展方向，以带动农户增产创收为宗旨，以吸纳农村剩余劳动力为使命，打造一个集高新蔬菜、精品花卉、奇珍异果、园林园艺、旅游观光、国际植物展示为一体的综合性现代农业产业示范园区。在未来发展中，乐亭丞起现代农业发展有限公司还将在政府和相关部门领导下，大力发展休闲农业与乡村旅游园区建设，为实现公司战略目标、促进区域经济和特色产业发展再作新贡献。

山西省晋中市太谷县美宝农业观光园

美宝农业观光园通过6年的时间已发展为吃、住、游、采摘、体验农耕文化普及农业科技的示范园区和省级的休闲度假区。目前为止已投资6 800余万元，观光园内分设餐饮区、住宿区、博物馆、农耕文化园区、农耕体验区、无公害蔬菜区、特色梨园、苹果园、核桃园、山楂园、美国大樱桃园、果子园、葡萄园、红枣园等。近年来已以接待500人就餐，100人住宿。现已与山西千禧国旅、山西友谊国旅、山西旅游集散中心、山西环九州旅行社、中国国旅（太原）、中国旅游报·驻山西站、山西春秋国旅、山西创意新概念旅行社、山西大昊洋旅行社、山西友好国旅等旅行社签约定点活动单位。成为移动、联通、中北大学、山西农业大学、信息学院、太谷二中、太谷三中、太谷高级职业中学等的实践活动培训基地。

2013年接待游客12万人次，2014年接待游客15万人次，2015年已达到18.9万人次，年产值2 800万元。年用农民110余人，人均收入2.3万元，带动周边农民就业率达到95%，对当地经济发展、农民就业增收和新农村建设起到了主要的带动作用。被晋中市评为创业就业先进单位、三八红旗集体，被太谷县旅游局评为AAAA乡村酒店，成为中北大学、山西农业大学、二中、三中学生实践教育基地，是中国人民解放军八一电影制片厂《毛泽东故事》拍摄基地。

内蒙古赤峰市元宝山区和润农业高新科技园区

赤峰和润农业高新科技产业开发有限公司是以提供商品种苗，种子繁育，新品示范推广，农资农技服务，农产品流通，科研与技术培训，现代农业展示、观光为主的民营高新技术企业。被确定为内蒙古自治区休闲农牧业与乡村牧区旅游示范点、内蒙古自治区农牧业产业化重点龙头企业、内蒙古自治区农牧业产业化扶贫重点龙头企业、内蒙古自治区高科技农业园区、内蒙古自治区设施园艺体系成员、内蒙古自治区民营高新技术企业，国家青少年农业科普示范基地。2010年经内蒙古科技厅批准组织成立北方寒冷地区蔬菜产业技术创新战略联盟，同年被确定为内蒙古自治区赤峰（国家）农业科技园区核心园，多种蔬菜被认定为无公害蔬菜、有机蔬菜。

赤峰和润农业高新科技园区休闲农牧业与乡村牧区旅游示范点的特点是以现代设施蔬菜花卉新品种展示、现代农业科普教育、果蔬采摘及现代蔬菜种植技术和病虫害防治技术示范推广为一体的现代农业旅游景区。园区分为现代农业蔬菜种苗育苗示范区、果蔬新品种示范展示采摘区、花卉种植育苗示范区、花卉展示区、多种水果采摘区、休闲观光区、生态餐饮服务区及设施农业科技教育基地，现已相继建成并投入运营。

公司占地1 070亩，整体规划分为三期五年完成，一、二期项目建设已投入使用，园区现已投资12 691.9万元，已建成现代工厂化蔬菜育苗展示、新品种种植、花卉种植及示范科普基地高标准智能连栋温室、高标准智能日光温室、高标准拱棚等共计8.5万平方米；园区种植各种景观树、果树5.9万多株；铺设8米宽柏油路6.2千米，使园区内全部取消砂石路；具有现代农庄特殊餐厅一处；现代园林景区一处，景区内有小溪、鱼塘、石景山及各种景观树。现已达到年接待游客14万人次能力，2014年全年接待休闲观光游客10.5万人次，果蔬采摘、花卉收入1 121万元。通过设施农业休闲观光产业带动，公司效益不断提高，2012年总资产9 688.1万元，实现收入2 259.6万元，实现利润253.7万元；2013年总资产10 523.7万元，实现收入3 738.8万元，实现利润1 163.8万元；2014年总资产12 691.7万元，实现收入5 286.9万元，实现利润1 081.1万元；安排就业264人，其中农村劳动力182人，占总劳动力的68.9%。

项目预计投资1.8亿元，年接待休闲观光游客达到20万人，育苗中心每年可输出8 500万～10 000万株优质种苗，带给农民致富的希望。当前，三期项目正在实施，完工后将完成高标准智能化珍奇花卉馆、牡丹馆、热带果树植物馆、北方果树植物馆、农业文化走廊各一栋，总占地3万平方米；用于研究院试验用地和高效设施农业示范区 4 万平方米，以生态为主题的现代农业观光区建有 90 栋高效农业观光示范棚，普通示范越冬暖棚 5 000 平方米。每年可实现蔬菜花卉穴盘苗、嫁接苗、组培苗、扦插苗等 2.5 亿株生产能力；并在产业化嫁接技术、多品种穴盘技术、植物微繁殖等领域建立完整的技术体系，成为国内同类企业的龙头。园区分蔬菜种苗育苗区、果蔬新品种示范展示采摘区、花卉种苗育苗区、花卉展示区、休闲观光区、生态餐饮服务区及设施农业科技教育基地，并可辐射带动种植户就业人数 20 余万人，带动区域种植业的调整。

建设 20 万平方米集科教、展示、休闲观光于一体的综合区，以农业风景为背景，以神奇的农业高科技为内涵，以新品种展示、新技术示范为基础，形成农业观光、青少年素质教育、鲜食采摘、农事生活体验、野外拓展露营为特色的集旅游、餐饮、住宿、娱乐为一体的生态休闲区。在培养青少年热爱农业，学习农业科普知识，培训、展示、促进生态农业和和谐发展等方面发挥积极作用。

和润农业以科技创新、服务农业为己任，构建农业科技平台。在充分挖掘北方设施农业潜力，大力发展育苗产业的同时，与中国农业科学院蔬菜花卉研究所、内蒙古农业大学、沈阳农业大学及美国、德国、以色列等十几家农业科研机构、跨国公司建立了长期合作关系，并建立了内蒙古自治区农业院所的实验、实训、实习基地，专家流动站，博士后科研工作站，促成农业技术的交流，拓展丰富国内、国际合作渠道。

在这个大众创业、万众创新的时代，和润农业公司在促进设施农业水平不断提高的同时，始终坚持不懈地进行具有前瞻性的实践。和润农业遵照"开通田地连接市场之路"的企业使命，确定了发展方向：技术选择上突出"高新"，项目选择及运营思想上突出"高效"，产业定位上突出"龙头"地位与作用。以严谨务实的管理团队，国内一流的基础设施，国际水准的育苗技术，科技规范的操作流程，服务于广大设施农业地区，向社会推广先进的、前沿的、新型的设施农业新产品、新技术和新的管理理念，带动更多农民投身于设施农业的广阔天地，带动农民增产增收。

黑龙江省嘉荫县向阳乡茅兰沟村

嘉荫县向阳乡茅兰沟村位于小兴安岭北麓，黑龙江南侧，依山傍水，与俄罗斯阿穆尔州隔江相望，总人口 600 人，耕地面积 1.2 万亩，该村拥有独特的人文景观和名优特产，茅兰沟村两面环山，两面水绕，远山为屏，近水为堑，这里土沃地肥，江河纵横，区位优越，物产丰富。

近年来，嘉荫县向阳乡坚持把科学规划作为休闲农业和乡村旅游业发展的先导，在"十二五"规划和政府工作报告中，将休闲农业和乡村旅游业发展作为区域经济发展的重点和主攻方向，特别是以茅兰沟村为重点，大力发展生态旅游和农业旅游项目。茅兰沟村也紧紧依托国家 AAAA 级景区嘉荫县茅兰沟国家地质公园和茅兰沟旅游观光农业生态园，大力发展休闲农业与乡村旅游产业，为当地群众增加了收入，2014 年该村农民人均收入达到 1.8 万元。该村辖区内的嘉荫县茅兰沟国家地质公园，是由地壳变迁的褶皱断裂而形成的深谷，河谷长 15 千米。由于远离都市，自然景观沉寂在密林深处，保持了良好的原始状态和质朴的天然景色，集山奇、林茂、瀑美、潭幽于一身，一年四季不失姝容，茅兰沟景区也是伊春市最为壮观的奇特石林自然景观。该村村内还建有全省知名的嘉荫县茅兰沟旅游观光农业生态园，该园占地面积 49 万平方米，是集旅游景区服务、开发，自驾游、野营项目开发，餐饮娱乐服务，会议接待培训，农产品加工销售，特色养殖产品加工销售，农业观光采摘为一体，并充分利用生态园的自然景观，形成了"可览、可游、可居"的环境景观和集"旅游—休闲—生产—康乐—教育"于一体的景观综合体。

此外，茅兰沟村广大农民还大力发展农家乐、渔家乐等，目前全村农家乐等已有18家，并紧紧围绕当地农业生产过程、农民劳动生活、农村乡土人情开发休闲产品。随着茅兰沟知名度的推高和旅游基础设施的不断完善，极大地推动了全村休闲农业和乡村旅游业的发展，带动了第二、第三产业的发展，起到了龙头拉动作用，不仅带动了餐饮、住宿等服务业，也带动了当地农村的种养业和加工业，优化了农村产业结构，改善了农村村容村貌，相关旅游产业平均每年吸引当地农民从业200人以上，有效地拉动了当地农民从业热情，拉动当地经济增长年均超过15%。该村为了提高接待服务水平建立和完善了各项规章制度，包括旅游安全规章制度、应急救援机构及设施制度等，并制定了应急预案；各接待场所经营户依法经营，无假冒伪劣商品和强卖、欺诈行为，无安全生产和食品质量安全事故发生。该村建设规范，无擅自占用耕地和基本农田修建休闲旅游基础设施行为，无以破坏农业生产为代价发展休闲农业与乡村旅游现象，没有发生污染环境和破坏生态资源事件。

同时，该村通水、通电，通信网络畅通；农业观光、自助采摘和种植、喂养等农事体验设施齐全，同时设有农耕文化展示、农业科普展、节庆活动、农家餐饮、农产品等特色产品交易。有与经营规模相适应的停车场；有安全、消防和救护设施；公共厕所布局合理，数量能满足要求，清洁卫生，无污物，无异味；有污水和生活垃圾处理设施，生产生活废污物排放达到国家标准。该村各经营场所全体从业人员均参加过业务培训，重点岗位经过专门培训，上岗培训率达到100%。

在全体从业人员中，80%为当地农民，20%为高中以上学历人员（其中大中专以上学历者占60%）。嘉荫县茅兰沟村包括景区、观光园以及各农家乐、渔家乐等年均接待人数在12万人以上，大力发展休闲农业与乡村旅游，使该村在经济、社会、环境等方面均取得良好的效益。

黑龙江省伊春市新青区松林户外风情小镇

黑龙江省伊春市新青区松林户外风情小镇（松林林场）施业区内现有景区两处，分别为新青国家湿地公园和小兴安岭户外运动谷。

一、新青国家湿地公园

该公园始建于2007年，现为AAA级景区，距伊春区址93千米，总面积4 490公顷。公园地处我国东北泥炭沼泽湿地集中分布区，被联合国教科文组织认定为大面积群落清晰、保存完整的典型泥炭沼泽湿地。在2008年博鳌国际旅游论坛上被评为最具影响力的湿地景区之一。同时，新青国家湿地公园景区还是世界珍稀濒危鸟类白头鹤在我国最重要的栖息繁殖地，为全球在繁殖季节观赏白头鹤的最佳地域。景区内配建国内先进的数字化观鸟宣教解说系统，让游客在游玩中了解湿地的种类、动植物的特征及用途等自然科普知识。

景区内原生态的沼泽、湖泊、河流、森林、灌丛等湿地自然景观错落有致，造就了融广阔、自然、优美、野趣于一体的湿地景观。2013年新青国家湿地公园景区入选央视4套"美丽中国湿地行"专题节目，向世界展示了新青国家湿地公园景区良好的湿地生态风光。公园内还建有300余亩花卉园，形成了东北地区面积最大、品种最多的湿地花海。

二、小兴安岭户外运动谷

小兴安岭户外运动谷于 2014 年开发建设，是中国最大、项目最多、生态最优，森林生态旅游与户外运动项目深度融合的户外有氧运动基地。运动谷内建有房车、自驾车营地，有木屋旅馆、帐篷酒店、青年旅舍、家庭旅馆、房车营位，以及野外露营设施；有露天烧烤、露天篝火、露天电影、露天游泳、露天球场、野外拓展、冰雪运动、马拉爬犁以及林场文化馆、1983 俱乐部、林海人家过大年等文体、娱乐和民俗体验项目；有热气球、动力伞等高空观光项目；有全地形车体验和越野车、山地自行车森林穿越，原始森林徒步穿越，曲径通幽的森林漂流等林中户外运动项目；并在森林大树上、小溪旁创意打造了原生态的"树屋部落"、猎人营地，给渴望回归自然、追求探险的驴友创造了一个充满无限想象的梦幻天地。

目前，这两处景区已累计投资达 6 400 余万元。旅游产品定位于将生态旅游与户外运动旅游深度融合。力争建成为集生态农业休闲旅游、农家游及户外运动旅游为一体的综合性旅游产业园区。自 2014 年以来，旅游产业已接待游客 20.6 万人。旅游区的产业项目主要有三大类：一是农家乐生活体验，二是具有特色的房车、木屋、树屋住宿体验观光，三是户外运动娱乐。

近年来，随着旅游产业的不断发展，景区对当地经济发展的影响已逐渐显现。同时，通过大力推进生态农业和第三产业的发展，鼓励职工群众依托特色养殖业、种植业和农产品加工业参与旅游产业的经营与开发。林场黑木耳种植规模达到 110 万袋，无公害大豆、玉米种植规模达到近 1 800 亩，养殖森林猪 150 余头，养殖蜜蜂近 200 箱。职工群众的自营经济发展水平逐年提升。林场对施业区内小浆果、山野菜、林蛙等资源富集区域进行管护承包经营；对 848 公顷的红松母树林和 30 个林班的散生红松面向全场职工进行竞价承包，仅此一项，职工户均年收入就可达万元以上，实现了林场生态文明建设与经济发展的双赢。

上海市金山区吕巷水果公园

吕巷水果公园是一个开放式的公园，被誉为"中国蟠桃之乡"，有着其独特的魅力。

一、经营情况

吕巷水果公园行政归属上海市金山区吕巷镇人民政府，现由上海吕巷旅游管理发展有限公司经营管理。随着旅游公司于 2011 年 3 月成立，整个公园的经营管理趋于规范，主营业务为农产品销售和旅游服务。另外，旅游公司统一协调各大果园相关事宜，遵守国家法律法规，制定相应制度，无拖欠职工工资现象。

二、发展规划

吕巷镇党委政府牢牢依靠地理位置的优势、产业结构的优势、产业品牌的优势，依托节庆活动，将现代观光农业与都市休闲旅游有机结合，吸引广大游客的到来，致力于打造一个呈现集生态示范、生产创收、科普教育、赏花品果、采摘游乐、休闲度假于一体的吕巷水果公园。整个公园占地 1 万余亩，东至红光路、南至朱吕公路、西至金石北路、北至漾平路。资源规划：一是以金石公路为主的蟠桃核心赏花区，二是以平漾路为主的特色果林区，三是以红光路为主的生态氧吧区，四是以朱吕公路为主的种植区。

三、基础设施

吕巷镇人民政府大力支持休闲农业的发展，在基础设施建设方面给予大力支持。近年来，吕巷水果公园的主要道路变得更通畅了，公交车也开进来了，路标、指示牌都起来了，停车场也建起来了，各大果园基地的门头竖起来了，公共厕所、接待中心等对外开放了……近三年共计投入2 200余万元。在开发休闲农业旅游的同时，吕巷水果公园非常注重安全和环保问题，近三年内没有发生污染环境等现象。

四、功能开发和示范带动作用

吕巷镇随着"皇母"蟠桃品牌的提升，扶持带动了周边各类果蔬的种植和销售，人气越来越旺，促成农业与旅游业"接二连三"的发展模式，更好地展示了"生态吕巷、蟠桃之乡"的特有魅力。随着休闲农业旅游的发展，吕巷水果公园内有20多种特色水果，如蟠桃、葡萄、蓝莓、哈密瓜、火龙果、草莓、樱桃等，吕巷的水果总产值已达到吕巷农业总产值的35%，成为吕巷农业的主导产业。以蟠桃经济效益为例，在正常年份处于盛产期亩均产值可达到8 000～10 000元，亩均净利5 000～6 000元，普通大棚、阳光温室可达20 000～40 000元，亩均净利15 000～30 000元。公园内涉及果农200余家，吸纳了周边农民就业300余人。

上海市崇明县光明食品集团瑞华果园

一、基本情况

瑞华果园于2008年由原新海果园改建而成，是由上海市瑞华实业公司（光明食品集团旗下）倾力打造的现代生态旅游观光中心。它位于世界级生态绿岛——崇明的西北部，有着得天独厚的生态资源，东邻东平国家森林公园、东滩国家湿地自然保护区，西邻明珠湖、西沙湿地，各基地场与林地均分布在崇明主要公路旁，交通便利。果园园区占地1 500余亩，是崇明生态示范区建设的一个绿色窗口，集现代生态林果示范、果品品牌生产、休闲、度假、体验、观光、科普教育于一体。

二、基础设施建设

瑞华果园为实现从生产向休闲旅游的转型，近几年不断加强内部基础设施建设，先后完善了景区内烧烤区、垂钓区、素质拓展区、采摘区的设备，并新增建设了小三峡、玫瑰花海、林下菌菇等景点项目。为丰富游客体验内容，瑞华果园把生产用的废旧仓库改造成休闲度假的果立方主题客栈，完善了景区的基础设施等。

三、功能开发与布局

果园分为东区、西区两个园区。东区有葡萄、翠冠梨、猕猴桃产品；西区有锦绣黄桃、油桃、火龙果等产品；果园与上海农业科学院积极合作，成立了上海跃进生态果树研发中心并拥有一支果业生产管理的专业队伍。同时，还与上海农业科学院果树研究所主动搭建合作平台，通过共同努力推进产、学、研合作，林果栽培的新技术、新工艺、新品种技术研发水平得到了很大提升，并在2014年桃、梨产品获得了国家无公害认证资格证书。2011—2015年连续四年黄桃、葡萄、梨、猕猴桃四大品系通过了国家绿色食品认证。果园还生产草莓、西瓜、火龙果、枇杷、油桃等20多个系列的优良品种，被称为现代都市农业绿色生态果园。

果园也是集观光旅游、采摘体验、科普教育、度假休闲为一体的具有现代农业特色的综合性旅游景区。旅游观光区域占地面积350多亩，景区内设：烧烤区、垂钓区、休闲度假区、水果采摘区、拓展训练区、玫瑰花海观赏区等，具有红、橙、紫、黄、粉等多个色系的近百个玫瑰品种，花色绚丽、花姿娇艳。景观各具特色、交相辉映，把现代唯美与复古典雅完美地交织在一起，把富有时代气息的文化元素巧妙地融合到幸福浪漫的主题中。

四、发展规划

发展定位：依托崇明生态岛的环境优势，加快推进农业结构调整和经营模式转型，积极发展贴近自然、宜居养生、观光旅游、功能配套、具有大都市后花园特征的现代都市农业。以创建国家 AAAA 级景区为引导，以大林业为支撑，以果业为基础，以发展休闲观光农业为抓手，着力农业产业结构的调整转型，坚持走产品推广、技术引领的路线。重点发展旅游休闲观光农业，促进林业、果业、旅游业三大主业的生产经营与发展，创建都市现代农业龙头企业地位。

发展目标：瑞华实业公司立足于崇明生态岛的发展定位，紧紧依托长江总公司发展战略规划，充分利用自身的资源优势，坚持转型发展，稳中求进，大力发展集农业生态休闲、观光、度假、会务、娱乐为一体的生态旅游胜地，以林业、果业、旅游业为公司核心业务，积极促进核心业务的发展，将瑞华打造成具有核心竞争力的综合型企业。

五、对当地经济社会带动情况

近年来，果园内部设施不断丰富完善，功能布局逐渐合理，游客接待量也逐年增加，也因此带动了周边居民就业和餐饮、购物等其他消费。瑞华果园内部的各个景点、水果生产等为当地居民提供给了更多的就业机会，据统计 2014 年带动农户就业 1 020 户。

浙江省嵊州市飞翼生态农业园区

浙江飞翼生态农业有限公司是 2013 年的省级重点建设项目和浙商回归重点项目，是嵊州首个农业部南方果木中心基地。项目计划总投资额达 10 亿元，规划单体面积为 10 000 亩，是一个集有机农产品生产、加工、销售、配送、观光、休闲、科普为一体的现代化农业基地。

浙江飞翼生态农业有限公司的农业产业基础良好，有机农业已形成规模效益。农业园已建成 7 000 多亩有机菜园，累计投资 3.8 亿元，2013 年实现产值 8 000 多万元。农业园与浙江、上海等地的大专院校、科研机构进行合作，采用新技术、新品种实现有机果蔬的大规模生产，使企业的资金优势与科研机构的技术优势相结合。

农业园将以自然生态为背景，以农业产业为依托，以休闲旅游为重点，在有机农业的基础上，大力发展太空农业、循环农业和休闲农业，提升农业产业的发展水平；挖掘历史民俗文化，开发滨水游乐项目，打造养生度假产品，将浙江飞翼生态农业园建成长三角地区知名的现代农业综合体，并成为 AAAA 级旅游景区。目前，公司有种（养）植（殖）基地 8 000 多亩，员工人数达 342 人，拥有 16 539 平方米集办公、科研、培训、产品展示、休闲观光于一体的多功能厅，还建有冷藏车间、包装车间、育苗车间和有机肥加工中心，已初步建成一家集有机农产品（蔬菜、水果）生产、加工、销售、配送、科普于一体的现代农业企业，是目前浙江省单体规模最大、科技含量最高的现代农业示范基地之一。

飞翼公司农业园的建设涉及蒋镇等 4 个行政村 2 251 户农户的 7 000 亩土地，园区建设前这里近 1/3 处于抛荒状态，另有 1/3 处于半抛荒状态，最好的田地农户土地流转收入只有 200 元左右，绝大部分农户为了不使农田变荒田都免费送给农户种植。飞翼公司来投资建设后，首先，土地租赁收入使农户直接受益。2 251 户农户每亩每年可收租金 800 元，7 000 亩一年租金 560 万元，而且按合同规定流转价格随着国家粮食保护价的提升而逐年提升。其次，是实现家门口就业，使农民变成农业工人。果蔬生产是一项劳动密集型产业，用工需求非常大。经过两年建设，园区初具规模，现在从事生产的公司员工人达 342 人，临时工近 100 人，2013 年工资性支出达 800 多万元，2014 年工资性支出达 1 000 多万元。公司完成计划投资后，需要工人 500 多人，按人均每天 100 元估算，每年可使当地农民增收 1 500 余万元。再次，科技带动增收。通过传、帮、带、引的方式，使产业得到提升，科技得到推广，使百姓得到实惠。另外因产销形势较好，为满足市场需求公司于 2013 年 10 月探索"公司＋合作社＋农户"连接模式，在生产环境好的杜联村、蒋镇村等地建立了果蔬基地 3 120 亩，与飞翼蔬菜及飞翼水果两家专业合作社签订利益联结合同，两家专业合作社再把生产任务分解到 3 221 户农户。公司提供种苗、技术、农业投入物等，公司制订生产规程、产品收购标准，农户在种植全过程接受公司的监督，凡符合条件的产品全部由公司收购。同时为切实保障农户收益，公司还将探索股份制模式，公司在保证农户土地流转收益不变的基础上，计划设立土地股，土地股占总股的 10%～20%，按土地流转面积折成股份分给农户，让农户分享公司收益。

安徽省岳西县大别山映山红文化大观园

大别山映山红文化大观园是由岳西县翰林根艺文化有限公司全额投资的休闲农业与乡村旅游示范点，园内建有映山红花园、根艺馆、盆景园、茶叶采摘园、特色果园、生态养殖园和农副土特产品展销长廊、养生养老基地等，吸引各地游客前来休闲观光、娱乐健身、参与农事体验。2014 年共接待游客 40 万人次，实现收入 4 209 万元，实现利润 1 134 万元，其中农产品销售收入 3 150 万元；此外，公司还在周边村镇建有银杏、茶叶、映山红等农、林业基地，带动农户 2 000 户，实现生产经营双丰收，取得良好的经济效益和社会效益。该园于 2011 年 2 月被评为安徽省五星级农家乐，2011 年被评为安徽省休闲农业与乡村旅游示范点，2013 年被评为安庆市农业产业化龙头企业。

一、园区发展规划

该项目计划总投资 7.8 亿元，总建设面积 5 000 亩，项目分三期实施，目前已进入第二期项目建设中。映山红大观园项目建设地点距离县城 4 千米，面积 2 200 亩，海拔 450～800 米。

大别山映山红文化大观园以翰林根艺文化有限公司为依托，以映山红旅游文化月为平台，以丰富的映山红（杜鹃花）资源为主题，努力打造和建设生态农业，发展旅游观光、旅游购物，促进艺术切磋、文化交流，发展自种小菜园、欣赏小花园、采摘鲜果进果园的农家生活，逐步形成集旅游观光、商务会所、旅游购物、住宿休闲、娱乐健身、农事体验、养生养老于一体的综合型生态农业体系。

项目建设既是旅游景点的建设，同时也是文化产业、林业产业和休闲农业建设项目，通过奥运根艺及近千件根雕艺术产品，大中小型映山红盆景，多种花卉、果园、桑园、茶园、竹园、梅园、奇石、珍稀植物以及园林景观的展示，让游客在参观游览之时购买自己喜爱的根雕艺术品及映山红盆景，了解当地民俗、农耕、纺织、生产、生活等。使游客能听到回荡山谷的民歌，能听到 20 世纪 70 年代学大寨时的民工号子，能看到艺人们手工皮影戏等。游客还可在园中就餐、品酒、赏月、采摘鲜果、种菜、小制作，真正体验农事活动，过上农家生活。是实施安徽省文化产业发展规划具有当地特色的生态农业开发建设项目。

映山红生态文化大观园项目以林场为依托，开展综合经营，为地处深山区的岳西全县农产品及农业产业化、林业产业经营探索经验，以点带面，推动全县。项目建设为岳西旅游业增添新的景区和新的旅游产品，树立旅游新品牌。

根据规划区的资源特点、场地特征和环境状况、功能要求，规划建设空间结构为"一轴、六区"。一轴：映山红文化景观长廊；六区：综合服务区、生态农业观光区、休闲度假区、体育健身区、红色体验区、野营拓展区。

1. 综合服务区，位于大观园西北侧，紧邻入口处。设计项目主要有：游客服务接待中心、中央景观大道（景观大道两旁是风景林）、入口建大型停车场、根艺展示馆、奇石园、民俗文化产业园（一、二期，部分已建）。

2. 休闲度假区，位于大观园东北侧，包括在建的休闲屋、桃园休闲区等。设计主要项目：休闲木屋、乡村大舞台、儿童游乐世界、花海盆景园、山地观景楼、会所（一期，已建）。

3. 红色体验区，位于大观园东南侧。设计项目主要有：红色部落、大别山主体餐厅、老故事放映厅、祈永寺（二、三期，部分已建）。

4. 生态农业观光区，位于大观园西北侧。设计项目主要有：中草药种植园、农艺DIY中心、油茶园、油坊、奇松盆景园、梅竹果园、映山红花园、珍稀树木园（一、二、三期，部分已建）。

5. 野营拓展区，位于大观园东侧，主要山地地带。设计项目：定向越野（登山）、露营基地、生态滑索、映山红写生基地、十里花亭（三期，规划中）。

6. 体育健身区，位于大观园第二大平台。设计项目：网球、羽毛球等各类球场、健身中心、训练中心、跑马场（三期，规划中）。

二、基础设施建设及休闲功能开发情况：

映山红大观园于2008年12月开工建设，

到目前为止已修通4.6千米园区公路，建成500亩映山红花园、奇石园、古树园，1 600平方米草坪，12 000平方米停车场，22幢总面积约1 500平方米的木屋别墅，1 200多平方米的农家乐餐厅，5 000平方米文化广场，1 500平方米的根艺馆，3 000平方米地下迷宫，2 000立方米气势宏伟的古城墙，环绕园区10.5千米的游步道，5千米石头台阶，20幢石头寨，5座石头堡，600亩银杏基地，2 000亩油茶基地等。开辟了山鸡、野兔、野山羊、小河鱼、大雁养殖场，供游客参与喂养。采摘区建有茶园、樱桃园、猕猴桃园、板栗园、枣园等150亩供游客农业休闲体验。还有7 000平方米的综合大楼、民俗馆、民歌演绎大厅、原生态恐龙馆正在建设当中。2010年被列为安徽省"861"重点工程，2011年2月被评为安徽省五星级农家乐景区。2013年、2014年均获得安徽民营文化企业100强。

园区自开业以来，主办、承办了多次大型文化交流活动，其中，2009年4月8日，承办第二届大别山映山红旅游文化节开幕式；2011年4月16日承办第四届大别山映山红旅游文化节开幕式；2013年4月19～20日举办中国首届帐篷文化节暨山地自行车公开赛；2013年4月25日承办第六届大别山映山红旅游文化节开幕式；2014年4月20日承办第七届大别山映山红旅游文化节开幕式；2015年4月19日承办第八届大别山映山红旅游文化节开幕式。此外，因园区创始人储德翰在发扬中国体育、奥运竞技精神上的突出贡献，2008年1月24日，央视7套《乡约》栏目组走进映山红大观园现场录制《奥运根雕王》节目，并于2008年6月14日晚9点42分播出；2012年10月17日，以储德翰为原型的大型现代黄梅戏《映山红》作为第六届中国黄梅戏艺术节参演剧目在安庆黄梅戏职业艺术学院成功首演；2014年5月15日，央视4套中文国际频道走进映山红大观园，将园区评为"中国最美花园"；2015年被定为央视7套《美丽乡村快乐行》拍摄基地。

园区同时还经营根雕创作、盆景创作、书画创作、壁画创作、摄影和征文采风、民俗表演、观光采摘、生态养殖、土特产加工等各种特色活动。

三、对当地经济社会带动状况

大别山映山红生态文化大观园的建设和对外开放，带动了周边及各乡镇基地农户的就业和增收。开业以来，累计接待游客134万人次，实现综合收入12 000万元，其中销售农产品6 000万元，上缴税金320万元，累计发放工人工资530万元，解决当地劳动力300余人，吸纳本地劳动力1 000余人次，直接带动2 000余农户就业，每位就业人员平均年收入达到21 600元。2014年吸引国内外游客40万人次前来观光、休闲、旅游、购物，促进了整个县城的运输、餐饮、住宿等行业发展，取得了良好的经济效益和社会效益。

在开发建设乡村旅游项目的过程中，2014年12月，由岳西县翰林根艺文化有限公司投资，注册成立了一家旅游商品深加工企业——安徽菜花玉珠宝有限公司，主营珠宝玉石开发、加工、销售，直接解决了当地120余人的就业问题（其中农民工98人），带动周边30户农户增收。同时，该产品也成为映山红大观园旅游商品的又一大销售亮点，吸引了很多游客前来参观、购买，甚至已远销国外，为映山红大观园、公司员工及整个岳西县创造了更多的经济效益和社会效益。

随着映山红大观园二期建设项目的顺利实施，及未来三期建设项目的规划和实施，结合岳西县建设生态旅游大县的实际，映山红大观园将开发更多更全面的休闲农业和乡村旅游项目，解决更多的农业劳动人口的就业问题，带动更多本地、本县的村镇、农户

发展农、林业经济，继续巩固并扩大经济效益和社会效益。

安徽省潜山县天柱山卧龙山庄

天柱山卧龙山庄，位于世界地质公园、国家AAAAA级风景名胜区、国家森林公园天柱山西麓，距潜山县城29千米，地处潜山县水吼镇天柱村，从大龙窝索道站依山而下，走200多米长的山道，就可到达天柱山卧龙山庄，这里海拔近800米，林壑幽深，动植物种类繁多，四季气候温和，山水灵秀原真，乃健身、休闲、养心的绝妙佳境。

一、经营情况

该点正式营业四年来，制定并落实管理制度，明确岗位责任，不拖欠员工工资和维护职工合法权益，近三年来没有发生安全生产和食品质量安全事故。

另外，生态园重视提高员工的素质，加强人才队伍的建设，建立完善的培训制度，加强对员工的业务培训，做到全员培训，关键岗位持证上岗，现有员工67人，都是当地农村富余劳动力，年工资收入2万～4万元。生态园依法纳税，诚信经营，热心公益事业，先后获得2011年安徽省五星级农家乐、2013年安徽省休闲农业与乡村旅游示范点、2013年安徽省林业产业化龙头企业、2014长三角休闲农业与乡村旅游博览会组委会推荐休闲农业（农家乐）景点等称号。生态园获得了良好的社会效益，经济效益也显著提高，2014年接待游客11.2万人次，年经营收入1 180万元，其中农产品销售收入达398万元，年利润达236万元。

二、发展规划

该点计划再筹资2 000万元，实施天柱休闲服务功能区建设、阳裴岭景区开发、本草园中药材标本基地、名贵花木观赏园建设等

项目，开辟响水河谷生态探险，进一步强化龙头示范带动功能，用3～5年的时间达到带动1 000家农户，年接待游客18万人次，年经营收入2 000万元的目标。

三、基础设施建设

到达示范点的5米宽水泥道路已铺设，鹅卵石铺陈的河谷游览步道来回10千米，把休闲服务区与种植养殖区连为一体，沿途绿树掩映，花草相伴，溪水侧流。园内道路通畅，路标、路灯、指示牌齐全，消防、安防、救护待设备完好，建立了符合环保标准的污水处理设施。生产和生活垃圾运送到附近的转运站，转运后进行无害化处理，近三年来没有发污染环境事件。

示范点总面积10亩，为应对中、高端客户群体，共投入3 500多万元，建极参与成2 000平方米综合接待中心及多功能娱乐室，1 600平方米森林木屋群，有床位50多张，有三处共1 500平方米的生态停车场，一次性接纳规模团队的服务功能日臻完善。

四、休闲功能

目前开发的休闲农业产品主要有：农业生态观光、住农家屋吃农家饭、干农家活购农家物、健身运动、攀山村石岩、峡谷探险、野营野炊。示范点内无线网络全覆盖，客人可随时随地上网冲浪。

五、当地经济带动作用

为把产业链做大做强，增强示范效应，天柱山卧龙山庄运用"公司＋合作社＋农户"的模式与周边四个乡镇300多家农户签订了加盟协议，充分利用农户土地房舍和当地民俗文化，为天柱山卧龙山庄的游客就餐提供有机原材料，开展农家乐服务。

天柱山卧龙山庄通过发展乡村旅游，让周边农民不出家门就能找到工作，甚至能做到打工、务农两不误，消除了社会隐患，促进了社会和谐。现在，村里的"麻将桌"消失了，大多农民将主要心思用于旅游经营，创造价值上，通过一心一意搞经营，家庭变得更加和睦，回家创业的农民越来越多，解决了夫妻分居之苦、儿童思念父母之痛、空巢老人之孤单。

安徽省水墨汀溪风景区

水墨汀溪风景区在很少有人问津的偏僻大山之中，她沉睡了千百年，是在一片"原生态·处女地"的基础上，进行规划、建设的自然生态乡村旅游景区。这里梯田层层，翠竹幽幽，低洼和山垄相互交织、绿茵覆盖、错落有致，宛若一幅上乘山水画，极具观赏价值；区域内近10 000亩原始森林，是中亚热带东北部最后一块"绿色净土"和天然植物的基因库；其上万亩茶园、上千箱中蜂养殖等农事生产活动，为自然观光、乡村旅游，增添了无穷乐趣。

一、经营情况

水墨汀溪风景区自2011年6月正式对外开放以来，因其"原生态·处女地"特质、丰富多彩的旅游活动项目，而深得广大旅游爱好者的喜爱；并于2012年被认定为国家AAA级景区，在2012年中国体育旅游博览会上荣获中国体育旅游十佳精品项目，被评为宣城市林业产业化龙头企业；2013年被认定为国家AAAA级景区，在2013年中国体育旅游博览会上荣获中国体育旅游十佳精品线路，被评为安徽省林业产业化龙头企业、省级体育旅游产业园、省级森林旅游示范景区；2014年又被认定为省级休闲农业与乡村旅游示范点。

2011年安徽水墨汀溪旅游开发有限公司，专门成立了水墨汀溪风景区营运管理公司，主管景区的日常经营活动。经营三年来，经营效益，基本按每年翻一番的速度递增。

2013 年景区实现经营收入 612 万元，年接待游客 11.8 万人；2014 年实现经营收入 1 247 万元，年接待游客 21.2 万人；带动景区村民旅游收入达 2 059 万元。

二、发展规划

2009 年公司先后邀请了上海同济大学、上海大学、上海社会科学院、健道联盟等单位的专家、教授，进行实地考察、论证，在此基础上委托上海睿佳设计资讯有限公司、安徽泾县规划建筑设计研究院，承担"安徽泾县水墨汀溪风景区详细规划"的设计；并于 2009 年 9 月 7 日，由泾县旅游局主持召开评审会通过，由泾县人民政府发文认可。

三、基础设施建设

水墨汀溪风景区目前仅完成一期工程的项目建设，其建成的主要项目有：停车场 12 500 平方米、入口广场 1 200 平方米、游客服务中心 280 平方米、旅游公厕五座、沿溪游步道 3.5 千米、登山游步道 7.5 千米、景区标识标牌 80 多处、旅游商品小卖部五处、茶楼三座、过溪桥梁六座等基础设施。达到一日游游客接待 5 000 人以上、住宿游客接待 700 多人、同时用餐 700 多人的接待能力。

四、休闲功能开发

水墨汀溪风景区的总体定位以"生态、低碳、野趣、和谐"为开发原则，并同时践行"五个相结合"理念，形成特色优势："水墨"与"能量"相结合，形成"水墨景区"加"能量天地"的元素；"自然"与"改造"相结合，形成"生态观光"加"游乐天地"的元素；"动态"与"静态"相结合，形成"农家度假"加"养生修身"的元素；"本土"与"科技"相结合，形成"特产商品"加"科研产品"的元素；"品牌"与"名片"相结合，形成"品牌汀溪"加"泾县名片"的元素。

五、对当地经济社会带动状况

在水墨汀溪风景区开发建设和开放经营过程中，始终把带动当地经济社会发展、帮助村民致富放在景区建设的首位，努力为当地村民带来实实在在的利益。其主要表现在：

1. 景区建设带动了致富机遇。因水墨汀溪风景区是按照"生态、低碳、野趣"的理念进行项目建设；在河岸、桥梁、游步道等工程项目建设上，坚持就地取材、充分发动当地村民参与建设的措施，使当地村民在进行景区建设时，就获得了劳动收益（近六多来，约 70 多户村民的累计劳务费就达 1 000 多万元，户均达 14.3 万元，年均为 2.8 万多元）。

2. 景区建设带动了政府投资。因水墨汀溪风景区的建设和开放，当地政府已投资约 1.6 亿元，进行通组道路的硬化、洗白公路的升级改造、电网升级等方面的提前投资，显著提升了当地的基础设施水平，改善了投资环境。

3. 景区开放带动了创业热情。因水墨汀溪风景区的建成和开放，村民们目睹了游客量逐年快速提升的喜人趋势，让当地企业、当地村民增强了投资家乡建设的热情；已有安徽兰香茶叶有限公司、翰林茶叶有限公司及当地村民自发投资约 3 000 多万元建设的旅游宾馆、茶艺中心、农家乐等旅游服务设施。

此外，因水墨汀溪风景区规划建设，是将原住民村户保留在景区，以达到保护当地民风民俗、保持景区生活气息的目的，为村民利用自住的空余房子从事"农家乐"等经营活动提供了条件，为村民提供了实现留家就业、留家创业的生活条件。

可以预见，随着水墨汀溪风景区不断开发，区域内基础设施不断改善，旅游人数的急剧增加，必能更大地激发当地企业、当地村民，乃至外来的企业和个人，参与水墨汀溪投资建设的热情，也必将带动当地经济、社会全面发展。

福建省长泰县马洋溪
生态旅游区山重村

马洋溪生态旅游区山重村位于长泰县东部山区，距县城 29 千米，与厦门灌口镇仅一山之隔，区位独特，交通便捷，是一个有 1 300 多年历史的古村落，古民居、古樟树、古佛塔、古寺庙形成独特的乡野古韵，被评为中国传统古村落，具有丰富的乡村文化底蕴和原生态旅游资源。全村有 13 个村民小组，11 个自然村，4 110 人，总面积 52 平方千米，其中山地 6.2 万亩，耕地 0.4 万亩，森林覆盖率 73%，是国家级生态旅游示范村。

近年来，山重村以美丽乡村建设促进休闲农业与乡村旅游发展，在充分保护千年古村历史古韵的基础上，发动村民种植四季花果，开发赏花摘果、野外拓展、农耕文化、民宿、农家乐等多种别具一格的特色旅游项目，将农业资源整合升级为乡村旅游，致力打造一个包含生态美景、民俗文化、绿色美食、体验互动、特色农产品的"赏花摘果四季游"精品，形成"千年古村落，生态古山重，山水花中游"的休闲农业与乡村旅游独特品牌。几年来，该村承办了中国美丽乡村快乐行走进长泰、中国福建（漳州）美丽乡村博览会、福建省乡村旅游启动仪式等十多项大型活动，并巧借微信、微博、网站等新兴平台宣传推介，偏僻的千年古村焕发出新的光彩。2014 年福建长泰全国登山精英赛的赛道途经山重村，来自全国各地的登山精英们纷纷称赞"这是中国最美的赛道"。休闲农业与乡村旅游的快速健康发展，促进了农村生产发展、村民就业增收，2014 年，该村年总收入 1.34 亿元，其中农业总收入 2 780 万元，年接待旅游人数达到 72.3 万人次，增长 51.9%，旅游总收入 6 300 多万元，山重村走上了一条开发休闲农业与拓展乡村旅游良性互动的小康之路。

一、科学编制规划

先后聘请上海同济大学、湖南城市学院编制了《山重村旅游详细规划》和《山重村村庄规划》，在保护山重村自然资源的基础上，充分发挥环境生态优势，挖掘具有当地特色的观赏与活动相结合的旅游项目，确定了以立体种养业与生态旅游业相结合的生态建设模式，具体规划了果园观光体验区、农田观光体验区、古民居游赏区、农具展览区、核心活动区等五大功能区及主要配套建设项目，打造"千年古村落，生态古山重，山水花中游"特色品牌。

二、产业优势突出

按照市场运作、突出特色、群众主体的思路，突出"百年民居、千年古树、万亩花海、独特民俗、农家生态"，大力发展休闲农业与乡村旅游。一是发挥山重村高海拔优势，发展桃、李、青梅等落叶果树 6 000 多亩，种植油菜、玉米、水稻等农作物 4 000 多亩，春夏季节在闽南地区形成独一无二的万亩花海景观，既吸引游客，又保障农民经济收入。二是扶持开心农场、菊花农场、草莓园、台湾健康蔬果园等 20 多个果蔬采摘观光体验项目；开发砂仁、蜂蜜、腌制芥菜、梅子酒等土特产品，增加农产品附加值；建设游客集散服务中心、旅游商品综合购物街，带动二、三产业发展，2014 年，全村农业产值 2 780 万元。三是加快发展乡村旅游。充分挖掘本地特色资源，打造精品景点，串成精品景区。现有千年古樟树、古村落、鹅卵石古巷道、宋代石佛塔、孟宁堡、寻梦谷、赛大猪民俗、玛琪雅朵花海景观等多个核心景点。鼓励群众发展农家饭店、民宿等旅游配套项目，目前全村有 22 家农家乐饭店，日可接待游客 4 000 多人，民宿 16 家，床位 260 个。全村休闲农业与乡村旅游点综合布局合理，休闲项目特色鲜明，功能突出，知识性、趣味性、体验性强，农耕文化展示和农业科技普及、教育等设施完善，休闲农业与乡村旅游成为该村主导产业。

三、严格规范管理

山重村村委会与福建中旅集团、马洋溪生态旅游区合资成立古山重旅游发展有限公司，依托公司对山重村进行整体开发管理。农业产业方面突出无害化、标准化，产业化，加强产前、产中、产后服务，公司每年投入资金 80 多万元，对按照标准实施农产品生产的农户给予资金补助，举办无公害农产品生产技术培训，提高农民科技文化素质，形成农产品质量安全管理体系。乡村旅游方面坚持高标准、高起点，依照《长泰县休闲农业与乡村旅游示范点质量标准和管理办法》和旅游行业有关法律法规及规范标准，建立山重村"农家乐"餐饮、住宿、服务安全等标准化管理规范，以及《旅游食品管理制度》《餐饮卫生管理制度》等规定，切实加强日常监督管理，促进乡村旅游经营管理规范化、标准化、制度化。多年来，全村没有发生安全生产事故和食品质量安全事故。

四、完善基础设施

近年来，该村先后投资 8 600 多万元，着力完善基础设施，开展环境整治，全村人居环境极大改善。一是实施硬化、绿化、净化、亮化工程。全村通内外主干道路及自然村之间道路已全部实现硬化；围绕治理"乱搭乱建、乱堆乱垛、水沟杂物、空杂地卫生死角、禽畜饲养、车辆乱停放"六大方面的整治内容，拆除废弃禽舍、猪圈、旱厕、旧房等建筑物 1.9 万平方米，建设水冲式公厕 18 座，绿化面积 3.2 万平方米，安装路灯 260 盏。推行"垃圾不落地"的乡村保洁新模式，成立一支 15 人的保洁队伍，配备运送垃圾车 8 辆，定时收集，集中分类转运，变废为宝，

多年来从没有发生污染环境等现象。二是统一规划，美化村庄。保护古民居，按照修旧如旧原则，整修古建筑、古民居 40 多处；新村建设推行统一规划、统一基础设施，促进土地集约利用，推出 10 套体现闽南风格的设计图纸供村民选择，既优化了村庄布局，又彰显每个村庄的特色和个性，做到"建新房，成新村"。三是完善旅游配套设施，提高服务标准。建成 2 个游客服务中心及两个面积 1.6 万平方米的停车场，完善了老人文化活动中心，按照景区化要求，全村做到通路、通水、通电，通信网络畅通，旅游要道畅通，各景区内的旅游步道或游览线路设置合理，通行便利；有路标、有指示牌、有停车场，住宿、餐饮、娱乐、卫生等基础设施均达到相应的建设规范和公共安全卫生标准，消防、安防、救护设备完好，生产和生活垃圾、污水均实行无害化处理和综合利用。各景点对餐饮卫生严格把关，保证质量，菜式丰富有特色，价格合理，受广大游客的欢迎。山重村已具备了完善的基础设施和良好的接待服务能力，春季旅游高峰，日接待游客近万人，基本达到有序运行。

五、注重人员培训

高度重视提高村民素质，加强人才培养，建立健全培训制度，邀请专家组织开展旅游管理、服务技能、卫生知识、消防常识等培训，组织农家乐业主外出学习，提升从业人员经营管理和服务水平，促使乡村家族经营模式逐步向景区管理模式转变，服务水平由农家作坊向星级酒店服务水平提升。开展文明行风整治，加强职业道德教育，通过争创"文明单位""文明岗位"等活动，提升休闲农业与乡村旅游从业人员文明素养、综合素质，全村进行农村劳动力技能培训 2 160 人次，参加水果、蔬菜等各类乡村旅游"农家乐"农民科技培训 1 410 人次，有 262 人取得了餐饮业从业人员健康知识培训合格证，有

36人取得了导游、讲解员培训合格证等。目前全村有95％以上农民受益，从业人员中90％以上是当地农民，直接从业人员85％取得了相应的资格证书，100％接受过专门培训。

六、发展成效显著

几年来，山重村休闲农业和乡村旅游发展迅猛，农业产值年增长幅度12％，高于全县平均增长水平6个百分点；游客数量从2011年的10万人次发展到2014年的72.3万人次，每年递增50％以上，旅游收入已达6 300多万元；2014年，全村农民人均纯收入25 680元，高出全县平均水平91.3％。同时，山重村休闲农业与乡村旅游的发展，带动了长泰县形成休闲农业与乡村旅游产业带和聚集区，也促进了长泰芦柑、长泰明姜、长泰砂仁、吴田地瓜、石铭芋头、台湾水果等优势特色农业产业规模发展，增加了农民收入。2013年，山重村成为中国福建（漳州）美丽乡村博览会活景实态展现乡村之美的现场观摩点，该村的休闲农业与乡村旅游主要经济指标处于全省领先水平，具有较大的发展潜力和较强的示范带头作用。

福建省福安市新坦洋天湖山茶庄园

一、经营情况

福建新坦洋集团股份有限公司，成立于2000年，注册资本5 390万元。新坦洋天湖茶庄园占地面积2 206亩，建筑面积10 000平方米，可同时容纳200人就餐。现有从业人员338人，其中持相关上岗证人员12人，管理人员6人，技术人员4人，工作人员34人，吸纳农村劳动力282人。

二、发展规划

福建新坦洋集团股份有限公司投资1亿元建设新坦洋天湖茶庄园，茶庄园将集农家餐饮住宿、观光垂钓、禅茶文化、坦洋工夫母种菜茶基地、600亩世界纪录桂茶园于一体的以坦洋工夫红茶文化为主题的生态观光园。通过生态农业园建设，提高生态农业系统的产业水平，建立一个适合坦洋工夫红茶文化旅游创意可持续发展的高效农业观光系统。

三、基础设施建设

1. 交通。从市区至天湖山茶庄园9千米柏油路，道路畅通，在市区设有明显的路标、说明牌，园内有完善的照明设施。

2. 食宿。园内现有星级标准客房40间，可容纳200多人就餐。

3. 消防、安全、救护等设备完好、有效，无违规建筑和占用耕地乱搭滥建现象，近年来没有发生污染环境等问题。

四、休闲功能开发

1. 餐饮住宿区。提供具有农家特色的餐饮、住宿，客房、餐厅干净整洁，餐饮推出特色茶制食品等，通信、网络等设施畅通。

2. 怡情垂钓区。建有一个专业垂钓池和五个特种鱼垂钓池，这些池环境优美，设施齐全。专业垂钓池养殖有多种常规鱼，如鲤鱼、鲫鱼、鲢鱼、草鱼等；特种鱼垂钓塘每个塘养殖一种稀有鱼，如罗非鱼。

3. 烧烤区。设有自助烧烤设备，并提供多种菜肴精品，可提供游客自助烧烤，充分增加休闲农业的趣味性和体验性。

4. 禅茶文化区。在600亩世界纪录桂茶园矗立一座"三面观音"，三面观音分别为正面滴水观音，左面持经观音，右面莲花观音，依次象征智慧、平安、仁慈。观音圣像总体表示观音"大慈与一切众生乐，大悲拨一切众生苦"的大慈大悲形象，是"慈悲""智慧"与"和平"的精神象征，也是新坦洋"容万物 和天下"的企业文化的象征，真正做到禅茶文化相互有机结合。

5. 世界红茶文化走廊。红茶的鼻祖在中国，迄今已有约400年的历史。红茶属于全发酵茶类，是以茶树的芽叶为原料，经过萎凋、揉捻、发酵、干燥等典型工艺过程精制而成。因其干茶色泽和冲泡的茶汤以红色为主调，故名红茶。红茶种类较多，产地较广，本展馆收集了正山小种、闽红工夫（坦洋工夫、政和工夫、白琳工夫）、祁门红茶、印度阿萨姆红茶、印度大吉岭红茶、锡兰红茶、滇红工夫、桂香红茶、老茶树黄金茶、英德红茶、川红工夫、湖红工夫、宜红工夫、湘红工夫、台湾日月潭红茶、苏红工夫、桂红工夫、九曲红梅、黔红工夫、越红工夫、宁红工夫等几十种红茶茶样，同时从红茶饮用方法、红茶贮存方法、红茶工艺、红茶功效、红茶营养成分等多方面向观光者展示红茶文化，内容丰富。

6. 新坦洋伴手茶第二模式展示馆。新坦洋伴手茶模式由中国红茶企业——新坦洋茶业集团、知名创业基金——弘凯创业投资公司、多家商业银行及英国新型投资银行——英国一桥资本国际有限公司共同打造，引进英国百年老店成功实践模式，经过新坦洋创新后正式上市，完全突破中国传统的茶叶店模式，体现现代人买茶、喝茶的新观念，于2013年7月正式启动。新坦洋伴手茶模式以弘扬中国红茶为己任，产品涵盖了全国六大茶类的150多款，多元化、标准化、现代化、品牌化的产品结构以及提倡的专心卖茶、专业卖茶、专家卖茶，让消费者明明白白、零距离接触全国各大名优茶类的消费方式，使新坦洋伴手茶拥有无可比拟的营销优势。

7. 原生态六泡茶养生模式。随着社会竞争加剧，人们的工作和生活节奏不断加快，迫切需要一种简便有效的养生、保健方法。根据人们需求，针对市场空白，新坦洋茶业集团与中国农业科学院茶叶研究所携手合作，根据传统中医理论，结合现代工艺和生物工程技术，对茶叶、茶树叶、茶树进行全方位研究利用，成功研发出了"新坦洋原生态六泡茶养生第五模式"。新坦洋原生态六泡茶养生模式源自历史悠久的中医药茶，根据"神农尝百草，日遇七十二毒，得茶而解之"的记载，药茶在中国迄今已有4000年的历史，传统医学中将茶叶与其他多种天然药物随症配伍应用，以茶叶药用、茶药配合、以药为茶，制成药茶用于保健养生和治疗多种病症。新坦洋原生态六泡茶养生模式以传统中医药理论为基础，结合现代最新科技，将流传千年的中医药文化和茶文化融合。

8. 欢乐采摘区。严格按照无公害农产品生产标准进行管理，采用大量施用有机肥等生态措施来管理。

9. 休闲娱乐区。提供包括KTV、影院、台球厅、游戏机等在内的各种娱乐设施，供游客选择。

10. 儿童游乐区。内设多种游乐设施，为小朋友提供尽情玩耍的场所。

11. 生活管理区。朴实的砖房，弯曲延伸的石板路位于办公区与其他区域之间，在建筑风格、景观设计上与整体协调。

12. 茶叶加工区。建设加工厂房，购买加工设备，进行茶叶加工。同时设置游客体验区，让游客亲身体验茶叶加工过程，从中获得乐趣。

13. 坦洋工夫母种菜茶基地。被福建省农业厅、宁德市人民政府核准为"中国坦洋工夫母种菜茶种质资源唯一保护区"。坦洋工夫母种菜茶基地将作为"中国坦洋工夫母种菜茶种质资源唯一保护区"成为游客游览参观的景观之一，意在弘扬中国的茶文化。

14. 生态桂茶园。拥有的600亩生态桂茶园创中国世界纪录协会"世界上桂花与茶叶套种面积最大的种植园"世界纪录。这也是坦洋工夫红茶获得的第一个"世界第一"。同时不断加强桂花树种植技术的投入和全面引种，推广优良名贵桂花树种，积极推进生态花卉苗木的投资、建设和引进。

15. 茶艺表演厅，通过在茶艺厅进行茶艺表演，以弘扬红茶文化，提升茶艺技能，为茶艺爱好者提供一个展示交流的平台，让更多的人了解茶文化特色。

五、对当地经济社会的带动状况

新坦洋天湖山茶庄园紧紧围绕当地农业特色产业、农业劳动生产、农村乡土人情开发休闲产品，周边农民能够广泛参与和直接受益。2014 年辐射带动农户达 520 多户，年增加农民收入达 200 万元，对当地经济发展、农民就业增收以及新农村建设起到重要的带动作用。

福建省福州市相思岭现代农业科教观光园

一、经营情况

1. 相思岭现代农业科教观光园位于福州南郊相思岭福建农业职业技术学院内，总面积 1 140 多亩，其中田地与山田地面积 540 亩，同时环拥面积 600 亩的溪兜水库，东结福州著名古官道——相思岭，西临当地名山——仙女峰，空气清新，水源洁净，环境友好，风景秀丽。离福州市区 35 千米，离中国百强县福清市 15 千米，休闲市场的腹地广阔，园区位于福厦 324 国道旁，交通十分便利。

2. 福清市微世界农业发展公司（以下简称微世界）是一家从事休闲农业观光业务，瓜果、蔬菜、花卉、农作物的种植与销售以及涉农大学生创业孵化投资与运营管理的公司。本园区由福清市微世界农业发展公司、福建职业技术学农业院（以下简称农职院）、福建省农业科学院（以下简称农科院）和福建慕农农业科技有限公司共同投资创建的以农业科教为主题的观光园。

3. 2013 年本园区获得了福建省农业厅授予的福建省休闲农业示范点称号，2014 年

与 2015 年先后获得了农业部农业科技创新与集成示范基地和全国青少年农业科普示范基地称号。本园区同时吸引了 15 家涉农大学生创业公司（机构）进驻，近 300 名大学生参与了涉农创业活动（包含体验创业者），2013 年本园区被福建省公务员局授予福建省级大学生创业孵化示范园称号，也是国内第一家以农业为主题，以涉农大学生为主体，公办民助，企业化运作具备自我造血功能的大学生创业园。

4. 本园区充分整合了农职院、农科院和微世界公司的产学研结合优势，以"都市型农业科教体验"作为核心定位，把产学研三方的诉求在互助、互动与互惠的基础上，将农业休闲、大学生创业、教学实训、农业科普与农业科研有机地结合在一起，创建一个乡村旅游、农业科教与农业科研完美结合的休闲农业典范。

二、发展规划

1. 本园区的发展规划紧紧围绕"相思岭"休闲农业品牌战略，以创新的思维，大胆革新传统"农家乐"形象，组建一个职业化、专业化的农民大学生为核心团队，把休闲农业与涉农大学生的创业紧密融合，探索出一条独特的、有前瞻性、升级版的相思岭休闲农业发展新模式，为休闲农业的进一步发展做贡献。

2. 本园区的发展计划。2008 年 3 月～2011 年 12 月，园区规划、设计与基础设施为主的建设。2012 年 1 月～2015 年 12 月，园区营业、休闲产品的开发设计、运营管理与盈利模式的探索与修正。2016 年 1 月～2017 年 12 月，通过收购或控股，建立相思岭现代农业科教园第二个园区（连锁），争取新三板上市。

三、基础设施建设

1. 本园区在 2011 年 3 月开始，在国家

级农作物试验站建设的基础上，再投资3 340万元进行休闲农业基本接待功能的建设，2015 年 10 月～2016 年 9 月计划增加投资1 500万元，增加并进一步完善园区内的休闲项目。

2. 本园区现已建成汇聚 20 种亚热带优良果树的闽台生态果树种植园区 150 亩，国家级农作物番薯、玉米、马铃薯与大豆种植园区 150 亩，香草园 30 亩，特菜野菜园 20 亩，花卉园 30 亩，丹桂和茶花园 60 亩，蝴蝶兰选育与克隆基地 20 亩，茶园 20 亩，动物养殖基地 60 亩等基础园区。

3. 本园区总建筑面积6 637平方米，其中鸟巢三生馆占地1 200平方米（智能化大棚，内部为 2 层，可以同时 400 人用餐，配以气雾培种植系统），休闲接待综合大楼1 500平方米（接待中心、电影院、多媒体娱乐室、会议室、农特超市、茶吧、农事 DIY 和办公室），培训大楼 894 平方米（兼会议中心和住宿），温室种植大棚15 000平方米（其中10 000平方米为蝴蝶兰、铁皮石斛和金线莲选育与克隆基地，为智能化温控大棚）；生态野炊地 48 口土灶，配备了大行军锅和大柴火，可以同时容纳 500 人野炊活动（增加灶数后），是福建最大的野炊场地；本园区在全园区实现无线网络全覆盖；本园区的硬化的停车场可以同时容纳 100 辆旅游大巴车；运动拓展类的场地有专业的项目齐全的拓展中心、标准化的足球场、篮球场、网球场和400 米橡胶跑道。

四、休闲功能开发

1. 农事亲子体验游。本园区与福建幼儿师范高等专科学校合作，针对都市家庭率先在福建省内以趣味农事体验为纽带，园区乡村野地为载体，按照不同农事时令，推出了系列农事亲子体验游，2014 年本活动接待了16 378个家庭，接待49 000人次。

2. 学生春秋游。利用本园区内科普种类的多样性、新奇性和可以大量游客分流的大空间，规划设计了以福州市区和福清、长乐两市为主的中小学生春秋两季游活动，除了针对性地种植成片的花卉或采摘节目外，还设计了趣味性、参与性良好的学生团队拓展游戏，2014 年度本活动先后接待 59 所学校，共计接待51 080人次。

3. 企事业培训与拓展。利用本园区学院现有的梯形教室、会议中心和闲置的大学生公寓，开展中等价位的企事业单位的培训与素质拓展活动，按照一人一天为一人次计算，2014 年接待了 85 家单位（机构），共计接待了15 000人次。

4. 夏令营（包含冬令营）。本园区的夏令营（冬令营）独树一帜，立足于中国传统文化的"耕读传家"理念，把传统农事耕作与现代读书形式进行有机结合，开发出经典的相思岭小农夫夏令营品牌，先后承接了 10 期活动。除此之外，本园区还承接了国际级的华德福国际夏令营，先后有来自 53 个国家的学生和老师，参与了在本园区 12 天的夏令营活动。承接了福州市教育局的"关爱留守流动儿童"的公益夏令营。2014 年共接待了6 709人次。

五、对当地经济社会带动状况

本园区融合了农业休闲、大学生创业、教学实训、农业科普与农业科研等元素，创建了一个乡村旅游、农业科教与农业科研完美结合的休闲农业典范。自 2012 年开始对外营业，当年接待 9.87 万人次，人均消费 109元，实现营业额1 076.38 万元，利润为69.96 万元；2013 年接待 10.14 万人次，人均消费 115 元，实现营业额1 165.53 万元，利润为 151.52 万元；2014 年接待 13.43 万人次，人均消费 128 元，实现营业额1 719.19万元，利润为 257.88 万元。在本园区持续健康发展过程中，园区先后接纳了近300 位学生来园进行涉农创业，他们是一批有志于农业休闲经营与农业创业活动的大学生，本园区将成为未来福建大学生返乡农业创业的大孵化园。附近的 29 位村民也固定在本园区从事农事生产活动。除此之外为了解决庞大的客流量引发的农产品潜在需求量，本园区与当地的村委会对接并向村民提供优良的苗木、种子与无偿的种植技术支持，产成品本园区签约并全部收购，由此间接带动了附近农村劳动力 61 人以上，带动农户 313 家，并大大增加了当地农民的收入，2014 年其人均收入可以达到 34 800 元，当年度本地农民的人均收入为 24 360 元。

河南省漯河市西城区沙澧春天现代农业园区

漯河沙澧春天现代农业科技发展有限公司始建于 2011 年 10 月，公司创办的沙澧春天生态园总占地面积 1 200 余亩。现有员工 218 人，其中管理人员 13 人，技术人员 19 人。生态园集观光、采摘、垂钓、体验于一体，以发展生态、观光和都市休闲农业为宗旨，不断适应现代农业经济发展的需要，致力于打造功能齐全、设施完备、环境优美、提增效益的生态旅游休闲农业园。同时不断延伸农业产业链，打造生态旅游品牌，提高农产品附加值。经过一年多不懈努力，如今沙澧春天生态园已步入了良性可持续发展的轨道，实现了预期的经济效益和社会效益。

一、科学制定发展规划

为适应漯河生态城市建设和现代农业发展的需要，沙澧春天生态园创建以来，始终坚持高起点规划、高标准设计、高效率建设的建园宗旨，力求打造豫中南最大、周边影响力最广、漯河同行业科技含量最高的生态园区。秉承这一建设理念，公司组建了由中国农业科学院专家参与指导、上海同济大学建筑与城市规划设计院专家组成的规划设计团队，按照 15 年的建设周期，对园区进行了总体规划，按照总体规划，园区共分为生态种养区、休闲垂钓观光区、拓展训练婚纱摄影采风区、儿童娱乐区、生态餐饮区和综合服务区等六大发展区域。园区内新培育葡萄、梨、软籽石榴、蟠桃、樱桃、猕猴桃、杏、冬枣、李子、甜柿、草莓、时令瓜果等 60 多个果蔬新品种，引进的品种均属国内外最新果蔬科研品种，具有独特的超前性和推广性，周边辐射引领作用十分显著。目前园区已建成 500 亩的葡萄、提子种植区，200 余亩的林果种植区，200 余亩的农业观光区，1 000 多平方米拓展训练区，1 000 多平方米儿童娱乐区，2 000 多平方米的综合服务区和生态餐饮区，为园区的长远发展备足了后劲。未来 3～5 年，公司还将努力实现以下发展目标：一是计划再投入 500 万元增设一大型儿童娱乐设施，建成后将实现河南少有、漯河唯一；二是扩建停车场，目前 180 个停车位远不够用，将再规划出 300 个停车位，做到大中小型车辆都能停放；三是开辟专用公交线路，免费接送游客；四是实行电话预约和私人订制，对 VIP 高端客户专业配送，打造 1 小时物流送达服务圈，让客户不出门就能吃上放心蔬菜、放心水果；五是在市区社区发展沙澧春天直营店 100 家，让生态园绿色、有机、无公害品牌入市、进村、到户；六是发挥合作社优势，辐射带动周边区域包括源汇区、西城区、舞阳县、莲花镇、北舞渡镇、九街乡，五年内合作社会员计划发展到 5 000 户。通过 3～5 年的可持续发展，努力把生态园打造成河南省最大的综合性都市休闲农业观光园，成为漯河人心目中梦寐以求、人人向往的后花园。

二、加大基础设施建设投入

园区创建以来，公司狠抓内部管理，建立了自上而下、层次清晰、运作高效的团队管理组织架构，完善了一整套科学、规范、有效、可行的规章制度和产、供、销运营体系。一方面狠抓生产技术管理和市场营销，另一方面加大对拓展训练基地、餐饮酒店等基础设施建设的投入，不断提升园区的软实力和硬实力。通过提供优质服务，最大化树立园区良好外部形象，尽力让游客高兴而来，满意而归。通过一年多锲而不舍的努力，园区规模日趋壮大，品牌效应愈加明显，人气积聚蒸蒸日上。游客最多时日接待量达2 000多人，月接待游客最多时达13 500人次以上，散客达到1万人次以上。2012年以来园区累计接待了396个团队，全年接待团队及零散游客总数达到了20多万人次。园区形象的提升，也让各种褒奖和荣誉纷至沓来。2012年以来，园区先后被评为全国青少年农业科普示范基地、河南农业大学实训基地、漯河市现代农业示范园区、漯河市农业科技示范园区、漯河市重点农业项目、漯河市科普教育实践基地、漯河市婚纱摄影采风基地、漯河市中小学教育实践基地、漯河市源汇区中等专业学校实训基地。

三、立足实际，搞活经营

生态园创办以来，公司紧紧围绕绿色、生态、有机、无公害的发展理念，始终坚持围绕市场需求促发展，立足实际，搞活经营，把强化市场需求作为园区大事要事。坚持面向市场，充分挖掘市场资源，拓宽营销渠道，努力实现经济和社会效益双丰收。按照园区发展规划，公司计划总投资1.2亿元，目前已完成投资3 000万元，累计实现销售收入800多万元。园区所生产的果品，坚持做到"三个不"，即园区所有种植的产品都不打农药、不施化肥、不污染环境，让游客买着放心，吃着开心。有机无公害的果品，一方面满足了游客采摘的需要，另一方面通过市场营销推向市场，最大限度地满足了社会各阶层的需求。在生态酒店营销方面，园区从狠抓食品安全、提高餐饮质量、提升服务水平

等方面狠下功夫，实施了规范化、标准化的内部管理，赢得了良好的社会声誉。自酒店开业以来，已累计完成接待量20 000多人次。

四、致力开发休闲功能

园区创办以来，以推进现代农业发展为目标，以满足城乡居民休闲消费为核心，以规范提升休闲农业与乡村旅游发展为重点，始终坚持"农旅结合、以农促旅、以旅强农"方针，不断创新休闲功能开发机制，强化服务，培育品牌。一是合理布局休闲场所，先后规划兴建了拓展训练场地、婚纱摄影采风基地、儿童娱乐场所、果品展示厅、市民小菜园、千人烧烤长廊等休闲功能突出的基础设施。二是尽力体现休闲项目特色，确保功能突出，知识性、趣味性、体验性强。在田间地头插挂了名特优新果品推介标识牌，在大小餐厅室内悬挂了无公害食品及养生保健知识小橱窗，在园区入口处增设了企业文化园地和荣誉墙。三是健全完善了服务休闲的基础设施。如道路、路标、指示牌、路灯、果皮箱、停车场、棋牌室、休闲遮阳篷、逍遥椅、观光车等。四是划定了采摘区、观赏区、体验区等休闲区域，让游客根据自己的消费需求从事休闲活动。

五、服务当地经济社会发展

在社会效益方面，公司不仅注重自身发展，还依托自身优势帮助周边群众增收致富。一年多来，入园作业的农民工最多时达150余人，日平均达100余人，为周边村庄群众创造了近200个劳动就业岗位，推动了周边区域经济发展，让农户实现了在家门口就业。同时，园区的发展也对周边产生了较强的辐射带动作用，园区周边先后建起了10多个葡萄园、葵花园、垂钓观光园。为了园区壮大发展，实现助农增收，公司先后成立了漯河市源汇区博远绿色果蔬种植专业合作社和漯河市源汇区博大名优果蔬种植协会，先后发

展合作社社员1 500多人，加入协会的农户达5 000多户。在合作社和协会内部实行了"五统一"，即：统一供苗、统一技术指导、统一植保、同一品牌、统一营销。使园区的发展与当地村、镇经济的结合更加密切和稳固，共赢效应更加显著。

广东省博罗县农业科技示范场

博罗县农业科技示范场是博罗县农业和林业局下属的副科级农业科研事业单位。单位同时挂博罗县农业科学研究所牌子，现有职工36人，其中博士1人，硕士1人，高级农艺师3人，农艺师5人。

全园现有土地3 650亩，其中优质水果基地1 100亩，鱼塘800亩。整个园区地势高低起伏，鱼塘、水田零星分布其中，一条东西走向的河流从园区北部穿过，荔枝、龙眼以及其他农作物连绵而生。园区的农业景观、生态环境、山水资源在开发农业观光旅游方面具有明显优势。目前园区计划扩园至6 000亩以上。示范场创建国家级现代农业示范园工作以科学发展观为指导，以现有农业生产和生态环境为基础，以未来旅游市场发展趋势为导向，以"科技、生态、休闲"为主题，以航天高科技农业和生态休闲观光农业为核心，充分挖掘区域内良好的自然生态资源以及倚靠"岭南第一山"罗浮山的品牌优势，因地制宜，在生态环境保护的前提下进行合理有序开发。建成后的农业示范园将成为一个集农业科研、农业新品种新技术示范与推广、旅游观光、科普教育、农业科技培训、农产品加工及物流配送于一体的国家级综合性现代农业园区。

博罗县农业科技示范场基础设施建设不断完善。县财政每年给予100万元经费用于基地建设，已纳入县财政预算。示范场建设列入2013年县人大一号议案，议案已获通过并由县财政连续三年每年投入2 000万元用于园区基础设施建设，以创建国家级现代农业科技园区。承担多项广东省农业厅、惠州市农业局、惠州市科技局、博罗县科技局等单位的项目，项目经费每年约80～300万元，项目经费在带动旅游建设方面起到显著作用。现有大棚约10 000平方米、智能控温控湿科研观光温室4 200平方米、露地喷滴灌设施面积约60 000平方米、标准蔬菜生产示范区130 000平方米、自动化育苗温室1 000平方米；并已建成航天蔬菜园、特种蔬菜园、有机蔬菜园、有机水产基地、珍禽养殖示范园等功能园区。目前，园区的各项建设正在如火如荼地进行。

作为全国首个县级航天育种示范基地、广东省休闲农业和乡村旅游示范点、广东（博罗）农业良种示范基地、广东省残疾人扶贫培训基地、广东省主要经济作物育种重点科研基地、广东省现代农业示范园区、全国青少年农业科普示范基地、惠州市干部培训现场教学基地、惠州市农村科普示范基地和惠州市科普教育基地，博罗县农业科技示范场承担省、市、县农业科研项目的试验、示范和推广，负责对新品种、新技术、新农药、新肥料进行试用、监测、效果分析及推广应用，同时也向公众普及农业科学知识。

以航天农业为核心，博罗县农业科技示范场加快现代农业发展步伐，逐渐成为博罗县农业新品种新技术展示的一个窗口，在农业示范带动方面已具有很强的影响力，在博罗县农业现代化建设中发挥了重要的作用。当前，博罗县委、县政府高度重视示范场园区的发展，成立了博罗县创建国家级现代农业科技示范园指挥部，提出了创建国家级现代农业园区和国家级AAAA级农业旅游景区的目标，通过了以博罗县农业科技示范场为核心区建设国家级现代农业示范园、打造农业强县的方案。

近年来，示范场大力发展休闲农业和观光旅游，走"农旅结合"之路，迅速融入了环罗浮山旅游经济带,在生态农业、特色观赏农业等方面取得了迅猛发展,同时也带动了周边农家乐、农特土特产品销售的迅猛发展。

发展旅游的终极目的是造福一方,富民强县。近年来,随着示范场园区的不断发展,园区对当地经济发展的影响已逐渐显现。为此,园区十分重视群众的对旅游产业的参与和开发,大力推进生态农业和第三产业的发展,鼓励群众兴办"农家乐",参与旅游交通,农产品、旅游纪念品销售等第三产业。

海南省海口兰花产业园

海口兰花产业园项目新坡兰花基地一期工程已建成投产,开发面积 500 亩。项目是集生态观光、生产示范、科普教育、文化旅游、休闲娱乐、科学考察、教学实习等于一体的多功能生态农业休闲文化旅游主题园区。产业园规划建设兰花现代化观光休闲生产示范区、兰花种苗组培及教学实习中心、兰花生态休闲度假中心和兰花文化游览区,目前园区根据海南高温、高湿、台风频发的特殊气候,结合科学理念和实用性原则已经建设完成一期 10 多万平方米高标准观光智能温室和全自动盘床温室及配套生产设施,设施设备达全国领先水平。园区重点对兰花现代生产工艺技术展示、兰花观赏功能、兰花科普文化功能、兰花休闲体验功能(如生活兰园、兰花产品制作体验园、自助农事活动、兰花亲子乐园)、兰花产品展销体验功能、兰文化的展示与体验进行开发。目前,产业园种植蝴蝶兰、文心兰等热带兰花 400 多万株,其中种苗 200 万株,年接待旅游人数 12.5 万人次,2014 年实现总收入达 1 033.81 万元,利润 98.90 万元。项目建成后,年产出热带兰花盆花 400 万株、切花 500 万支、种苗 6 000万株,年产值达 3 亿元,吸引 30 万人次游客前来参观,旅游收入达 500 万元,经济效益显著。目前项目单位已辐射带动 200 多户农

民种植兰花增收致富,累计辐射带动周边 500 多名农民就业,当地农村劳动力占职工总数的 70% 以上;项目建成后可以长期安置当地农民 1 500 多人就业。此外,项目还可带动当地旅游业、运输业、餐饮业、包装业和农药肥料等相关产业发展,美化城市,丰富全国休闲旅游内涵,推动海南国际旅游岛建设,对海南经济社会发展产生积极促进作用。

重庆市云阳县三峡库区峻圆生态休闲观光产业园

一、经营情况

重庆峻圆科技开发有限公司是重庆市市级农业产业化龙头企业,注册资金 2 049 万元,总资产 9 000 万元,主要从事枣果良种的引进、选育、繁殖、枣树栽培推广和绿色枣果的生产、加工、营销,建三峡库区峻圆生态休闲观光产业园实现休闲科普体验功能,规划实施集三峡枣种植、采摘、科普、休闲观光体验、产地旅游、贸易、加工业于一体的枣产业链发展。已在山东省、湖南省各建设枣苗基地 500 亩以上。2010 年以来,建设峻圆三峡枣生态产业园区总面积 7 000 亩,在盘龙街道柳桥社区流转土地 1 500 亩,带动农户种植 5 500 亩,引进 300 年以上树龄的古枣树 120 株建立了古枣园、枣文化园、三峡枣种苗资源研究基地、现代标准化种植基地和枣业生态体验基地,打造了一支管理制度健全、岗位职责明确的经营团队,引种 14 个冬枣品系研究,筛选开发出适宜三峡库区生产的"峻圆尚品枣"与"峻圆三峡枣"两个品系,开发了峻圆枣酒、枣脯、枣茶及枣木工艺品等,与商超、农批市场等签订常年订单。2014 年,仅核心示范区就产出优质种苗近 10 万株,高品质枣果 600 吨,实现农业产值 1 500 万元,为员工创造工资性收入百万余元,峻圆三峡枣产业第一阶段的目标基本实现。

二、发展规划

示范点重点发展休闲农业与乡村旅游，重点划分为两大功能区。按"一中心、两基地、三环、四园"布局，打造"青山清水亲家园"的枣业生态产业园区。

一中心：科普培训接待中心。

两基地：种苗基地、品选基地。

三环：核心环、功能环、扩展环。

四园：古枣文化园、枣采摘体验园、枣加工园、枣养生园。

采取边建设边运营模式，通过8年时间（2010—2017年），建成三峡库区集枣种植、采摘、科普、贸易、加工、休闲观光体验、产地旅游于一体的枣产业链示范园区，使产业技术基地覆盖三峡库区，带动20万亩三峡枣产业基地建设，带动区域农业增效，移民增收致富。

三、基础设施建设

示范点生产基础设施基本完备，休闲农业及乡村旅游配套设施有序建设。

一是道路畅通，标牌等生产设施齐备。现有6米宽车行道6.5千米，3.5~4米宽机耕道7.8千米，2米宽耕作道8.5千米，1米宽生产便道10千米，骨干道路骨架具备，登山健身步道、休闲梯步等正在进一步完善。入口大门、介绍牌、指示牌、路灯等设施齐备，在建生态停车场1座，所建设施手续齐备，无违章建筑。

二是水利设施齐备。示范点山泉水资源丰富，水质条件好，既可保障无污染生产，也可作为生活用水水源。周边约1千米处有山坪塘1座，可蓄水5 000立方米；场内有蓄水池1座，可蓄水1 000立方米；排水沟、灌溉管网等设施健全。

三是电力、通信等满足要求。供电由国家电网云阳盘龙供电所统一供电，供电等级为三级负荷，电力稳定，办公室等内设日光灯，道路等设户外照明灯。配备一台备用发电机，用电能够满足需要。电信、移动、网通等全范围覆盖，电话、传真、互联网、闭路电视一应俱全，通信畅通。

四是环保措施到位。示范点大力发展的三峡枣本身具有保持水土、美化环境等作用，在生产过程中，综合运用环境友好技术，推广测土配方平衡施肥、病虫草鼠害物理综合防治技术，建造有机肥熟化池，促进了农业废弃物的资源化利用。针对旅游接待过程中产生的垃圾，主要是在主干道及重要的景观节点设立了垃圾箱，由专职清洁人员定时清洁、整理后交县环卫部门集中进行无害化处理。针对接待产生的生活污水问题，盘龙街道拟铺设污水管网，接入周边农民新村的污水处理设施集中处理。

四、休闲功能开发

示范点休闲旅游功能开发独具特色。

一是针对不同人群开发不同活动项目，以枣为主题，体现科普性、参与性、体验性。重点针对枣行业从业人员，开展学术交流、科技培训；针对中小学生，开发趣味性、参与性强的科普教育活动和项目，传承农耕文化；针对大学生、知识型农民，提供科技创新创业场所或技术支持；针对都市农夫，提供农业生产土地和体验机会；针对旅游人群以及城市居民，提供休闲娱乐、餐饮住宿、采摘体验、健身养生场所。

二是休闲服务方式多样。一方面，峻圆科技开发公司已建立古枣园、枣文化园等功能区，枣文化展示厅即将建成，集技术培训接待中心、枣酒加工厂、枣茶加工厂、枣糖、美容枣醋汁加工厂于一体的枣文化产业生态园即将启动建设，三年建成三峡库区枣文化博览园，重点开展以科技展示、文化传承、科普教育、生产体验为主要休闲方式的科普体验类活动。另一方面积极引导扶持周边农户利用闲置住房改造后做餐饮、住宿、接待设施，实施生态种养，创建新型农家乐，实现共同致富。

三是乡村旅游形式广泛。采取了学习交流、科普培训、劳作体验、创意比赛、摄影展览、节庆互动等多种形式，广泛利用杂志、报纸、电视、网络等平台宣传。

四是旅游产品丰富。除以象征健康与吉祥的自身主打三峡枣系列产品，如鲜果以及枣酒、果汁、枣木工艺品等加工品以外，积极引导周边农户、基地在此展销柑橘、生态鱼等库区特色农产品，确保游客吃得好，带得走。

五、对当地经济社会带动情况

示范点建设对当地经济社会发展已产生了良好的示范带动作用。

一是带动就业。可提供 75 人的长期劳动岗位，其中农（移）民 55 人，农民人均年收入 3 万元以上；每年需要季节性用工 60 人，约需 8 000 个工时，为周边农（移）民创收 80 万元以上。

二是增加农民财产性收入。峻圆公司直接租赁闲置土地（田、土、坡地）约 1 500 亩，按平均 1 000 元/亩计算，每年为周边农民增加收入 150 万元。

三是带动农户发展特色效益产业增收。峻圆公司直接带动周边农户发展三峡枣基地 5 500 亩，通过种苗供应、技术服务等方式引导库区农民建设 20 万亩优质枣果基地，带动 10 万农户，户均年净利润 1.2 万元以上。

四是直接帮扶困难群众。通过技能培训、物资赞助、举办活动等方式帮助妇女、老人、儿童，目前，已累计物资帮扶 200 余户，举办职工群众联谊活动 20 次，赠送节庆礼品 1 000 件以上。

贵州省安顺市西秀区旧州镇 生态文化旅游园

一、基础设施建设

浪塘组按绿色产业型、旅游景观型两大类进行创建，相关建设有：浪塘村污水处理池、邢江河慢行步道、亲水平台、景观水风车、休闲广场、文化广场、休闲亭榭、心连心步行桥、浪塘文艺表演舞台 1 个，公厕 3 个和旅游停车场。镇区旅游景观建设有：旧州文化广场、古镇停车场、扶风亭、古镇西街、古镇北街。在建的有古镇金街（集休闲娱乐、餐饮、住宿、购物于一体）、山里江南、浪塘停车场扩建（占地 8 000 平方米）等多个项目。现招商昆明市晋宁县景苑养老服务有限公司投资 4 000 余万元，建设邢江河度假中心并已开工建设，中心集餐饮、娱乐、高档住宿和高端养生基地为一体，不断提升浪塘乡村旅游档次；绿色产业建设有：依靠农户房前屋后的"微田园"种植新鲜无公害的农家有机蔬菜，开发荒山坡地种植了 400 余亩水果，通过农户开办的 5 家农家旅馆、40 家农家餐馆、4 家便民超市让游客能享用绿色、生态、环保的时令蔬菜瓜果，亲身体验农民丰收时的喜悦。让游客感受到"看得见山、望得见水、记得住乡愁"。

二、休闲功能

现目前浪塘村能提供农家特色餐饮、农家旅馆住宿、农事体验、民俗采风、停车服务等功能。

三、经营情况

现浪塘村资年接待游客量达 35 万之余，建设种面积超 20 000 亩，其中农业观光面积 8 000 亩，基础实施面积 12 000 亩，年农产品销售收入 1 660 万元，修建停车场四个，能同时停放 1 400 辆车。农家旅馆、客栈共 13 家，能同时容纳 450 人住宿。镇区和浪塘村共有农家乐 125 家，能同时容纳 10 000 人就餐。

四、发展规划

生态休闲观光旅游是把生态农业与旅游业结合在一起，利用田园景观，农业生产经营活动和农村自然环境吸引游客前来观赏、品尝、习作、休闲、体验、健身、科考、购物、度假的一种新兴农业生产经营形态，也是现代农业重要的构成之一。近年来，生态休闲观光旅游成为了农村经济增长的一大亮点。旧州镇仙人坝村浪塘自然村拥有优美的田园风光，并大力发展生态休闲观光农业，进一步将田园风光、农业产业和乡村旅游嫁接，形成观光、餐饮、住宿一条龙服务，定能吸引各地游客前来休闲，前景广阔，必将成为旧州镇第三产业发展的增长点。

五、对当地经济社会带动状况

现浪塘村年接待游客量达 35 万之余，建设中面积超 20 000 亩，其中农业观光面积 8 000 亩，基础设施面积 12 000 亩，年农产品销售收入 1 660 万元，从业人员 400 人，吸纳及带动周边农民 1 500 人，上年营业收入 3 000 万元，实现利润 858 万元，带动农户户均获利 50 000 元，人均获利 8 000 元。对解决农村就业问题，调整农业产业结构，实现农业增效、农民增收和建设美丽乡村起到很好的示范带动作用，进一步发挥了产业优势。

贵州省水城县猕猴桃产业示范园区

水城县猕猴桃产业示范园区启动建设以来，按照"建一个园区、兴一项产业、富一方百姓"的思路，着力在完善基础设施、市场主体培育、扩大产业规模、环境升级改造、创新发展模式、推进融合发展等方面下功夫，致力于将园区打造成为以休闲度假、民族风情体验和农业观光为主的乡村旅游集散地。通过升级打造，园区综合实力进一步增强，示范带动效应进一步扩大，农业现代化水平进一步提高，农业综合效益进一步凸显。

一、基本情况

水城县猕猴桃产业示范园区是贵州省省级重点现代高效农业示范园区，由米箩核心区和猴场特色示范区组成，为"一园两区"布局。规划面积 65 760 亩，覆盖米箩乡倮么、俄戛、草果 3 个村和猴场乡红星、打把、补那、长寨、猴场、小田坝 6 个村，辐射周边 18 个乡镇，分为种植示范基地、产学研基地、深加工基地、布依风情生态园和米箩现代农业观光园 5 个功能区。园区以水城红心猕猴桃为主导产业，规划区和辐射区适宜猕猴桃种植面积 15 万亩。园区累计整合投入资金达 13.75 亿元，2014 年园区总产值达 6.37 亿元（其中猕猴桃产值 1.7 亿元）。培育和引进企业 17 家，其中省级及以上重点龙头企业 5 家，省农民专业合作社 23 家，从业人员达 1.8 万人。

园区以水城红心猕猴桃为主导产业，水城红心猕猴桃是中国农产品地理标志保护产品，有神奇美味果，红色软黄金的美誉，曾获得中国 2008 年北京奥运会推荐果品、中国 2010 年上海世博会指定果品、中国（江西）果品苗木展销会"猕猴桃类"金奖等殊荣，深受消费者青睐，市场前景广阔。

二、主要做法及成效

作为贵州省委、省政府重点打造的现代高效农业示范园区之一，园区以发展主导产业为抓手，以基础设施建设为平台，以环境改造为主线，以乡村旅游为载体，统筹推进各项建设工作，取得了较好成绩。

（一）强组织保障，园区工作基础扎实

一是园区组织机构健全。成立了以县委书记为第一组长、县长为组长的园区建设工作领导小组，组建了园区管委会，建立健全领导小组联席会议制度，形成了县乡村三级联动一体化、园区与乡镇一体化的管理模式。二是强化工作督导。紧紧围绕园区目标任务，实行工期倒排，建立了"一天一调度、两天一上报、三天一督查、一周一通报"的工作机制，园区建设迅速推进。

（二）重规划引领，突出园区产业发展优势

园区以"建一个园区、兴一项产业、富一方百姓"为目标，确立了"三个结合、六个有"的发展思路（即与优势主导产业结合，与地域文化、"四在农家·美丽乡村"和乡村旅游结合，与小城镇建设结合；做到有产业、有规模、有市场、有品牌、有企业、有效益），确定了"一园两区三大功能"的定位，以红心猕猴桃为主导产业，配套实施辅助产业，集生态旅游、民族传统文化、休闲观光等于一体，建设米箩和猴场两个示范产业园区。

（三）高速度建设，引领园区快速发展

一是注重扩大产业规模和做长产业链。紧紧围绕扩大产业规模和做长产业链做文章。以发展主导产业为抓手，配套实施其他特色产业。目前，已建成猕猴桃基地4万亩、产学研基地及技术培训基地1 000亩，配套实施茶叶1万亩，种植金银花0.3万亩，科技杨梅1万亩，核桃1万亩，烤烟0.5万亩，季节性蔬菜0.8万亩，艳红桃、李、梨、葡萄等特色果品0.8万亩，林下养鸡500亩；建成采摘大棚2.1万平方米，农业生态体验馆0.63万平方米，建成自动气象观测站一座，气调保鲜库2座，保证了猕猴桃果品的仓储及供应。同时，注重做长产业链，在滥坝镇以朵村规划156亩建设冷藏库1个，容量5 000吨，建集物流配送、农产品检测中心、农产品数据中心、农产品交易中心、总部经济带等于一体的猕猴桃产业冷链物流体系。通过产前、产中、产后的系列体系规划来做长产业链，注重在产业的前端做服务，包括土地流转、劳务派遣和技术支撑等服务；注重在产业后端推进农产品深加工、市场营销、仓储、物流等产业体系建设，提高农产品商品率，推进市场化，从而做长产业链，提高产品附加值。

二是注重基础设施建设。已建成基地内喷滴灌工程、机耕道、土地整治、河道治理、小农水工程、农业综合开发等配套设施。2014年，园区基础设施建设整合投资3.2亿元，园区主干道路完成162.5千米；机耕道完成39千米；生产便道完成20.6千米；沟渠（含管网）完成233.5千米，有效灌溉率达93.1%，灌溉面积达到2.3万亩；农机总动力完成农机总动力2.2千瓦/亩。目前，园区内路、水、电、通信等基础设施基本能满足产业发展的需要。

三是注重投资驱动。通过制定系列产业优惠扶持政策，引进17家企业入驻园区发展，分别与重庆君豪、贵州润永恒、长丰、鸿源、远通等龙头企业签订了投资协议，签约资金达6.3亿元，为基地标准化生产、产业孵化园、博览园及产学研服务核心区建设打下了基础。同时，成立农业投资公司，为企业和专业合作社提供融资担保，解决企业资金问题，累计为企业担保贷款1.07亿元。园区累计整合投入园区资金达13.75亿元，其中入园企业累计投资达2.72亿元。

四是注重融合发展。坚持把园区建成景区、把基地建成景点，在加强规划设计的基础上，围绕农业观光和乡村旅游，以特色城镇打造、"四在农家·美丽乡村"创建红色（在米箩乡簸箕寨建尹志勇烈士纪念馆）文化建设和民族民间文化挖掘整理为依托，加快建设农业观光园、民族特色村寨、观光产业带和观景台、观光路、标识系统等旅游观光服务设施，积极开发民族民间文化饰品、文艺节目、传统美食，鼓励发展庭院经济、家庭农场和农家乐。目前，完成园区"四在农家·美丽乡村"特色民居改造3 000多户，其中：精心设计打造猴场乡补那村布依风情吊角楼60户，实施米箩乡布依特色民居改造500户；成功打造了园区打铁寨、螺丝寨、马鞍布依寨三个"美丽乡村"示范点，形成了民族风情浓郁、独具特色的偰么布依寨。坚持园区建设与生态发展相结合，沿园区40

千米的主干道种植春娟、三角梅、红继木苗、金叶女贞等观赏型苗木近 10 万株。园区停车场、景观台、观光步道、公厕已建成并投入使用，标识标牌系统、布依风情园、文化广场、观花亭、风雨桥等乡村旅游景观已初步成型，园区形象大大提升。

五是注重市场主体培育。制定了龙头企业培育计划，计划在园区培育两家以上国家级龙头企业，五家以上省级龙头企业，通过龙头企业示范带动产业发展，产业发展促进企业做大做强。园区已培育和引进农业企业 17 家，其中注册资金 500 万元以上企业 13 家，省级及以上重点龙头企业 5 家，市级龙头企业 9 家，园区现有农民专业合作社 24 家，从业人员达 1.6 万人。

六是注重品牌打造。树立品牌是产品生命线的意识，按照"三品一标"（无公害农产品、绿色食品、有机农产品和农产品地理标志）和"五统一"（统一管理、统一标准、统一品牌、统一包装、统一销售）的要求，认真组织实施农产品品牌战略，积极推动和引导农业企业争创名牌产品。目前，水城红心猕猴桃已成为水城农业发展的一张亮丽名片享誉省内外。

（四）抓支撑体系建设，突破园区发展瓶颈

在园区产业发展中，强化"四个支撑"。第一是政策支撑。制定了发展农业特色产业系列优惠政策，从土地流转、招商引资、生产和办公用地、基础设施建设、资金扶持等对入驻企业进行政策和资金的扶持，确保投资企业进得来，发展快，效率高。第二是科技人才支撑。发展农业产业科技人才显得尤为重要，为了发展以猕猴桃为主的特色产业，园区与贵州省内外高校和科研院所建立了有效合作机制，在品种改良、栽培技术和产品深加工等方面进行有机合作。目前，依托贵州省科学院、贵州省农业科学院、贵州省农委和贵州博士工作站，建成了猕猴桃产学研

基地 600 亩。国家级科研单位武汉猕猴桃研究所也在园区建立了产学研基地。同时，积极开展农村实用人才"土专家""田秀才"技能培训，充分发挥全县 50 余名中级以上农艺师专业特长优势，融入、支持、服务农业园区建设。从全国各大高校引进 9 名硕士研究生专门服务园区，为园区建设增加了新的技术力量。第三是组织化支撑。注重发挥村级组织的作用，尤其强调村委会在农村集体土地中的法人主体地位，充分发挥村委会在组织农民和连接企业这个中间环节桥梁纽带作用，切实解决农民土地流转以及农民和企业之间的一些利益冲突问题，通过提高农民的组织化率，探索建立了"政府＋村集体＋公司＋合作社＋农户"土地流转的"5＋N"模式，快速促进园区土地流转。目前，园区已流转土地 4 万余亩，征用土地 478 亩，为园区发展奠定了坚实基础。第四是龙头企业支撑。发展猕猴桃产业，从投资到产出大约需要 5 年时间，这 5 年的投入每亩约需资金 1.5 万～1.8 万元，高标准种植每亩需 2 万元，如果这个投入没有一个强大的资本支撑，就无法发展这个产业。园区通过重点引进龙头企业入驻发展，有效解决了企业发展资本的瓶颈问题。目前，园区建设的五个标准化基地都是具有较强实力的龙头企业进行投入，推动了园区主导产业的有序发展。

（五）高收益彰显，产业发展农民增收

通过精心打造，园区农业综合效益进一步凸显。2014 年总销售收入为 1.7 亿元，总销售利润 0.96 亿元。农户土地流转后，劳动力得到解放，直接参与园区企业经营管理或从事其他产业，大大增加了农户收入。2014 年，园区农民人均纯收入达 13 230 元，高出全县人均纯收入 6 412 元平均水平 106.33 个百分点，示范带动全县农民人数 3 万人。据初步估算，园区建成达产后，将带动 6 万余人增收致富，户均增收 2 万元以上，人均收入增加 4 500 元以上，农民增收致富效果明显。

贵州省务川县洪渡河旅游休闲点

一、基本情况

洪渡河旅游景区，位于贵州省务川自治县南大门丰乐镇境内的楠木铁索桥至丰乐桥河段，紧靠务凤公路。从遵义至景区160千米，重庆主城区至景区300多千米，务川县城至景区核心节点——洪渡河漂流处23千米。景区是以洪渡河自然山水和田园风光，培植的集生态农业观光、乡村田园休闲、仡佬文化体验、峡谷激情漂流等为一体的旅游景区。主要由庙坝宅门"四在农家·美丽乡村"示范点、洪渡河漂流、楠木铁索桥等组成。于2013年被评为国家AAA级旅游景区，也是黔北渝南发展休闲农业和乡村旅游的有力推手之一。

二、经营情况

2014年，景区接待乡村旅游游客15.8万人次，创旅游综合收入8 848万元。旅游直接从业人员165人，间接带动746余人就业。景区现已有农家乐14户，其中农家乐"示范户"5户。乡村旅馆18家，钓鱼山庄2家，为乡村旅馆服务的餐馆14家，上述乡村旅游服务行业的迅速增长，极大地丰富了景区旅游产品类型，增加了农民收入，推动了乡村旅游发展，形成了一定的旅游经济。

三、发展规划

务川紧密结合景区的旅游资源特色，积极发展乡村文化生态旅游和民族文化与漂流资源相结合的产品。将"宜居"与"生态"、"激情"与"浪漫"定为景区旅游发展的基础目标，以"四在农家·美丽乡村"、激情漂流、茶旅观光、农业示范和峡谷探险等为核心载体，计划用3～5年的时间把景区建设成为国家AAAA级旅游景区，推进务川"渝黔人文旅游新区、中国仡佬文化中心"的建设进程，从而实现农民脱贫致富奔小康的最终目标。

四、设施建设

自2007年年底以来，务川自治县委、县人民政府高度重视景区民族文化乡村旅游产业的发展，确立了建设"绿色山水园林城市、渝黔人文旅游新区、中国仡佬文化中心"的发展目标，紧紧围绕以仡佬文化为核心，以激情漂流为依托，以文化旅游为主题，相继投入6 500余万元资金对景区进行了示范性规划和保护性的乡村文化旅游综合开发。建设了梁子山生态茶园，积极配合自治县委、县人民政府规划打造了庙坝现代生态农业示范区，修建了洪渡河漂流景区游客服务接待中心，治理河道，购置了旅游中巴、水上漂流设施及完善交通、供排水等基础设施。

五、文化功能开发

景区的核心载体洪渡河是仡佬族的母亲河。该河中游河畔的九天母石充满众多的神话传说，是世界仡佬之源，文化品味独特。梁子山生态茶园和庙坝现代生态农业示范基地是景区的重要组成部分。景区周边的九天母石是世界仡佬之源，也是仡佬族胞祭天朝祖的圣地；龙潭千年仡佬丹砂古寨三面环山，一面临水，石巷相连，幽深古朴，景色迷人，拥有近千年的历史，文化内涵丰富，承载着仡佬文化的精髓。紧靠景区的凉风洞能自动生风，故冬无严寒，夏无酷暑。夏日入内，习习凉风人身爽；冬天进去，阵阵暖气客意怡。加上洞内钟乳倒悬，怪石林立。或似玉女展舞姿，或似仙童吹横笛。上中下三层连通，左中右四面穿插，步步前行，却不觉又回原处；条条岔道，就有智难辨东西。是年轻人谈情说爱的佳境，也是游客消烦避暑的胜地……因此景区是务川着力构建激情漂流与文化体验的旅游精品，也是休闲娱乐、泛舟垂钓的好去处。

六、对当地经济的带动

景区交通方便，平均每年以 27% 的客流量增长，预计 2015 年接待游客将达到 20 万人次，按每人每次在项目区消费 650 元计算，可给该景区综合创收 13 000 万元，实现利润 4 160 万元，景区 1 271 人人均增收 3.27 万元。由此，可实现景区所有农户过上殷实富足的生活，从而推动地方经济社会的可持续发展。从而使"中国的务川·世界的仡佬"这张旅游品牌得以确立，景区的知名度和影响力得以显著提升。

云南省腾冲县界头镇

一、基本情况

界头镇位于腾冲县东北部，沿高黎贡山西麓走向，是高黎贡山环抱下美丽的"花园盆地"，龙川江从这里发源并穿境而过。全镇国土面积 864 平方千米，辖 28 个社区，2014 年末全镇总人口 70 447 人。界头镇拥有高黎贡山的清甜甘泉、印度洋的暖湿季风、北回归线的和煦阳光、孟加拉湾的均匀降雨、万年的火山灰土五大区位优势，自然生态环境优越，日照充足，雨量适宜，气候温暖，具有发展绿色生态农业得天独厚的地理优势，是全县重要的烟、粮、油生产基地，素有"腾越粮仓"和"边陲江南"之美誉。界头镇旅游资源丰富，田园风光秀美，每年种植优质油菜达 15 万亩，每年 2 月初至 3 月中旬，是观赏"十万花海"最佳时期，田野与村庄错落有致，呈现出一幅"屋在林中、林在田中、人在画中"的优美画卷。2014 年被评为中国最美田园风光、云南省十大宜居小镇，2015 年被评为全国最佳宜居示范小镇。

界头自然景观迷人，田园风光秀美，生物多样，历史文化源远流长，文化底蕴浓厚，可以用"五个一"来概括。

一座神秘莫测的高黎贡山。高黎贡山界头段是整座高黎贡山最美的一段，这里一山分四季，被称为世界物种基因库。世界上最大的大树杜鹃王以其 28 米高的身躯，500 多年的树龄成为世界上花形最大、生长年代最长的罕见品种。天台山人工秃杉林，被誉为全世界最大的人工秃杉林，亩蓄积量达 115.4 立方米，是全世界生长最好、蓄积量最大的人工秃杉林。

一群含情脉脉的地热温泉。界头境内共有温泉 6 处，其中以石墙热田和大塘热田最具规模。石墙热田坐落在界头镇石墙社区，在约 1 500 米的长度内有诸多热水出露。大塘热田位于界头镇大塘社区，地热资源星罗棋布，共分布大小温泉群 20 多处，水温在 40~80℃。

一卷耐人寻味的人文文化。界头镇历史悠久，汉代为永昌府辖地，是西南丝绸古道的交通要塞，唐代有著名城堡"罗哥城""罗妹城"，至今遗址尚存。新庄古法手抄纸、永安铸犁等民间传统工艺源远流长，顺河古桥、夹象石、宝华山、紫薇山、天台山等自然景观独具特色。

一片诗情画意的生态田园。界头山清水秀，四季常青，杜鹃花、山茶花、油菜花争奇斗艳，形成了一幅柔情惬意的天然画卷。界头镇每年种植优质油菜达 15 万亩，每年 2 月初至 3 月中旬，是油菜的盛花期，是观赏"十万花海"最佳时期，真正是"村在林中、林在田中、人在画中"。

一段荡气回肠的历史诗篇。1942 年腾冲成为滇西抗日战争的主战场，界头成为了抗日战争的主阵地，铁匠房、马面关、北斋公房、抗日县政府遗址等铭刻着这段可歌可泣的峥嵘岁月。

二、情况摘要

（一）特色产业建设方面

立足镇情，以农业增效，农民增收为目标，加快发展二三产业，调整优化产业结构，特色产业建设初见成效。

特色产业提质增效。2014年，全镇农作物总播种面积40.21万亩，实现农业总产值11.54亿元，其中，夏收作物种植18.15万亩，总产2 179万千克，增长13.69%；秋收作物种植14.3万亩，总产554万千克，增长2.05%；种植油菜13.98万亩，总产2 083万千克，增长14.35%；种植蔬菜2.1万亩，总产2 443万千克，增长0.05%。烟后玉米套种2.2万亩，烟后大豆套种2.5万亩。收购烟叶14.13万担，实现烟农收入2.25亿元，增长3.8%，实现烟叶税4 391万元。畜牧业取得较大突破，生猪出栏14.2万头、牛出栏1.2万头、羊出栏1.3万只、家禽出栏77.5万羽，奶水牛存栏3 245头，水牛奶产量400吨，肉类总产1.54万吨，实现畜牧业产值3.88亿元。特色经济林效益初显，实现初花初果6万多亩，产值3 325万元；中药材种植稳步推进，种植天麻、重楼、金铁锁等1 464亩，总产34.91万千克。农业生产机械化水平达65%以上。

旅游业效益初显。重点打造了"旅游花溪、大树杜鹃、天台山秃杉林、观景台、千年银杏树王、手抄古纸博物馆"等旅游节点，推出了"石墙温泉—宝华山—观景台—白果银杏王—新庄手抄古纸博物馆—北斋公房—大塘温泉—大树杜鹃"旅游线路，界头被评为中国最美田园风光、云南省十大宜居小镇之一。成功举办以"浪漫春天、相约花海"为主题的第一届花海节和高黎贡山户外音乐节，全年接待游客15万人，实现旅游收入1 500万元。

（二）基础设施建设方面

农业基础设施不断夯实。按照《现代农业界头示范园区建设规划》，积极争取项目，全面推进基础设施建设。完成投资415万元的新增千亿斤（1斤＝0.5千克）粮食建设项目；完成投资1 950多万元的卧式烤房、标准化烟点、集中大棚育苗点建设；完成投资

100万元的容积4 000立方米的青贮池项目；完成投资394万元的奶水牛养殖户补助项目、12个生猪规模养殖场和1个奶水牛养殖场项目；完成投资1 200多万元的水利工程208件；实施投资500多万元的480亩高标准农田建设；实施投资700多万元的4个村土地整治项目；实施投资600多万元的4个社区农业综合开发项目；完成投资1 300万元的亚洲开发银行贷款项目前期勘探设计工作。在重点区域基本建成"田成方、渠相通、路相连、涝能排、旱能灌"的格局，为发展现代农业打下了坚实基础。

美丽乡村建设加快推进。积极配合项目资金，充分调动群众参与美丽乡村建设的积极性。投资128万元，实施边疆建设中央预算内投资2个；投资458万元，实施中央转移支付项目3个；投资300多万元，实施沙坝董家寨等"一事一议"项目6个；投资500多万元，实施扶贫项目7个；投资964万元，实施新农村、美丽乡村、省级重点村建设项目18个。投资300多万元，完成6个社区的农村安全人饮工程；投资1 370多万元，实施农村危房改造1 000户、扶贫安居工程20户。

旅游基础设施不断完善。始终把加快发展乡村旅游作为产业转型升级的有效途径，不断夯实旅游发展基础。投资200多万元，建成11个观景亭；投资100多万元，修建了大树杜鹃及天台山人工秃杉林巡护步道；投资800多万元，完成沙坝牛场—新庄核桃林公路建设；投资120万元，对千年银杏王进行重点保护；投资130万元，改造新庄手抄古纸加工基地基础设施；投资200万元，完成治理及花溪小道建设；引导旅游环线周围农户进行农家建筑风貌改造，完成旅游环线300多户农家住房改造及9户农家乐建设。

（三）休闲功能开发情况

拓展思路，转型升级。界头镇土地肥沃，适应多种农作物生长，历来是腾冲重要的烟、

粮、油生产基地，自古以来就有"腾越粮仓"和"边陲江南"之美称，一直以来，界头镇主要围绕打造滇西最大的农业基地，大力发展粮食、烤烟、油菜、畜牧业、特色经济林等支柱产业，以达到"富民兴镇"的发展目的。随着乡村旅游等新兴产业的兴起，界头镇充分认识到乡村旅游具有促进增收的经济功能、带动就业的社会功能、保护传承农耕文明的文化功能、美化乡村环境的生态功能，在经济社会的发展中拥有广阔的前景，我们把加大产业调整，大力发展乡村旅游和观光农业作为界头今后农民增收及财政增长的重要途径，结合"现代农业界头示范园区"和"界头现代农业特色小镇"建设，形成了以"旅游度假为宗旨，村庄野外为空间，人文无干扰、生态无破坏为基础，农旅联姻为结合点，游居和野行为特色"的乡村旅游发展思路，以打造"全国乡村旅游发展典范"为目标，大力实施"农旅联姻"工程，不断促使农业从单一的生产功能向休闲观光、农事体验、生态保护、文化传承等多功能拓展，以达到农区变景区、田园变公园、空气变人气、劳动变运动、农产品变商品的发展转型目的。近年来，我镇乡村旅游效益不断凸显，2014年，实现旅游人次15万人以上，旅游收入1 500万元以上；2015年花海节期间，实现旅游人次25万人以上，实现旅游收入5 000万元以上。

深入挖掘，用活资源。界头镇旅游资源丰富，境内有神秘莫测的高黎贡山、含情脉脉的地热温泉、秀美怡人的人文景观、4 000多年的鼎盛文明、荡气回肠的抗战历史、诗情画意的生态田园，尤其是界头每年种植优质油菜达15万亩，每年2月初至3月中旬，是观赏"十万花海"最佳时期，高黎贡山的雪与一望无垠的金色油菜花相映成趣，美不胜收。我们围绕"情定花海，醉美界头"的形象定位，充分利用界头被评为"全国最美田园风光"这张名片，依托"高黎贡山、大

树杜鹃、天台秀杉、抗战遗址、温泉度假、田园风光"等优势资源，结合界头高度发展的现代农业，大力实施"农旅联姻"、"农体联姻"工程，加快旅游业与现代农业的高度融合，把农事体验、户外运动、文化艺术、静心养生等作为发展乡村旅游的主要内容，让资源效益最大化，最优化，打造了"探高黎贡山、赏万亩花海、泡生态温泉、品农家菜肴"等旅游品牌。

立足乡土、展示特色。界头是典型的农业大镇，农村要素齐全，这里完全是原始的植被、自然的江河山岭；"村在林中、林在田中、人在画中"的传统的村落，日出而作日落而息的悠闲、清静、纯朴农耕生活，这正是在拥挤喧闹的都市里人们所渴盼的一块宁静圣地。一是以"望得见山、看得见水、记得住乡愁"的建设理念，保护乡村环境的原真性，包括纯自然的江河湖泊、山岭平原、原始植被等；二是坚持"重点打造、示范引领"，用旅游的理念建设农村，突出农村特色，保留农村元素，做好村庄规划，合理划定村庄发展红线，全面落实界头美丽乡村建筑风貌管理规定，倡导"传统模式建房，现代理念装修"；把农家乐、民居旅馆、观景亭、停车场、公厕等旅游基础设施建设纳入新农村建设的整体规划中，加强农家小院建设，加大乡土菜肴、乡土文化的挖掘，通过规划整合，形成特色鲜明的民族乡土景观，达到美丽乡村规划建设景点化。三是积极探索成立农村物业管理公司，加强对已建好的农田水利、村组道路、垃圾收处、安全人饮等基础设施的维护和管理，努力打造宜居、宜业、宜游的特色示范小镇。四是坚持家庭养殖和小区养殖并存，实施"大户带动、规模发展"的畜牧业发展战略，做好"老品种""土字号"文章，扶持发展特色养殖，做大做强槟榔江奶水牛、肉牛等山地动物产业。五是加强"农村博物馆"建设，以文化站为阵地，将原始环境，原始村落，原始生产、生

活技术、技艺和原始节庆、习俗完整地保护下来；充实、陈列犁耙、马鞍、篾帽、蓑衣等具有乡土气息的物品，形成故事，让游客贴近农村；保护开发部分传统的乡村节庆活动、民俗文化等，充分利用乡土节日、民风民俗组建活动，吸引游客到农村参加清明节踏青、荡秋千等活动，甚至到农村过年。六是积极发展农事体验活动，让游客住农家屋、吃农家饭、干农家活、享农家乐，让外来游客到界头找到"儿时的记忆、恋爱的冲动、妈妈的味道、爷爷的故事"，努力把界头打造成为中国最能找到"乡愁"的地方。

做优生态、做美环境。界头是腾冲生物多样性保护最好的地方，被赋予世界物种基因库的高黎贡山环抱界头，是腾冲境内高黎贡山山脉自然风光最雄伟、最秀美、最有观赏性的一段。境内有大树杜鹃王及全世界生长最好、蓄积量最大的人工秃杉林两大世界之最，植被丰富，森林覆盖面积达75%以上，山青水美，四季常绿，杜鹃花、山茶花、油菜花争奇斗艳，形成了一幅柔情惬意的天然画卷。界头镇高度重视生态环境保护，近年来，累计投入200多万元，建成垃圾收储池1 000多个，购买垃圾清运车24辆，建设焚烧炉26个，全面推广"组收集、村运输、镇处理"的垃圾处理模式。加强水环境综合整治，按照"四季常绿、三季有花"的要求，加强龙川江两岸、房前屋后、村头地尾及公路两岸沿线的绿化，加大对名木古树和村寨景观林的保护，2014年绿化河堤26.9千米。2015年，加快实施投资2 400万元的龙川江河道治理工程，做好投资3 600多万元的河道治理工程储备，定期对村寨周围、沟渠、龙川江沿岸及支流小河等水域污染物进行清理，严格落实"河段承包制"，科学规划采砂采石点，禁止采用电鱼、毒鱼、炸鱼等形式非法捕捉龙川江及支流野生鱼类，巩固公路沿线非法建筑清理及砖瓦窑专项整治成果，营造"村美、景秀、人纯"的乡村旅游大环境。同时，我们以全力打造"洗肺、保湿、精心、养生"的休闲圣地品牌，积极探索打造"周末度假农庄"示范点建设，让广大游客即使错过"赏雪山下的油菜花"，也能心系界头、挂念界头，形成常到界头"看碧蓝天空、赏绿茵草地、探如黛青山、听鸟语花香、玩清澈秀水、吸洗肺空气"的共识。

做好文化、丰富内涵。文化是旅游的灵魂，旅游是文化的载体。一次难忘的旅游，必定是一次文化之旅、精神之旅。2015年，界头以《界头镇志》编纂工作为契机，利用乡村的"老气"和"土气"，深入挖掘以千年古银杏为代表的生态文化，以北斋公房、顺河古桥、罗哥城罗妹城为代表的丝路文化，以手抄古纸、铸犁、打锡为代表的农耕文化，以马面关、铁匠房、抗日县政府遗址为代表的抗战文化，以天台山、宝华山、紫薇山为代表的地质文化，以飞火油青菜、臭油炖鸡为代表的美食文化、以老树、老桥、老街、老房承载着的历史文化，以田园风光为韵，以乡土文化为魂，提升文化品位，形成文化品牌，让游客到界头不仅可以观看"雪山下的万亩花海"，还可体验农耕文化、探寻地质文化、追忆丝路文化、感悟生态文化、品味美食文化、沉缅抗战文化，以文化旅游为载体，让游客把界头当做一本内涵丰富、含义隽永、耐人解读的书籍，把到界头旅游作为一次"文化之旅"。

科学规划，强化基础。充分借鉴和顺、银杏村的成功经验，按照"一步规划到位、分步分片逐步实施"的原则，切实将美丽乡村建设、生态文明建设、文化传承保护、产业发展、河道治理等与乡村旅游结合起来，充分调动群众参与乡村旅游开发的积极性，大力实施旅游基础设施建设工程，重点打造了"旅游花溪、大树杜鹃、天台山秃杉林、观景台、千年银杏树王、手抄古纸博物馆"等旅游节点，推出了"石墙温泉—宝华山—观景台—白果银杏王—新庄手抄古纸博物馆—北斋公房—大塘温泉—大树杜鹃"旅游线路，旅游基础设施得到进一步夯实，增强了旅游发展后劲。

借助媒体、做强宣传。一首歌、一张照片、一本书、一部电影、一句广告词就能推动一个地方的旅游发展。2014年以来，界头投入宣传工作经费100多万元，先后使用"人间仙境、醉美界头""情定花海、醉美界头""雪山下的万亩花海"作为界头的宣传口号，通过摄影大赛、骑行界头、乡村音乐节、微电影、制作宣传册、宣传牌等，借助媒体的力量，持续打出"千年守候，换你一季花开""花开的季节，相约中国最美乡村""骑行界头，人生路上我们永相随""情定花海、牵手一生一世不分离""品农家菜肴、回味妈妈的味道"等广告，加大中国最美田园风光、中国宜居示范小镇宣传力度，提高界头的知名度与美誉度。

陕西省榆林市瑞丰生态庄园

一、基本情况

榆林林市榆阳区瑞丰农业科技有限公司成立于2010年，是一家集餐饮、娱乐、住宿、休闲旅游、农产品加工销售于一体的综合农业企业，公司占地838亩，公司现有员工316人，资产总计4 795万元，净资产达2 509万元，自开始运营以来，年接待游客40万人左右，实现年销售收入4 038万元，年创利润509万元。公司下设生产管理部、餐饮休闲部、营销部、工程部、财务部、办公室，除管理人员外，公司绝大部分员工均为当地的农民。

公司是榆林市农业产业化龙头企业，陕西省省级休闲农业示范点，全国休闲农业与乡村旅游四星级园区。

二、基础设施健全

公司位于榆林现代农业科技示范区，路经镇北台景区，公司环境优美，交通方便，距城区只有10千米，地理位置优越。道路通畅，路标、说明牌、路灯、停车场健全。消防、安防、救护等设备完好、有效。无违规建筑和占用耕地乱搭滥建现象。

三、突出主业，相辅相成

公司依托现有的场地、基地和自然资源，形成了以农事体验、休闲度假、绿色餐饮为主的项目。

（1）依托农业产业化经营基地，建设开心农场、农业示范基地、科技农业展示区，让都市游客体验农家生产和生活，包括耕种、果蔬采摘等，展开以体验农耕生活为主的经营项目。

（2）依托田园风情和良好的生态环境，丰富的人文风情特色，结合野外烧烤、悠闲垂钓、水上乐园、真人CS、拓展训练、篝火晚会等项目，满足游客休闲娱乐要求。

（3）依托高新农业科技，建设智能温室24 000多平方米，进行苗木、花卉种植和新、奇、特果品、瓜菜的栽培，围合出餐饮服务中心、休闲养生馆、游泳、健身等各种功能空间。餐饮服务中心完全遵循"绿色环保、服务一流"的宗旨，努力打造"均衡、营养、滋生、怡心"的品质，把生态休闲养生与美食文化相融合，自产、自销，开创环保生态理念，树立绿色消费意识，倡导健康消费模式。努力营造"和谐生态，和合人文"的健康氛围。

四、发展思路和规划

按照"生态立园，科技引领"的原则，园区总体形成"2区1中心"的规划布局，即：设施瓜果蔬菜生产区（130亩）、观光采摘区（480亩）和休闲服务中心（220亩）。区域内将利用现代设施装备，依托高新农业科技，以无土栽培为基础，进行苗木、花卉种植和新、奇、特果品、瓜菜的栽培，让游人在欣赏的同时感受现代农业科技的发展成果。

公司利用农业景观资源和农业生产条件，发展观光、休闲、旅游等新型农业生产经营。也是深度开发农业资源潜力，调整农业结构，改善农业环境，增加农民收入的新途径。示范点的建设以优质特色果品，设施果蔬为主，生产采用环境友好型生产技术，走生态循环的路径，最大限度地减少农药、化肥施用量，改善生产环境，从而衬托农业循环经济生产，产品有机绿色健康。公司在榆阳区及榆阳周边县建立蔬菜、西瓜、草莓等果蔬种植2 468亩，带动种植农户1 153户；平均每户农民增收30 000元，给周边农民提供260多个就业岗位，工资待遇在2 000~3 000元。

公司努力把示范点建设成为综合效益显著的观光型现代农业、城郊型精品农业先导区，并通过拓展农业的教育、游憩、文化、生态等多种功能，满足城乡居民对生态休闲日益扩大的需求，使其成为促进区域农业与农村经济发展的增长点。

甘肃省金塔县航天神舟休闲生态园

一、基本概况

金塔航天神舟休闲生态园，由金塔县振大枸杞开发有限公司投资兴建，位于航天镇铁路东南，是集枸杞种植、晾晒加工、产品开发、旅游观光、休闲娱乐以及设施农业生产销售于一体的综合性示范基地，2012年被金塔县评定命名为县级农业产业化龙头企业，2014年被酒泉市评定命名为市级农业产业化重点龙头企业。

近年来，园区立足全县特色产业发展布局和旅游规划，投资6 000多万元，发展种植优质枸杞3 550亩，核桃500亩，打造高标准日光温室200座，全部种植优质反季节鲜食葡萄；提垫地基8.4万平方米，新建枸杞文化广场和加工厂房，新上枸杞制干加工生产

线10条，修建商业门店20间。同时，公司为提高产品的市场竞争力，实现产品价值的最大化，以旅游产品开发为依托，在进行了"宁航枸杞"和"酒航"两个商标注册后，随即进行了枸杞绿色食品的申请认证工作，并于2013年年底成功认证为绿色食品A级产品。

2015年，园区以创建"航天神舟休闲生态园"为目标，大力发展乡村旅游，在完成100座日光温室续建和700亩枸杞苗木栽植的同时，对园区内的基础设施和服务功能进行进一步的提升和完善。依托园区原有道路，进行道路的提升和完善，形成了"四纵三横"的路网体系，在园区内建设一条环园区观光路线，计划在2015年全面完成油面铺筑，购买观光电动车两辆；对渠道进行衬砌，在园区道路和渠道两旁栽植树木，对环境进行绿化和美化，并架设垃圾收集箱，使园区环境有了极大的改善；在园区入口处建设游客接待中心和大门，修建旅游厕所一个；进一步完善旅游标示标牌系统。

二、主要做法

因地制宜，综合乡村旅游规划设计。充分考虑原有农业生产的资源基础，因地制宜，搞好基础设施建设，如交通、水电、食宿及娱乐场和度假村的进一步建设等。另外，休闲生态园规划必须结合生态园所处地区的文化与人文景观，开发出具有当地农业和文化特色的农副产品和旅游精品，服务社会。

培植精品，营造乡村旅游主题形象。基于观光农业生态园的拳头产品，逐步形成农业产业深度开发的格局，生态园规划应以生态农业模式作为园区农业生产的整体布局方式，培植具有生命力的生态旅游型观光农业精品。另外，要发挥生态园已有的生产优势，采用有机农业栽培和种植模式进行无公害的生产，体现农业高科技的应用前景，形成产品特色，营造"绿色、安全、生态"的主题

形象。

加强引导，充分发挥农民的主体作用。始终坚持将乡村旅游发展与农民的长远利益相结合，以农民为主体，尊重农民的意愿。积极鼓励有能力、有实力的农民加大土地等资产的盘活与利用，带头从事农家乐、乡村农居等项目，使广大农民通过参与乡村旅游，在离土不离乡的情况下实现有效就业。加强农民经营理念和劳动技能培训，积极引导农民树立"良好的村风民风也是旅游资源"的思想观念，加强对农民经营意识的引导，加强科学种植、精细管理、市场经营等专业培训，促使农民解放思想，着力培养有文化、有技术、会经营的新型农民，切实提高农民增收致富水平。

深入挖掘，提升乡村旅游的文化魅力。文化是乡村旅游的灵魂，该镇深入挖掘优秀的传统民俗文化，不断提升乡村传统文化的魅力和旅游吸引力，变文化优势为经济优势。努力挖掘乡土文化。在培育好有形的果蔬产业的同时，注重"种"文化，激发广大农民发掘特色传统文化和民俗民风的热情，形成产业和文化的双重特色，以此来吸引城市居民，让他们感受和体验原汁原味的乡土文化。

效益兼顾，实现乡村可持续发展。依托顶级的航天品牌，丰富的自然生态资源，独特的绿色生态生产基地，初具规模的集枸杞种植、晾晒初级加工、深度延伸产品开发、生态养殖为一体的农业综合示范园，打造特色化的"绿色经济"观光农业旅游产品。以科学规划的生态农业设计实现生态园的生态效益；以现代有机农业栽培模式与高科技生产技术的应用实现生态园的经济效益；以农业观光园的规划设计实现它的社会效益。经济、生态、社会效益三者相统一，建立可持续发展的观光农业生态园。

三、发展展望

今后一段时期，我们在以下几个方面采取有效措施，推动乡村旅游示范点快速健康持续发展。一是科学编制乡村旅游发展规划。指导园区乡村旅游的发展。在充分考虑当地的自然和文化特性，旅游市场的需求、规模和发展趋势的基础上，科学编制乡村旅游专项规划，合理安排乡村旅游发展布局、基础设施等。二是争取政策扶持力度。加强对现有的涉农、支农政策的研究，用好、用足国家、省出台的扶持乡村旅游发展的政策措施，引导各种社会资源加大对乡村旅游发展的支持力度。用好用活国家制定的土地流转、土地整理和土地转换等政策，妥善解决产业发展的用地问题。争取金融机构和担保公司大力支持乡村旅游金融服务项目，为乡村旅游提供信贷支持。争取家电、汽车、文化、科技下乡等惠农政策惠及乡村旅游的发展。三是创新乡村旅游产品。进一步培育新兴旅游业态，打造旅游消费新亮点。大力发展休闲度假旅游，开发一批适合深度游、自助游的个性化产品，由单一的观光型旅游产品向观光、休闲、度假、文化、健身等复合型产品转变，并扩大高端旅游产品的影响力，发展形式多样、特色鲜明的多元旅游业态。四是加强乡村旅游营销推广。举办乡村旅游节庆活动。组织编制乡村旅游自驾车线路和乡村旅游宣传资料，并积极组织开展乡村旅游宣传促销活动。定期发布乡村旅游信息，引导理性经营、理性消费，促进乡村旅游健康有序发展。

甘肃省定西市金源水保生态观光农业示范园

一、经营情况

示范点位于定西市安定区凤翔镇福台村，距新建中的定西火车西站只有 2 千米路程，交通十分便利，总土地面积1 000亩，土地使用权 30 年。定西市金源农业发展有限责任公司成立于2012 年，是一家集生态农业、设施农业、水保产业、循环农业研发为一体的科技型农业企业，主要经营利用天然降水培育的特色果品反季节生产采摘、农家乐餐饮、茶饮娱乐、休闲旅游、养殖种植、特色农产品加工销售。示范点水保生态示范区占地790亩，农家乐休闲餐饮区5.8亩，配套果品采摘休闲示范区210亩，其中有果树反季节生产温室35座，蔬菜反季节生产温室15座，露地果树、蔬菜生产用地170亩，配套家禽家畜养殖区2.5亩。公司现有员工59人，资产总计598多万元，净资产达326.7万元，年经营收入达79.8万元，年创利税22.8万元。公司下设业务管理室、水保产业部、餐饮休闲部、工程后勤部、财务营销部五个职能部门，除管理人员外，公司绝大部分员工为当地的农民。

二、发展规划

建设生态环境保护示范休闲区，通过荒山微型集水造林措施，常绿与落叶、绿化与观赏树种搭配，达到环保与景观的有机结合，创新半干旱区荒山绿化和生态保护新模式。累计引进各类绿化和观赏树种10个，绿化面积达到600亩以上。

建设高标准的水保生态产业示范观光区，建设具有特色的山旱地新结构日光温室50座，充分利用冬季光热资源，开展反季节高效栽培。采用路面、坡面、棚面、屋面集水相结合，建设雨水集蓄池10个，总蓄水量1 000立方米，积蓄大部分自然降雨，通过管道输送到日光温室蓄水池，与节水灌溉系统相连接，收集有限的自然降水资源用于反季节高效种植。以旱作高效设施农业为重点，引进种植抗旱果树和特色抗旱高效经济植物，共引进抗旱特色经济植物新品种40个，在梯田地日光温室引进桃树、杏树、枣树等抗旱果树新品种20个，开展设施果树反季节高效栽培示范；在露地和地埂引进种植黑枸杞、花椒、苦水玫瑰、兰州百合、黄花菜、紫斑牡丹等地方特色经济植物品种20个，开展露地抗旱高效经济植物种植示范，建成200亩的生态果园。

配套建设集餐饮娱乐为一体的农家乐园5个，在采摘品尝、休闲娱乐、科普观光后，在蓝天白云下吃农家饭，喝农家茶，享受农家风光，购买示范园的特色农产品。

建设半干旱区生态农业观光示范区，配套建设5 000立方米大型沼气池，将生产中产生的枯枝烂叶、田间杂草、人畜粪便等有机物通过生物发酵转化为沼气和有机肥，沼气用于园区农家乐做饭，也可用于日光温室补充光照和二氧化碳施肥，沼渣、沼液用于温室和露地种植的有机肥，实现有机质的生物转化和园区的生态种植。

三、基础设施建设

定西金源农业科技有限公司从2014年3月开始，进行了园区的前期准备和建设工作，园区生产道路、坡面防洪工程、园林和荒山绿化过半，已完成投资1 000万元，建成新结构日光温室20座、雨水集蓄池10个、建设5 000立方米大型沼气池，建成200亩的纯生态果园。共引进抗旱特色经济植物43个，建设之初做了大量的前期准备工作，为水保生态休闲观光农业示范园的建设进行了有益的探索和试验，奠定了建设的良好基础。

四、休闲功能开发

突出具有干旱半干旱地方特色的水保生态科技产业休闲观光和科普示范，建设水保产业和生态农业品牌。围绕"水保园林""乡村风情""绿色生态"突出示范点的经营特色。公司有自己的农业生产基地，山庄的农产品礼盒和绿色农产品，通过游客的推介已有一定的知名度，要对"金源"系列农产品商标注册，搞好品牌建设。合理规划，着眼长远，向产供销一体化纵深拓展。目前农业休闲旅游业还属于初级阶段，势必将向休闲度假型过渡，迈向多元化发展时代，公司正在实施第二步经营规划，增加建设经营规模。

项目建设的内容包括：建设 50 座别具特色的乡村休闲观光采摘温室，已有 20 座完成主体建设；打造自然风光景观，修建园林景点 5 处；新建农家乐休闲餐饮点 5 个，建设时令果树温室 10 座；建设特种养殖示范区一处。以上项目共计投资 1 800 万元，项目预计于 2016 年 12 月投入运行，项目建成后，预计可增加年收入 1 600 万元，年度净盈利额可达 500 万元。通过项目实施打造新农村、新旅游、新体验、新风尚的现代农业休闲观光产业园，打造"金源生态山庄"品牌，公司将围绕这个目标而不断完善和超越自我，为游客提供一个舒适的生态休闲场所，促进陇中农业产业化进程和生态休闲旅游业发展，解决当地农民就业问题，力争 3 年后年接待游客 30 万人次，年经营收入上 3 000 万元，新增就业岗位 100 个。按照全国休闲农业与乡村旅游示范点要求。

五、对当地经济社会带动状况

建设水保生态休闲观光农业示范园区是实现甘肃省半干旱区科学发展、防止水土流失、保护生态环境、发展水保产业的需要，在科学指导下创建水保生态休闲观光农业示范园，为水土保持工作的科学发展奠定基础。通过有针对性地开展水土保持科技攻关，推广先进的旱作设施农业和集雨节灌适用技术，可以为水保产业发展提供科技支撑。建设水保生态休闲观光农业示范园是提升水土保持战略地位和社会影响力的需要，通过建立展示平台，增强人们对水土流失危害与开展水土流失治理紧迫性和重要性的认识。建设水保生态休闲观光农业示范园是国策教育和科普宣传的需要，园区集生态建设、休闲观光、餐饮娱乐、科技展示、科普宣传、示范推广于一体，可以作为科普宣传与国策教育的基地。建设水保生态休闲观光农

业示范园是提升水土保持科技含量的需要，园区是开展水土保持研究与试验的场所，是广大农村创业人才的教学实习基地，可以有效提升当地水土保持工作的科技含量。建设水保生态休闲观光农业示范园是提高农民经济收入的需要，项目的实施可带动周边农户开展农家乐餐饮服务，吸纳附近农民到示范点就业，增加农民收入，促进地方经济发展。

青海省湟中县青绿元生态农庄

一、公司概况

青海湟中青绿元生态农庄位于青海省西宁市湟中县李家山镇董家湾村。海拔 2 800米。距县城 46 千米，省会西宁 10 千米。

青海湟中青绿元生态农庄交通便利，距西宁火车站 28 千米。距 G6 高速公路 8 千米。每天 8～19 时，间隔 10 分钟就有一班西宁至李家山的公交车专线。

青绿元周边旅游资源十分丰富，有全国著名的塔尔寺、卡约文化遗址、金娥山风景区、上五庄森林公园、多巴国家高原体育训练基地等景区，乡村旅游接待点遍布。

云谷川的李家山水、电、通讯畅通，是西宁市湟中县文化旅游特色景点之一，并于 2009 年列为青海省重点旅游景点、红色文化教育基地。

2011 年 5 月，赵元龙注册成立了独资企业——湟中青绿元农产品科技开发有限公司，企业最初注册资金 500 万元，是集种植、养殖、科研、休闲观光、农业生态为一体的绿色有机农业示范基地，以及高原西北生物研究所、湟中县蔬菜技术推广站的实验基地。2014 年 6 月，为顺应城市居民休闲旅游需求，着力打造特色休闲农业和乡村旅游景点，青海湟中青绿元以青海省云谷川现代农业示范区为平台，开始建设青海湟中青绿元生态农庄。基地流转土地 780 亩，建成冬暖式日

光节能温室340座，3 400平方米生态餐饮会所一座，300平方米休闲垂钓鱼塘一个，800平方米户外自助烧烤区，大型停车场2个，5人制国标足球场一座。

2013年，企业生产"青绿元"牌有机果蔬300吨，销往上海、广州、甘肃、西藏等省份和地区，企业综合产值3 000万元，上缴税收60万元，实现利润900万元。

青绿元被西宁市精神文明建设指导委员会命名为西宁市文化中心户，被青海省旅游局评为三星级乡村旅游接待点和青海省高原生物研究示范基地，青绿元也是西宁文学书画艺术联合会的文化艺术创作基地、青海大学产学研示范基地。

二、建设情况

（一）基础设施建设

1. 外部道路交通。青藏铁路、G6高速公路就近通过，由政府投资修建的旅游专线直达青绿元。

2. 内部道路。内环路规划总长约2 800米，路宽4.5米，全部为水泥硬化路。其中基地内路宽3.5米，长约780米，环基地观光路总长约1 500米，路宽4.5米，为山地自行车运动路面。

3. 停车场。现已建设2处停车场。基地入口停车场面积为4 000平方米，山下停车场面积为3 000平方米。

4. 排水工程。在青绿元建筑物四周设雨水明沟和暗沟，在道路一侧或两侧设排水沟，在停车场铺设雨水明沟或暗沟，以便迅速组织地表水排向附近溪沟中，防止地表积水，影响旅游活动。生活污水排放工程现已完成，铺设管道1 500多米，集中排放、分级净化，达到灌溉绿化的标准。

5. 电力电信工程。移动设施网络已覆盖，有中国移动、中国联通、中国电信的通信网络。规划接入距离较近的外部电讯，安装固定电话、广播电视村村通以及互联网络。

6. 环卫工程。现已建成旅游厕所2座、垃圾处理场1处、垃圾收集点15个，购置垃圾转运车2辆。

（二）服务设施建设

为安全宣传工程，在各主要路口、景点、场所都设置了交通指示牌、安全警示牌、参观须知牌、导向牌。在停车场出入口、等处新设置公共信息图形符号标志20多块，导游全景图2个，100多个指示标志牌，100多个警示牌；维修公共设施，包括休闲椅300把，路灯150盏，水阀70个；护栏5组2 000多米，铺设电缆10 000多米，地面铺砖2 000多平方米。

为游客提供旅游信息咨询、旅游产品的展示、游人集散、购物休闲等综合性服务，集参观、娱乐为一体游客中心和购物超市现正在筹建中；用于展示日光温室绿色生态果蔬、占地面积为500平方米的展销大厅已进入装修阶段。

三、经营情况

（一）经营模式

为倾力打造第一产业与第三产业相结合的新型的休闲农业品牌，青海湟中青绿元生态农庄结合自身的环境优势在休闲农业的经营方面采取了多种经营模式，一是"农家乐"旅游模式，充分整合农户自家种的菜、自家饲养的家禽等，开发集餐饮、住宿、休闲、度假体验于一体的农家旅游。二是采取农园观光采摘模式，利用农村的果园、菜园、花圃等，开发观光采摘于一体的农业旅游。三是采取农业科技旅游模式，依托现代农业园区、农业科技示范园、生态养殖场等，大力开发休闲农业旅游。四是采用运动休闲模式，开发人们运动的激情。

（二）经营管理

采取"基地＋农户"的形式，即基地负责生态园的建设和经营管理，积极引导农户通过土地流转、转让经营、出租、订单农业、劳务输出、原材料供应等形式，加入到乡村旅游中来，从而达到增收的目的。同时，我们积极推动三个转变，即"传统农业向休闲农业转变、农产品向旅游商品转变、农民向旅游服务从业者转变"。

（三）经营效益

青绿元建成以来，游客数量逐年增加，旅游收入不断上升，2011年度接待人数4万人次，总收入达800万元，总资产达2 800万元，上缴税款总额22万元，净利润520万元；2012年接待人数9万人次，总收入达1 600万元，上缴税款总额达37万元，净利润680万元；2013年度接待人数12万人次，总收入达2 200万元，总资产达5 000万元，上缴税款总额达45万元，净利润800万元。2014年，接待人数20万人次。

四、对当地和周边地区农牧民经济的带动

青绿元在自身不断发展壮大的同时，对周边农村的经济社会发展也起到了重要带动作用。

一是放大了生态效益。凭借青绿元内环境优美、空气清新、山路舒缓、林草相映的优势，开发休闲度假区，较好地迎合了城市人群走向自然、返璞归真、寻找生态文明的消费理念，实现了环境再造和生态优化。

二是增加了当地农民的收入。随着青绿元知名度的不断提高，游客数量的逐渐增长，当地农民通过土地流转、订单农业、劳务输出、原材料供应、特色农产品加工等形式加入到乡村旅游中来，增收渠道不断增多，经济收入也逐年增长。目前直接、间接地在青绿元从事各种经营项目的周边农民近500名，每人年收入近2.5万元；为社会提供了150个就业岗位，其中管理人员15人，安排下岗人员9人，吸纳农村劳动力110人，间接就业人数290余人，此举既改善了当地农民的生产、生活条件，又增加了农民的经济收入。随着青绿元的发展将为社会提供更多的就业岗位，并将大范围地带动当地社会经济的发展，达到经济与社会效益双赢。

三是将传统农业和现代农业相结合，提升了传统农业的综合效益。青绿元始终坚持以科技领先，以环保、绿色、有机为原则，发挥示范带动作用，先后被评为全国"书香之家"、青海省"四星"乡村文化旅游接待点、青海省农业休闲观光园、西宁市农业产业化龙头企业。"青绿元"商标被评为青海省著名商标。总经理赵元龙被评选为优秀青年创业企业家。

新疆哈密市贡瓜休闲观光园

哈密贡瓜休闲观光园建于2006年，位于哈密市南郊17千米处，总占地18 511.5亩，是集哈密瓜种植、品尝、贸易洽谈、历史文化与民俗风情、文物古迹为一体的综合性特色旅游基地。2008年被评定为国家AAA级旅游景区和国家农业旅游示范景区，并在此成功举办了六届中国新疆哈密瓜节和新疆哈密瓜赛瓜会。2011年公司投入巨资，建起一座1 000多平方米的哈密瓜储藏窖，瓜窖外部窖顶是一颗高5米、长14.5米的巨型哈密贡瓜模型（此瓜模型称天下第一瓜，2012年获吉尼斯认证并颁发证书），现已成为哈密贡瓜园景区的标志性建筑。

哈密瓜园中的卡日塔里村曾是历代哈密王的贡瓜种植地。哈密王额贝都拉在公元1698年给大清康熙皇帝进贡甜瓜，受康熙皇帝金口玉言赐名"哈密瓜"，而得以名垂青史。如今，第十三代贡瓜传人尼亚孜·哈斯木仍然在卡日塔里村的土地上种植着传统的哈密贡瓜。

为提高哈密瓜的知名度，现已建成10 000多平方米的全电子智能温室种植大棚作为哈密瓜试验和栽培示范种植基地，目前1号大棚已经进行6 000平方米哈密瓜试验种

植。品种主要是恢复哈密瓜的老品种为主。是集观光旅游为一体的生态农业项目。

哈密贡瓜休闲观光园主要景点有：烽火台、箭阁，哈密瓜历史文化馆，各种水鸟、白鹭栖飞的鹤鸣湖，以哈密贡瓜传统种植工艺为特色的"哈密贡瓜专属种植区"，400米葡萄藤掩映的"品瓜长廊"，集民族特色餐饮、风情歌舞娱乐、特色旅游产品购物为一体的蜜园，针对孩子和家长的、体现亲情的亲子园，以划船垂钓、野营度假、沙漠越野探险活动为特色的水上游乐与自助野营乐园区等。凭借得天独厚的地理优势和浓厚的哈密瓜种植文化底蕴，因而侧重于逐渐培育和发展以哈密瓜种植方式为基础的、集"游、采、食、购、学、乐"为一体的休闲农业与乡村旅游观光园。

哈密贡瓜休闲观光园，在带动地方旅游产业的发展和提高当地农民收入方面起到了重要作用。通过创建生态村生态景区、实施科技兴农等项目，安置解决了大量本地少数民族职工和农村剩余劳动力。经测算，直接就业人数和间接就业人数超过百人，给当地农民带来就业机会，卡日塔里村各项指标均已达到国家级生态村达标要求，人均纯收入达12 800元。缓解了当地的就业压力，对于维护社会稳定具有重大意义。

后续将对哈密贡瓜休闲观光园的绿化、基础设施等进行升级和改造，建成集宣传、教育、娱乐为一体的多功能教室，从硬件上保证哈密瓜种植技术的培训及从业人员的职业培训，为带动周边农民收入的提高打好基础。针对休闲观光农业的特点和要求，进一步建设和完善种植示范园的相关设施，保证示范园方案的顺利实施。积极引导当地瓜农向绿色生态种植转变，创建以绿色生态为基础的哈密瓜"贡瓜"品牌。通过旅游文化带动和提升哈密瓜文化内涵，并不断挖掘和发扬"贡瓜"历史文化作用和潜在的市场价值，使哈密瓜这个享誉世界的优质瓜果重新进入世界名贵瓜果的行列。

青岛市莱西市沽河休闲农业示范园

近年来，莱西市沽河街道借力大沽河综合治理、世界休闲体育大会举办等优势条件，依托大沽河自然风光、成片的果园景观、悠然田园生活、多样民俗风情以及传统农耕文化的先天优势，以"旅游拉动产业、产业支撑农业、农业助推旅游、品牌树立形象"为总揽，创新培育"半岛水乡·多彩沽河"镇域品牌，做好大沽河滨水休闲带和S209美丽乡村旅游路的规划建设，加快推进全国长寿之乡和国家休闲农业与乡村旅游示范点的创建步伐，逐步形成了休闲农业、乡村旅游、产业融合、联动发展"四位一体"的休闲农业与乡村旅游发展模式，推动镇域魅力整体提升。

一、经营情况

莱西市沽河街道主导产业为果品、蔬菜，资产规模12 000万元，全街道主要旅游景区共接待国内外游客30万人次，同比增长15%。其中境外游客0.5万人次，同比增长18%。年营业收入8 000万元，其中农产品销售收入3 000万元。年实现利润800万元，年上缴税金30万元。各景区多种经营，吸引游客，增加收入。目前已培育建成山后韭菜生态园、佰川佳禾生态园、大沽河万亩果品生态园、神岭休闲谷、曲家庄葡萄庄园、丰诺优质桃生态园、吉林森工苗木基地等10多个精品特色农业园和青岛白鹭湖温泉度假村等5个三星级以上农家乐示范点，构建起"食、住、行、游、购、娱"为一体的乡村旅游网络。

二、发展规划

莱西市沽河街道对乡村旅游工作非常重视，专门成立了乡村旅游工作领导小组，依托大沽河自然资源、特色产业、田园景观和民俗文化，专门聘请北京九鼎辉煌旅游发展研究院对全街道乡村旅游进行了详细规划，致力于将规划区打造为中国悠然生活方式实验区、田园式养生养老实验基地、全国休闲农业与乡村旅游示范点、全国美丽乡村创建示范乡村及中国最美休闲乡村和美丽田园示范点。具体规划如下：

（一）三大组团

沽河农耕文化展示组团、长广悠然养生综合组团、孙受田园果蔬体验组团。

（二）七大重点项目

中国最美果园、田园养生养老基地、悠然生活八雅园、沽河农耕记忆文化园、长广水乡、农业研学乐园、花岭生态园。

（三）29个支撑子项目

北栾家寨古兵寨、沽河工业旅游园、旅游综合服务中心、童话水城、沽河母亲沙雕等29个项目。

三、基础建设

（一）区位、交通、资源、基础设施配套

莱西市沽河街道区位优越，位于莱西市城区西部，紧邻大沽河，大沽河流域长29.8千米（29个村），距离主城区5千米；交通便捷，沈海高速公路、209省道、青荣城际轻轨、蓝烟铁路纵贯南北，莱潍高速公路、309国道横穿东西，沈海高速公路莱西出入口设在境内，地处青岛市1小时经济圈内；资源丰富，是全国商品粮、畜牧养殖、林果生产基地，流经境内的河流有大沽河、长广河等10余条，拥有优质的天然矿泉水资源；基础设施完善，青岛九联集团能源公司可为企业足量供热，供热量为每小时50吨；埃维天然气公司可为区内企业供天然气，供应能力为30万立方米/日；水资源充足，日供水能力可达20万吨；电力便捷，拥有220千伏变电站1座，35千伏变电站1座，在建100千伏变电站1座，可根据用户需求提供35千

伏双回路电力供应；污水管网配套完善，排污管道同城市污水处理厂接通，日处理污水能力达到10万吨。

（二）重点农业园区情况

1. 山后韭菜生态休闲农业园。该项目位于沽河街道董家山后村，由青岛杰丰农业投资建设，占地2 000亩。目前，已累计投资9 000多万元，完成了"山后人家·有机农庄"、黑猪生态养殖场、手工作坊一条街、"番茄联合国"、草莓采摘区、农家乐、联动温室棚、园区道路硬化等项目建设工作，打造了集休闲、旅游、采摘、餐饮及科技示范为一体的综合性农业园区。2015年计划投资3 000多万元，打造薰衣草观光园、木屋别墅区、休闲渔业示范基地等，进一步丰富园区功能，提升园区档次。

2. 青岛佰川佳禾农业示范园。该项目总投资8 000万元，占地1 200亩，园区定位为休闲观光型、特色农家乐、采摘型、快乐农场认种型、民俗文化型于一体的现代农业示范园。目前园区已完成建设面积800亩，完成投资4 600万元，完成平塘、蓄水池、道路、假山、联栋温室等工程建设20余项。该项目正与江苏绿港集团合作，引进荷兰现代农业种植模式，规划建设2万平方米温室大棚，10月将对游客开放。

3. 曲家庄葡萄庄园。该项目总投资700万元，规划面积400亩，目前已完成的项目包括20亩联栋大棚、700米葡萄观光长廊、冷风库、沼气池、蓄水池、农家乐等。注册的"曲家庄牌"葡萄已成功进入青岛、莱西各大超市，受到广大消费者青睐，该基地已通过青岛市无公害农产品生产基地认证，被评为山东省及青岛市旅游示范点，"曲家庄"牌葡萄已获国家级无公害农产品认证，被评为山东省著名商标。

4. 大沽河万亩果品生态园。该项目是青岛市确认的现代农业示范园区，总投资3.8亿元，规划面积2.5万亩，涵盖张格庄、北

张家寨子、马家会等18个村庄。全部项目实施后，预计可实现年销售收入3.6亿元，直接带动农户6 500户，新增就业岗位6 000个。核心区张格庄休闲服务区占地50亩，已完成投资3 000多万元，建成大型宣传拱门1处、观景休闲台1座、停车场1处、采摘园1处、农家乐1处和休闲亭2座。大沽河书画基地、润耕农家于2015年正式对外开放。下一步，园区将紧紧抓住大沽河生态中轴和世界休闲体育大会等历史性机遇，建设台湾风情儿童果园和"台湾岛"等旅游项目，打造集特色生态餐饮、休闲娱乐、果蔬采摘、户外婚庆、休闲农业种植体验等于一体的大沽河生态农业观光带。

5. 青岛神岭生态休闲农业园。园区总投资2 000万元，占地面积1 000亩，已完成了平塘、扬水站、蓄水池、道路硬化、低压灌溉等16项工程，观光瞭望塔、凉亭、阳光联栋正在建设当中。园区内有孙受东山战役遗址，目前正与上级有关部门对接，计划重修孙受东山"抗日烈士纪念塔"，打造莱西市德育教育基地。同时，建设沽河母亲沙雕一座，打造大沽河旅游的标志性景观节点。

6. 青岛白鹭湖温泉度假区。青岛白鹭湖温泉度假区是青岛市服务业重点大项目之一，总投资12亿元，注册资本7 955万元，占地1 950亩。拥有南北双湖、双山、70池温泉、4万平方米温泉度假酒店及温泉养生区、一期47栋意大利风情湖景独栋别墅，是集温泉养生、生态旅游、休闲度假等多功能于一体的国际性主题温泉度假区，被列为青岛市重点旅游项目，得到了国内著名温泉专家的高度评价。其中一期投资3.8亿元，建筑面积5.1万平方米，包括四星级的白鹭湖温泉大酒店等18项工程。于2010年9月开工建设，目前白鹭湖温泉大酒店、服务区、52户温泉屋已经于2013年4月开始营业，日接待能力500～800人。

四、休闲功能开发

莱西市沽河街道目前已培育了5处莱西市以上"乡村旅游"示范点。其中青岛白鹭湖温泉度假村为青岛乡村旅游特色点，是集温泉、客房、餐饮、休闲、会议、娱乐等为一体的大型综合旅游度假区。山后韭菜生态休闲农业园是山东省农业旅游示范点、山东省畜牧旅游示范区、青岛市乡村旅游特色点、AAA级旅游景区。曲家庄葡萄庄园是山东省农业旅游示范点、青岛市乡村旅游特色点。青岛神岭生态休闲农业园是山东省农业旅游示范点，是集生态种养、休闲观光、采摘垂钓、民俗文化与一体的现代农业园。青岛佰川佳禾生态园是莱西市乡村旅游示范点。大沽河万亩果品生态园涵盖大沽河沿岸张格庄、蒲湾泊、藕湾头、北张家寨子、马家会、西张家寨子等18个村庄，园区规划占地面积2.5万亩，园区核心区位于沽河街道办事处张格庄、蒲湾泊村，面积2 310亩。

示范园以生态休闲农业加农业文化为主，实现休闲、观光、采摘、餐饮、娱乐为一体，做成四季有花香、四季有果采的生态休闲文化农业园。充分利用沽河街道大沽河沿岸旅游景观、韭菜特色镇农业特色，研究策划好乡村旅游示范点创建主题推介活动，实现经济、文化、生态、景观效益相统一。每年1月举行"山后韭菜采摘节"相关的田园观光、科普教育活动，2～4月举办山后草莓采摘节，4～5月举办吕家庄桑葚采摘节，每年6～10月举办3次葡萄采摘节，每年10～11月举办山楂、苹果、地瓜采摘节。相关的旅游休闲活动吸引了大批的游客，同时满足了当地人民群众农业文化的生活需求，提高了生活品质，有助于促进和谐社会的发展。

五、对当地经济带动情况

通过园区项目的建设，辐射周边蔬菜、

水果种植基地，带动现代都市农业、乡村旅游业的快速发展，从而增加农民就业、促进农民增收，实现区域的整体发展。截至目前，辖区内农业示范园区资产规模达到12 000万元，年营业收入8 000万元，其中农产品销售收入3 000万元，从业人员达到1 200人，其中吸纳农村劳动力800人，从业人员平均年收入达到了40 000元/人，人均增收23 010元，带动农户数3 000户。

在带动就业、实现增收的同时，通过大面积推广应用无公害蔬菜种植技术，实施基地化的管理体系，不但可以提高基层农业技术人员和广大农产品种植户的科技素质，而且可明显改善蔬菜、水果品质，增强市场竞争力。种植基地或合作社组织农民实行统一标准化生产管理，农业局蔬菜站、植保站等技术人员每年对农户进行定期及不定期的技术培训，包括从种植到收获全过程的科学指导与示范，如蔬菜种植、用药、用肥、收获、储藏、无公害食品操作规范等，让基地农民能够掌握一整套的科学管理办法，带动农业技术的推广和应用。

青岛市黄岛区海青镇茶业生态示范区

一、基本情况

海青茶业生态示范区位于黄岛区海青镇北部，距镇驻地8千米，由海青镇茶山社区、甜河社区全部村庄和海青社区部分村庄组成，共19个村，面积约20平方千米，拥有茶园2万亩。示范区围绕完善茶叶园区的生产功能、展示功能、生活功能、休闲功能和辐射功能，采取"六新一塑"综合措施，推进海青茶业全产业链发展提升，力促海青生态农业观光和乡村旅游业做大做强。

二、发展优势

示范区所在的青岛市黄岛区海青镇处于青岛市最西端，南接日照市，北倚诸城市，西邻五莲县，先后荣获全国环境优美镇、全国农业旅游示范点、省级文明村镇、全国一村一品示范村镇、省级旅游强镇等称号，是20世纪60年代山东省委、省政府实施"南茶北引、南竹北移"战略第一镇。

目前，全镇共拥有茶叶面积3万亩，可采面积2万亩，拥有茶叶专业种植村43个，国家级无公害茶园基地6处，有机茶园基地5处，加工企业200多家，研制开发12大系列30余个品种，申请注册40多个茶叶商标，年生产干茶100余万千克，实现经济效益1.8亿元。已有22家茶叶加工企业通过了QS认证，全镇有机食品生产企业达到6家。先后100多个茶叶品牌被评为部优、省优名茶，在"中茶杯"全国名优茶评比活动中多次获奖，迈入了全国名优茶行列。

三、主要做法

示范区依托得天独厚的山、茶、竹、林、水资源以及厚重的历史资源，坚持茶叶产业、文化产业、旅游产业融合发展，全面展现"茶叶、民俗、生态、古村"风貌，做活茶叶、生态、旅游3篇文章，打造"北域江南"，建设以休闲农业和乡村旅游为核心的美丽休闲示范点。示范区按照"规划一步到位，建设分步实施"的原则，已先后投入资金5 000余万元，对示范区内的道路、茶园、景点、基础设施进行生态、旅游、观光综合开发。已硬化11 800米的环山路，整修8 000米游览路，架设5 000多米供电线路，设置旅游线路2条，旅游景点12处，与多家旅行社建立了合作关系。布设了相关游玩设施和道路指向牌、景点简介牌，修建了厕所、停车场、游客接待中心、茶圣陆羽塑像，不同风格的竹楼、竹亭、观光亭等景点，在竹林内铺设了800余米的步行甬道，大型游客接待中心和绿茶文化展览即将开工建设，建成后将使示范区的硬环境得以进一步完善。示范区先后成功引进了青岛海青茶业投资有限公司、双龙茶苑、大美海青、大美凤眼、凤翥祥旅游文化、杜鹃谷6个项目入驻，总投资达到12.5亿元。

四、取得成效

示范区依托丰富的旅游资源及良好的生态环境，使乡村旅游发展取得了良好的成效，海青绿茶采茶节连续4届在园区成功举办，成为乡村旅游观光的一大亮点。2014年，海青镇茶业生态示范区共接待游客35.1万人，旅游收入3 170.5万元，从事旅游经营的规模企业达10余家，发展农家乐20多家，旅游从业人员11 350人。海青茶业生态示范区2014年被列为青岛市现代农业园区示范园；2014年7月，海青镇荣获第四批全国一村一品示范村镇；2014年11月，海青茶通过国家农产品地理标志登记认证。

五、下步打算

下一步，示范区以独特的水乡风情、茶竹文化，融合山水文化与休闲度假，打造以"静雅海青""生态海青"为主题的独特旅居体验，致力于"国家农业公园"建设，力求3年内争创国家AAAA级旅游景区，在快节奏的都市生活中，为人们营造一个回味生活、感悟生命、放空心灵的世外桃源，努力把园区建设成为具有竞争力的全国休闲农业与乡村旅游目的地。

第四师六十九团香极地香料植物观光园

六十九团香极地香料植物观光园位于伊犁察布查尔锡伯自治县东部，南依乌孙山，北傍伊犁河，距察布查尔锡伯县城25千米，都拉塔边境口岸90千米，北至伊宁市9千米，总面积1 527 416平方米（2 293亩），水资源丰富，主要水源是伊犁河。园区项目有

以下几大功能区块：香料产品展示区、餐饮民俗体验区、塞上江南区、加工配套区、日光温室区、儿童游乐区、娱乐休闲区等。本旅游区是以"精品玫瑰花种植"为引领、香草育苗栽培为主题，集生态观光游览、农事体验、农业科普教育等功能，融和"吃、住、行、游、购、娱"旅游传统六要素及"商、闲、养、学、情、奇"旅游创新要素为一体的乡村生态农业旅游区。

目前六十九团观光园项目正在向国家旅游局申请AAA级别旅游景区的评定，景区内目前包括香料植物观光园、户外婚庆广场、香料生产工艺参观、初级香料加工体验、香料植物亲子教育等多个已经投入经营的旅游项目，园区年接待游客数35万人，年营业收入2 170万元，直接经济利润227万元。观光园紧靠伊犁河沿岸景观带，伊犁河沿岸景观带是伊宁市市民主要休闲的场所，目前伊犁河沿岸景观带观光路已与观光园道路相连接。观光园与伊宁市察布查尔锡伯自治县至昭苏县的伊照公路相连接，沿途景区有锡伯族民俗博物馆、琼博乐国家森林公园、白石峰、草原石人、夏特古道、格登碑等，以上景区皆为3A级以上景区，而观光园区是这条旅游线路上的第一站，具有较好的区位优势。

观光园区紧靠大稻河水域，与大稻河沿河景观带相连接，即将规划建设连接大稻河的激情漂流、沿河花卉观光园、滨河休闲屋项目。园区二期即将建设天然香料SPA休闲会馆、香料主题游泳馆、玫瑰主题餐厅、音乐餐吧、伊犁河湿地休闲住宿区等，持续打造占地2 500亩的观光园二期，增强观光园的配套服务功能。

现已建成2.2千米双向四车道观光大道，1.6千米观光园区砂石路、300米木栈道、鹅卵石路面600米、观光塔2个、休闲亭4座、游客智能厕所2个、游客服务中心1个、购物中心1个、停车场4 000平方米、占地100亩婚庆广场1个、蔬菜采摘园2个共60亩、

专业化油桃采摘大棚 23 个、亲子香料植物教育基地一个、香料初级加工体验区 1 个。

目前观光园区已经开发出"六十九团香料产业观光半日游""六十九团金色夕阳花卉观光半日游""六十九团渔乐人家，香料王国观光一日游"等旅游线路，并且与伊犁哈萨克自治州旅行社协会达成合作协议，已经开始接待境内外游客及旅游团体。园区内开发出绚丽玫瑰、金色雏菊、紫色梦幻、多彩花海等多个景点供游客观赏，目前已经开发出薄荷采摘、制茶教学、洋甘菊采摘、烘焙制茶，西域玫瑰采摘、烘焙制茶，薰衣草采摘，初级精油萃取体验，大马士革玫瑰采摘，纯露加工体验等 18 个根据花季全年分布的旅游体验、消费项目。园区内的特色婚庆广场已投入使用，可接待伊犁哈萨克自治州范围内的各项露天活动及婚礼，园区可为活动提供相应的配套服务。观光园区已与六十九团境内的多家休闲农家乐、垂钓庄园、果蔬种植园形成联营，制定出一套完整的旅游休闲消费体系，观光园的配套餐饮得以解决。旅游服务采取互惠互利的办法，如观光园采摘果蔬购买后可在农家乐免费加工，垂钓所得可在农家乐享受加工优惠，农家乐消费可免费参观香料基地等，我们致力于通过观光园联动所有旅游资源，带动旅游发展，增加旅游收入。

观光园项目建成之后，六十九团对于观光园以及旅游产业做了大量的宣传工作。聘请策划咨询有限公司为香料产业园区做总体宣传推广方案，聘请专业人员谱曲作词，制作 MV，打响"香极地"整体品牌，以品牌带动区域发展，以区域发展促旅游。观光园投入使用之后，利用广播电视、专栏等形式，大力宣传景区特色旅游资源。邀请专业摄影、摄像人员、资深记者等对观光园区的自然风光、人文景观进行拍摄，制作出图文精美、感染力强的旅游宣传品。同时，设置大型户外广告牌等加大宣传力度，进一步提升观光园区旅游客源地的认知度。观光园区正在筹备伊犁第一届玫瑰旅游节、第一届万花旅游节，通过旅游节的形式提升区域知名度，增加来园游客数量。同时也为农民创造更多的就业就会，为农民增收搭建平台。通过宣传，逐渐推出花季旅游的概念，确保每一个季节都有不同花卉开放，确保全年观赏，长期营利。

观光园所在区域为第四师六十九团六连，这里原为一个纯粹的农业种植连队，连队人数不足千人，多数从事基础种植业，贫困人口 120 余人，人均年收入不足 2 万元。香料产业观光园建成以后，六连逐渐由一个种植连队变为一个休闲旅游连队，全连直接从事旅游服务工作的人数达 200 余人，从事旅游相关工作的人数达 600 余人，占全连总人口的 70% 以上。农民平均收入从原来的 1 万余元增长到 2.8 万元，直接从事旅游相关服务工作的农民收入增长到 4.2 万元。香料产业观光园的建立也同时带动了全团旅游产业的发展，其中九连就投资 200 余万元，建设了全疆唯一一家孔雀观光休闲农家，二连投资 100 余万元，建设了 100 余亩的绿色果蔬采摘基地。香料产业观光园的经营模式，也带动了当地农民的创业热情，特色农家乐、休闲垂钓园逐渐增加，农民的收入得到了提高。

如今，园区内已经是百花齐放、鸟语花香。以六十九团现代农业示范景观园区为依托，观光休闲农业发展势头强劲，特色农家庭院、亲子教育基地建设有声有色，一个最具魅力的休闲旅游乡村正在成为更多的都市人休闲度假的好去处。

领导讲话

在全国农产品加工业暨休闲农业工作会议上的讲话

农业部副部长　陈晓华

（2015 年 12 月 29 日）

党的十八届五中全会描绘了全面建成小康社会的宏伟蓝图。中央经济工作会议、中央农村工作会议，对"十三五"和 2016 年的农业农村工作提出了明确要求。韩长赋部长在全国农业工作会议上，就贯彻落实中央精神，做好"十三五"和 2016 年农业农村经济工作进行了部署安排。今天会议的主要任务是，深入贯彻落实党中央国务院的决策部署和农业部党组的工作安排，认真总结"十二五"行业发展的成就经验，分析面临的新形势，研究部署 2016 年和"十三五"的重点工作。下面，我讲三点意见。

一、肯定新成绩，总结新经验

"十二五"时期，伴随我国传统农业向现代农业转变，依靠市场拉动、科技驱动和政策推动，农产品加工业保持了较快增长，形成了新的发展格局，成为产业关联度高、行业覆盖面广、中小微企业多、带动作用强的重要支柱产业和民生产业，是现代农业发展的重要标志，为"三农"和经济社会发展全局做出了重要贡献。

（一）总量规模快速扩大。农产品加工业已成为体量巨大的朝阳产业。2011—2015 年，规模以上农产品加工业主营业务收入从 13 万亿增加到 20 万亿元，年均增长 11%，在工业中占比从 16% 提高到 18%，很多农产品加工大省工业中已是三分天下有其一，加工业与农业总产值比值从 1.8：1 提高到 2.2：1。规模以上企业从 6.9 万家发展到 7.6 万家，大中型企业比例达到 16.15%，年销售收入超过 1 亿元的企业近 2 万家，超过 100 亿元的龙头企业达 70 家（其中超 500 亿

元的 5 家），成为经营主体融合共生的主导者、产业环节融合互动的引领者、资源要素融合渗透的推动者。

（二）发展动力持续强劲。"十二五"期间，社会资本加快进入农产品加工业，既不与民争利，又带农增收。规模以上农产品加工业完成固定资产投入累计达到 16.8 万亿元，年均增长 19%，其中 2015 年预计达 4 万亿元，同比增长 9.7%，高于工业 2 个百分点；实现利润总额 1.2 万亿元，同比增长 8%，成为经济发展新的亮点，为新常态下稳增长发挥了重要带动作用。

（三）产业结构优化升级。特色优势产业进一步发展，落后产能逐步消化，装备技术升级加快，为产业发展增强了新的发展动能。目前食用类加工业主营业务收入占农产品加工业比重达 52%。主要农产品加工初步形成齐全的国产化机械设备品种，如肉类加工设备国产化 88.5% 以上，粮油加工设备逐步替代进口。沿海发达地区和城市周边地区正在推进腾笼换鸟、机器换人、电商换市，一批名企、名品、名家正在培育成长。

（四）空间布局更趋合理。农产品加工业逐步向加工园区、物流节点、优势主产区集聚，形成了一批特色产业集群。2015 年农产品加工园区达到 1 600 家，汇聚了 3.5 万家企业（其中龙头企业 1.5 万家），成为优秀企业和名牌产品的聚集地；山东、河南、四川、内蒙古等 10 个畜禽大省的肉类加工总量占到全国的 80%；河南方便食品、湖南辣味、安徽炒货、福建膨化、湖北冷冻、四川豆制品等形成区域特色品牌。

（五）融合发展趋势明显。农村一二三产业融合发展势头逐步显现。农业经营主体接二连三融合，吸引农民直接以资金、农产品、土地经营权入股合作社发展加工和流通业，全国农民合作社中已有 53.3% 从事产加销一体化经营。龙头企业前延后伸融合，将农户、加工企业和经销商等不同环节的经营主体，

在空间上集聚形成利益共同体，你中有我我中有你相互交叉融合，打造了农业产业化升级版。"互联网＋"等新信息技术渗透融合，将电子商务、加工体验和中央厨房等新业态引入，模糊产业边界，实现网络连接，大大缩短了供求距离，降低了经营成本。

农产品加工业的发展，延长了农业产业链价值链，推动现代农业产业体系、生产体系、经营体系加快构建，实现补农建农带农。目前农民人均收入9％以上来自农产品加工业工资性收入，加上关联产业比重更大，每亿元加工营收吸纳96人就业，明显高于工业；农业逐步从出售原字号农产品转向加工制品，我国农产品市场供应量的1/3、"菜篮子"产品供给的2/3以上都是加工制品。可以讲，"十二五"是我国农产品加工业大发展的时期。

与此同时，休闲农业和乡村旅游风生水起、百花齐放、精彩纷呈，呈现出"发展加快、布局优化、质量提升、领域拓展"的良好态势，作为农业新的业态和农业新的增长点，其内涵日益丰富，呈现出旺盛的生命力。如果说农产品加工业是对农产品资源进行开发，将农产品"卖出去"来增加农民收入的话，休闲农业和乡村旅游则是对农业农村生产生活生态资源进行开发，将消费"引进来"带动农民就业增收特别是贫困地区农民脱贫致富。正因如此，中央扶贫工作会议指出："有一些贫困地区有良好的自然环境和独特的人文环境，通过发展乡村旅游，农产品变成旅游产品，农家院变成旅游设施，绿水青山变成了群众脱贫致富的金山银山"。据不完全统计，目前全国休闲农业经营主体180万家，预计2015年经营收入3 500亿元，接待游客11亿人次，带动3 300万农民受益，已成为农民就业增收的新亮点，成为城乡居民望山看水忆乡愁的好去处。

"十二五"时期农产品加工业及休闲农业发展成就来之不易，凝聚了各级管理部门、广大企业和亿万农民群众的智慧与汗水。可

以说，产业有了大发展，工作上了新台阶。在实践中大家积累了不少好经验。

一是始终把农业提质增效、农民就业增收作为推进工作的根本出发点。这些年，我们积极适应经济发展新常态，更加重视产业发展质量效益，指导企业以农为本，引领农业经营主体按照加工和市场需求组织生产经营，努力为农业注入资金技术管理等现代生产要素，着力破解农产品价格"天花板"与成本"地板"双重挤压以及资金技术等要素瓶颈问题，充分发挥产业增长带动作用，延伸农业产业链条、拓展农业产业功能，从纵横两个方面为农民开辟了新的就业增收渠道。

二是始终把市场决定和宏观指导作为推动工作的重要遵循。这些年，我们紧紧围绕产业需求，充分发挥市场决定性作用，同时更好地发挥政府的作用，通过政府搭建平台、平台聚集资源、资源服务产业，尊重企业主体地位，尊重基层首创精神，依托社会组织，整合资源要素，针对农产品加工薄弱环节、瓶颈制约和重点领域，发挥政府规划引导和政策扶持作用，强化各类公共服务，引导政府、企业、社会组织和农户形成了发展产业的合力，有效激发产业发展的活力。

三是始终把政策引导和项目推动作为推进工作的重要抓手。这些年，我们努力在财政、税收、投资、金融、用地等政策方面为产业发展争取空间，用政策来推动，用规划做引领，用标准来衡量，善于把问题变成课题，把课题变成政策，把政策变成项目，先后推动出台了粮食加工减损、加强科技创新、技术集成基地、综合利用、主食加工、合作社发展加工流通、人才队伍建设、休闲农业与乡村旅游、农民创业创新等方面的政策措施，开展主食加工提升等系列活动，有效组织实施了农产品产地初加工补助等财政项目，为产业发展发挥了积极的带动作用。

四是始终把创新和推广作为推进工作的重要着力点。这些年，我们努力把创新练就

成看家本事，瞄准资源配置、人才培育、体制机制建设、成果转化等关键问题，不断激发创新主体的积极性和主动性，出实招、下大力，在重大共性关键技术研发、产地初加工技术装备创新、传统加工技术传承创新、休闲农业、农业文化遗产、创意创新等方面培养了一支强有力的专家队伍，在成果推广应用、标准化进程、品牌培育、创新体系建设完善等方面形成了一套有效的机制，为产业发展提供了强有力的创新支撑。

五是始终把职能和队伍建设作为推进工作的重要保障。这些年，各级管理部门履职尽责，充分发挥职能作用，不断加强规划指导、管理监督、协调服务，整合系统资源，汇聚工作合力，形成了目标一致、上下联动、部门协作、一起发力、互相支持、攻坚克难、共同推进的工作格局。

二、适应新形势，明确新思路

党的十八届五中全会提出了创新、协调、绿色、开放、共享的五大发展理念，这是我们做好产业工作的行动指南和遵循依据。全会审议通过的《中共中央关于制定国民经济和社会发展第十三个五年规划的建议》，提出了"促进农产品精深加工和农村服务业发展，拓展农民增收渠道""种养加一体、一二三产业融合发展""完善创业扶持政策，鼓励以创业带就业，建立面向人人的创业服务平台"等任务要求。中央扶贫工作会议强调要支持贫困地区发展农产品加工业，让贫困户更多分享农业全产业链和价值链增值收益。中央经济工作会议提出要加大结构性改革力度，特别是要把供给侧结构性改革作为重点，支持企业技术改造和设备更新，培育发展新产业，加快推进现代农业建设。中央农村工作会议也就推动农产品加工业转型升级、大力发展休闲农业和乡村旅游、完善农业产业链与农民利益联结机制、推进农村劳动力转移就业和农民工市民化等工作进行了全面部署。

中央的部署要求为做好今后一个时期的工作指明了方向，我们要认真贯彻落实。

"十三五"时期是全面建成小康社会的决胜期，是传统农业向现代农业加快转变的关键期，也是我们产业发展的转型升级期。一方面，全面小康社会，居民收入倍增、人们消费结构变化、消费档次升级，形成新的需求，加之现代装备技术、生物技术和信息技术发展催生新产业新业态，为产业发展开辟了广阔空间。另一方面，我国经济进入速度变化、结构优化、动力转化的新常态，产业发展内外部环境发生了深刻变化，我国面临着资源环境约束加大、要素供应趋紧、投入成本上升等严峻挑战，推动经济转型升级、推进供给侧结构性改革势在必行。我们要适应新形势，明确新思路。

（一）坚持以农业增效和农民增收为工作目标。这些年，我国农业发展取得了巨大成就，粮食和主要农产品连年增产，农民收入也连年增长，但受农业生产成本上升、农产品价格下行等因素影响，农业比较效益下降，农民增收难度加大。不解决好这个问题，农业强起来、农民富起来就会成为空话。这就需要提升新的农业增值空间，开辟新的农民增收渠道。农产品加工业和休闲农业，一端连着田间地头，一端伸向消费市场，搭建起沟通城乡的桥梁，既吸引城市资金、技术、人才、管理等要素向农业农村流动，又拓展农业多种功能，促进农产品转化增值。五中全会提出共享发展，在农村首先要发展那些农民能够广泛参与、共享产业链价值链增值收益的产业。因此，我们要以促进农业提质增效，带动农民就业增收为工作目标，坚持以农为本，立足农业资源特色优势，尊重企业和农民主体地位，做大做强产业，完善企、农利益联结机制，为实现农业多重增效和农民多渠道增收做出贡献。

（二）坚持以农村一二三产业融合发展为工作路径。推进农村一二三产业融合发展，是从中国国情出发，加快发展现代农业、促进农业增效、农民增收的重要举措。国际经验也表明，农业不仅是农产品的生产，还包括与农业相关联的第二产业和第三产业，农村一二三产业融合是发展农业现代化的必然要求。农产品加工业具有天然的"接一连三"的特殊属性，而休闲农业则更是农村一二三产业有机融合体。我们要按照"基在农业、利在农民、惠在农村"的要求，努力促进农业产加销紧密衔接，推进农业产业链整合和价值链提升。引导各类经营主体以农业为基本依托，以农产品加工业、休闲农业为载体，通过产业间相互渗透、交叉重组、前后联动、要素聚集、机制完善和跨界配置，将农村一二三产业有机整合、一体推进。通过采用合作制、股份合作制、股份制等组织形式，采取"保底收益＋按股分红"等方式，让农民共享产业融合发展的增值收益，培育农民增收新模式，形成利益、命运和责任共同体。通过实施农村产业融合发展试点工程，努力推动农村一二三产业融合发展与新型城镇化和农业现代化协调并进。

（三）要坚持以农产品加工业、休闲农业、农民创新创业三大任务为工作布局。经过几年的探索，我们已形成了农产品加工业、休闲农业、农民创新创业三大任务。这是推动农业提质增效、农民就业增收，促进农村一二三产业融合发展的有效抓手，适应新的形势，符合职责要求，应当成为今后一个时期的主体任务和工作布局。发展农产品加工业，推动农产品初加工、精深加工、综合利用加工协调发展，在努力提高农产品加工转化率和附加值的同时，大力推动规模扩张向转型升级、要素驱动向创新驱动、分散布局向产业集群转变，更加注重提高发展质量和效益，更加注重供给侧结构性改革，更加注重促进绿色生产方式和消费方式，更加注重资源环境和集约发展，构建政策扶持、科技创新、人才支撑、公共服务、组织管理体系。

到 2020 年，农产品加工业总量明显增长，结构明显优化，竞争力明显增强，争取年均增长 7％左右，农产品加工业产值与农业产值比值达到 2.5∶1 左右。发展休闲农业，要与现代农业、农产品加工业、美丽乡村、生态文明、文化创意产业建设、农民创业创新融为一体，注重规范管理、内涵提升、公共服务、文化发掘和氛围营造。要依托农村绿水青山、乡土文化等资源，发展休闲度假、旅游观光、农耕体验等，培育繁荣农村、富裕农民的新兴支柱产业。力争到 2020 年，产业规模年均增长 8％以上，布局优化、类型丰富、功能完善、特色明显的格局基本形成，从事休闲农业的农民收入较快增长，发展质量明显提高，可持续发展能力进一步增强。引导农民创业创新，要以营造良好农民创业创新生态环境、激发农民创业创新活力为主线，以返乡农民工等人员在农村创业创新为主体，持续推进农民创业创新行动计划、农村青年创业富民行动、开发农业农村资源支持农民工等人员返乡创业行动计划，引导农民在农村兴办家庭农场、领办农民合作社和小微企业，发展设施农业、规模种养业、农产品加工业、民俗民族工艺产业、休闲农业、乡村旅游、农产品流通、电子商务、养老、家教、生产资料供应、生活生产服务业。力争到 2020 年，形成较为完善的农民创业扶持政策体系、教育培训体系、孵化助推体系和社会服务体系，使农民创业创新蔚然成风。

三、采取新举措，开拓新局面

根据新的形势和任务，今后一个时期，要聚焦重点，集中力量，组织实施好"三大工程"。

第一，大力实施农产品加工业转型升级工程。

在工程实施上，要重点抓好四件事：一是加快发展农产品产地初加工。完善农产品初加工补助政策并高效廉洁规范实施，充分发挥补助政策的辐射带动作用，积极推动补助项目向优势产区、特色产区特别是贫困地区倾斜。加强初加工设施和装备建设，突破初加工关键环节，整体提升初加工水平。积极推进粮食加工减损增效，鼓励新型农业经营主体建设烘储设施。加强菜篮子产品和特色农产品产后商品化处理，改造升级贮藏、保鲜、烘干、分类分级、包装和运销等设施装备。二是推进精深加工。积极采用生物工程技术、超高温灭菌、冷冻保鲜、分子蒸馏等精深加工技术，在提取蛋白质、脂肪、纤维、新营养成分、药用成分及活性物质等方面取得突破。推动发展优秀国产农产品加工设备装备，逐步实现进口替代。三是提升主食加工水平。培育一批产权清晰化、生产标准化、技术集成化、管理科学化、经营品牌化的主食加工示范企业，推动主食加工技术、产品研发推广，加大品牌培育，推介成熟的发展经验和模式。四是推动综合利用。重点针对秸秆、稻壳、米糠等外果及皮渣、畜禽骨血、水产品皮骨内脏等副产物，主攻循环利用、全值高值利用和梯次利用，加强综合利用试点，一定要试点出样板和成效来。

在推进方式上，一要抓好政策指导扶持。集中精力研究制定大力促进农产品加工业发展意见，抓紧发布实施《农产品加工业与农村一二三产业融合发展规划》，结合优势农产品区域布局规划，合理、科学、有序地对主要农产品加工业进行优化结构布局。加大供给侧结构性改革，生产营养安全、美味健康、方便实惠的食品和质优、价廉、物美、实用的加工制品，提高供给体系的质量和效率。加强规划和政策引导，促进主产区农产品加工业加速发展，拓展主要农产品加工转化增值空间。支持粮食主产区发展粮食深加工，形成一批优势产业集群。推动解决好农产品加工的税收、用地、用电等问题。二要抓好科技创新。加强农产品加工技术创新，开发拥有自主知识产权的技术装备，支持农产品

加工设备改造提升，建设农产品加工技术集成基地。推进重大共性关键技术攻关，切实解决一批影响产业发展的共性重大技术装备难题。推广成熟适用技术，发布行业重大科技成果，加快推进互联网与科技成果转化结合。培育一批科技创新人才、企业家人才、技术骨干和生产能手。推进标准化进程和品牌培育，发挥生态、安全标作用，集中力量大力实施农产品加工业质量品牌提升计划，促进农产品加工业优胜劣汰，培育农产品精深加工领军企业和国内外知名品牌。三要抓好园区建设。着力强化现有园区基础设施和公共平台建设，完善园区功能，促进园区前延后伸，创建一批集标准化原料基地、集约化加工园区、体系化物流配送营销网络的农村一二三产业融合先导区。四要抓好公共服务。搭建政府服务公共平台，促进投资、贸易、银企、科企对接，搭建主销区向主产区产业梯度转移的各类平台。不断壮大农产品加工业行政管理和公共服务队伍，广泛开展咨询、信息、人才、融资、技术等公共服务及专业服务。建立以农产品加工信息网为主体的公共信息服务平台，搭建"中央＋地方"联动的公共信息服务体系，进一步完善农产品加工信息资源数据库，提高农产品加工信息资源共享水平；创新"互联网＋农产品加工业"形式，大力提升农产品加工业数字化、网络化、智能化水平。

第二，大力实施休闲农业提升工程。

在工程实施上，要重点抓好三件事：一是培育休闲农业品牌。做好顶层设计，用好的规划塑造出一个好的产业来。落实支持有条件的地区通过盘活农村闲置房屋、集体建设用地、"四荒地"、可用林场和水面等资产发展休闲农业和乡村旅游的政策。制定好的标准和程序，以全国休闲农业与乡村旅游示范县示范点创建、农业与乡村旅游星级企业创建活动为重点，打造一批最美休闲乡村、田园，形成一批叫得响、传得开、留得住的

知名品牌，逐步形成休闲农业的品牌体系。鼓励各地结合工作实际开展休闲农业特色村、星级户、精品线路等创建与推介活动，培育各具特色的地方品牌。二是持续发掘农业文化遗产。弘扬中华农耕文化，提升休闲农业与乡村旅游发展内涵。要按照"在发掘中保护、在利用中传承"的思路，以带动遗产地经济社会可持续发展为出发点和落脚点，开展农村文化遗产普查，加大挖掘、保护、传承和利用的力度，强化政策创设，完善工作机制，带动遗产地农民增收。三是推进休闲农业与乡村旅游精准扶贫。休闲农业和乡村旅游是精准扶贫的有效形式。对在资源禀赋、人文历史、交通区位等方面有发展休闲农业优势的贫困地区，优先扶持发展农家乐、小型采摘园、休闲农业专业村等项目，探索社会资本参与贫困地区发展休闲农业的利益分享机制，积极拓展农业多种功能，带动传统种养产业转型升级，助推农民脱贫致富。

在推进方式上，一要创新组织经营形式。积极扶持农民发展休闲旅游合作社。引导和支持社会资本开发农民参与度高、受益面广的休闲旅游项目。二要加大标准制修订。要在总结休闲农业与乡村旅游示范创建经验的基础上，研究修订创建标准，强化后续监管，确保发挥示范的引领带动作用。围绕农家乐、休闲农庄、休闲农园和民俗村四大类型，分门别类研究制定餐饮住宿、景观环境、食品卫生、安全消防和服务礼仪等方面的标准，推动产业的规范化发展、标准化服务、特色化运营。三要强化基础设施改造。要结合村庄整洁和美丽乡村建设，积极争取基本建设项目，在城市周边、景区周边、传统特色农区、扶贫攻坚地区，扶持建设一批功能完备、特色突出、服务优良的休闲农业专业村和休闲农业园，实现特色农业加速发展、村容环境净化美化和休闲服务能力同步提升，引领全国休闲农业与乡村旅游健康发展。采取以奖代补、先建后补、财政贴息、产业投资基金等方式，着力改善休闲农业与乡村旅游重点村基础服务设施。积极争取落实将休闲农业和乡村旅游项目建设用地，纳入土地利用总体规划和年度计划合理安排。四要加大宣传推介。农产品加工业是工业带动农业，休闲农业就是城市带动农村，做好向市民推介宣传很重要。要站在助推农民增收、方便市民休闲的角度，结合时间节点、产业特点和消费人群的个人化需求，通过报纸、电视等传统媒体和微信、移动互联网等新兴媒体，有组织、有计划地向社会推介一批休闲农业与乡村旅游精品景点和线路，扩大产业的知名度和吸引力，做到春赏花、夏消暑、秋采摘、冬年庆，四季不断，为产业发展营造良好的氛围。

第三，大力实施农民创业创新服务工程。

在工程实施上，要重点抓好三件事：一是落实和创设农民创业创新政策。打通创业创新扶持政策落实的"最后一千米"，确保各项优惠政策能落地生根。推动强农惠农富农政策和农业农村补助项目等向农民创业创新倾斜。支持各地根据本地实际创设更加优惠的政策措施。二是培育农民创业创新带头人。以返乡农民工、中高等学校毕业生、退役士兵、大学生村官为主体，培育一批农民创业创新带头人。以成功企业家、职业经理人、电商辅导员、天使投资人、创业带头人和科研院校专家为主体，培育一批农民创业创新辅导师。利用现有培训资源网络、远程传输、远程教育服务平台和培训机构，结合新型职业农民、农村实用人才、职业技能等培训计划，广泛开展农民创业技能培训，提高农民创业创新能力。三是搭建农民创业创新平台。利用现有工业园区和农业园区，建设一批农民创业创新园，真正让农民创业创新园成为好的抓手；利用名村、企业、园区和农贸市场，建设一批农民创业创新见习基地。

在推进方式上，一要建立工作机制。在部级联席会议制度框架下，围绕农民创业创新，加强部门间工作协调，形成工作合力。

指导各地建立健全农民创业创新职能，加强上下间工作联动，形成高效运行的长效机制。二要开展试点示范。持续推进农民创业创新行动计划、农村青年创业富民行动、开发农业农村资源支持农民工等人员返乡创业行动计划，创建一批农民创业创新试点县、试点乡和村。三要推介典型代表。总结推广一批农民创业创新模式，引导广大农民在创业创新中学习借鉴。开展农民创业创新大赛等活动，宣传推介一批农民创业创新带头人。四要提供公共服务。努力健全农村劳动力转移就业服务体系，大力促进就地就近转移就业创业，支持农民工返乡创业。积极配合实施新生代农民工职业技能提升计划，开展农村贫困家庭子女、未升学初高中毕业生、农民工、退役军人免费接受职业培训行动。鼓励各类协会、中介组织和社会机构开展农民创业创新综合性服务和专业类服务，开展各种促进创业创新的公益活动，为农民创业创新创造良好条件。

同志们，面对"十三五"新形势新任务，我们要切实增强责任感使命感，紧紧围绕促进农业提质增效，带动农民就业增收的目标，以改革创新精神继续加强系统自身建设，为事业发展提供坚强保障。这里，我提四点要求。一要加强作风建设。深入践行"三严三实"，以更严的标准和更实的作风做好各项工作，努力做到重实际、讲实情、出实招、办实事、求实效，主动破除一些过时的思维定势、路径依赖和工作惯性，实现思想观念上的新转变、方法路径上的新突破、作风面貌上的新气象，进一步树立全行业讲纪律守规矩、真抓实干的清风正气。二要加强学习和调查研究。加快知识更新，优化知识结构，努力建设一支勤于学习、善于思考、乐于实践的干部队伍。要注重调查研究，深入行业第一线、深入基层、深入实际，了解农民群众和企业的意愿需求，总结基层的实践创造，研究关系行业发展的全局性重大问题。三要创新抓手载体。深入挖掘现有各类典型示范

的好经验好做法，抓住那些一举多得和牵动全局的好措施好政策并一抓到底。要充分运用"互联网＋"思维和大数据技术，加强对新情况、新问题、新经验、新模式的研究总结。四要加强机构职能和队伍建设。争取地方党委政府的支持，优化内部职能配置，理顺职责分工，完善组织管理体系，发挥事业单位作用，加强系统自身建设，完善推动工作和服务基层的体系。增强大局意识、责任意识、使命意识、创新意识，保持奋发有为、开拓进取的精神状态，构建协同机制，加强上下联动，加强对外沟通协作，建立领导支持、部门配合、社会参与、行业服务、协调一致的管理服务机制。

2016 年及"十三五"农产品加工业、休闲农业和农民创业创新的任务已经明确，重点工作已经部署。我们要深入贯彻党中央、国务院的决策部署，紧密围绕农业部党组的中心工作，鼓足干劲、拼搏进取、求实创新、攻坚克难，努力推动各项产业发展不断登上新台阶，为促进农业现代化取得显著进展、确保如期建成全面小康社会提供更加有力的支撑，为稳增长、调结构、惠民生、防风险做出更大的贡献。

在第三批中国重要农业文化遗产发布活动上的讲话

农业部总农艺师　孙中华

（2015 年 11 月 17 日）

女士们、先生们、新闻界的朋友们：

大家好！今天，我们齐聚美丽的泰兴市，举行第三批中国重要农业文化遗产发布活动，目的是通过向社会宣传推介，让陈列在广阔大地上的农业遗产活起来，以扩大知名度，提高影响力，增强全社会的保护意识，为发掘工作营造良好氛围。借此，我代表农业部向第三批中国重要农业文化遗产所在地表示热烈的祝贺！向长期关心支持农业文化遗产

发掘工作的专家学者、新闻媒体和社会各界的朋友表示衷心的感谢！

中央对农业文化遗产高度重视。党的十八大提出，要建设优秀传统文化传承体系，弘扬中华优秀传统文化。习近平总书记指出，农耕文化是我国农业的宝贵财富，是中华文化的重要组成部分，不仅不能丢，而且要不断发扬光大，强调要让文化遗产活起来。2015年中央1号文件和《国务院办公厅关于加快转变农业发展方式的意见》等文件，强调拓展农业多种功能，传承弘扬农耕文化。《中共中央关于制定国民经济和社会发展第十三个五年规划的建议》指出，要构建中华传统文化传承体系，加强文化遗产保护。中共中央办公厅、国务院办公厅《深化农村改革综合性实施方案》要求"保护和传承有民族特色的农耕文明，加强农村地区的文化遗产保护，推动文化与特色农业有机结合。"我们要认真贯彻落实党中央、国务院的决策部署和要求，高度重视农业文化遗产的发掘、保护、传承和利用工作，深入挖掘其中的丰富价值，传承弘扬农耕文化，拓展农业多种功能。

我国农耕文化源远流长，是各族劳动人民长久以来生产、生活实践的智慧结晶，体现着中华民族的生命力和创造力，贯穿于中华传统文化的始终。中华民族在长期的生息发展中，凭借着独特而多样的自然条件和勤劳与智慧，创造了种类繁多、特色明显、经济与生态价值高度统一的传统农业生产系统，不仅推动了农业的发展，保障了百姓的生计，促进了社会的进步，也由此演进和创造了悠久灿烂的中华文明，成为中华文明立足传承之根基。时至今日，我国农业文化遗产中蕴含的天人合一、取物有时、循环利用等许多理念，在农民的日常生活和农业生产中都起着潜移默化的作用，在保护民族特色、传承文化传统中仍发挥着重要的基础作用。重要农业文化遗产是沉睡农耕文化的呼唤者，是悠久历史文化的传承者，是可持续性农业的

活态保护者。做好农业文化遗产的发掘保护与传承利用，实现在利用中传承和保护，不仅对增强产业发展后劲，带动遗产地农民就业增收，促进农业可持续发展具有重要作用，而且对传承农耕文明，弘扬农耕文化，增强国民对民族文化的认同感、自豪感，增进民族团结和维护社会稳定，实现中华民族永续发展都具有重要意义。

要看到，由于缺乏系统有效的保护，在经济快速发展和城镇化加快推进的过程中，一些重要农业文化遗产正在被破坏、被遗忘、被抛弃。为加强对我国重要农业文化遗产的挖掘、保护、传承和利用，农业部在对国内农业文化遗产现状进行广泛调研的基础上，坚持在发掘中保护、在利用中传承，于2012年在全国部署开展了中国重要农业文化遗产发掘工作，旨在通过发掘农业文化遗产的历史价值、文化和社会功能，探索传承的途径、方法，逐步形成中国重要农业文化遗产动态保护机制，努力推动遗产地生态、经济和社会效益的有机统一。前两批已经认定了39个中国重要农业文化遗产，其中11个遗产被联合国粮农组织认定为全球重要农业文化遗产，数量居世界各国之首。

第三批中国重要农业文化遗产发掘工作开展以来，各地高度重视，按照农业部制定的重要农业文化遗产管理办法、重要农业文化遗产申报书编写导则、保护与发展规划编写导则和认定标准，积极挖掘整理当地的重要农业文化遗产。农业部依托中国重要农业文化遗产专家委员会对地方挖掘整理、省级管理部门审核上报的资料进行了严格评审，并经过网上公示，最终确定北京平谷四座楼麻核桃生产系统等23个传统农业系统，为第三批中国重要农业文化遗产，包括千峰万壑中鳞次栉比的梯田，烟波浩渺的古茶庄园，古朴厚重盘根错节的古枣林，硕果累累生津止渴的杨梅栽培系统，叠翠流金层林尽染的银杏栽培系统等。这些遗产具有悠久的历史

渊源、独特的农业产品、丰富的生物资源、完善的知识技术体系以及较高的文化价值，见证着祖先吃苦耐劳和生生不息的精神，孕育着自然美、生态美、人文美、和谐美，在活态性、适应性、复合性、战略性、多功能性和濒危性等方面具有显著特征。

中国重要农业文化遗产是老祖宗留给我们的宝贵财富。我们一定要从对国家和历史负责的高度，充分认识保护农业文化遗产的重要性，进一步增强责任感和紧迫感，切实做好农业文化遗产保护工作。遗产所在地的省级农业管理部门要对辖区内的文化遗产加强指导、管理、服务和监督，强化宣传推介，积极争取扶持政策，持续推进文化遗产保护工作，为发掘工作提供有力保障。遗产所在地作为遗产保护、传承的主体，要以此为契机，按照制订的遗产保护规划和管理办法，切实履行职责，加大挖掘保护力度，强化传承展示，健全保护机制，推动遗产地生态、经济和社会效益的有机统一。农业部将进一步完善农业文化遗产动态保护机制，强化对遗产保护工作的监管措施，进一步树立重要农业文化遗产的公信力，更好地发挥示范和带动效应。

重要农业文化遗产有着丰富的文化内涵和独特的自然风貌，是发展休闲农业和乡村旅游不可多得的重要资源。今天来参会的代表，既是分管重要农业文化遗产工作的负责同志，也是分管休闲农业工作的负责同志。借此机会，我就做好休闲农业与乡村旅游工作再提几点要求。

一要强化规划引导。2016 年是"十三五"规划的开局之年，各级农业管理部门要深入学习、贯彻落实十八届五中全会精神和《深化农村改革综合性实施方案》，从战略和全局的高度深化对发展休闲农业的认识，将休闲农业与乡村旅游纳入当地国民经济和社会发展规划。并依据资源禀赋、历史文化和消费习惯，因地制宜编制本地休闲农业与乡村旅游发展专项规划，以规划引领和推动本地休闲农业与乡村旅游持续健康发展。

二要助推融合发展。为贯彻落实中央 1号文件精神，大力推进农村一二三产业融合发展，2015 年，财政部和农业部选择有条件的省区开展了试点工作。最近国务院将下发《关于推进农村一二三产业融合发展的指导意见》。各地要认真贯彻落实，积极探索农村一二三产业融合发展的机制和模式。休闲农业与乡村旅游是一二三产业融合的主体之一。要把休闲农业与乡村旅游作为促进融合发展的重点，及时总结新经验，探索新模式，打造新业态，为农民就业增收开辟新渠道、培育新的增长点。

三要落实扶持政策。近期，农业部会同国家发改委等 11 部委联合印发了《关于积极开发农业多种功能 大力促进休闲农业发展的通知》，明确了发展休闲农业的总体要求、重点任务和用地、财税、金融、公共服务四方面的扶持政策，各地要结合本地实际认真贯彻落实。要积极与相关部门沟通协商，努力争取制定含金量更高，指向性、精准性、操作性更强的配套政策措施，切实把《通知》要求落到实处。

四要及时总结经验。近年来，各地围绕加强规范管理、强化公共服务、丰富发展类型、拓展发展内涵、提升发展质量，进行了探索实践，积累了很多可复制、可推广的经验。及时将这些鲜活的经验进行总结推广，是推动全国休闲农业与乡村旅游发展的重要方法。下一步，农业部将组织召开全国休闲农业发展经验交流会，希望各地认真总结，提早准备。

五要加强宣传推介。近年来，农业部一直将宣传推介作为重点工作，先后组织开展了中国最美休闲乡村、中国美丽田园、创意精品推介活动，培育了一批品牌，并建立了休闲农业网络推介平台，极大地提升了休闲农业的知名度和影响力。特别是 2015 年国庆长假前，农业部通过制作专题网页、开发微信公众号、发布新闻通稿、组织各省开展推介等措施，向社会推介了一批休闲农业与乡村旅游精品景点和线路，取得了良好效果。国庆长假期间，专题网页浏览量超过 6 万次，微信转发和浏览量近 2 000 万人次，发布的精品线路和景点客流量明显上升，特色农产品销量明显增加。以后各地要把宣传推介工作作为重中之重，强化品牌培育，注重线路整合，拓展推介渠道，分季节、分特色、多渠道加强宣传推介，形成凡有节假日就有精品景点线路推介的长效机制。

同志们，加强重要农业文化遗产的发掘保护，是传承中华传统文化的基本依托，是促进农业可持续发展的有生力量，是提升产业文化内涵的必然选择。我们要认真贯彻中央决策部署，紧紧围绕促进农业提质增效、农民就业增收、居民休闲消费的目标任务，以农耕文化为魂，以美丽田园为韵，以生态农业为基，以创新创造为径，以古朴村落为形，将休闲农业与乡村旅游发展与农耕文化、生态文明、现代农业和农民创业创新、建设美丽乡村和美丽中国融为一体，协调推进。让我们齐心协力，严格保护，有序传承，科学利用，力争把农业文化遗产保护传承和休闲农业与乡村旅游工作推向一个新阶段，为传承农耕文明，促进农业强起来、农村美起来、农民富起来、全面建成小康社会做出新的更大的贡献！

谢谢大家！

在 2015 中国（庆阳）农耕文化节开幕式上的讲话

国家首席兽医师（官）　张仲秋
（2015 年 10 月 13 日）

各位领导，各位来宾，同志们、朋友们：

金秋十月，天高气爽，瓜果飘香，在这美好的季节里，2015 年中国（庆阳）农耕文化节今天隆重开幕了，我谨代表农业部，对农耕文化节的成功举办表示热烈的祝贺，对前来参加农耕文化节的各位领导、各位专家、社会各界人士表示热烈的欢迎！

从 2009 年开始举办第一届农耕文化节起，今年是第四届。随着农耕文化节的持续举办，农耕文化节的作用越来越大，农耕文化节的平台越来越大，农耕文化节的品牌也越来越响。

农耕文化节的持续举办，彰显着农耕文化的历史地位。中国农耕文化历史悠久，源远流长，是中华传统文化的根基。几千年来，农耕文化影响着中国的历史进程，影响着世界文明的发展。中国的农耕文化内涵丰富，博大精深，是中华民族宝贵的精神财富。它铸就了中国人民坚忍不拔、自强不息的精神，使中华民族历经磨难而不倒；铸就了形式多样、生生不息的民俗文化，使人民的生活丰富多彩。农耕文化是我国劳动人民几千年生产和生活实践的智慧结晶，孕育了中华民族天人合一的思想和以和为贵的核心理念，铸就了中华民族自强不息的精神，创造了形式多样的民俗文化。居于黄土高原和黄河中下游的庆阳，是中华民族早期农耕文化的主要发源地之一。早在 4 000 多年前，周先祖不窋在庆阳一带教民稼穑，开启了农耕文明的先河，史称"周道之兴自此始"。悠久的农耕文化对庆阳的社会历史、经济发展、民俗文化产生了深刻的影响，历史上庆阳也一直是我国农业生产的重要区域，素有"陇东粮仓"之称。通过举办农耕文化节，农耕文化不仅没有丢，而且得到发扬光大。

农耕文化节的持续举办，体现着农耕文化的现实作用。农耕文化节的举办，促进着农耕文化的传承和弘扬，让精耕细作的集约化耕作制度得以秉承，在我国人多地少的国情条件下，为保障国家粮食安全做出巨大贡献，成为增加农产品供给的重要举措；农耕文化的传承和弘扬，极大地拓展着农业功能，为促进休闲旅游农业以及农村服务业发展做出积极贡献，成为增加农民收入的重要途径；

农耕文化的传承和弘扬，积极促进着生态农业、绿色农业、循环农业发展，为推进农产品质量安全和农村节能减排做出积极贡献，成为提高质量安全和改善农村生态环境的有效措施。农耕文化的传承与弘扬，不断推进着社会主义新农村建设与美丽乡村建设，为促进生态文明和乡风文明建设做出积极贡献，成为农村文化建设的重要内容。农耕文化节的举办，让农业更强，让农村更美，让农民更富。在推进中国特色农业现代化道路、建设社会主义新农村与美丽乡村的今天，持续举办中国农耕文化节，对于传承和创新农耕文化，服务现代农业，对于建设美丽乡村，建设美丽中国，显示出越来越重要的作用。

农耕文化节的持续举办，见证着庆阳的全面发展。庆阳是中华农耕文化的主要发源地之一，其历史悠久，底蕴深厚。自2009年中国首届农耕文化节在庆阳举办以来，农耕文化节的持续举办，其影响力对推动庆阳乃至甘肃经济的发展起到了重要的作用。庆阳全市的国民生产总值从2009年302.2亿元增长到2014年668.9亿元，农业生产总值从2009年44.3亿元增长到2014年的80.6亿元，凝聚着农耕文化精华的传统手工艺品行业得以迅速发展壮大、行业经营收入从2009年1.4亿元增长到2014年2.76亿元。农耕文化节的持续举办，为弘扬开发农耕文化与促进当地农村农业经济社会发展相结合提供了有意义的实践和探索，对于推动地方经济、政治、文化、社会、生态文明建设"五位一体"和谐发展做出积极贡献。中国（庆阳）农耕文化节正逐步成为农业领域独树一帜的、继承传播展示中国悠久农耕文化的品牌平台。

希望庆阳市以这次农耕文化节为契机，进一步开拓创新，不断丰富内容，努力把农耕文化节打造成文化传播的平台、交流合作的平台、招商引资的平台、壮大产业的平台和繁荣商贸的平台。我们相信，农耕文化节一定能越办越好，一定能让农耕文化在发展现代农业、建设美丽乡村中得到进步和升华，一定能为促进农民群众持续增收，促进农村社会繁荣稳定做出新的更大的贡献。

最后，预祝2015年中国（庆阳）农耕文化节取得圆满成功！

在全国农产品加工业暨休闲农业工作会议上的讲话

农业部农产品加工局（乡镇企业局）局长 宗锦耀

（2015年12月29日）

同志们：

这次会议是一次非常重要的会议，承前启后、继往开来，总结"十二五"成就经验，为"十二五"收官，部署"十三五"思路和重点工作，为"十三五"谋篇。会议深入贯彻党的十八届五中全会精神和刚刚召开的中央经济工作会议、中央农村工作会议和全国农业工作会议对农产品加工业、休闲农业、农民创业创新以及推进农村一二三产业融合发展的一系列决策部署。上午，陈晓华副部长从战略和全局的高度，总结了"十二五"成就经验，深刻分析了当前面临的新形势新任务，准确地为"十三五"产业发展定位定向定措施，对"三大工程"和各项工作重点做出了部署要求。讲话立足当前着眼长远，理论联系实际，提出了很多新思想、新观点、新论断，既有总体要求，又有具体措施，针对性和可操作性都很强，对做好明年和"十三五"工作具有十分重要的指导意义。我们要认真学习、深刻领会、贯彻落实，大力推进农产品加工业、休闲农业发展和农民创业创新，不断开拓农村一二三产业融合发展新境界。下面，我再讲三个方面的具体意见。

一、肯定成绩经验，进一步增强促进产业发展的决心信心

农产品加工业一头连着农业和农民、一

头连着工业和市民，亦工亦农，既与农业血脉相连，又与工商业密不可分。"十二五"期间，随着农产品总量增加、品种丰富和消费升级，以粮油产品、畜产品、水产品、蔬菜、水果和特色农产品加工为主的农产品加工业步入了两位数增长的快车道，极大地带动了上下关联产业的发展，形成了众多中小微企业，建设了现代农业，惠及了广大农民，繁荣了农村经济。休闲农业通过拓展农业的休闲观光、文化传承、生态涵养、教育科普等功能，围绕农业生产过程、农民劳动生活和农村良好生态以及乡土、乡风、乡韵等风情风貌，通过创意、创新、创造让人们品味农业情调、享受田园生活、体验农耕文化，带动了农村一二三产业融合发展。农民创业创新实质上就是农民兴办农村实体经济，就是农民利用自身资金、经验和技术积累，发现机会、整合资源、适应市场需求，开办新企业、开发新产品、开拓新市场，通过培育新业态、新技术、新模式进行创新，为农村经济提供新的动能和引擎。

即将过去的 2015 年，我国经济进入新常态、农业农村进入新阶段，面对复杂严峻的国内外经济形势，我们积极引导产业加快转型升级、创新发展，积极打造亮点，让农业"接二连三、隔二连三"，插上了"二产""三产"的翅膀，推进了农村一二三产业融合发展，实现了稳中有进、稳中向好、稳中提质、稳中增效，成为拉动农业农村经济发展的新增长极，为稳增长、调结构、促改革、惠民生、防风险做出了积极贡献。预计 2015 年农产品加工业主营业务收入可达 20 万亿元，约占全国工业的 18%，加工业与农业产值比约 2.2∶1，主要农产品加工转化率超过 60%；休闲农业主体 180 万家，预计收入 3 500 亿元。农民创业创新兴办实体经济取得积极进展，实现了以创新带创业、以创业带就业，为农民就地就近就业增收提供了新的动能。2015 年产业发展延续了多年以来的良好态

势，为"十二五"完美收官。过去 5 年，特别是即将过去的 2015 年，各级管理部门锐意进取，扎实工作，着力抓了以下重点工作：

（一）围绕农业提质增效和农民就业增收，大力推进农产品加工业稳定健康发展。加强政策落实创设。认真实施农产品产地初加工补助政策，积极协调扩大补助资金规模、完善工作机制、强化技术服务、加强督导检查和宣传，确保补助政策高效规范廉洁实施。2015 年，中央财政安排 10 亿元资金（其中 1 亿元用于马铃薯主食产品开发），比上年增长 66.7%，实施区域扩大到 20 个省份，在 320 个县扶持 14 843 个农户和 2 460 个专业合作社新建初加工设施共 2.4 万座，新增马铃薯贮藏能力 30 万吨、果蔬贮藏能力 66 万吨、果蔬烘干能力 83 万吨。农业部印发综合利用试点示范通知，在 18 个县（市）、36 个园区和 90 个企业进行试点。新疆维吾尔自治区 2015 年以产地初加工补助资金为源头，创新整合 3.6 亿元建设初加工设施，带动农户 24 万户，农民增收 8 亿元以上。湖北省争取了 55 亿元财政资金和 3 000 万元贴息资金支持农产品加工业发展；辽宁省对农产品加工业投资给予补助；河南省近三年共投入研发资金 13.2 亿元，研发新产品达 6 056 个。加强规划引领指导。启动了"全国农产品加工业与农村一二三产业融合发展规划"编制工作，组织开展重大问题课题研究，推进农产品加工技术集成基地规划编制和项目实施。大部分省份启动了"十三五"规划编制。吉林、福建、青海、西藏等省份积极研究编制"十三五"分行业发展规划，黑龙江、山东、江苏等省份及时指导相关科研单位开展农产品加工技术集成基地项目前期工作。加强科技创新推广。农业部印发大力推进农产品加工科技创新与推广工作通知，在山东举办了科技创新推广和成果转化活动，发布了 2015 年度十大农产品加工科技创新推广成果，有 929 家科研单位和企业展览展示科技成果、

产品与装备，达成技术合作意向84项，技术成果转让金额达1.9亿元。通过网络平台征集成熟技术成果1 340项，企业技术需求855项，企业与科研单位通过网络平台对接技术项目331项，协议转让金额达2.86亿元。加强人才队伍建设。农业部办公厅印发农产品加工业人才队伍建设意见，加强对科技创新与推广、经营管理、职业技能、企业家和农村创业创新带头人四大人才队伍的培养。举办西部农产品加工企业高层管理人员培训班和青年科技人员培训班。各地也层层抓培训，取得了良好的效果。加强主食加工提升。农业部深入开展提升行动，组织主食加工老字号宣传推介公益活动，认定主食加工业示范企业，推动组建马铃薯主食加工产业联盟。甘肃省在推进马铃薯产地初加工的同时，构建了从育种到深加工及主食化开发的全产业链，土蛋蛋变金蛋蛋，带动了贫困地区经济和农民增收。加强加工园区建设。农业部农产品加工局召开加工产业园区建设经验交流会暨农村一二三产业融合发展座谈会，交流各地经验。陕西、河北、江苏、浙江等省份编制了省级加工园区和集中区标准，吉林省加工园区"四通一平"以上的开发面积已近900平方千米，2014年园区投资强度2 573.4万元/公顷。加强统计监测分析。农业部农产品加工局组织召开全国农产品加工业暨休闲农业统计工作座谈会，开展食用类农产品加工企业发展状况问卷调查工作，组织季度运行情况和重点行业监测预警分析。湖南、重庆、云南等省份积极配合开展农产品加工企业景气监测工作，并及时提供有价值的运行分析，为决策提供了重要的依据。

（二）围绕建设美丽乡村和美丽中国，大力推进休闲农业规范有序发展。强化调查研究创设新政策。农业部会同国家发展和改革委员会、国土资源部、中国人民银行、税务总局等11部门联合印发《关于积极开发农业多种功能 大力促进休闲农业发展的通知》，对创新用地政策、加大财税支持、拓宽融资渠道、加大公共服务方面提出落实措施。上海市农委按照11部委文件要求，组织协调12部门，印发上海市实施意见。四川省政府制定加快发展休闲农业与乡村旅游的意见，率先启动产业基地景区化和农业主题公园试点工作。江苏省编制休闲观光农业发展规划，编印观光指南手册，发布精品线路，组织了南京农业嘉年华等有影响力的活动。推进重要农业文化遗产发掘保护。组织开展中国重要农业文化遗产发掘工作，共计认定62项文化遗产。编辑制作画册、系列丛书和宣传视频，举办发布活动等，切实提升农业文化遗产的影响力。云南省委省政府出台加强农耕文化保护与传承工作的意见，实施濒危农耕文化抢救、保护与传承示范、基础设施建设、乡村记忆、农耕艺术精品创作等八大工程。积极开展休闲农业与乡村旅游品牌培育。农业部共推介了中国最美休闲乡村260个、共创建全国休闲农业与乡村旅游示范县254个、示范点639个。在扩大休闲农业与乡村旅游品牌的知名度的同时，促使各经营主体进一步拓展农业功能，完善基础设施，保护生态环境，提升服务质量，增强可持续发展能力。开展宣传推介营造新氛围。利用报刊、广播、电视、网络等媒体广泛开展宣传、推介、展示活动，向社会推介450个景点和从全国遴选的100条休闲农业与乡村旅游线路，吸引更多消费者前往乡村休闲。加强人才队伍建设构建新智库。成立全国休闲农业专家委员会和中国重要农业文化遗产专家委员会，组织专家编写培训教材，培养创意人才队伍，提高管理人员的政策理论水平和业务能力。推进休闲农业基础性工作。组织开展休闲农业统计监测工作，科学设置指标和监测统计方式，构建长期稳定的统计监测工作机制。

（三）围绕新型工业化和城镇化，大力推进农村二三产业即乡镇企业转型升级发展。组织指导农民创业。认真贯彻落实国务院关于创业创新的一系列文件精神，着力加强农民创新创业服务工作，实施推进农民创业创新行动计划，联合共青团中央、人力资源和社会保障部开展农村青年创业富民行动，联合国家发展和改革委员会、国家民族事务委员会、民政部、林业局、扶贫开发领导小组办公室启动实施开发农业农村资源支持农民工等人员返乡创业行动计划，参与由国家发展和改革委员会牵头开展的结合新兴城镇化开展支持农民工等人员返乡创业试点工作。配合有关部门制定和落实小微企业政策，参与企业减负和淘汰落后产能督促检查工作。在正在开展的活动中，引导农产品产地初加工补助政策向农民创业创新倾斜，引导休闲农业探索农民自组织、自激励、自就业的创业模式，引导农民通过合作社发展加工流通，让农民共享初加工、流通等产后利润。云南省印发了推进农民创业创新行动计划实施方案，在政策落实、建立基金、示范试点等方面提出具体措施，进行了有益的探索。组织指导区域经济合作。支持举办第十八届中国农产品加工业投资贸易洽谈会，积极开展农产品加工业区域经济交流与市场拓展工作，共签约173个重点投资项目，投资总额538亿元，签约科技成果转化项目79个，签约5000万元以上农产品采购和贸易项目72个，贸易额74.37亿元。组织指导外经外贸工作。积极参与中美、中欧农产品加工业国际规则制定，举办东盟和"一带一路"区域贸易经理人培训、出口示范基地培训、中荷马铃薯加工技术及仓储对接等活动。目前已经有6000家农产品加工企业的原料基地、研发机构、技术装备、标准品牌和企业分部已经实现"走出去"。

我们在促进产业发展取得成绩的同时，也积累了许多经验。上午陈晓华副部长在讲话中概括了五个始终，即始终把农业提质增效、农民就业增收作为推进工作的根本出发点，始终把市场决定和宏观指导作为推动工作的重要遵循，始终把政策引导和项目推动作为推进工作的重要抓手，始终把创新和推广作为推进工作的重要着力点，始终把机构职能建设作为推进工作的重要保障。上午9个省（自治区、直辖市）也介绍了许多好的做法和经验。我们要继续坚持和发扬，相互学习和借鉴。

成绩来之不易，经验弥足珍贵，我们要进一步增强使命感和责任感，坚定信心和决心，奋发有为，开拓进取，努力开创产业发展新局面。

二、认清形势任务，进一步明确引领产业发展的目标要求

党中央、国务院以及农业部党组高度重视农产品加工业、休闲农业的发展和农民创业创新，特别是中央提出供给侧结构性改革，通过制度创新、结构优化、要素提升打造产业"升级版"，通过有效供给创造有效需求，实施中国制造2025，都需要我们积极配合和适应。同时要看到，农产品加工业和休闲农业同样下行压力加大、经历局部市场饱和以及结构性产能消化期，承受着价格"天花板"和成本高企"地板"的双重挤压，新常态特征明显，困难和问题增多，单靠企业自身力量难以解决，需要我们认真分析和应对。

我们要认真把握产业发展的重大机遇。一是政策推动。强农惠农富农、中小微型企业、创业创新、定向减税和普遍性降费等政策十分利好；农业支持保护补贴，信贷担保体系，初加工设施补助政策，马铃薯主食产品开发，鼓励扶持农村一二三产业融合发展，对合作社税收实行优惠，免征初加工和重点龙头企业所得税，企业外购免税农产品和进口增值税优惠，休闲农业用地等政策逐步完善；农村集体资产股份权能改革，新型农业经营体系加快构建，全国家庭农场超过87万家，农民合作社超过140万家，农业产业化龙头企业超过12万家，这些都为产业发展提

供了强大的动力。二是市场拉动。我国人均GDP达到8 000美元左右，正在积极跨越"中等收入陷阱"，新型工业化、信息化特别是城镇化每年以1 200万人的规模推进，"三个一亿人"（一亿农民工市民化、一亿居民棚户居住改造、转移一亿中西部农村劳动力）计划加快实施。城乡居民对农产品加工品消费和休闲度假需求快速扩张和不断升级，对优质食品和农产品质量安全、品牌产品消费和高品质生活体验的重视程度明显提高，日益呈现功能化、多样化、便捷化和安全化的趋势，个性化、小众化、体验化、高端化日益成为重点。人们远离喧嚣，到乡村望蓝天白云、看碧水清波、吸清新空气、品特色美食的愿望更加强烈，为产业发展提供了空前广阔的市场空间。三是创新驱动。新技术日新月异，不断孕育新产业、新业态、新模式。信息技术、生物技术、装备技术、新包装材料技术在农产品加工领域中有效运用，推进了加工设备的集成化、智能化、信息化。随着"互联网＋"等新技术的植入，农村电子商务、农商直供、产地直销、食物短链、社区支农、会员配送、个性化定制等新型经营模式不断涌现。农产品电商飞跃发展，总数达到3.1万家，涉农电子商务交易额达到15万亿元，为产业发展注入了新的活力。四是农业现代化带动。我国粮食和主要农产品连续12年增产，粮食连续3年超过6 000亿千克；农民人均收入将首次突破万元大关，增幅连续6年保持高于GDP和城镇居民收入增幅的"两个高于"态势；农业科技进步贡献率预计超过56%，主要农作物耕种收综合机械化水平超过62%，畜牧业占农业比重进一步提高；农村水电路气房、科教文卫保取得长足进步，为产业发展筑牢了坚实的基础。

我们要积极应对产业发展面临的挑战。一是资源环境约束大。长期以来依靠拼资源、拼环境、拼劳力地力的发展面临着前所未有的瓶颈问题，资源环境刚性约束的弦绷得越来越紧，农产品加工产量、库存和进口三重增加，经济社会生态效益越来越难以提高。二是用地融资难。农用地、工用地两不靠，专用原料基地、初加工设施和休闲农业用地流转困难；由于单位面积产出税收少、投资强度弱，一般难以拿到用地指标；征地花费时间长、用地审批慢、办证难、时效性差。农产品加工企业前建基地、后连物流，一次性收购原料常年加工，原料占地多，流动资金压得多，特别是季节性收购资金贷款难，抵押物只有房地产和机械装备，并按预期收益的2～5折放贷。三是各类负担重。加工企业平均税负约占销售收入的8%～10%，而利润仅为销售收入的3%～5%，各类原料价格10年上涨了66%～108%，能源、动力价格上涨了74%，劳动力成本8年涨了近2倍，企业财务费用同比增长10.71%，而大部分农产品加工制品价格上涨仅为80%。四是发展方式粗放。加工专用品种严重缺乏。如专用玉米，我国只有100多个品种，而美国有3 000多个，我国小麦、苹果、柑橘等都缺乏相应的加工品种。产地初加工水平低。农产品每年产后损失3 000亿元，相当于1.5亿亩耕地的投入和产出被浪费掉。主食加工滞后。目前城镇居民约70%、农村居民约40%的谷物类主食依赖于市场采购，但大量的主食产品产自小作坊、小摊贩，生产方式原始简陋，质量堪忧。综合利用不足。农产品副产物和加工副产物的60%以上没有得到循环利用、高值利用和梯次利用。企业平均耗电量、耗水量分别是发达国家的2倍和3倍以上。布局比较分散。农产品加工企业85%是规模以下企业，95%是点状分布。创新能力不足。模仿多、创新少，引进多、自创少，单打独斗多、联合创新少，技术装备比发达国家落后15年，核心设备主要靠进口，多数企业缺乏品牌宣传推介资金。服务体系不健全。专业化服务机构不足，覆盖面小，服务功能同质化、针对性不够强，难于与企业有效沟通对接。休闲农业因发展时间较短，也存在服务设施不足、经营主体融资不畅、基础设施建设滞后、人员素质亟待提升等问题。

党的十八届五中全会提出了经济保持中高速增长、迈向中高端水平，人民生活水平和质量普遍提高，农业现代化取得明显进展，国民素质和社会文明程度显著提高，农村贫困人口实现脱贫，生态环境质量总体改善，各方面制度更加成熟定型等全面建成小康社会新的目标要求，首次突出强调以人民为中心的发展思想，把增进人民福祉、促进人的全面发展作为发展的出发点和落脚点。中央经济工作会议提出加大结构性改革力度，推进去产能、去库存、去杠杆、降成本、补短板五大任务，提出推进农业现代化、加快制造强国建设、加快服务业发展等，推动形成新的增长点。完善市场环境，进一步减税降费，减轻企业负担，激发企业活力和消费者潜力。中央农村工作会议强调，要统筹农产品初加工、精深加工和综合利用加工协调发展。拓展农业多功能性，发展休闲农业和乡村旅游，深入推进农村一二三产业融合发展。这为"十三五"农产品加工业、休闲农业和农民创业创新提出了新任务新要求。我们从事的工作与农业、农村、农民和工业、服务业、城市、市民都有关联，所以我们的同志既要关注"三农"，也要关注工业、服务业、城市和经济社会发展全局。要把中央各项决策部署转化成新的发展战略、重大政策、重点工程和行动计划，贯彻落实到推动产业发展的实践中去，为农业现代化和全面建成小康社会做出新的贡献。

一要在推动农业现代化中担当重任。农产品加工业的发展，延伸了农业产业链、价值链，构建产加销、贸工农一体化的现代农业产业体系，同时为农业注入投入资金、管理、人才、科技、装备、设施现代生产要素，引领一产按照二三产业要求组织生产，构建良种良法配套、农机农艺融合的现代农业生产体系，通过分工分业催生出农业的新型经营主体，构建适度规模经营和社会化服务的现代农业经营体系，从而实现农业技术集成化、劳动过程机械化、生产经营信息化和质量环保法制化。休闲农业的发展，拓展了农业多种功能，培育了国内消费新增长点，推进了农村一二三产业融合发展，将农业的增值增效转到依靠一二三产业融合发展上来，在单位耕地面积不增加的情况下实现农业的多功能性价值，将农产品加工流通和休闲观光旅游利润、农村资源要素和人气都留在农村、留给农民，在"四化同步"中补农业现代化短板，在城乡一体化中补农村社会发展短板，在城乡居民人均收入翻番中补农民增收短板，进而构建新型工农城乡关系，促进城乡和谐稳定，让农民参与现代化进程、分享现代化成果，实现更加体面的劳动、更有尊严的生活。

二要在促进农民就业增收中再立新功。目前我国乡镇企业3 204万个（其中个体工商户2 505万个），其中返乡创业农民工220万人，创办小微企业23.7万家，吸纳1.6亿农村富余劳动力就业，为农民人均收入提供了35%的份额。农产品加工业吸纳3 000多万人就业，其中70%以上是农民，全国农民人均纯收入的9%以上直接来自农产品加工业工资性收入，加上关联产业间接收入比重更大。农产品加工业和休闲农业的发展，通过初加工减损增收，通过精深加工延长产业链，通过休闲农业和乡村旅游引入扶贫新兴业态，让农民广泛参与专业化生产和社会化分工，加入各种合作组织，活动在生产、加工、流通、消费等各个领域、各个业态，不仅分享种养业而且分享加工流通、休闲旅游带来的收益，让农民"一季两收，四季不断"，促进了农民脱贫致富奔小康。

三要在农村生态文明建设中发挥作用。大量的农产品加工企业致力于农产品副产物的循环利用、加工副产物的全值利用和加工废弃物的梯次利用，实现对各类资源的"吃干榨尽"，促进绿色化可持续发展。农产品加工产业园区发展到1 600个，入园企业约3.5万家，其中龙头企业1.5万家，可以分享环保和综合利用设施设备，防止分散布局造成的分散污染；休闲农业坚持绿水青山就是金山银山理念，以环境"净化、美化、绿化"为主线，创建良好环境，提升服务质量，增强产业可持续发展能力，真正让农村美起来，进而为生态文明建设做出贡献。

四要在实现经济"双中高"中提供支撑。从2015年的情况看，农产品加工业实现主营业务收入同比增长一直比工业平均水平高4～5个百分点，预计全年将突破20万亿元主营业务收入，是汽车工业的2.8倍。180万家休闲农业经营主体，出现农家乐、民俗村、休闲观光园、休闲农庄等多种形式，呈现出快速增长的态势，不少地方继续保持超常规的发展速度，进一步彰显了促进增收激活消费的经济功能、带动就业的社会功能、传承农耕文明的文化功能、美化乡村环境的生态功能等，让闲置的土地流动起来，让闲暇的时间充实起来，让富余的劳动力活跃起来，日益成为服务居民、发展农业、繁荣农村、富裕农民、保护生态、传承文化的战略性新兴产业，成为农村一二三产业的天然融合体、农耕文化的重要传承体、连接农民的利益共同体，成为农业农村经济发展的新的增长极，成为"老乡"迈向全面小康的有效途径。农产品加工业和休闲农业的发展，为农业农村开辟了新的发展空间。

我们要抓住机遇、迎接挑战，进一步增强使命感和责任感，紧紧围绕全面建成小康社会新的目标要求，力争2016年和"十三五"产业转型升级、创新发展取得明显进展和成效。到2020年，农产品加工业总量明显增长，结构明显优化，竞争力明显增强，争取年均增长7%左右，农产品加工业总产值

与农业总产值比值达到2.5：1左右。到2020年，休闲农业产业规模年均增长8%以上，布局优化、类型丰富、功能完善、特色明显的格局基本形成，从事休闲农业的农民收入较快增长，发展质量明显提高，可持续发展能力进一步增强。到2020年，要形成农民创业创新一套政策、一批平台、一批带头人、一批典型和一个服务体系等"五个一"发展新格局，使农民创业创新蔚然成风。使我们的产业在促进"十三五"农业农村和经济社会发展中发挥更大作用、做出更大贡献。

三、发挥职能作用，进一步提高推动产业发展的能力水平

党的十八届五中全会强调，要协调推进"四个全面"战略布局和"五位一体"的总体布局，如期完成各项战略任务。发展理念是行动的先导。五大理念是关系我国发展全局的一场深刻变革，也是指导"十三五"发展的思想灵魂。我们要以新的发展理念引领新的发展行动，促进产业发展转型升级。要把创新作为引领产业转型发展的第一动力，着力实施创新驱动和人才强企战略；要把协调作为产业健康发展的内在要求，着力推进一二三产业交叉融合发展；要把绿色作为产业永续发展的必要条件，着力促进可持续发展；要把开放作为产业繁荣发展的必由之路，着力推动农产品加工业"走出去"；要把共享作为产业富民发展的本质要求，着力谋划创业就业增收的政策措施。

"十三五"期间，农产品加工业、休闲农业和农民创业创新面临着新的形势和新的任务，在农业农村经济和我国经济社会发展全局中越来越显现出举足轻重的地位，发挥着越来越重要的作用。第一，农产品加工业是农业现代化的重要标志，是经济社会的战略性支柱产业，也是保障国民营养安全健康的重要民生产业。它行业覆盖面宽、产业关联度高、中小微企业多、带动农民就业增收作

用强，在经济进入新常态和农业农村进入新阶段的背景下，大力促进农产品加工业发展是转变农业发展方式的必由之路、促进农民就业增收的有效途径、推进农村一二三产业融合发展的关键环节、满足城乡居民多元化消费需求的必然要求、构建新型工农城乡关系的重要载体。第二，休闲农业是经济社会新兴战略产业，是现代农业产业的重要组成部分，也是现代旅游和现代消费的新业态。发展休闲农业，是在资源环境硬约束背景下加快转变农业发展方式、推进生态文明建设的战略要求；是在经济增速放缓背景下拓宽农民增收渠道、全面建设小康社会的战略选择；是在城镇化深入发展背景下打造农村经济"升级版"、培育国内消费新增长点、实现城乡经济社会一体化发展的战略举措。同时也是在扶贫开发工作进入攻坚拔寨冲刺期背景下引入扶贫新型业态、促进贫困地区贫困群众脱贫致富、确保如期实现全面脱贫目标的战略措施。发展休闲农业与乡村旅游，要以农耕文化为魂，以美丽田园为韵，以生态农业为基，以创新创造为径，以古朴村落为形，推进农区变景区、田园变公园、农房变客房、劳动变运动、产品变商品，让广大城乡居民养眼、养胃、养肺、养心、养脑，为其提供看得见山、望得见水、记得住乡愁的高品质休闲旅游体验，促进美丽中国和健康中国建设。第三，农民创业创新是农业农村经济发展的动力之源，是富民之道、公平之计和强农之策，也是提供农村二三产业发展新动能新引擎的必然选择。农民是大众创业、万众创新中人数最多、潜力最大、需求最旺的重要群体，农民创业创新的实质是农民办企业，乡镇企业的本质也是农民办企业。发展农村实体经济，是带动农民就地就近就业的重要举措，聚集农村资源要素的有效手段，激发农民创业活力和创新潜能的有效途径。

当前和今后一个时期，我国发展仍处于可以大有可为的重要战略机遇期。农产品加工业、休闲农业和农民创业创新也仍将处于黄金机遇期。我们要认真贯彻党中央国务院一系列的决策部署，牢固树立并切实贯彻"五大发展理念"，把加快发展速度的机遇转化为加快经济发展方式转变的机遇，把加快经济发展方式转变的机遇转变为提高发展质量和效益的机遇，坚持以农业增效和农民增收为工作目标，坚持以农村一二三产业融合发展为工作路径，坚持以农产品加工业、休闲农业、农民创新创业三大任务为工作布局，改革创新增动能、转型升级提质效，着力加强供给侧结构性改革，提高推动发展能力，开拓进取，攻坚克难，敢于担当，奋发有为，认真组织实施农产品加工业转型升级工程、休闲农业提升工程、农民创业创新服务工程，为促进农业农村现代化和全面建成小康社会提供有力支撑。2016年和以后一段时期要重点抓好以下十项重点工作：

第一，要加强规划指导和政策落实与创设。认真贯彻《国办关于推进农村一二三产业融合发展的指导意见》，推动落实有关政策措施，同时召开推进融合发展经验交流会进行部署。研究制定《"十三五"农产品加工业与一二三产业融合发展规划》，同时引导各地编制地方性规划。积极争取制定《大力促进农产品加工业发展意见》，在财政、税收、金融、投资、用地、用电等方面为企业争取实实在在的政策。争取设立农村一二三产业融合发展专项资金。认真落实好农产品产地初加工补助政策、休闲农业与乡村旅游政策和农民创业创新政策。各地要结合本地实际，在落实好现有政策的同时，积极推动政策创设，使有关政策实化细化、落地生根。

第二，要提升农产品加工业科技创新能力。推进技术研发体系建设，建设一批农产品加工技术集成基地，筛选一批成熟适用的加工技术、工艺和设施设备，选择优势产区建立技术示范基地，继续开展科企技术对接活动。培养造就人才队伍，组织实施好特色农产品加工品电商、网络销售、西南地区经营管理人员和青年科研人员培训班。引导各部门、各地多渠道多方式开展科技创新、企业经营管理、主食工业化、休闲农业等培训，培育科技创新与推广、经营管理、职业技能、企业家和农村创业创新带头人等实用型人才。

第三，要实施农产品加工业质量品牌提升行动。以完善农产品初加工、综合利用和主食加工标准为重点，加快农产品加工标准体系建设，鼓励加工企业等新型经营主体建立 ISO9000、HACCP 等全面质量管理体系，推动农产品加工标准化生产。开展农产品加工质量安全舆情监测和国际标准跟踪分析，强化质量标准公共服务。加大供给侧结构性改革力度，生产出消费者需要的营养安全、美味健康、方便实惠的食品和质优、价廉、物美、实用的加工制品，提高供给体系的质量和效率。培育农产品加工品牌，建立专家队伍，宣传推介品牌创建典型，针对品牌创建开展专业服务。引导地方政府主导，企业、专业协会和合作社等参与的区域性公共品牌创建活动。加大品牌宣传推介力度，将产品优势转变为市场优势，将质量和信誉凝结成品牌，以品牌的影响力提升产品的市场竞争力。

第四，要培育农产品加工业经营主体。以资产为纽带积极培育一批精深加工骨干企业，鼓励龙头企业与上下游中小微企业和农业经营主体建立产业联盟。培育一批产权清晰化、生产标准化、技术集成化、管理科学化、经营品牌化的加工示范企业，研究、推介一批发展模式。深入开展全国农民合作社加工示范单位创建活动，通过典型示范、培训指导等方式，带动和引导农民合作社等兴办农产品加工流通，分享农业增值收益。

第五，要引导农产品加工聚集发展。深入贯彻落实全国农产品加工业园区建设经验交流会精神，引导现有园区着力强化基础设施和公共平台建设，完善园区功能，突出园区特色，强化产业分工，吸引优秀企业向加工园区集聚，共享资源、服务和分工效应。制定标准，创建一批"全国农产品加工示范园区"。创建一批农村一二三产业交叉融合、相互配套、功能互补、联系紧密的"全国农村一二三产业融合先导区"，形成集群化网络化发展格局。

第六，要开展休闲农业品牌培育工作。深入开展全国休闲农业与乡村旅游示范创建工作，加大规划指导、动态监督管理和宣传推介服务。开展中国最美休闲乡村推介、中国美丽田园推介、全国休闲农业星级评定等工作。召开全国休闲农业与乡村旅游经验交流会，举办休闲农业与乡村旅游精品景点线路推介启动仪式暨全国休闲农业与乡村旅游示范县创建成果展示活动。在春节、国庆等重点节假日前，开展"春到乡村去踏青""夏到农村品美食""秋到田间去采摘""冬到农家过大年"，四次精品景点线路主题宣传推介活动，向社会推介一批休闲农业与乡村旅游精品景点和线路，满足消费者在线购买、线下消费的需求。部署第四批中国重要农业文化遗产发掘工作，加强遗产地负责人培训，大力宣传中国重要农业文化遗产，弘扬和传承农耕文化。

第七，要推进农民创业创新。重点做好创业主体培育和营造良好社会氛围工作。筛选培养农民创业创新辅导师，建立辅导师数据库，开展辅导师技能培训，建立一支高素质的创业导师队伍。利用现有平台，为农民创业提供产销对接和技术指导等服务，培育一大批农民创业创新带头人。继续倡导和弘扬乡镇企业想尽千方百计、说尽千言万语、受尽千辛万苦、走尽千山万水的"四千精神"，宣传推介一批全国农民创业创新带头人，将一批有思想、有文化、懂经营、善管理、敢闯敢干、敢为人先、勤于耕耘的农民创业创新典型选拔出来，总结推广好典型、好机制、好创意，引导广大农民在创业创新中学习借鉴。参与全国大众创业万众创新活动周项目展示、发展论坛等相关活动，完成新农民创业创新展览展示活动，开展农民创业创新大赛活动。

第八，要促进产业扶贫。发展一批小型加工业、农家乐、小超市、小型采摘园、民俗民族工艺等特色产业到村到户项目，引导建立农民参与和利益共享机制，鼓励农民利用自己的闲置房屋和土地，进行自助创业，使我们的产业成为精准扶贫的有效形式。组织贫困地区专业村干部，到发达地区考察产业典型，并接受专家的现场指导和讲解，更新发展理念，提高贫困地区发展产业的能力。

第九，要完善产业服务体系。继续支持举办第十九届中国农产品加工投资贸易洽谈会和区域性经济交流活动，开展外经外贸培训，搭建各类农产品加工展示展销平台，为企业销售产品和到主产区、境外直接投资、参股并购提供配套服务，加强政策、咨询、信息、人才、融资、技术对接等公共服务。进一步加强统计监测工作，按照全国农产品加工业暨休闲农业统计监测工作座谈会的要求，强化行业运行监测分析，完善数据库与公共服务平台，设计完善加工业统计制度和调查方法，做到指标宜操作、制度可衔接。采用政府购买服务的形式组织社会力量提供各类服务，发挥行业协会和其他社会组织的桥梁纽带作用，形成促进产业发展合力。

第十，要推动互联网与产业深度融合。大力发展互联网＋农产品加工业、互联网＋休闲农业、互联网＋农民创业创新，搭建信息网站群，建立覆盖全国重点企业的信息公共服务网络，初步建立数字化、网络化、智能化、服务化、协同化的"互联网＋"产业生态体系，积极催生和培育新技术、新产业、新业态、新模式。要依托中国农产品加工信息网和中国休闲农业网，搭建农民创业创新移动信息服务平台，及时发布有关行业信息，为政府部门、社会组织和企业提供信息服务。尽快建立地方信息子网站，与总信息网建立

有机整体，形成信息网站群。已建设的地方信息网，要尽快与总信息网建立链接，实现不同地区信息的互联互通及信息上下传达。

同志们，"十三五"时期，我们要进一步把思想和行动统一到党中央国务院的决策部署上来，深入践行"三严三实"，以更严的标准和更实的作风做好各项工作。要按照农业部党组的部署安排和韩长赋部长在全国农业工作会议上的重要讲话以及陈晓华副部长的讲话要求，认清形势，坚定信心，形成敢于担当、奋发有为的精神状态，深化发展规律认识，提高推动发展能力，调动全系统干部职工工作积极性、主动性和创造性，开拓进取，攻坚克难、改革创新、真抓实干，大力推动产业持续健康发展，为农业强起来、农村美起来、农民富起来，夺取全面建成小康社会的伟大胜利做出新的更大贡献。

在全国农产品加工业暨休闲农业统计监测工作座谈会上的讲话

农业部农产品加工局（乡镇企业局）局长　宗锦耀
（2015 年 11 月 24 日）

同志们：

今天，我们在这里召开全国农产品加工业暨休闲农业统计监测工作座谈会，主要任务是：认真学习贯彻党的十八届五中全会精神，总结交流全国农产品加工业、休闲农业统计监测工作的成效和经验，分析当前面临的新形势新任务，研究部署加强统计监测的思路措施，为不断开拓农产品加工业和休闲农业发展的新境界提供有力支撑和保障。刚才 6 个典型发言都很好，经验值得各地认真学习借鉴。下面，我讲三点意见。

一、总结成效经验，进一步增强做好统计监测工作的责任感和使命感

2014 年以来，各级农产品加工业和休闲

农业管理部门紧紧围绕部局中心工作，努力加强统计队伍建设，积极推进统计监测分析，较好地发挥了信息汇总、行业咨询和管理服务等职能，统计监测工作取得了显著成效。

一是制订了统计监测报表制度。2014年以来，农业部先后印发了关于切实加强农产品加工业监测分析工作的通知、关于开展全国休闲农业监测工作的通知，制订了《全国农产品加工业监测表填报细则（试用）》和《休闲农业基本情况表》等报表表式，明确了农产品加工业和休闲农业统计监测范围、对象和指标。农业部农产品加工局（乡镇企业局）不断总结经验、查找不足，并根据农业部农业数据采集的统筹部署，修订删减了原报表制度中用处不大或难以获得的指标，增加了农产品原料消耗和主要农加工产品产量等指标，最终完善形成了《全国农产品加工业统计报表制度》（含休闲农业）。该制度正式向国家统计局申报并收到修改意见反馈后，农业部农产品加工局（乡镇企业局）已进行调整，预计相关审批工作将在12月中旬前完成。届时农产品加工业、休闲农业即为有法定效力的正式统计制度。有关人员要加强学习，吃透报表制度内容和相关统计要求，准确把握农产品加工业和休闲农业的统计监测重点。

二是建立了统计监测工作体系。为切实做好农产品加工业、休闲农业统计监测工作，结合当前实际，农业部农产品加工局（乡镇企业局）树立了系统内、系统外两条腿走路的思想，从多个方面同时入手，加强体系建设和管理创新。一方面，我们注重加强系统内的制度规范、组织队伍及工作机制建设，着手建立覆盖全国范围的统计调查制度，逐步推进企业直报，县、市、省、国家逐级审核的统计数据汇总机制。目前已先后开展了1次农产品加工业、1次休闲农业年度数据汇总和3次农产品加工业季度景气调查工作。另一方面，我们积极与系统外的国家统计局、

中国经济景气监测中心、中国轻工业联合会等单位建立数据共享机制，利用已有的数据做分析研究。目前，我们已按月获得了来自这些机构的规模以上农产品加工业企业经营情况、产品产量情况和对外贸易情况等重要数据。

三是组建了重点行业监测分析团队。依托农业部农村经济研究中心、农业部规划设计研究院、中国农业科学院、中国农业大学等单位，农业部农产品加工局（乡镇企业局）建立了综合、粮食加工与制造、植物油加工、果蔬茶加工、食用畜产品加工等5个分析专家团队，每个团队均采取"1名牵头专家＋若干名行业专家＋若干名地方部门主管人员或者企业专家"的力量配备形式，开展相应的运行情况会商研讨和统计分析。各团队分别制定并向农业部农产品加工局（乡镇企业局）报备了团队工作制度，明确了各团队的主要参与人员、具体任务分工、管理协作机制和计划任务时间安排等内容。一年多来，各监测分析团队全面研究行业发展状况，深入分析和解读行业统计资料，及时汇聚各方意见，形成了一系列高质量的分析报告。

四是开展了企业发展情况调查。为摸清我国食用类农产品加工业发展现状，了解企业面临的主要困难和问题，倾听企业的政策需求和建议，农业部农产品加工局（乡镇企业局）于2015年首次开展了全国食用类农产品加工企业发展状况问卷调查工作。在各地农产品加工业管理部门的积极配合下，调查共收到10 922家企业上报的有效数据。在此基础上，农业部农产品加工局（乡镇企业局）全面分析了全国及部分重点地区食用类农产品加工业发展特点、行业发展制约因素及转型发展趋势等内容，形成了1项全国和17项地区调查报告。这次活动是一次有意义的尝试，通过组织调查，我们获得了大量有用的数据资源，掌握了食用类农产品加工业发展状况，也直观了解到各地农产品加工统计工

作开展情况，为农业部农产品加工局（乡镇企业局）下一步的统计工作安排提供了参考依据。为总结经验、鼓励先进、促进工作，农业部农产品加工局（乡镇企业局）对各省（自治区、直辖市）配合完成调查的情况进行了通报，有关文件已印发全国。

五是形成了稳定的统计成果发布机制。去年以来农业部农产品加工局（乡镇企业局）充分整合、利用已有的农产品加工业统计数据，形成了定期的统计数据摘要、汇编，分析报告撰写、发布等机制，取得了一系列统计监测分析成果。每月向部领导报送 10 条以上的农产品加工业统计要情；每月印制《农产品加工业运行信息月报》；每季度和全年开展农产品加工业行业运行情况会商；每半年和全年开展粮食加工与制造、植物油加工、果蔬茶加工、食用畜产品加工等重点行业的运行情况会商，并以工作动态的形式发布相关分析报告；每季度开展食用类农产品加工企业景气调查，并撰写景气监测报告，相关资料目前仍为小范围内部研究使用，争取2016 年以内部资料的形式向各地农产品加工业管理部门发布。此外，根据各个监测分析团队上报的材料，不定期整理发布《农产品加工业信息择要》，深度分析农产品加工子行业发展情况。

这些成绩的取得，是农业部农产品加工局和各级农产品加工业、休闲农业管理部门共同努力的结果，是一线统计工作人员和分析专家队伍共同奋斗的结果，是众多心系产业发展、具有社会责任的企业共同支持的结果。工作中形成的一些行之有效的好方法、好经验，需要我们持之以恒地坚持下去。

队伍建设是做好统计监测工作的重要基础。统计工作体系以及体系中的统计人员是做好统计监测工作的基础，大力推进统计监测工作应把着力点放在加强统计队伍建设上。2014 年农业部农产品加工局（乡镇企业局）调整明确了内设机构的统计工作职责，梳理明确了全国与各省（自治区、直辖市）农产品加工业管理部门的统计业务联络人，建立了国家与省级单位之间的在线业务交流平台，形成了上传下达、协作互动、统一高效的统计管理队伍和工作机制；部分地区效仿全国的经验，积极推进省、市、县统计机构建设，协调配置专职领导和具体工作人员。经过一年多的建设，全国农产品加工业和休闲农业统计工作体系初步建立，极大地推动了统计监测工作的开展。

业务培训是提升统计监测质量的关键方法。统计能力建设与统计工作质量密切相关。为适应统计监测工作的需要，2014 年以来农业部农产品加工局（乡镇企业局）多次举办业务培训班，使全国各级统计业务人员对全国农产品加工业统计报表制度、指标体系和统计范围的理解日益加深，对全国农产品加工企业景气指数编制原则和调查目的的认识越来越清晰，对全国农产品加工业监测分析网络平台操作使用越来越熟练。部分地区也高度重视统计工作，定期举办针对市县统计监测分管领导和业务人员的培训班，有些地区还直接培训到监测企业。据我们了解，这些开展业务培训的地区统计工作都开展得有声有色，成效十分显著。

创新方法是收集统计监测数据的有力支撑。统计数据收集是统计监测工作的源头，是统计分析的前提。当前，层层上报式的传统数据汇总方法已经不能适应新时期、新形势下的统计工作要求，必须创新统计工作方法，解决源头数据收集难的问题。对此，农业部农产品加工局（乡镇企业局）积极创新统计监测工作方法，在着力推进全面统计的同时，积极采取定点监测、抽样调查等辅助手段，选取样本企业进行重点监测、采用互联网调查的方式开展一次性问卷调查，为及时掌握行业基本情况、发展趋势及运行特点提供了可靠依据。此外，农业部农产品加工局（乡镇企业局）高度重视统计监测工作的信息化建设，先后开发了农产品加工业统计数据库和全国农产品加工业监测分析系统，为开展统计监测工作提供了强有力的支撑。

资源共享是形成统计监测合力的有效方式。农产品加工业作为制造业的重要组成部分，它的一些相关统计资料在多个单位的统计部门均有涉及，我们作为农产品加工业的行政管理部门应当本着互通互信、互相促进的原则，充分整合、利用这些已有资料。一年多来，农业部农产品加工局（乡镇企业局）积极与有关部门加强沟通联系，建立了稳定的合作关系，为及时获取统计数据、监测预警农产品加工业、休闲农业发展情况提供了有益的参考。部分省份的农产品加工、休闲农业管理部门也与地方相关部门合作，取得实效。当今是信息化、数据化的时代，互联网和大数据正在深刻地改变着人们的生活方式和工作方式，高效开展统计工作离不开信息的互惠共享。

成效来之不易，经验弥足珍贵。我们要提振农产品加工业、休闲农业统计监测工作的信心，不断增强责任感和使命感，进一步把农产品加工业、休闲农业统计监测工作推向新的高度。

二、认清形势任务，深刻认识加强统计监测工作的重要性和紧迫性

"十二五"期间，农产品加工业和休闲农业得到了长足的发展。农产品加工业是农业现代化的重要标志，是经济社会的战略性支柱产业，也是保障国民营养安全健康、改善人民生活的重要民生产业。休闲农业是拓展农业的休闲观光、生态涵养、文化传承、科普教育等功能，围绕农业生产过程、农民劳动生活和农村风情风貌，通过创意、创新、创造让人们品味农业情调、享受田园生活、体验农耕文化，带动农村一二三产业融合发展的新型农业产业形态和新型消费业态。党的十八届五中全会提出了创新协调绿色开放共享新理念，提出了经济保持中高速增长、迈向中高端水平，人民生活水平和质量普遍提高，农业现代化取得明显进展，国民素质和社会文明程度显著提高，农村贫困人口实现脱贫，生态环境质量总体改善，各方面制度更加成熟定型等全面建成小康社会新的目标要求。"十三五"时期实现上述目标，农产品加工业和休闲农业必将发挥越来越重要的作用。

一是在推动农业农村现代化中担当重任。农产品加工业和休闲农业的发展，延长农业产业链价值链，有利于构建现代农业产业体系、生产体系、经营体系，实现补农建农带农，拓展农业多种功能，促进农业提质增效。

二是在促进农民就业增收中再立新功。目前农民人均收入的 35% 来自乡镇企业；9% 以上直接来自农产品加工业工资性收入，每亿元加工产值吸纳 107 人就业，高于制造业的 57 人；休闲农业接待游客近 11 亿人次，带动 3 300 万农民受益，成为农民就业增收的新亮点，让农民分享加工流通、休闲旅游带来的收益。这都将有力促进贫困群众脱贫致富。

三是在生态文明建设中发挥作用。目前我国 8 亿多吨秸秆和 5.8 亿多吨加工副产物的 60% 没有得到高值化利用，已经有大量加工企业致力于副产物的循环利用、全值利用和梯次利用，有利于保护环境；现有加工园区 1 600 个，入园企业约 3.5 万家，有利于集中治理环境污染；休闲农业将绿水青山转化金山银山，不仅成为人们望山见水忆乡愁的好去处、拉动消费的新亮点，而且有利于促进绿色可持续发展。

四是在实现"双中高"中提供支撑。预计 2015 年农产品加工业主营业务收入达到 20 万亿元，约占全国工业的 18%。加工与农业产值比值约 2.2∶1；休闲农业经营主体 180 万家，预计营业收入 3 500 亿元，增长 10% 以上。这都将继续成为重要支柱产业和新的增长点。目前我国55％的城镇化率和每年1 300万的城镇化人数对农产品加工品和休闲农业需求十分旺盛，且产业结构持续优化升级，不仅自身而且会促进农业农村经济乃至国民经济实现"双中高"目标。

为准确掌握农产品加工业、休闲农业发展情况，监测预警行业运行态势，科学制订发展目标，统计监测工作必须提供可靠的数据和分析，因此加强农产品加工业和休闲农业统计监测工作十分重要、十分紧迫。

（一）统计监测工作是管理部门依法履职履责的重要内容。通过统计监测数据和科学分析，及时准确全面地掌握行业发展状态，是行业管理部门的重要职责。2013年11月，中编办批复了农业部职能和机构调整方案，将农业部乡镇企业局（农产品加工局）更名为农业部农产品加工局（乡镇企业局），并将监测统计作为一项重要职能，同时在农业部人事劳动司的支持下，明确了内设机构的统计工作职责，使统计工作与行业管理密切结合、相互促进，把统计监测和运行分析作为全局一项最重要的基础工作和最基本的职能来抓。

（二）统计监测数据是管理部门科学决策的重要依据。一方面，大数据时代背景下，数据是即将超过石油资源的重要资源，监测统计和运行分析的重要性一定程度上类似于情报工作，它是领导决策的重要参考。新常态下推动农产品加工业和休闲农业发展，必须要加强行业运行研究，必须要有准确的数据支撑。只有掌握了准确数据和真实情况，才能科学研判行业运行态势，及时发现苗头性、关键性问题，进而通过深入调查研究，提出合理的政策建议和工作举措。另一方面，统计在为各级政府制定政策提供依据的同时，也在检验政策的执行效果。近年来，国家和地方出台了一系列促进农产品加工业、休闲农业发展的政策措施，这些政策措施执行效果如何，应该怎样改进，也都需要通过经济

指标和数据分析来做出判断。一切宏观决策，如果离开了科学的基础数据分析这个前提，都很可能产生偏差甚至重大失误。

（三）统计监测指标是科学制定发展规划的重要支撑。指标体系是规划的核心和灵魂，它体现着规划的战略思路，决定着规划的实现路径，引导着规划的发展目标，标志着规划的政策取向。规划指标体系根植于统计指标体系，对于纳入规划指标体系的定量指标应通过统计调查发布的数据直接或间接进行计算。2015年是农产品加工业和休闲农业"十二五"发展规划的收官之年，也是农产品加工业与农村一二三融合发展"十三五"规划的谋篇布局之年，"十二五"的发展成就需要统计指标体系来体现和说明，"十三五"的发展目标和主要任务也需要统计指标体系来确立。

（四）统计监测分析是管理部门指导工作的重要基础。在社会主义市场经济深入发展的今天，行业管理与指导服务对统计工作的依赖越来越突出。无论是真实、准确、完整、及时的反映经济社会发展现状，总结经济社会发展规律、发现相关制约因素，还是制定经济社会长期发展目标、预测发展趋势，都需要以统计分析为基础。从现实情况看，政府部门对某个行业越是能说清其发展的来龙去脉，也就越有科学的管理能力；越是能在其发展阶段定位、布局结构、制约因素等方面进行精准的判断，就越是能提出有效的扶持政策、争取更多的政策资金、制订科学的指导意见，进而促进行业持续健康发展。

同时应当看到，目前全国农产品加工与休闲农业统计监测工作刚刚起步，还存在很多问题，不能很好地适应"十三五"时期行业发展新形势新任务的要求，主要体现在以下三个方面。

一是基础条件薄弱。目前由于农产品加工业和休闲农业统计监测工作开展时间短，

工作积累少，大多数省份尚未全面开展农产品加工业和休闲农业统计监测工作，对辖区内农产品加工业企业和休闲农业经营主体的基本情况不全面掌握，或者仅仅掌握部分龙头企业或规模以上企业的情况。各地开展农产品加工业和休闲农业统计监测工作缺乏专项经费支持，设备设施投入少，技术条件落后；统计指标不合理，调查方法不科学，统计制度不健全；工作手段缺乏，难以调动被监测对象上报数据的积极性。

二是队伍建设滞后。各地各级农产品加工业和休闲农业管理部门严重缺乏专职、专业的统计工作人员，已有的统计队伍还普遍存在着统计人员专业水平不高、流动性较大等问题，造成开展统计工作的整体难度较大。农产品加工业和休闲农业统计工作面临的现实难题就是工作任务布置下去，没有及时反馈甚至根本没有反馈。由于统计队伍建设不足，还经常遇到数据质量不合格、数据上报中断等问题。

三是统计分析不足。统计分析报告是统计工作成果的直接展示，也是下情上达的沟通桥梁。目前各地的统计分析报告上报情况不好，只有个别地区能够坚持按时上报分析材料，大部分地区没有将进度统计分析情况报送上来，不能很好地执行《农业部办公厅关于切实加强农产品加工业监测分析工作的通知》的有关要求。

存在上述问题，既有客观因素，也有主观因素，但根本原因是一些地方对统计监测工作重视不够。特别是有些省份由于企业或其他部门的配合度不高，对统计监测工作存在畏难情绪。当前，改变统计监测工作基础薄弱、分析能力低下的现状已经迫切地摆在了我们面前。我们一定要增强对农产品加工业与休闲农业统计监测工作重要性和紧迫性的认识，加强组织领导，强化队伍建设，加大经费支持，使统计监测工作适应新形势新任务的要求。

三、加强组织领导，努力提升统计监测工作能力和水平

今后一个时期，农产品加工业和休闲农业统计监测工作必须深入贯彻落实党的十八大和十八届三中、四中、五中全会精神，紧紧围绕促进农产品加工业与农村一二三产业融合发展和促进休闲农业与乡村旅游提档升级发展的总体目标，以提高统计监测能力和提高统计数据质量为主线，夯实统计监测基础，创新统计监测体制机制，提升统计监测信息化水平，在新的起点上，以更高标准全面推进农产品加工业与休闲农业统计监测体系建设，为不断开拓农产品加工业和休闲农业发展新境界提供有力支撑。

农产品加工业和休闲农业统计监测工作的总体目标是：到"十三五"期末，基本建成调查制度科学、组织体系完善、数据质量可靠、技术手段先进、队伍素质优良、政策保障有力的统计监测体系。为此，农产品加工业和休闲农业统计监测工作遵循以下原则：

——坚持完善统计调查制度，着力提升统计调查的科学性，形成指标合理、方法科学、特色突出的农产品加工业和休闲农业统计调查制度方法体系。

——坚持加强统计数据管理，着力提高统计数据质量，形成资源丰富、管理科学、存储规范、便于共享的农产品加工业和休闲农业统计数据管理体系。

——坚持做好统计监测服务，着力发挥统计信息咨询的基础性作用，形成内容丰富、及时高效、便捷透明、服务全面的农产品加工业和休闲农业统计服务体系。

——坚持提升统计信息化水平，着力提高统计工作的效率和水平，形成技术先进、灵活适用、覆盖全面、易于扩展的农产品加工业和休闲农业统计监测技术支撑体系。

为切实履行职责任务，提高科学决策能力，各级农产品加工业、休闲农业管理部门

必须高度重视，进一步加强统计工作组织领导和职能建设，推动统计监测和运行分析等各项基础工作。

第一，要加强组织领导。各级农产品加工业、休闲农业管理部门要充分认识建立和完善统计监测工作体系的重要性和紧迫性，把统计监测工作摆上重要议事日程，切实加强组织领导。主要领导要亲自抓，要有专人负责，充实干部力量，建立一支结构完善、力量精干、相对稳定的工作队伍。要高度重视统计人员的能力培养，加强业务培训和地区间的经验交流，鼓励有条件的地区组织统计业务人员到大专院校学习统计课程，不断提高理论素养和业务能力。要尽快争取设立专项资金，配备办公设备，确保统计监测工作顺利开展。

第二，要加强数据汇总。农产品加工业统计平台已经建成并投入使用，2016年1月将进行第二次的年报汇总工作。我们2015年进行的年报汇总有较大突破，有1万多家企业上报了数据，但是还存在很多需要改进和提升的地方：一是数据质量必须提高。各地要加强逐级审核，尽量避免出现填报错误。二是统计范围必须扩大。各地要加强工作力度，在现有基础上争取将统计范围扩大到所有规模以上农产品加工企业。

第三，要加强监测试点。为及时掌握农产品加工企业经营景气程度，农业部农产品加工局（乡镇企业局）在全国选取了14个试点地区5000多家样本企业，开展景气监测调查工作并取得了较好的成效，其中云南省的样本企业上报率达到了93%。与此同时，个别地区争取到试点名额后，并不能很好地完成工作任务，样本企业上报率非常低，希望有关地区高度重视该项工作，配合完成相关任务。各省（自治区、直辖市）也要开展监测试点工作并提出部署要求。

第四，要加强定期分析。各省（自治区、直辖市）农产品加工业管理部门要每季度、休闲农业管理部门要每半年，定期向部局报送本地区农产品加工业和休闲农业主要经济指标数据。要加强分析团队建设，定期开展行业经济运行分析，及时向部局报送运行分析材料，运行分析材料要从总体情况、运行特点、存在问题和工作措施等角度全面反映本地区农产品加工业和休闲农业发展状况。各地主管部门也要加强定期分析，对发展形势进行研判。

第五，要加强工作创新。各地要创新工作方式，切实解决统计监测工作中的关键问题和薄弱环节，千方百计扩大统计数据收集范围和提高数据上报质量，要充分利用现代信息技术，提升统计监测信息化技术水平和应用支撑能力，努力实现统计监测工作从调查设计、任务布置、数据采集、数据报送、数据汇总、数据存储到数据发布的全程信息化。要打破自采自用、自说自话的统计工作惯性思维，强化与综合统计部门的沟通合作，实现数据信息共享共用。

第六，要加强宣传引导。要加强对基层业务部门及监测调查企业的培训和指导，强化对统计监测工作责任与重要性的认识，提高数据上报积极性。要强化宣传舆论引导，大力宣传农产品加工业和休闲农业发展成就，及时报道行业统计监测信息，深入解读重要统计数据。要建立健全农产品加工业和休闲农业统计监测信息定期公布和对外提供机制，创新公布方式，拓宽公布渠道，丰富公布载体，充分发挥统计监测信息对行业发展的引导和促进作用。

同志们，统计与监测分析是一项基础性和业务性都很强的工作。完成好这项任务，既要有踏踏实实干事业的耐力，又要有默默无闻讲奉献的精神，还要有锐意进取促创新的热情。我们必须进一步增强责任感和使命感，共同努力，奋发有为，克难攻坚，踏实工作，切实做好农产品加工业和休闲农业统计监测工作，及时掌握情况、发现问题，研究提出科学有效的政策措施，大力促进农产品加工业和休闲农业乘势而上、持续健康发展，为农业强起来、农村美起来、农民富起来，夺取全面建成小康社会的伟大胜利做出新的更大贡献！

在 2015 年中国最美休闲乡村宣传推介活动上的讲话

农业部农产品加工局（乡镇企业局）局长　宗锦耀

（2015 年 10 月 15 日）

同志们、朋友们：

值此秋风送爽、硕果飘香的美好季节，我们在美丽的武汉市举办 2015 年中国最美休闲乡村宣传推介活动，很有意义。首先，我代表农业部农产品加工局（乡镇企业局）向出席今天发布活动的各位领导和来宾表示热烈的欢迎，向长期以来关心支持休闲农业与乡村旅游发展的朋友们表示衷心的感谢！

党的十八大做出了大力推进生态文明、建设美丽中国的重大决策部署。习近平总书记在中央农村工作会议上指出，中国要强，农业必须强；中国要美，农村必须美；中国要富，农民必须富。2015 年中央 1 号文件提出，要积极开发农业多种功能，挖掘乡村生态休闲、旅游观光、文化教育价值，扶持建设一批具有历史、地域、民族特点的特色景观旅游村镇，打造形式多样、特色鲜明的乡村旅游休闲产品。这对于我们积极拓展农业多种功能，大力发展休闲农业与乡村旅游，促进农村一二三产业融合发展指明了方向。

休闲农业与乡村旅游是贯穿农村一二三产业，融合生产、生活和生态功能，紧密联结农业生产、农产品加工业、服务业的新型产业形态和消费业态。虽然发展时间不长，但在市场需求的强力拉动和各级政府部门的大力推动下，全国休闲农业与乡村旅游快速发展，呈现出产业规模日渐扩大、发展内涵不断提升、类型模式逐步丰富、发展方式逐步转变、综合效益同步提高的特点，形成了"发展加快、布局优化、质量提升、领域拓展"的良好态势。截止到 2014 年年底，全国各类经营主体已超 180 万家，年接待人数达 10 亿人次，经营收入达 3 000 亿元，带动 3 000 万农民受益。2015 年以来继续保持持续快速健康发展，成为农业农村经济新的增长点和亮点，为农业提质增效、农民就业增收和稳增长、调结构、惠民生做出了积极贡献。各地的发展实践，进一步彰显了休闲农业与乡村旅游促进增收激活消费的经济功能、带动就业的社会功能、传承农耕文明的文化功能、美化乡村环境的生态功能、促进基层政权建设的政治功能等，促使大量的农区变景区、田园变公园、民房变客房、劳动变运动、青山变金山、产品变商品，让农村闲置的土地利用起来，让农民闲暇的时间充实起来，让富余的劳动力流动起来，让传统的文化活跃起来，日益成为富裕农民、提升农业、美化乡村的战略性新兴产业。

在我国休闲农业与乡村旅游快速发展过程中，各地不断创新发展模式，拓宽发展领域，涌现出了许多产业特色突出、村容景致独特、乡风文明和谐的最美休闲乡村。这些最美休闲乡村的出现和发展，拓展了休闲农业的经济、政治、社会、文化和生态等功能，激活了一片区域、兴起了一批产业、带富了一方百姓。为提升这些最美休闲乡村的知名度和影响力，激发各地建设最美休闲乡村的积极性和创造性，培育休闲农业与乡村旅游知名品牌，进一步促进农民就业增收，拉动城乡居民休闲旅游消费，农业部在 2015 年继续开展了中国最美休闲乡村推介活动。这是农业部门深入贯彻党的十八大提出的大力推进生态文明、建设美丽中国决策部署的重要行动，是认真落实中央 1 号文件保护我国传统村落和特色民居精神的具体举措，是总结最美休闲乡村发展经验、培育休闲农业与乡村旅游品牌的有效手段。

经过地方推荐、专家评审和网上公示等程序，农业部共推介北京市密云县司马台村等120个村为2015年中国最美休闲乡村。这些最美休闲乡村都是以农业为基础、农民为主体、乡村为单元，围绕农业生产过程、农民劳动生活和农村风情风貌，因地制宜发展休闲农业和乡村旅游的典范。其功能特色突出，文化内涵丰富，充分反映了各地的农耕文明、地域风情和特色风貌，诠释了农事景观的人文积淀，具有较高的农业综合效益。总之，这些乡村以农耕文化为魂，以美丽田园为韵，以生态农业为基，以创新创造为径，以古朴村落为形，实现了人与自然和谐发展，成为了新时期发展现代农业、带动农民增收、保护生态环境和建设社会主义新农村的典型代表；成为了满足城乡居民休闲旅游消费、传承乡村文明和中华民族文化的重要载体；成为了农民幸福生活的美好家园和建设美丽乡村、美丽中国的经典缩影。

今天举行宣传推介活动的目的就是向全社会宣传推介中国最美休闲乡村，扩大这些休闲农业与乡村旅游品牌的知名度，提高全社会对休闲农业的认知和接受程度，为推动休闲农业与乡村旅游工作营造良好的氛围。希望这些中国最美休闲乡村在已有工作基础上，进一步拓展农业功能，完善基础设施，保护生态环境，提升服务质量，增强可持续发展能力，为城乡居民提供看得见山、望得见水、记得住乡愁的高品质休闲旅游体验，在美丽乡村和美丽中国建设中发挥示范带动作用。

为促进农村一二三产业的融合发展，根据中央1号文件精神，前不久，农业部联合国家发展改革委、国土资源部、中国人民银行、国家税务总局等11部门印发了《关于积极开发农业多种功能大力促进休闲农业发展的通知》（农加发〔2015〕5号），提出了用地、财税、金融和公共服务四个方面的扶持政策。在用地政策上，支持农民发展农家乐，鼓励利用村内集体建设用地、开展城乡建设用地增减挂钩试点、利用"四荒地"等发展休闲农业；在财税政策上，将中央有关乡村建设资金适当向休闲农业集聚区倾斜，鼓励加大对休闲农业创业发展和基础设施建设的支持力度，落实税收优惠政策；在融资政策上，鼓励担保机构加大对休闲农业的服务力度，搭建银企对接平台，允许利用扶贫小额贴息贷款、以旅游资源、扶贫资金等入股方式发展休闲农业；在公共服务政策上，增强线上线下营销能力，加快构建网络营销等公共服务平台，全面提升行业信息化水平。这个《通知》是今后一个时期指导全国休闲农业与乡村旅游发展具有历史里程碑意义的纲领性文件。各地要在深入领会文件精神的基础上，因势而谋，应势而动，顺势而为，开拓创新，认真抓好贯彻落实。一要切实加强领导。各地要从战略和全局的高度深化对发展休闲农业的认识，将休闲农业与乡村旅游纳入当地国民经济和社会发展规划。要充实工作力量，加强干部人才队伍建设，理顺职责关系，建立高效的管理体系。要认真履行规划指导、监督管理、协调服务的职责，组织拟定发展战略、政策、规划、计划并指导实施，切实提高推动休闲农业与乡村旅游科学发展的能力。二要坚持发展原则。要按照"农业为基础、农村为载体、农民为主体"的理念，坚持以农为本、促进增收，多方融合、相互促进，因地制宜、突出特色，规范管理、强化服务，政府引导、多方参与，保护环境、持续发展的原则，将休闲农业发展与现代农业、美丽乡村、生态文明、文化创意产业建设、农民创业创新融为一体，推动农村一二三产业融合发展。三要明确工作重点。要围绕优化布局、丰富内涵、增收脱贫、提档升级、有序发展和品牌培育，发掘农业文化遗产价值，保护农村文化遗迹和传统村落、传统民居，支持发展农家乐、休闲农业聚集村、休闲农庄、休闲农园、美丽田园。支持社会资本积极参与休闲农业发展，加大从业人员培训和行业标准宣贯力度，提高创意设计水平，加快公共基础设施建设，开展休闲农业示范创建、中国最美休闲乡村推介等品牌培育工程，提升产业影响力和知名度。四要推动政策落实创设。《通知》在休闲农业用地、财政支持、税收优惠、金融信贷等方面出台了一系列新政策。各地要在积极推动落实这些政策的基础上，结合本地实际，积极与相关部门沟通协商，争取制定含金量高，指向性、精准性、操作性强的政策措施，切实把《通知》要求落到实处。

同志们、朋友们，发展休闲农业与乡村旅游是在资源环境硬约束背景下加快转变农业发展方式的战略要求，是在经济增速放缓背景下拓宽农民增收渠道的战略选择，是在城镇化深入发展背景下打造农村经济"升级版"、培育国内消费新增长点、实现城乡经济社会一体化发展的战略举措。做好新时期休闲农业与乡村旅游工作责任重大、使命光荣、任务艰巨。在此，我希望全国各级休闲农业管理部门以本次活动为契机，围绕美丽乡村和美丽中国建设，不断增强使命感、责任感和紧迫感，切实加强组织领导，完善政策措施，加大工作力度，充分发挥规划指导、管理监督、协调服务的职能作用，努力推进我国休闲农业与乡村旅游持续健康发展，为农业强起来、农民富起来、农村美起来，全面建成小康社会，实现中华民族伟大复兴的中国梦做出新的更大的贡献。

在 2015 中国（庆阳）农耕文化节上的讲话

农业部农产品加工局（乡镇
企业局）局长　宗锦耀
（2015 年 10 月 13 日）

同志们、朋友们：

大家下午好。

金秋十月，天高气爽，瓜果飘香。在这美好的季节里，我们齐聚美丽的庆阳，举办中国（庆阳）农耕文化节，这不仅是弘扬优秀传统文化的重要举措，也是拓展农业功能价值、共建美丽乡村和美丽中国的具体行动。借此机会，我谨代表农业部农产品加工局（乡镇企业局），对中国农耕文化节的成功举办表示祝贺。下面我讲三个方面问题和意见，供大家参考。

一、深刻认识弘扬农耕文化和拓展农业功能的重要意义

当前我国经济进入新常态，农业农村经济进入转变发展方式的新阶段。长期以来依靠拼资源、拼环境、拼劳力地力的我国农业面临着前所未有的瓶颈问题，资源环境刚性约束的弦绷得越来越紧，这就迫切需要从农业产业延伸、农业功能拓展和农村一二三产业融合发展中寻找新的发展空间。弘扬农耕文化，建设美丽乡村和美丽中国，正好与这样的大背景高度契合，具有十分重要的意义。

一是贯彻中央决策部署的重要举措。党的十八大提出，要"建设优秀传统文化传承体系，弘扬中华优秀传统文化"。习近平总书记指出："农耕文化是我国农业的宝贵财富，是中华文化的重要组成部分，不仅不能丢，而且要不断发扬光大。"今年中央 1 号文件、《国务院办公厅关于加快转变农业发展方式的意见》《国务院办公厅关于进一步促进旅游投资和消费的若干意见》等文件都要求开发农业文化传承等多种功能。深入贯彻党中央、国务院的有关部署要求，要求我们紧紧围绕促进农业提质增效、农民就业增收、居民休闲消费的目标任务，以农耕文化为魂，以美丽田园为韵，以生态农业为基，以创新创造为径，以古朴村落为形，将休闲农业与乡村旅游发展与农耕文化、美丽乡村、生态文明、现代农业和农民创业创新融为一体，注重规范管理、内涵提升、公共服务、文化发掘和氛围营造，推动农村一二三产业的融合发展。

二是传承中华传统文化的基本依托。什么是文化？文化是民族的血脉和灵魂。中华民族在长达数千年的繁衍生息发展过程中，在长期追求美好的与和谐的事务的过程中，将很多事务也都美好化与和谐化了，所累积和沉淀下来的价值观念、行为准则和思想体系等，就是文化，正所谓以物化文，以文化人，以化成天下。我国农耕文化源远流长、内容丰富，是中华传统文化和中华文明立足传承之根基。我们的先祖们世世代代凭借着独特而多样的自然条件和勤劳与智慧，创造了种类繁多、特色明显、经济与生态价值高度统一的传统农业生产生态生活系统。具有悠久的历史渊源、独特的农业产品、丰富的生物资源，是经济与生态价值高度统一的传统农业生产系统，在活态性、适应性、复合性、战略性、多功能性和濒危性等方面具有显著特征。千峰万壑中鳞次栉比的梯田，烟波浩渺的古茶庄园，波光粼粼和谐共生的稻鱼系统，广袤无垠的草原游牧部落，孕育着自然美、生态美、人文美、和谐美。这些不仅推动了农业的发展，保障了百姓的生计，促进了社会的进步，也由此衍生和创造了悠久灿烂的中华文明，是老祖宗留给我们的宝贵遗产。

三是助推农业可持续发展的有生力量。我国丰富的农耕文化蕴含着天人合一的哲学思想，体现着中华民族的生命力和创造力，贯穿于中国传统文化的始终，是各族劳动人民长久以来生产、生活实践的智慧结晶，是全人类文明的瑰宝。时至今日，我国农耕文化中的许多理念、思想和对自然规律的认知，在现代生活中仍具有很强的应用价值，在农民的日常生活和农业生产中仍起着潜移默化的支撑作用，在保护民族特色、传承文化传统中发挥着重要的基础作用。挖掘、保护、传承和利用我国农耕文化，挖掘农业文化遗产，对弘扬中华农业文化，增强国民对民族文化的认同感、自豪感，促进农业可持续发

展，实现中华民族永续发展，都具有十分重要的作用。

四是提升产业文化内涵的必然选择。把农耕文化作为丰富休闲农业与乡村旅游的历史文化资源和景观资源加以开发利用，能够增强产业发展后劲，提升产业发展层次，破解产业同质化问题，提高产业的趣味性和活力魅力实力，带动广大农民就业增收，实现在利用中传承和保护；能够横向拓展产业功能，纵向延伸产业链条，推动构建现代农业产业体系、生产体系、经营体系，走出产业支撑美丽乡村建设之路；可以走出顺应自然规律实现可持续发展，顺应经济规律实现科学发展，顺应社会规律实现包容性发展的产业升级新路子。

近年来，我们不断弘扬农耕文化、拓展农业功能，不断推进休闲农业和乡村旅游，取得了长足的发展，据不完全统计，截止到2014年年底，各类经营主体已经超过180万家，全国休闲农业的年接待人数达10亿人次，已经占到全国旅游业接待人次的一半以上，经营收入达3 000亿元，带动3 000万农民受益，均保持在10％以上的增长速度。今年以来，休闲农业和乡村旅游发展仍呈现出快速增长的态势，不少地方继续保持超常规的发展速度，已经成为中华农耕文化的重要传承体，成为农业农村经济发展的新的增长极，成为"老乡"迈向全面小康的有效途径。

二、扎实推进农耕文化与休闲农业和乡村旅游的融合发展

休闲农业与乡村旅游作为一种新型产业形态和新型消费业态，已有农家乐、民俗村、休闲观光园、休闲农庄等多种形式。它的发展，进一步彰显了促进增收激活消费的经济功能、带动就业的社会功能、保护利用传承农耕文明的文化功能、美化乡村环境的生态功能、促进基层政权建设的政治功能等，促使大量的农区变景区、田园变公园、民房变

客房、劳动变运动、青山变金山、产品变商品，让闲置的土地流动起来，让闲暇的时间充实起来，让富余的劳动力活跃起来，日益成为服务居民、发展农业、繁荣农村、富裕农民、保护生态、传承文化的战略性新兴产业。休闲农业和乡村旅游与农耕文化紧密结合，就可以融合地域景观特色、自然资源，区域农业特长优势及风土人情，衍生出多种形态业态，做出"农文旅"高度融合的好文章、大文章。

一要以农耕文化提升区域品牌。文化是太阳，品牌是影子，太阳有多高，影子就有多长，不做文化的品牌走不远，区域性休闲农业与乡村旅游品牌的背后是品质和文化，是人们脑子里的记忆点和口口相传的故事传说。农耕文化与休闲农业资源的融合会形成更为古朴的文化特色，系统整合农业生产过程、农民劳动生活、农村风情风貌中的文化要素，将促进休闲农业与文化保护传承的良性互动，推动传统文化和现代文明有机融合。庆阳是"人文始祖"轩辕黄帝的活动区域，"周道之兴自此始"，也是周人的发祥地，拥有厚重的文化底蕴，是中华农耕文化的主要发源地之一。休闲农业和乡村旅游与农耕文化的融合发展，是对农村风土人情、乡风乡貌、礼节习俗的保护和利用，是对悠久历史、中华精神的沿袭和传承。农业文化遗产、历史古村、特色民居等历史文化资源和景观资源的科学利用，文化创意产品的开发、生产和实体艺术的传播，就会形成"农旅文"融合发展、延续农耕文化内涵、充分发挥精神文明财富的经济价值的新业态新格局。

二要以农耕文化开发农村资源。农村拥有文化、生态、特产、民俗民族特色等资源，通过农耕文化的渗透融合，就可以开拓农业农村资源利用新型模式和领域，带动观赏类农产品消费、餐饮住宿接待、交通运输、建筑文化、民俗文化的全面发展，在不增加农业资源的前提下实现单位面积的多功能产出，

促进农民形成"一季两收、四季不断"的多元收入格局，使农民从务农变成农商旅并举，把资源转换为财产性收入，把传统观念变为现代化意识观念和生活习俗的熏陶，培养一批懂技术、会经营、重管理的新型职业农民，提高农民素质和乡风文明水平。例如，江苏南京江宁区将13个村打造成13朵金花，通过各种文化体验、民间艺人表演等吸引城乡居民；四川成都邛崃文笔山村依托传统农业种植、酒文化体验、传统农耕文明与民俗文化展示、明清老村落打造了"中国酒村"，每天接待1 000多人游览，放眼望去、人气十足。

三要以农耕文化增加城乡互动交流。促进绿色化和生态文明建设，把绿水青山变成金山银山，都需要具有文化内涵的休闲农业与乡村旅游作为载体，以保护自然资源和生态环境不受过度开发，补充绿色景观和生态修复区域，促进农村环境综合整治的开展，为城市居民提供亲近自然、体验农村生活的场所，也给农民带来了城市生活体验和文化体验，同时城里游客把先进理念和信息带到农村，使得城乡二元文化渐趋融合。如贵州兴义市万峰林村就是充分利用一座座拔地而起的山峰和少数民族传统文化，打造出黔西南重要的休闲农业与乡村旅游示范点，吸引了大量城里人的到来，当地的农民整体素质特别是文化素质得到大幅度提升。

四要以农耕文化增加产业业态。结合传统农耕文化，可以打造集农业生产、农耕体验、文化娱乐、教育展示于一体的休闲农业示范园，也可以打造依托林园、果园、花园、茶园而建的生态观光休闲农庄，可以发展"吃农家饭，尝农家菜、睡农家炕"的农家乐，可以烘托大型农业生产过程的时空景观，展现壮美自然风光和场面宏大的农事景观和文明渊源，让游客观赏景观、体验农耕文化。周祖农耕文化产业园景观创意、南梁红色旅游小镇、天富亿现代生态农业文化体验园等经营主体，香包、刺绣、山核桃等产品创意，

苹果、杏系列、小杂粮系列等包装创意已很有名气，值得借鉴和推广。

三、大力提升休闲农业与乡村旅游的发展水平

发展休闲农业与乡村旅游要始终坚持以农为本、促进增收，坚持多方融合、相互促进，坚持因地制宜、突出特色，坚持规范管理、强化服务，坚持政府引导、多方参与，坚持保护环境、持续发展。到2020年，要实现产业规模进一步扩大，接待人次和营业收入不断提升；布局优化、类型丰富、功能完善、特色明显的格局基本形成；社会效益明显提高，从事休闲农业的农民收入较快增长；发展质量明显提高，服务水平较大提升，可持续发展能力进一步增强。让广大城乡居民养眼、养胃、养肺、养心、养脑，为城乡居民提供看得见山、望得见水、记得住乡愁的高品质休闲旅游体验。

第一，围绕优化布局，着力在丰富类型和融合集聚上实现重大提升。重点要在适宜地区布局，充分发挥各地区文化特色优势，促进多样化、个性化发展，特别是以传承农耕文化为核心，兼顾度假体验，建设具有科普、教育、示范以及传统农耕文化展示功能的休闲农园和美丽田园，促进产业转型升级，防止同质化发展、平面化竞争。

第二，围绕丰富内涵，着力在文化传承和创意设计上实现重大提升。注重农村文化资源挖掘，强化休闲农业经营场所的创意设计，推进农业与文化、科技、生态、旅游的融合，提高农产品附加值，提升休闲农业的文化软实力和持续竞争力。按照"在发掘中保护、在利用中传承"的思路，加大对农业文化遗产价值的发掘，推动遗产地经济社会可持续发展。加强农村文化遗迹和传统村落、传统民居的保护，发展具有文化内涵的休闲乡村，加快乡土民俗文化的推广、保护和延续。

第三，围绕增收脱贫，着力在产业升级和利益共享上实现重大提升。发展一批农家乐、小超市、小型采摘园等特色旅游到村到户项目，引导建立农民参与和利益共享机制，探索农民自组织、自激励、自就业的创业模式，使休闲农业和乡村旅游成为精准扶贫的有效形式，成为大众创业和农村富余劳动力就地就业的重要渠道。

第四，围绕提档升级，着力在人员素质和设施改善上实现重大提升。加大休闲农业从业人员的培训，充实一批规划设计、文化创意策划和市场营销人才，加快公共基础设施建设，加强传统民居保护修缮，鼓励发展特色民宿，满足消费者多样化的需求。

第五，围绕有序发展，着力在规范管理和生态保护上实现重大提升。加大标准的制定和宣贯力度，促进休闲农业规范有序发展；树立开发与保护并举的理念，走资源节约型和环境友好型的发展道路，实现经济效益、生态效益、社会效益协调发展。

第六，围绕品牌培育，着力在典型示范和氛围营造上实现重大提升。继续开展中国最美休闲乡村推介、中国美丽田园推介、全国休闲农业星级评定、特色景观旅游名镇名村示范等品牌培育工程，开展休闲农业特色村、星级户、精品线路等创建与推介活动，着力培育一批叫得响、传得开、留得住的知名品牌和各具特色的地方品牌。

同志们，朋友们！农耕文明是中华文明的根源，农耕文化是中华灿烂文化的重要组成部分。我国农耕文化有着悠久的历史，形成了一大批文化遗产，这是中华民族的文化宝库。前不久，农业部联合国家发展和改革委员会等11部门印发的《关于积极开发农业多种功能大力促进休闲农业发展的通知》（农加发〔2015〕5号）确立了"农业为基础、农村为载体、农民为主体"的理念，提出了用地、财税、金融和公共服务四个方面的扶

持政策。在用地政策上，支持农民发展农家乐，鼓励利用村内集体建设用地、开展城乡建设用地增减挂钩试点、利用"四荒地"等发展休闲农业；在财税政策上，将中央有关乡村建设资金适当向休闲农业集聚区倾斜，鼓励加大对休闲农业创业发展和基础设施建设的支持力度，落实税收优惠政策；在融资政策上，鼓励担保机构加大对休闲农业的服务力度，搭建银企对接平台，允许利用扶贫小额贴息贷款、以旅游资源、扶贫资金等入股方式发展休闲农业；在公共服务政策上，增强线上线下营销能力，加快构建网络营销等公共服务平台，全面提升行业信息化水平。前不久，在国庆长假来临之际，为方便城乡居民品味农耕文化、乐享田园生活、体验休闲劳作、感知民俗风情，农业部向社会推介一批休闲农业与乡村旅游精品线路和景点，

包括全国260个中国最美休闲乡村、62个中国重要农业文化遗产、100条休闲农业精品线路、165家全国休闲农业与乡村旅游五星级示范企业（园区），以供城乡居民休闲出行。总的目的就是要让农民在自己的土地上变身为创客，成为一二三产业融合发展的主力军，成为中华五千年农耕文化的传承者，成为有尊严、有保障的劳动者，成为有规范、有品牌的经营者，让休闲农业与乡村旅游发展的成果惠及亿万农民。

今天的活动是一个很好的交流学习机会，相信通过举办这次农耕文化节，一定会让农耕文化在发展休闲农业与乡村旅游、建设美丽乡村和美丽中国中得到进步和升华，为农业强起来、农村美起来、农民富起来和全面建成小康社会做出应有的贡献！

谢谢大家！

法律法规与规范性文件

国务院办公厅关于推进农村一二三产业融合发展的指导意见

国务院办公厅关于加快转变农业发展方式的意见

国务院办公厅关于支持农民工等人员返乡创业的意见

中华人民共和国农业部公告

关于积极开发农业多种功能大力促进休闲农业发展的通知

国务院办公厅关于进一步促进旅游投资和消费的若干意见

国土资源部　住房和城乡建设部　国家旅游局　关于支持旅游业发展用地政策的意见

美丽乡村建设指南

山东省乡村旅游业振兴规划

中共云南省委　云南省人民政府关于进一步加强农耕文化保护与传承工作的意见

大连市人民政府办公厅关于印发加快发展休闲农业的实施意见的通知

宁波市人民政府关于加快休闲旅游目的地建设的意见

宁波市人民政府办公厅印发关于加快推进乡村旅游发展若干意见的通知

国务院办公厅关于推进农村一二三产业融合发展的指导意见

国办发〔2015〕93号

各省、自治区、直辖市人民政府，国务院各部委、各直属机构：

推进农村一二三产业（以下简称农村产业）融合发展，是拓宽农民增收渠道、构建现代农业产业体系的重要举措，是加快转变农业发展方式、探索中国特色农业现代化道路的必然要求。经国务院同意，现提出如下意见：

一、总体要求

（一）指导思想。全面贯彻落实党的十八大和十八届二中、三中、四中、五中全会精神，按照党中央、国务院决策部署，坚持"四个全面"战略布局，牢固树立创新、协调、绿色、开放、共享的发展理念，主动适应经济发展新常态，用工业理念发展农业，以市场需求为导向，以完善利益联结机制为核心，以制度、技术和商业模式创新为动力，以新型城镇化为依托，推进农业供给侧结构性改革，着力构建农业与二三产业交叉融合的现代产业体系，形成城乡一体化的农村发展新格局，促进农业增效、农民增收和农村繁荣，为国民经济持续健康发展和全面建成小康社会提供重要支撑。

（二）基本原则。坚持和完善农村基本经营制度，严守耕地保护红线，提高农业综合生产能力，确保国家粮食安全。坚持因地制宜，分类指导，探索不同地区、不同产业融合模式。坚持尊重农民意愿，强化利益联结，保障农民获得合理的产业链增值收益。坚持市场导向，充分发挥市场配置资源的决定性作用，更好发挥政府作用，营造良好市场环境，加快培育市场主体。坚持改革创新，打破要素瓶颈制约和体制机制障碍，激发融合

发展活力。坚持农业现代化与新型城镇化相衔接，与新农村建设协调推进，引导农村产业集聚发展。

（三）主要目标。到2020年，农村产业融合发展总体水平明显提升，产业链条完整、功能多样、业态丰富、利益联结紧密、产城融合更加协调的新格局基本形成，农业竞争力明显提高，农民收入持续增加，农村活力显著增强。

二、发展多类型农村产业融合方式

（四）着力推进新型城镇化。将农村产业融合发展与新型城镇化建设有机结合，引导农村二三产业向县城、重点乡镇及产业园区等集中。加强规划引导和市场开发，培育农产品加工、商贸物流等专业特色小城镇。强化产业支撑，实施差别化落户政策，努力实现城镇基本公共服务常住人口全覆盖，稳定吸纳农业转移人口。（发展改革委、农业部、商务部等负责）

（五）加快农业结构调整。以农牧结合、农林结合、循环发展为导向，调整优化农业种植养殖结构，加快发展绿色农业。建设现代饲草料产业体系，推广优质饲草料种植，促进粮食、经济作物、饲草料三元种植结构协调发展。大力发展种养结合循环农业，合理布局规模化养殖场。加强海洋牧场建设。积极发展林下经济，推进农林复合经营。推广适合精深加工、休闲采摘的作物新品种。加强农业标准体系建设，严格生产全过程管理。（农业部、林业局、科技部等负责）

（六）延伸农业产业链。发展农业生产性服务业，鼓励开展代耕代种代收、大田托管、统防统治、烘干储藏等市场化和专业化服务。完善农产品产地初加工补助政策，扩大实施区域和品种范围，初加工用电享受农用电政策。加强政策引导，支持农产品深加工发展，促进其向优势产区和关键物流节点集中，加快消化粮棉油库存。支持农村特色加工业发

展。加快农产品冷链物流体系建设，支持优势产区产地批发市场建设，推进市场流通体系与储运加工布局有机衔接。在各省（自治区、直辖市）年度建设用地指标中单列一定比例，专门用于新型农业经营主体进行农产品加工、仓储物流、产地批发市场等辅助设施建设。健全农产品产地营销体系，推广农超、农企等形式的产销对接，鼓励在城市社区设立鲜活农产品直销网点。（农业部、发展改革委、财政部、工业和信息化部、国土资源部、商务部、供销合作总社等负责）

（七）拓展农业多种功能。加强统筹规划，推进农业与旅游、教育、文化、健康养老等产业深度融合。积极发展多种形式的农家乐，提升管理水平和服务质量。建设一批具有历史、地域、民族特点的特色旅游村镇和乡村旅游示范村，有序发展新型乡村旅游休闲产品。鼓励有条件的地区发展智慧乡村游，提高在线营销能力。加强农村传统文化保护，合理开发农业文化遗产，大力推进农耕文化教育进校园，统筹利用现有资源建设农业教育和社会实践基地，引导公众特别是中小学生参与农业科普和农事体验。（农业部、旅游局、发展改革委、财政部、教育部、文化部、民政部、林业局等负责）

（八）大力发展农业新型业态。实施"互联网＋现代农业"行动，推进现代信息技术应用于农业生产、经营、管理和服务，鼓励对大田种植、畜禽养殖、渔业生产等进行物联网改造。采用大数据、云计算等技术，改进监测统计、分析预警、信息发布等手段，健全农业信息监测预警体系。大力发展农产品电子商务，完善配送及综合服务网络。推动科技、人文等元素融入农业，发展农田艺术景观、阳台农艺等创意农业。鼓励在大城市郊区发展工厂化、立体化等高科技农业，提高本地鲜活农产品供应保障能力。鼓励发展农业生产租赁业务，积极探索农产品个性化定制服务、会展农业、农业众筹等新型业

态。（农业部、发展改革委、科技部、工业和信息化部、财政部、商务部、林业局等负责）

（九）引导产业集聚发展。加强农村产业融合发展与城乡规划、土地利用总体规划有效衔接，完善县域产业空间布局和功能定位。通过农村闲置宅基地整理、土地整治等新增的耕地和建设用地，优先用于农村产业融合发展。创建农业产业化示范基地和现代农业示范区，完善配套服务体系，形成农产品集散中心、物流配送中心和展销中心。扶持发展一乡（县）一业、一村一品，加快培育乡村手工艺品和农村土特产品品牌，推进农产品品牌建设。依托国家农业科技园区、农业科研院校和"星创天地"，培育农业科技创新应用企业集群。（发展改革委、农业部、国土资源部、科技部、工业和信息化部、教育部、财政部、商务部、工商总局等负责）

三、培育多元化农村产业融合主体

（十）强化农民合作社和家庭农场基础作用。鼓励农民合作社发展农产品加工、销售，拓展合作领域和服务内容。鼓励家庭农场开展农产品直销。引导大中专毕业生、新型职业农民、务工经商返乡人员领办农民合作社、兴办家庭农场、开展乡村旅游等经营活动。支持符合条件的农民合作社、家庭农场优先承担政府涉农项目，落实财政项目资金直接投向农民合作社、形成资产转交合作社成员持有和管护政策。开展农民合作社创新试点，引导发展农民合作社联合社。引导土地流向农民合作社和家庭农场。（农业部牵头负责）

（十一）支持龙头企业发挥引领示范作用。培育壮大农业产业化龙头企业和林业重点龙头企业，引导其重点发展农产品加工流通、电子商务和农业社会化服务，并通过直接投资、参股经营、签订长期合同等方式，建设标准化和规模化的原料生产基地，带动农户和农民合作社发展适度规模经营。龙头企业要优化要素资源配置，加强产业链建设

和供应链管理，提高产品附加值。鼓励龙头企业建设现代物流体系，健全农产品营销网络。充分发挥农垦企业资金、技术、品牌和管理优势，培育具有国际竞争力的大型现代农业企业集团，推进垦地合作共建，示范带动农村产业融合发展。（农业部、林业局牵头负责）

（十二）发挥供销合作社综合服务优势。推动供销合作社与新型农业经营主体有效对接，培育大型农产品加工、流通企业。健全供销合作社经营网络，支持流通方式和业态创新，搭建全国性和区域性电子商务平台。拓展供销合作社经营领域，由主要从事流通服务向全程农业社会化服务延伸、向全方位城乡社区服务拓展，在农资供应、农产品流通、农村服务等重点领域和环节为农民提供便利实惠、安全优质的服务。（供销合作总社牵头负责）

（十三）积极发展行业协会和产业联盟。充分发挥行业协会自律、教育培训和品牌营销作用，开展标准制订、商业模式推介等工作。在质量检测、信用评估等领域，将适合行业协会承担的职能移交行业协会。鼓励龙头企业、农民合作社、涉农院校和科研院所成立产业联盟，支持联盟成员通过共同研发、科技成果产业化、融资拆借、共有品牌、统一营销等方式，实现信息互通、优势互补。（农业部牵头负责）

（十四）鼓励社会资本投入。优化农村市场环境，鼓励各类社会资本投向农业农村，发展适合企业化经营的现代种养业，利用农村"四荒"（荒山、荒沟、荒丘、荒滩）资源发展多种经营，开展农业环境治理、农田水利建设和生态修复。国家相关扶持政策对各类社会资本投资项目同等对待。对社会资本投资建设连片面积达到一定规模的高标准农田、生态公益林等，允许在符合土地管理法律法规和土地利用总体规划、依法办理建设用地审批手续、坚持节约集约用地的前提下，

利用一定比例的土地开展观光和休闲度假旅游、加工流通等经营活动。能够商业化运营的农村服务业，要向社会资本全面开放。积极引导外商投资农村产业融合发展。（发展改革委、财政部、国土资源部、水利部、农业部、商务部、林业局、旅游局等负责）

四、建立多形式利益联结机制

（十五）创新发展订单农业。引导龙头企业在平等互利基础上，与农户、家庭农场、农民合作社签订农产品购销合同，合理确定收购价格，形成稳定购销关系。支持龙头企业为农户、家庭农场、农民合作社提供贷款担保，资助订单农户参加农业保险。鼓励农产品产销合作，建立技术开发、生产标准和质量追溯体系，设立共同营销基金，打造联合品牌，实现利益共享。（农业部、发展改革委、商务部、工商总局、银监会、保监会等负责）

（十六）鼓励发展股份合作。加快推进农村集体产权制度改革，将土地承包经营权确权登记颁证到户、集体经营性资产折股量化到户。地方人民政府可探索制订发布本行政区域内农用地基准地价，为农户土地入股或流转提供参考依据。以土地、林地为基础的各种形式合作，凡是享受财政投入或政策支持的承包经营者均应成为股东方，并采取"保底收益＋按股分红"等形式，让农户分享加工、销售环节收益。探索形成以农户承包土地经营权入股的股份合作社、股份合作制企业利润分配机制，切实保障土地经营权入股部分的收益。（农业部、发展改革委、财政部、国土资源部、林业局等负责）

（十七）强化工商企业社会责任。鼓励从事农村产业融合发展的工商企业优先聘用流转出土地的农民，为其提供技能培训、就业岗位和社会保障。引导工商企业发挥自身优势，辐射带动农户扩大生产经营规模、提高管理水平。完善龙头企业认定监测制度，实

行动态管理，逐步建立社会责任报告制度。强化龙头企业联农带农激励机制，国家相关扶持政策与利益联结机制相挂钩。（农业部、发展改革委、财政部等负责）

（十八）健全风险防范机制。稳定土地流转关系，推广实物计租货币结算、租金动态调整等计价方式。规范工商资本租赁农地行为，建立农户承包土地经营权流转分级备案制度。引导各地建立土地流转、订单农业等风险保障金制度，并探索与农业保险、担保相结合，提高风险防范能力。增强新型农业经营主体契约意识，鼓励制定适合农村特点的信用评级方法体系。制定和推行涉农合同示范文本，依法打击涉农合同欺诈违法行为。加强土地流转、订单等合同履约监督，建立健全纠纷调解仲裁体系，保护双方合法权益。（农业部、发展改革委、财政部、人民银行、工商总局等负责）

五、完善多渠道农村产业融合服务

（十九）搭建公共服务平台。以县（市、区）为基础，搭建农村综合性信息化服务平台，提供电子商务、乡村旅游、农业物联网、价格信息、公共营销等服务。优化农村创业孵化平台，建立在线技术支持体系，提供设计、创意、技术、市场、融资等定制化解决方案及其他创业服务。建设农村产权流转交易市场，引导其健康发展。采取政府购买、资助、奖励等形式，引导科研机构、行业协会、龙头企业等提供公共服务。（农业部、发展改革委、科技部、工业和信息化部、商务部等负责）

（二十）创新农村金融服务。发展农村普惠金融，优化县域金融机构网点布局，推动农村基础金融服务全覆盖。综合运用奖励、补助、税收优惠等政策，鼓励金融机构与新型农业经营主体建立紧密合作关系，推广产业链金融模式，加大对农村产业融合发展的信贷支持。推进粮食生产规模经营主体营销

贷款试点，稳妥有序开展农村承包土地的经营权、农民住房财产权抵押贷款试点。坚持社员制、封闭性、民主管理原则，发展新型农村合作金融，稳妥开展农民合作社内部资金互助试点。鼓励发展政府支持的"三农"融资担保和再担保机构，为农业经营主体提供担保服务。鼓励开展支持农村产业融合发展的融资租赁业务。积极推动涉农企业对接多层次资本市场，支持符合条件的涉农企业通过发行债券、资产证券化等方式融资。加强涉农信贷与保险合作，拓宽农业保险保单质押范围。（人民银行、财政部、银监会、证监会、保监会、农业部、发展改革委、税务总局等负责）

（二十一）强化人才和科技支撑。加快发展农村教育特别是职业教育，加大农村实用人才和新型职业农民培育力度。加大政策扶持力度，引导各类科技人员、大中专毕业生等到农村创业，实施鼓励农民工等人员返乡创业三年行动计划和现代青年农场主计划，开展百万乡村旅游创客行动。鼓励科研人员到农村合作社、农业企业任职兼职，完善知识产权入股、参与分红等激励机制。支持农业企业、科研机构等开展产业融合发展的科技创新，积极开发农产品加工贮藏、分级包装等新技术。（教育部、科技部、农业部、人力资源社会保障部、发展改革委、旅游局等负责）

（二十二）改善农业农村基础设施条件。统筹实施全国高标准农田建设总体规划，继续加强农村土地整治和农田水利基础设施建设，改造提升中低产田。加快完善农村水、电、路、通信等基础设施。加强农村环境整治和生态保护，建设持续健康和环境友好的新农村。统筹规划建设农村物流设施，逐步健全以县、乡、村三级物流节点为支撑的农村物流网络体系。完善休闲农业和乡村旅游道路、供电、供水、停车场、观景台、游客接待中心等配套设施。（发展改革委、财政

部、国土资源部、水利部、交通运输部、工业和信息化部、农业部、商务部、旅游局、能源局等负责）

（二十三）支持贫困地区农村产业融合发展。支持贫困地区立足当地资源优势，发展特色种养业、农产品加工业和乡村旅游、电子商务等农村服务业，实施符合当地条件、适应市场需求的农村产业融合项目，推进精准扶贫、精准脱贫，相关扶持资金向贫困地区倾斜。鼓励经济发达地区与贫困地区开展农村产业融合发展合作，支持企事业单位、社会组织和个人投资贫困地区农村产业融合项目。（发展改革委、扶贫办、农业部、商务部、旅游局等负责）

六、健全农村产业融合推进机制

（二十四）加大财税支持力度。支持地方扩大农产品加工企业进项税额核定扣除试点行业范围，完善农产品初加工所得税优惠目录。落实小微企业税收扶持政策，积极支持"互联网＋现代农业"等新型业态和商业模式发展。统筹安排财政涉农资金，加大对农村产业融合投入，中央财政在现有资金渠道内安排一部分资金支持农村产业融合发展试点，中央预算内投资、农业综合开发资金等向农村产业融合发展项目倾斜。创新政府涉农资金使用和管理方式，研究通过政府和社会资本合作、设立基金、贷款贴息等方式，带动社会资本投向农村产业融合领域。（财政部、发展改革委、税务总局等负责）

（二十五）开展试点示范。围绕产业融合模式、主体培育、政策创新和投融资机制，开展农村产业融合发展试点示范，积极探索和总结成功的做法，形成可复制、可推广的经验，促进农村产业融合加快发展。（发展改革委、财政部、农业部、工业和信息化部、商务部、旅游局等负责）

（二十六）落实地方责任。地方各级人民政府要切实加强组织领导，把推进农村产业融合发展摆上重要议事日程，纳入经济社会发展总体规划和年度计划；要创新和完善乡村治理机制，加强分类指导，因地制宜探索融合发展模式。县级人民政府要强化主体责任，制定具体实施方案，引导资金、技术、人才等要素向农村产业融合集聚。（地方人民政府负责）

（二十七）强化部门协作。各有关部门要根据本意见精神，抓紧制定和完善相关规划、政策措施，密切协作配合，确保各项任务落实到位。发展改革委要会同有关部门对本意见落实情况进行跟踪分析和评估，每年将工作进展情况报告国务院。（发展改革委牵头负责）

国务院办公厅
2015 年 12 月 30 日

国务院办公厅关于加快转变农业发展方式的意见

国办发〔2015〕59 号

各省、自治区、直辖市人民政府，国务院各部委、各直属机构：

近年来，我国粮食生产"十一连增"，农民收入持续较快增长，农业农村经济发展取得巨大成绩，为经济社会持续健康发展提供了有力支撑。当前，我国经济发展进入新常态，农业发展面临农产品价格"天花板"封顶、生产成本"地板"抬升、资源环境"硬约束"加剧等新挑战，迫切需要加快转变农业发展方式。经国务院同意，现提出以下意见。

一、总体要求

（一）指导思想。全面贯彻落实党的十八大和十八届二中、三中、四中全会精神，按照党中央、国务院决策部署，把转变农业发展方式作为当前和今后一个时期加快推进农业现代化的根本途径，以发展多种形式农业适度规模经营为核心，以构建现代农业经营体系、生产体系和产业体系为重点，着力转变农业经营方式、生产方式、资源利用方式和管理方式，推动农业发展由数量增长为主转到数量质量效益并重上来，由主要依靠物质要素投入转到依靠科技创新和提高劳动者素质上来，由依赖资源消耗的粗放经营转到可持续发展上来，走产出高效、产品安全、资源节约、环境友好的现代农业发展道路。

（二）基本原则。

坚持把增强粮食生产能力作为首要前提。坚守耕地红线，做到面积不减少、质量不下降、用途不改变，稳定提升粮食产能，确保饭碗任何时候都牢牢端在自己手中，夯实转变农业发展方式的基础。

坚持把提高质量效益作为主攻方向。以市场需求为导向，适应居民消费结构变化，调整优化农业结构，向规模经营要效率、向一二三产业融合要效益、向品牌经营要利润，全面推进节本降耗、提质增效。

坚持把促进可持续发展作为重要内容。以资源环境承载能力为依据，优化农业生产力布局，加强农业环境突出问题治理，促进资源永续利用。

坚持把推进改革创新作为根本动力。打破传统农业发展路径依赖，全面深化农村改革，加快农业科技创新和制度创新，完善粮食等重要农产品价格形成机制，激活各类农业生产要素。

坚持把尊重农民主体地位作为基本遵循。尊重农民意愿，维护农民权益，在充分发挥市场机制作用的基础上，更好发挥政府作用，保护和调动农民积极性。

（三）主要目标。

到 2020 年，转变农业发展方式取得积极进展。多种形式的农业适度规模经营加快发展，农业综合生产能力稳步提升，产业结构逐步优化，农业资源利用和生态环境保护水平不断提高，物质技术装备条件显著改善，

农民收入持续增加，为全面建成小康社会提供重要支撑。

到 2030 年，转变农业发展方式取得显著成效。产品优质安全，农业资源利用高效，产地生态环境良好，产业发展有机融合，农业质量和效益明显提升，竞争力显著增强。

二、增强粮食生产能力，提高粮食安全保障水平

（四）加快建设高标准农田。以高标准农田建设为平台，整合新增建设用地土地有偿使用费、农业综合开发资金、现代农业生产发展资金、农田水利设施建设补助资金、测土配方施肥资金、大型灌区续建配套与节水改造投资、新增千亿斤粮食生产能力规划投资等，统筹使用资金，集中力量开展土地平整、农田水利、土壤改良、机耕道路、配套电网林网等建设，统一上图入库，到 2020 年建成 8 亿亩高标准农田。有计划分片推进中低产田改造，改善农业生产条件，增强抵御自然灾害能力。探索建立有效机制，鼓励金融机构支持高标准农田建设和中低产田改造，引导各类新型农业经营主体积极参与。按照"谁受益、谁管护"的原则，明确责任主体，建立奖惩机制，落实管护措施。

（五）切实加强耕地保护。落实最严格耕地保护制度，加快划定永久基本农田，确保基本农田落地到户、上图入库、信息共享。完善耕地质量保护法律制度，研究制定耕地质量等级国家标准。完善耕地保护补偿机制。充分发挥国家土地督察作用，坚持数量与质量并重，加强土地督察队伍建设，落实监督责任，重点加强东北等区域耕地质量保护。实施耕地质量保护与提升行动，分区域开展退化耕地综合治理、污染耕地阻控修复、土壤肥力保护提升、耕地质量监测等建设，开展东北黑土地保护利用试点，逐步扩大重金属污染耕地治理与种植结构调整试点，全面推进建设占用耕地耕作层土壤剥离再利用。

（六）积极推进粮食生产基地建设。结合永久基本农田划定，探索建立粮食生产功能区，优先在东北、黄淮海和长江中下游等水稻、小麦主产区，建成一批优质高效的粮食生产基地，将口粮生产能力落实到田块地头。加大财政均衡性转移支付力度，涉农项目资金要向粮食主产区倾斜。大力开展粮食高产创建活动，推广绿色增产模式，提高单产水平。引导企业积极参与粮食生产基地建设，发展产前、产中、产后等环节的生产和流通服务。加强粮食烘干、仓储设施建设。

三、创新农业经营方式，延伸农业产业链

（七）培育壮大新型农业经营主体。逐步扩大新型农业经营主体承担农业综合开发、中央基建投资等涉农项目规模。支持农民合作社建设农产品加工仓储冷链物流设施，允许财政补助形成的资产转交农民合作社持有和管护。鼓励引导粮食等大宗农产品收储加工企业为新型农业经营主体提供订单收购、代烘代储等服务。落实好新型农业经营主体生产用地政策。研究改革农业补贴制度，使补贴资金向种粮农民以及家庭农场等新型农业经营主体倾斜。支持粮食生产规模经营主体开展营销贷款试点。创新金融服务，把新型农业经营主体纳入银行业金融机构客户信用评定范围，对信用等级较高的在同等条件下实行贷款优先等激励措施，对符合条件的进行综合授信；探索开展农村承包土地经营权抵押贷款、大型农机具融资租赁试点，积极推动厂房、渔船抵押和生产订单、农业保单质押等业务，拓宽抵质押物范围；支持新型农业经营主体利用期货、期权等衍生工具进行风险管理；在全国范围内引导建立健全由财政支持的农业信贷担保体系，为粮食生产规模经营主体贷款提供信用担保和风险补偿；鼓励商业保险机构开发适应新型农业经营主体需求

的多档次、高保障保险产品，探索开展产值保险、目标价格保险等试点。

（八）推进多种形式的农业适度规模经营。稳步开展农村土地承包经营权确权登记颁证工作。各地要采取财政奖补等措施，扶持多种形式的农业适度规模经营发展，引导农户依法采取转包、出租、互换、转让、入股等方式流转承包地。有条件的地方在坚持农地农用和坚决防止"非农化"的前提下，可以根据农民意愿统一连片整理耕地，尽量减少田埂，扩大耕地面积，提高机械化作业水平。采取财政扶持、信贷支持等措施，加快培育农业经营性服务组织，开展政府购买农业公益性服务试点，积极推广合作式、托管式、订单式等服务形式。支持供销合作社开展农业社会化服务，加快形成综合性、规模化、可持续的为农服务体系。总结推广多种形式农业适度规模经营的典型案例，充分发挥其示范带动作用。在坚持农村土地集体所有和充分尊重农民意愿的基础上，在农村改革试验区稳妥开展农户承包地有偿退出试点，引导有稳定非农就业收入、长期在城镇居住生活的农户自愿退出土地承包经营权。

（九）大力开展农业产业化经营。把发展多种形式农业适度规模经营与延伸农业产业链有机结合起来，立足资源优势，鼓励农民通过合作与联合的方式发展规模种养业、农产品加工业和农村服务业，开展农民以土地经营权入股农民合作社、农业产业化龙头企业试点，让农民分享产业链增值收益。充实和完善龙头企业联农带农的财政激励机制，鼓励龙头企业为农户提供技术培训、贷款担保、农业保险资助等服务，大力发展一村一品、村企互动的产销对接模式；创建农业产业化示范基地，推进原料生产、加工物流、市场营销等一二三产业融合发展，促进产业链增值收益更多留在产地、留给农民。支持农业产业化示范基地开展技术研发、质量检

测、物流信息等公共服务平台建设。从国家技改资金项目中划定一定比例支持龙头企业转型升级。

（十）加快发展农产品加工业。扩大农产品初加工补助资金规模、实施区域和品种范围。深入实施主食加工提升行动，推动马铃薯等主食产品开发。支持精深加工装备改造升级，建设一批农产品加工技术集成基地，提升农产品精深加工水平。支持粮油加工企业节粮技术改造，开展副产品综合利用试点。加大标准化生猪屠宰体系建设力度，支持屠宰加工企业一体化经营。

（十一）创新农业营销服务。加强全国性和区域性农产品产地市场建设，加大农产品促销扶持力度，提升农户营销能力。培育新型流通业态，大力发展农业电子商务，制定实施农业电子商务应用技术培训计划，引导各类农业经营主体与电商企业对接，促进物流配送、冷链设施设备等发展。加快发展供销合作社电子商务。积极推广农产品拍卖交易方式。

（十二）积极开发农业多种功能。加强规划引导，研究制定促进休闲农业与乡村旅游发展的用地、财政、金融等扶持政策，加大配套公共设施建设支持力度，加强从业人员培训，强化体验活动创意、农事景观设计、乡土文化开发，提升服务能力。保持传统乡村风貌，传承农耕文化，加强重要农业文化遗产发掘和保护，扶持建设一批具有历史、地域、民族特点的特色景观旅游村镇。提升休闲农业与乡村旅游示范创建水平，加大美丽乡村推介力度。

四、深入推进农业结构调整，促进种养业协调发展

（十三）大力推广轮作和间作套作。支持因地制宜开展生态型复合种植，科学合理利用耕地资源，促进种地养地结合。重点在东北地区推广玉米/大豆（花生）轮作，在黄淮海地区推广玉米/花生（大豆）间作套作，在长江中下游地区推广双季稻—绿肥或水稻—油菜种植，在西南地区推广玉米/大豆间作套作，在西北地区推广玉米/马铃薯（大豆）轮作。

（十四）鼓励发展种养结合循环农业。面向市场需求，加快建设现代饲草料产业体系，开展优质饲草料种植推广补贴试点，引导发展青贮玉米、苜蓿等优质饲草料，提高种植比较效益。加大对粮食作物改种饲草料作物的扶持力度，支持在干旱地区、高寒高纬度玉米种植区域和华北地下水超采漏斗区、南方石漠化地区率先开展试点。统筹考虑种养规模和环境消纳能力，积极开展种养结合循环农业试点示范。发展现代渔业，开展稻田综合种养技术示范，推广稻渔共生、鱼菜共生等综合种养技术新模式。

（十五）积极发展草食畜牧业。针对居民膳食结构和营养需求变化，促进安全、绿色畜产品生产。分区域开展现代草食畜牧业发展试点试验，在种养结构调整、适度规模经营培育、金融信贷支持、草原承包经营制度完善等方面开展先行探索。大力推进草食家畜标准化规模养殖，突出抓好疫病防控，加快推广先进适用技术模式，重点支持生态循环畜牧业发展，引导形成牧区繁育、农区育肥的新型产业结构。实施牛羊养殖大县财政奖励补助政策。

五、提高资源利用效率，打好农业面源污染治理攻坚战

（十六）大力发展节水农业。落实最严格水资源管理制度，逐步建立农业灌溉用水量控制和定额管理制度。进一步完善农田灌排设施，加快大中型灌区续建配套与节水改造、大中型灌排泵站更新改造，推进新建灌区和小型农田水利工程建设，扩大农田有效灌溉面积。大力发展节水灌溉，全面实施区域规模化高效节水灌溉行动。分区开展节水农业示范，改善田间节水设施设备，积极推广抗旱节水品种和喷灌滴灌、水肥一体化、深耕深松、循环水养殖等技术。积极推进农业水价综合改革，合理调整农业水价，建立精准补贴机制。开展渔业资源环境调查，加大增殖放流力度，加强海洋牧场建设。统筹推进流域水生态保护与治理，加大对农业面源污染综合治理的支持力度，开展太湖、洱海、巢湖、洞庭湖和三峡库区等湖库农业面源污染综合防治示范。

（十七）实施化肥和农药零增长行动。坚持化肥减量提效、农药减量控害，建立健全激励机制，力争到2020年，化肥、农药使用量实现零增长，利用率提高到40％以上。深入实施测土配方施肥，扩大配方肥使用范围，鼓励农业社会化服务组织向农民提供配方施肥服务，支持新型农业经营主体使用配方肥。探索实施有机肥和化肥合理配比计划，鼓励农民增施有机肥，支持发展高效缓（控）释肥等新型肥料，提高有机肥施用比例和肥料利用效率。加强对农药使用的管理，强化源头治理，规范农民使用农药的行为。全面推行高毒农药定点经营，建立高毒农药可追溯体系。开展低毒低残留农药使用试点，加大高效大中型药械补贴力度，推行精准施药和科学用药。鼓励农业社会化服务组织对农民使用农药提供指导和服务。

（十八）推进农业废弃物资源化利用。落实畜禽规模养殖环境影响评价制度。启动实施农业废弃物资源化利用示范工程。推广畜禽规模化养殖、沼气生产、农家肥积造一体化发展模式，支持规模化养殖场（区）开展畜禽粪污综合利用，配套建设畜禽粪污治理设施；推进农村沼气工程转型升级，开展规模化生物天然气生产试点；引导和鼓励农民利用畜禽粪便积造农家肥。支持秸秆收集机械还田、青黄贮饲料化、微生物腐化和固化炭化等新技术示范，加快秸秆收储运体系建

设。扩大旱作农业技术应用，支持使用加厚或可降解农膜；开展区域性残膜回收与综合利用，扶持建设一批废旧农膜回收加工网点，鼓励企业回收废旧农膜。加快可降解农膜研发和应用。加快建成农药包装废弃物收集处理系统。

六、强化农业科技创新，提升科技装备水平和劳动者素质

（十九）加强农业科技自主创新。按照深化科技体制改革的总体要求，深入推进农业科技管理体制改革，提高创新效率。推进农业科技协同创新联盟建设。加快农业科技创新能力条件建设，按程序启动农业领域重点科研项目，加强农业科技国际交流与合作，着力突破农业资源高效利用、生态环境修复等共性关键技术。探索完善科研成果权益分配激励机制。建设农业科技服务云平台，提升农技推广服务效能。深入推进科技特派员农村科技创业行动，加快科技进村入户，让农民掌握更多的农业科技知识。

（二十）深化种业体制改革。在总结完善种业科研成果权益分配改革试点工作的基础上，逐步扩大试点范围；完善成果完成人分享制度，健全种业科技资源、人才向企业流动机制，做大做强育繁推一体化种子企业。国家财政科研经费加大用于基础性公益性研究的投入，逐步减少用于农业科研院所和高等院校开展商业化育种的投入。实施现代种业提升工程，加强国家种质资源体系、植物新品种测试体系和品种区域试验体系建设，加大种质资源保护力度，完善植物品种数据库。实施粮食作物制种大县财政奖励补助政策，积极推进海南、甘肃、四川三大国家级育种制种基地建设，规划建设一批区域级育种制种基地。

（二十一）推进农业生产机械化。适当扩大农机深松整地作业补助试点，大力推广保

护性耕作技术，开展粮棉油糖生产全程机械化示范，构建主要农作物全程机械化生产技术体系。完善适合我国国情的农业机械化技术与装备研发支持政策，主攻薄弱环节机械化，推进农机农艺融合，促进工程、生物、信息、环境等技术集成应用。探索完善农机报废更新补贴实施办法。

（二十二）加快发展农业信息化。开展"互联网+"现代农业行动。鼓励互联网企业建立农业服务平台，加强产销衔接。推广成熟可复制的农业物联网应用模式，发展精准化生产方式。大力实施农业物联网区域试验工程；加快推进设施园艺、畜禽水产养殖、质量安全追溯等领域物联网示范应用。加强粮食储运监管领域物联网建设。支持研发推广一批实用信息技术和产品，提高农业智能化和精准化水平。强化农业综合信息服务能力，提升农业生产要素、资源环境、供给需求、成本收益等监测预警水平，推进农业大数据应用，完善农业信息发布制度。大力实施信息进村入户工程，研究制定农业信息化扶持政策。加快国家农村信息化示范省建设。

（二十三）大力培育新型职业农民。加快建立教育培训、规范管理和政策扶持"三位一体"的新型职业农民培育体系。建立公益性农民培养培训制度，深入实施新型职业农民培育工程，推进农民继续教育工程。加强农民教育培训体系条件能力建设，深化产教融合、校企合作和集团化办学，促进学历、技能和创业培养相互衔接。鼓励进城农民工和职业院校毕业生等人员返乡创业，实施现代青年农场主计划和农村实用人才培养计划。

七、提升农产品质量安全水平，确保"舌尖上的安全"

（二十四）全面推行农业标准化生产。加强农业标准化工作，健全推广和服务体

系。加快制修订农兽药残留标准，制定推广一批简明易懂的生产技术操作规程，继续推进农业标准化示范区、园艺作物标准园、畜禽标准化示范场和水产健康养殖示范场建设，扶持新型农业经营主体率先开展标准化生产，实现生产设施、过程和产品标准化。积极推行减量化生产和清洁生产技术，规范生产行为，控制农兽药残留，净化产地环境。

（二十五）推进农业品牌化建设。加强政策引导，营造公平有序的市场竞争环境，开展农业品牌塑造培育、推介营销和社会宣传，着力打造一批有影响力、有文化内涵的农业品牌，提升增值空间。鼓励企业在国际市场注册商标，加大商标海外保护和品牌培育力度。发挥有关行业协会作用，加强行业自律，规范企业行为。

（二十六）提高农产品质量安全监管能力。开展农产品质量安全县创建活动，探索建立有效的监管机制和模式。依法加强对农业投入品的监管，打击各类非法添加行为。开展农产品质量安全追溯试点，优先将新型农业经营主体纳入试点范围，探索建立产地质量证明和质量安全追溯制度，推进产地准出和市场准入。构建农产品质量安全监管追溯信息体系，促进各类追溯平台互联互通和监管信息共享。加强农产品产地环境监测和农业面源污染监测，强化产地安全管理。支持病死畜禽无害化处理设施建设，加快建立运行长效机制。加强农业执法监管能力建设，改善农业综合执法条件，稳定增加经费支持。

八、加强农业国际合作，统筹国际国内两个市场两种资源

（二十七）推进国际产能合作。拓展与"一带一路"沿线国家和重点区域的农业合作，带动农业装备、生产资料等优势产能对外合作。健全农业对外合作部际联席会议制

度。在充分利用现有政策渠道的同时，研究农业对外合作支持政策，加快培育具有国际竞争力的农业企业集团。积极引导外商投资现代农业。

（二十八）加强农产品贸易调控。积极支持优势农产品出口。健全农产品进口调控机制，完善重要农产品国营贸易和关税配额管理，把握好进口规模、节奏，合理有效利用国际市场。加快构建全球重要农产品监测、预警和分析体系，建设基础数据平台，建立中长期预测模型和分级预警与响应机制。

九、强化组织领导

（二十九）落实地方责任。各省（区、市）人民政府要提高对转变农业发展方式重要性、复杂性和长期性的认识，增强紧迫感和自觉性，加强组织领导和统筹协调，落实工作责任，健全工作机制，切实把各项任务措施落到实处；要按照本意见要求，结合当地实际，制定具体实施方案。

（三十）加强部门协作。农业部要强化对转变农业发展方式工作的组织指导，密切跟踪工作进展，及时总结和推广经验。发展改革委、财政部要强化对重大政策、重大工程和重大项目的扶持。人民银行、银监会、证监会、保监会要积极落实金融支持政策。教育部、科技部、工业和信息化部、国土资源部、环境保护部、水利部、商务部、质检总局等部门要按照职责分工，抓紧出台相关配套政策。

国务院办公厅
2015 年 7 月 30 日

国务院办公厅关于支持农民工等人员返乡创业的意见

国办发〔2015〕47 号

各省、自治区、直辖市人民政府，国务院各

部委、各直属机构：

支持农民工、大学生和退役士兵等人员返乡创业，通过大众创业、万众创新使广袤乡镇百业兴旺，可以促就业、增收入，打开新型工业化和农业现代化、城镇化和新农村建设协同发展新局面。根据《中共中央国务院关于加大改革创新力度加快农业现代化建设的若干意见》和《国务院关于进一步做好新形势下就业创业工作的意见》（国发〔2015〕23 号）要求，为进一步做好农民工等人员返乡创业工作，经国务院同意，现提出如下意见：

一、总体要求

（一）指导思想。全面贯彻落实党的十八大和十八届二中、三中、四中全会精神，按照党中央、国务院决策部署，加强统筹谋划，健全体制机制，整合创业资源，完善扶持政策，优化创业环境，以人力资本、社会资本的提升、扩散、共享为纽带，加快建立多层次多样化的返乡创业格局，全面激发农民工等人员返乡创业热情，创造更多就地就近就业机会，加快输出地新型工业化、城镇化进程，全面汇入大众创业、万众创新热潮，加快培育经济社会发展新动力，催生民生改善、经济结构调整和社会和谐稳定新动能。

（二）基本原则。

——坚持普惠性与扶持性政策相结合。既要保证返乡创业人员平等享受普惠性政策，又要根据其抗风险能力弱等特点，落实完善差别化的扶持性政策，努力促进他们成功创业。

——坚持盘活存量与创造增量并举。要用好用活已有园区、项目、资金等存量资源全面支持返乡创业，同时积极探索公共创业服务新方法、新路径，开发增量资源，加大对返乡创业的支持力度。

——坚持政府引导与市场主导协同。要

加强政府引导，按照绿色、集约、实用的原则，创造良好的创业环境，更要充分发挥市场的决定性作用，支持返乡创业企业与龙头企业、市场中介服务机构等共同打造充满活力的创业生态系统。

——坚持输入地与输出地发展联动。要推进创新创业资源跨地区整合，促进输入地与输出地在政策、服务、市场等方面的联动对接，扩大返乡创业市场空间，延长返乡创业产业链条。

二、主要任务

（三）促进产业转移带动返乡创业。鼓励输入地在产业升级过程中对口帮扶输出地建设承接产业园区，引导劳动密集型产业转移，大力发展相关配套产业，带动农民工等人员返乡创业。鼓励已经成功创业的农民工等人员，顺应产业转移的趋势和潮流，充分挖掘和利用输出地资源和要素方面的比较优势，把适合的产业转移到家乡再创业、再发展。

（四）推动输出地产业升级带动返乡创业。鼓励积累了一定资金、技术和管理经验的农民工等人员，学习借鉴发达地区的产业组织形式、经营管理方式，顺应输出地消费结构、产业结构升级的市场需求，抓住机遇创业兴业，把小门面、小作坊升级为特色店、连锁店、品牌店。

（五）鼓励输出地资源嫁接输入地市场带动返乡创业。鼓励农民工等人员发挥既熟悉输入地市场又熟悉输出地资源的优势，借力"互联网＋"信息技术发展现代商业，通过对少数民族传统手工艺品、绿色农产品等输出地特色产品的挖掘、升级、品牌化，实现输出地产品与输入地市场的嫁接。

（六）引导一二三产业融合发展带动返乡创业。统筹发展县域经济，引导返乡农民工等人员融入区域专业市场、示范带和块状经济，打造具有区域特色的优势产业集群。鼓励创业基础好、创业能力强的返乡人员，充分开发乡村、乡土、乡韵潜在价值，发展休闲农业、林下经济和乡村旅游，促进农村一二三产业融合发展，拓展创业空间。以少数民族特色村镇为平台和载体，大力发展民族风情旅游业，带动民族地区创业。

（七）支持新型农业经营主体发展带动返乡创业。鼓励返乡人员共创农民合作社、家庭农场、农业产业化龙头企业、林场等新型农业经营主体，围绕规模种养、农产品加工、农村服务业以及农技推广、林下经济、贸易营销、农资配送、信息咨询等合作建立营销渠道，合作打造特色品牌，合作分散市场风险。

三、健全基础设施和创业服务体系

（八）加强基层服务平台和互联网创业线上线下基础设施建设。切实加大人力财力投入，进一步推进县乡基层就业和社会保障服务平台、中小企业公共服务平台、农村基层综合公共服务平台、农村社区公共服务综合信息平台的建设，使其成为加强和优化农村基层公共服务的重要基础设施。支持电信企业加大互联网和移动互联网建设投入，改善县乡互联网服务，加快提速降费，建设高速畅通、覆盖城乡、质优价廉、服务便捷的宽带网络基础设施和服务体系。继续深化和扩大电子商务进农村综合示范县工作，推动信息入户，引导和鼓励电子商务交易平台渠道下沉，带动返乡人员依托其平台和经营网络创业。加大交通物流等基础设施投入，支持乡镇政府、农村集体经济组织与社会资本合作共建智能电商物流仓储基地，健全县、乡、村三级农村物流基础设施网络，鼓励物流企业完善物流下乡体系，提升冷链物流配送能力，畅通农产品进城与工业品下乡的双向流通渠道。

（九）依托存量资源整合发展农民工返乡创业园。各地要在调查分析农民工等人员返乡创业总体状况和基本需求基础上，结合推进新型工业化、信息化、城镇化、农业现代化和绿色化同步发展的实际需要，对农民工返乡创业园布局作出安排。依托现有各类合规开发园区、农业产业园，盘活闲置厂房等存量资源，支持和引导地方整合发展一批重点面向初创期"种子培育"的返乡创业孵化基地、引导早中期创业企业集群发展的返乡创业园区，聚集创业要素，降低创业成本。挖掘现有物业设施利用潜力，整合利用零散空地等存量资源，并注意与城乡基础设施建设、发展电子商务和完善物流基础设施等统筹结合。属于非农业态的农民工返乡创业园，应按照城乡规划要求，结合老城或镇村改造、农村集体经营性建设用地或农村宅基地盘整进行开发建设。属于农林牧渔业态的农民工返乡创业园，在不改变农地、集体林地、草场、水面权属和用途前提下，允许建设方通过与权属方签订合约的方式整合资源开发建设。

（十）强化返乡农民工等人员创业培训工作。紧密结合返乡农民工等人员创业特点、需求和地域经济特色，编制实施专项培训计划，整合现有培训资源，开发有针对性的培训项目，加强创业师资队伍建设，采取培训机构面授、远程网络互动等方式有效开展创业培训，扩大培训覆盖范围，提高培训的可获得性，并按规定给予创业培训补贴。建立健全创业辅导制度，加强创业导师队伍建设，从有经验和行业资源的成功企业家、职业经理人、电商辅导员、天使投资人、返乡创业带头人当中选拔一批创业导师，为返乡创业农民工等人员提供创业辅导。支持返乡创业培训实习基地建设，动员知名乡镇企业、农产品加工企业、休闲农业企业和专业市场等为返乡创业人员提供创业见习、实习和实训服务，加强输出地与东部地区对口协作，组织返乡创业农民工等人员定期到东部企业实习，

为其学习和增强管理经验提供支持。发挥好驻贫困村"第一书记"和驻村工作队作用，帮助开展返乡农民工教育培训，做好贫困乡村创业致富带头人培训。

（十一）完善农民工等人员返乡创业公共服务。各地应本着"政府提供平台、平台集聚资源、资源服务创业"的思路，依托基层公共平台集聚政府公共资源和社会其他各方资源，组织开展专项活动，为农民工等人员返乡创业提供服务。统筹考虑社保、住房、教育、医疗等公共服务制度改革，及时将返乡创业农民工等人员纳入公共服务范围。依托基层就业和社会保障服务平台，做好返乡人员创业服务、社保关系转移接续等工作，确保其各项社保关系顺畅转移接入。及时将电子商务等新兴业态创业人员纳入社保覆盖范围。探索完善返乡创业人员社会兜底保障机制，降低创业风险。深化农村社区建设试点，提升农村社区支持返乡创业和吸纳就业的能力，逐步建立城乡社区农民工服务衔接机制。

（十二）改善返乡创业市场中介服务。运用政府向社会力量购买服务的机制，调动教育培训机构、创业服务企业、电子商务平台、行业协会、群团组织等社会各方参与积极性，帮助返乡创业农民工等人员解决企业开办、经营、发展过程中遇到的能力不足、经验不足、资源不足等难题。培育和壮大专业化市场中介服务机构，提供市场分析、管理辅导等深度服务，帮助返乡创业人员改善管理、开拓市场。鼓励大型市场中介服务机构跨区域拓展，推动输出地形成专业化、社会化、网络化的市场中介服务体系。

（十三）引导返乡创业与万众创新对接。引导和支持龙头企业建立市场化的创新创业促进机制，加速资金、技术和服务扩散，带动和支持返乡创业人员依托其相关产业链业发展。鼓励大型科研院所建立开放式创新

创业服务平台，吸引返乡创业农民工等各类创业者围绕其创新成果创业，加速科技成果资本化、产业化步伐。鼓励社会资本特别是龙头企业加大投入，结合其自身发展壮大需要，建设发展市场化、专业化的众创空间，促进创新创意与企业发展、市场需求和社会资本有效对接。鼓励发达地区众创空间加速向输出地扩展、复制，不断输出新的创业理念，集聚创业活力，帮助返乡农民工等人员解决创业难题。推行科技特派员制度，建设一批"星创天地"，为农民工等人员返乡创业提供科技服务，实现返乡创业与万众创新有序对接、联动发展。

四、政策措施

（十四）降低返乡创业门槛。深化商事制度改革，落实注册资本登记制度改革，优化返乡创业登记方式，简化创业住所（经营场所）登记手续，推动"一址多照"、集群注册等住所登记制度改革。放宽经营范围，鼓励返乡农民工等人员投资农村基础设施和在农村兴办各类事业。对政府主导、财政支持的农村公益性工程和项目，可采取购买服务、政府与社会资本合作等方式，引导农民工等人员创设的企业和社会组织参与建设、管护和运营。对能够商业化运营的农村服务业，向社会资本全面开放。制定鼓励社会资本参与农村建设目录，探索建立乡镇政府职能转移目录，鼓励返乡创业人员参与建设或承担公共服务项目，支持返乡人员创设的企业参加政府采购。将农民工等人员返乡创业纳入社会信用体系，建立健全返乡创业市场交易规则和服务监管机制，促进公共管理水平提升和交易成本下降。取消和下放涉及返乡创业的行政许可审批事项，全面清理并切实取消非行政许可审批事项，减少返乡创业投资项目前置审批。

（十五）落实定向减税和普遍性降费政策。农民工等人员返乡创业，符合政策规定条件的，可适用财政部、国家税务总局《关于小型微利企业所得税优惠政策的通知》（财税〔2015〕34号）、《关于进一步支持小微企业增值税和营业税政策的通知》（财税〔2014〕71号）、《关于对小微企业免征有关政府性基金的通知》（财税〔2014〕122号）和《人力资源社会保障部财政部关于调整失业保险费率有关问题的通知》（人社部发〔2015〕24号）的政策规定，享受减征企业所得税、免征增值税、营业税、教育费附加、地方教育附加、水利建设基金、文化事业建设费、残疾人就业保障金等税费减免和降低失业保险费率政策。各级财政、税务、人力资源社会保障部门要密切配合，严格按照上述政策规定和《国务院关于税收等优惠政策相关事项的通知》（国发〔2015〕25号）要求，切实抓好工作落实，确保优惠政策落地并落实到位。

（十六）加大财政支持力度。充分发挥财政资金的杠杆引导作用，加大对返乡创业的财政支持力度。对返乡农民工等人员创办的新型农业经营主体，符合农业补贴政策支持条件的，可按规定同等享受相应的政策支持。对农民工等人员返乡创办的企业，招用就业困难人员、毕业年度高校毕业生的，按规定给予社会保险补贴。对符合就业困难人员条件，从事灵活就业的，给予一定的社会保险补贴。对具备各项支农惠农资金、小微企业发展资金等其他扶持政策规定条件的，要及时纳入扶持范围，便捷申请程序，简化审批流程，建立健全政策受益人信息联网查验机制。经工商登记注册的网络商户从业人员，同等享受各项就业创业扶持政策；未经工商登记注册的网络商户从业人员，可认定为灵活就业人员，同等享受灵活就业人员扶持政策。

（十七）强化返乡创业金融服务。加强政府引导，运用创业投资类基金，吸引社会资本加大对农民工等人员返乡创业初创期、早中期的支持力度。在返乡创业较为集中、产业特色突出的地区，探索发行专项中小微企业集合债券、公司债券，开展股权众筹融资试点，扩大直接融资规模。进一步提高返乡创业的金融可获得性，加快发展村镇银行、农村信用社等中小金融机构和小额贷款公司等机构，完善返乡创业信用评价机制，扩大抵押物范围，鼓励银行业金融机构开发符合农民工等人员返乡创业需求特点的金融产品和金融服务，加大对返乡创业的信贷支持和服务力度。大力发展农村普惠金融，引导加大涉农资金投放，运用金融服务"三农"发展的相关政策措施，支持农民工等人员返乡创业。落实创业担保贷款政策，优化贷款审批流程，对符合条件的返乡创业人员，可按规定给予创业担保贷款，财政部门按规定安排贷款贴息所需资金。

（十八）完善返乡创业园支持政策。农民工返乡创业园的建设资金由建设方自筹；以土地租赁方式进行农民工返乡创业园建设的，形成的固定资产归建设方所有；物业经营收益按相关各方合约分配。对整合发展农民工返乡创业园，地方政府可在不增加财政预算支出总规模、不改变专项资金用途前提下，合理调整支出结构，安排相应的财政引导资金，以投资补助、贷款贴息等恰当方式给予政策支持。鼓励银行业金融机构在有效防范风险的基础上，积极创新金融产品和服务方式，加大对农民工返乡创业园区基础设施建设和产业集群发展等方面的金融支持。有关方面可安排相应项目给予对口支持，帮助返乡创业园完善水、电、交通、物流、通信、宽带网络等基础设施。适当放宽返乡创业园用电用水用地标准，吸引更多返乡人员入园创业。

五、组织实施

（十九）加强组织协调。各地区、各部门要高度重视农民工等人员返乡创业工作，健全工作机制，明确任务分工，细化配套措施，跟踪工作进展，及时总结推广经验，研究解决工作中出现的问题。支持农民工等人员返乡创业，关键在地方。各地特别是中西部地区，要结合产业转移和推进新型城镇化的实际需要，制定更加优惠的政策措施，加大对农民工等人员返乡创业的支持力度。有关部门要密切配合，抓好《鼓励农民工等人员返乡创业三年行动计划纲要（2015—2017年）》（见附件）的落实，明确时间进度，制定实施细则，确保工作实效。

（二十）强化示范带动。结合国家新型城镇化综合试点城市和中小城市综合改革试点城市组织开展试点工作，探索优化鼓励创业创新的体制机制环境，打造良好创业生态系统。打造一批民族传统产业创业示范基地、一批县级互联网创业示范基地，发挥示范带动作用。

（二十一）抓好宣传引导。坚持正确导向，以返乡创业人员喜闻乐见的形式加强宣传解读，充分利用微信等移动互联社交平台搭建返乡创业交流平台，使之发挥凝聚返乡创业人员和交流创业信息、分享创业经验、展示创业项目、传播创业商机的作用。大力宣传优秀返乡创业典型事迹，充分调动社会各方面支持、促进农民工等人员返乡创业的积极性、主动性，大力营造创业、兴业、乐业的良好环境。

附件：鼓励农民工等人员返乡创业三年行动计划纲要（2015—2017年）

国务院办公厅
2015年6月17日

附件

鼓励农民工等人员返乡创业三年行动计划纲要

（2015—2017 年）

序号	行动计划名称	工作任务	实现路径	责任单位
1	提升基层创业服务能力行动计划	加强基层就业和社会保障服务设施建设，提升专业化创业服务能力	加快建设县、乡基层就业和社会保障服务设施，2017 年基本实现主要输出地县级服务设施全覆盖。鼓励地方政府依托基层就业和社会保障服务平台，整合各职能部门涉及返乡创业的服务职能，建立融资、融智、融商一体化创业服务中心	发展改革委、人力资源社会保障部会同有关部门
2	整合发展农民工返乡创业园行动计划	依托存量资源整合发展一批农民工返乡创业园	以输出地市、县为主，依托现有开发区和农业产业园等各类园区、闲置土地、厂房、校舍、批发市场、楼宇、商业街和科研培训设施，整合发展一批农民工返乡创业园	发展改革委、人力资源社会保障部、住房城乡建设部、国土资源部、农业部、人民银行
3	开发农业农村资源支持返乡创业行动计划	培育一批新型农业经营主体，开发特色产业，保护与发展少数民族传统手工艺，促进创业	将返乡创业与发展县域经济结合起来，培育新型农业经营主体，充分开发一批农林产品加工、休闲农业、乡村旅游、农村服务业等产业项目，促进农村一二三产业融合；面向少数民族农牧民群众开展少数民族传统工艺品保护与发展培训	农业部、林业局、国家民委、发展改革委、民政部、扶贫办
4	完善基础设施支持返乡创业行动计划	改善信息、交通、物流等基础设施条件	加大对农村地区的信息、交通、物流等基础设施的投入，提升网速、降低网费；支持地方政府依据规划，与社会资本共建物流仓储基地，不断提升冷链物流等基础配送能力；鼓励物流企业完善物流下乡体系	发展改革委、工业和信息化部、交通运输部、财政部、国土资源部、住房城乡建设部
5	电子商务进农村综合示范行动计划	培育一批电子商务进农村综合示范县	全国创建 200 个电子商务进农村综合示范县，支持建立完善的县、乡、村三级物流配送体系；建设改造县域电子商务公共服务中心和村级电子商务服务站点；支持农林产品品牌培育和质量保障体系建设，以及农林产品标准化、分级包装、初加工配送等设施建设	商务部、交通运输部、农业部、财政部、林业局
6	创业培训专项行动计划	推进优质创业培训资源下县乡	编制实施专项培训计划，开发有针对性的培训项目，加强创业培训师资队伍建设，采取培训机构面授、远程网络互动等方式，对有培训需求的返乡创业人员开展创业培训，并按规定给予培训补贴；充分发挥群团组织的组织发动作用，支持其利用各自资源对农村妇女、青年开展创业培训	人力资源社会保障部、农业部会同有关部门及共青团中央、全国妇联等群团组织
7	返乡创业与万众创新有序对接行动计划	引导和推动建设一批市场化、专业化的众创空间	推行科技特派员制度，组织实施一批"星创天地"，为返乡创业人员提供科技服务。充分利用国家自主创新示范区、国家高新区、科技企业孵化器、大学科技园和高校、科研院所的有利条件，发挥行业领军企业、创业投资机构、社会组织等作用，构建一批众创空间。鼓励发达地区众创空间加速向输出地扩展，帮助返乡人员解决创业难题	科技部、教育部

中华人民共和国农业部公告

第 2283 号

《重要农业文化遗产管理办法》业经 2015 年 7 月 30 日农业部第八次常务会议审议通过，现予公布，自公布之日起施行。

特此公告。

农业部
2015 年 8 月 28 日

重要农业文化遗产管理办法

第一章 总 则

第一条 为加强重要农业文化遗产管理，促进农业文化传承、农业生态保护和农业可持续发展，制定本办法。

第二条 本办法所称重要农业文化遗产，是指我国人民在与所处环境长期协同发展中世代传承并具有丰富的农业生物多样性、完善的传统知识与技术体系、独特的生态与文化景观的农业生产系统，包括由联合国粮农组织认定的全球重要农业文化遗产和由农业部认定的中国重要农业文化遗产。

第三条 重要农业文化遗产管理，应当遵循在发掘中保护、在利用中传承的方针，坚持动态保护、协调发展、多方参与、利益共享的原则。

第四条 农业部负责认定并组织、协调和监督全国范围内的重要农业文化遗产管理工作，省级以下农业行政主管部门不再搞层层认定。

县级以上地方人民政府农业行政主管部门在本级人民政府领导下，负责本行政区域内重要农业文化遗产管理的申报、检查评估等相关工作。

第五条 农业部支持重要农业文化遗产保护的科学研究、技术推广和科普宣传活动，鼓励公民、法人和其他组织等通过科研、捐赠、公益活动等方式参与重要农业文化遗产保护工作。

第二章 申报与审核

第六条 重要农业文化遗产应当具备以下条件：

（一）历史传承至今仍具有较强的生产功能，为当地农业生产、居民收入和社会福祉提供保障；

（二）蕴涵资源利用、农业生产或水土保持等方面的传统知识和技术，具有多种生态功能与景观价值；

（三）体现人与自然和谐发展的理念，蕴含劳动人民智慧，具有较高的文化传承价值；

（四）面临自然灾害、气候变化、生物入侵等自然因素和城镇化、农业新技术、外来文化等人文因素的负面影响，存在着消亡风险。

中国重要农业文化遗产每两年认定一批，具体认定条件由农业部制定和发布。全球重要农业文化遗产的具体认定条件，按照联合国粮农组织的标准执行。

第七条 申报重要农业文化遗产，应当得到遗产所在地居民的普遍支持，完成基本的组织和制度建设，并提交以下材料：

（一）申报书；

（二）保护与发展规划；

（三）管理制度；

（四）图片和影像资料；

（五）所在地县或市（地）级人民政府出具的承诺函。

申报全球重要农业文化遗产，还应当按照联合国粮农组织的要求提交申请资料。

第八条 重要农业文化遗产的申报，由所在地县或市（地）级人民政府提出，经省级人民政府农业行政主管部门初审后报农业部。

跨两个以上县、市（地）级行政区域的重要农业文化遗产，由相关行政区域的人民政府协商一致后联合申报。

第九条　农业部组织专家按照认定标准对中国重要农业文化遗产申报项目进行审查，审查合格并经公示后，列入中国重要农业文化遗产名单并公布。

第十条　已列入中国重要农业文化遗产名单的，可以由遗产所在地县、市（地）级人民政府申报全球重要农业文化遗产。农业部按照联合国粮农组织的要求审查后择优推荐。

经联合国粮农组织认定的全球重要农业文化遗产，由农业部列入中国全球重要农业文化遗产名单并公布。

第三章　保护与管理

第十一条　重要农业文化遗产所在地县、市（地）级人民政府农业行政主管部门应当提请本级人民政府根据保护要求，积极采取下列保护措施：

（一）将保护与发展规划纳入本级国民经济和社会发展规划，将遗产保护所需经费纳入本级财政预算；

（二）通过补贴、补偿等方式保障重要农业文化遗产所在地农民能够从遗产保护中获得合理的经济收益；

（三）其他必要的保护措施。

第十二条　重要农业文化遗产所在地应当在醒目位置设立遗产标志。

遗产标志应当包括下列内容：

（一）遗产的名称；

（二）遗产的标识；

（三）遗产认定机构名称和认定时间；

（四）遗产的相关说明。

中国重要农业文化遗产标识由农业部公布。全球重要农业文化遗产标识由联合国粮农组织公布。

第十三条　重要农业文化遗产所在地应当在适宜地点设立遗产展示厅，宣传遗产概念内涵、重要价值、保护理念、名特产品、

传统技术、景观资源、历史文化和民俗风情等。

第十四条　重要农业文化遗产所在地应当采取措施，确保遗产不被破坏，基本功能、范围和界线不被改变。

遗产基本功能、范围和界线确需调整的，由遗产所在地县、市（地）级人民政府按照原申报程序提出。

第十五条　重要农业文化遗产所在地应当通过展览展示、教育培训、大众传媒等手段，宣传、普及遗产知识，提高公众遗产保护意识与文化自豪感。

第十六条　重要农业文化遗产所在地应当建立遗产动态监测信息系统，监测遗产所在地农业资源、文化、知识、技术、环境等现状，并制作、保存档案。

第十七条　重要农业文化遗产所在地应当于每年年底前向农业部提交遗产保护工作年度报告。

遗产保护工作年度报告，应当包括下列内容：

（一）本年度遗产保护工作情况；

（二）遗产所在地社会经济与生态环境变化情况；

（三）下一年度工作计划；

（四）其他需要报告的事项。

遗产保护工作年度报告，应当经本级人民政府同意后通过省级人民政府农业行政主管部门提交。

第十八条　发生或者可能发生危及遗产安全的突发事件时，重要农业文化遗产所在地应当立即采取必要措施，并及时向省级人民政府农业行政主管部门和农业部报告。

第四章　利用与发展

第十九条　县级以上人民政府农业行政主管部门应当鼓励和支持重要农业文化遗产所在地农民通过挖掘遗产的生产、生态和文化价值、发展休闲农业等方式增加收入，积

极拓展遗产功能，促进遗产所在地农村经济发展。

第二十条　对重要农业文化遗产的开发利用，应当符合遗产保护与发展规划要求，并与遗产的历史、文化、景观和生态属性相协调，不得对当地的生态环境、农业资源和遗产传承造成破坏。

第二十一条　对重要农业文化遗产的开发利用，应当尊重遗产所在地农民的主体地位，充分听取农民意见，广泛吸收农民参与，建立以农民为核心的多方参与和惠益共享机制。

第二十二条　遗产所在地的生态文化型农产品开发、休闲农业发展等商业经营活动以及科普宣传、教育培训等公益活动，经遗产所在地县、市（地）级人民政府指定的机构授权，可以使用重要农业文化遗产标识。

第二十三条　县级以上人民政府农业行政主管部门应当支持遗产所在地相关农产品申报无公害农产品、绿色食品、有机农产品和农产品地理标志等认证，支持遗产地发展休闲农业、建设美丽乡村和美丽田园等，促进遗产所在地农民就业增收。

第二十四条　全球重要农业文化遗产所在地应当积极参与国际交流与合作，配合联合国粮农组织开展相关活动，扩大遗产的社会影响。

第五章　监督与检查

第二十五条　县级以上人民政府农业行政主管部门应当对遗产保护情况进行监督，并开展不定期的检查评估。

第二十六条　因保护和管理不善，致使遗产出现下列情形之一的，重要农业文化遗产所在地应当及时组织整改：

（一）重要农业文化遗产所在地的农业景观、生态系统或自然环境遭到严重破坏，相关生物多样性严重减少的；

（二）重要农业文化遗产所在地的农业种质资源严重缩减，农业耕作制度发生颠覆性变化的；

（三）重要农业文化遗产所在地的农业民俗、本土知识和适应性技术等农业文化传承遭到严重影响的。

第二十七条　中国重要农业文化遗产受到严重破坏并产生不可逆后果的，或者遗产所在地因资源环境发生改变提出不宜继续作为中国重要农业文化遗产的，由农业部撤销中国重要农业文化遗产认定。

全球重要农业文化遗产的撤销，由农业部提请联合国粮农组织决定。

第六章　附　　则

第二十八条　本办法自公布之日起施行。

关于积极开发农业多种功能
大力促进休闲农业发展的通知

农加发〔2015〕5号

各省、自治区、直辖市及计划单列市农业（农牧、农村、经济）厅（局、委、办）、发展改革委、国土资源厅（局）、住房城乡建设厅（建委）、水利厅（局）、文化厅（局）、林业厅（局）、文物局、扶贫办，人民银行上海总部、各分行、营业管理部、省会（首府）城市中心支行、副省级城市中心支行，国家税务局、地方税务局，新疆生产建设兵团农业局、发展改革委、国土局、建设委、水利局、扶贫办：

为深入贯彻落实中央1号文件、《国务院办公厅关于加快转变农业发展方式的意见》（国办发〔2015〕59号）、《国务院办公厅关于进一步促进旅游投资和消费的若干意见》（国办发〔2015〕62号）等文件精神，进一步优化政策措施，开发农业多种功能，大力促进休闲农业发展，着力推进农村一二三产业融合，现就有关事项通知如下。

一、充分认识发展休闲农业的重要意义

休闲农业作为农村一二三产业发展的融合体，近年来发展迅猛，已成为一种新型产业形态和消费业态，在促进农业提质增效、带动农民就业增收、传承中华农耕文明、建设美丽乡村、推动城乡一体化发展方面发挥了重要作用。但因发展时间较短，也存在服务设施不足、经营主体融资不畅、基础设施建设滞后、人员素质亟待提升等问题，严重影响了产业的持续健康发展。

当前，我国经济发展进入新常态，农业和旅游发展进入新阶段。发展休闲农业，推进农村一二三产业融合发展，是在资源环境硬约束背景下加快转变农业发展方式、推进生态文明建设的战略要求；是在经济增速放缓背景下拓宽农民增收渠道、全面建设小康社会的战略选择；是在城镇化深入发展背景下打造农村经济"升级版"、培育国内消费新增长点、实现城乡经济社会一体化发展的战略举措；是在扶贫开发工作进入攻坚拔寨冲刺期背景下引入扶贫新兴业态、促进贫困地区贫困群众脱贫致富、确保 2020 年如期实现全面脱贫目标的战略措施。各地要充分认识休闲农业在助推农业强起来、农民富起来、农村美起来、建设美丽中国和美丽乡村中的重大作用，进一步提高思想认识，完善政策措施，加大工作力度，切实推动休闲农业的发展。

二、正确把握发展休闲农业的总体要求

要深入贯彻党中央、国务院的有关部署要求，紧紧围绕促进农业提质增效、农民就业增收、居民休闲消费的目标任务，以农耕文化为魂，以美丽田园为韵，以生态农业为基，以创新创造为径，以古朴村落为形，将休闲农业发展与现代农业、美丽乡村、生态文明、文化创意产业建设、农民创业创新融为一体，注重规范管理、内涵提升、公共服务、文化发掘和氛围营造，推动农村一二三产业的融合发展。

发展休闲农业要始终坚持以下原则：一是以农为本、促进增收。要以农业为基础，农村为载体，突出农民的主体地位，科学构建农民利益分享机制，增强农民自主发展意识，激发农民创业创新活力，促进农民持续稳定增收，不能以办农家乐名义乱占农地搞高档度假村。二是多方融合、相互促进。休闲农业发展要与农耕文化传承、美丽田园建设、创意农业发展、传统村落传统民居保护、精准扶贫、林下经济开发、森林旅游、乡村旅游、新农村建设和新型城镇化等有机融合、相互促进、协调发展，推动城乡一体化发展。三是因地制宜、突出特色。要结合资源禀赋、人文历史、交通区位和产业特色，在适宜区域，因地制宜、突出特色、适度发展。四是规范管理、强化服务。要加大教育培训、宣传推介力度，文明出行、诚信经营、确保安全，制定规范标准，引导行业自律，实现管理规范化和服务标准化。五是政府引导、多方参与。要发挥市场配置资源的决定性作用，更好发挥政府在宏观指导、规范管理等方面的作用，调动各方积极性。六是保护环境、持续发展。要按照生态文明建设的要求，遵循开发与保护并举、生产与生态并重的理念，统筹考虑资源和环境承载能力，加大生态环境保护力度，实现经济、生态、社会效益全面可持续发展。

到 2020 年，要实现产业规模进一步扩大，接待人次和营业收入不断提升；布局优化、类型丰富、功能完善、特色明显的格局基本形成；社会效益明显提高，从事休闲农业的农民收入较快增长；发展质量明显提高，服务水平较大提升，可持续发展能力进一步增强，为城乡居民提供看得见山、望得见水、记得住乡愁的高品质休闲旅游体验。

三、进一步明确发展休闲农业的主要任务

（一）围绕优化布局，着力在丰富类型和融合集聚上实现重大提升。重点在大中城市周边、名胜景区周边、特色景观旅游名镇名村周边、依山傍水逐草自然生态区、少数民族地区和传统特色农区发展休闲农业，充分发挥各地区森林旅游、文化旅游、红色旅游等优势，促进休闲农业的多样化、个性化发展。支持农民发展农（林、牧、渔）家乐，鼓励发展以休闲农业为核心的一二三产业聚集村；鼓励在适宜区域发展以拓展农业功能、传承农耕文化为核心，兼顾度假体验的休闲农庄；鼓励建设具有科普、教育、示范以及传统农耕文化展示功能的休闲农园；支持各地建设美丽田园，提高农业综合效益。

（二）围绕丰富内涵，着力在文化传承和创意设计上实现重大提升。注重农村文化资源挖掘，强化休闲农业经营场所的创意设计，推进农业与文化、科技、生态、旅游的融合，提高农产品附加值，提升休闲农业的文化软实力和持续竞争力。按照"在发掘中保护、在利用中传承"的思路，加大对农业文化遗产价值的发掘，推动遗产地经济社会可持续发展。加强农村文化遗迹和传统村落、传统民居的保护，发展具有文化内涵的休闲乡村，加快乡土民俗文化的推广、保护和延续。

（三）围绕增收脱贫，着力在产业升级和利益共享上实现重大提升。发挥休闲农业在调结构、惠民生的集聚功能和平台作用，以农业发展、农民增收为出发点和落脚点，发展一批农家乐、小超市、小型采摘园等特色旅游到村到户项目，带动传统种养产业转型升级，促进农村经济发展和农民持续稳定增收。支持社会资本积极参与休闲农业发展，引导建立农民参与和利益共享机制，鼓励农民以承包土地入股等形式与企业进行合作，不断提高农民的资产性收益。探索农民自组织、自激励、自就业的创业模式，使休闲农业成为大众创业和农村剩余劳动力就地就业的重要渠道。

（四）围绕提档升级，着力在人员素质和设施改善上实现重大提升。加大休闲农业从业人员的培训，将休闲农业讲解员、导览员纳入职业技能培训体系，逐步推动持证上岗制度。建立人才引进机制，充实一批规划设计、创意策划和市场营销人才，提高休闲农业设计水平。加快休闲农业经营场所的公共基础设施建设，积极兴建垃圾污水无害化处理等设施，改善休闲农业基地的种养条件。加强传统民居保护修缮，鼓励发展特色民宿，鼓励因地制宜兴建特色餐饮、住宿、购物、娱乐等配套服务设施，满足消费者多样化的需求。

（五）围绕有序发展，着力在规范管理和生态保护上实现重大提升。加大休闲农业行业标准的制定和宣贯力度，指导各地分层次制定相关标准，逐步推进管理规范化和服务标准化，促进休闲农业规范有序发展；引导各休闲农业经营主体树立开发与保护并举的理念，在统筹考虑资源和环境承载能力的情况下，加大生态环境保护力度，走资源节约型和环境友好型的发展道路，实现经济效益、生态效益、社会效益协调发展。

（六）围绕品牌培育，着力在典型示范和氛围营造上实现重大提升。鼓励休闲农业经营主体通过要素流动、资本重组和品牌整合，培育一批叫得响、传得开、留得住的知名品牌。继续开展中国最美休闲乡村推介、中国美丽田园推介、全国休闲农业星级评定、特色景观旅游名镇名村示范等品牌培育工程，打造一批有影响的休闲农业知名品牌。鼓励各地开展休闲农业特色村、星级户、精品线路等创建与推介活动，培育各具特色的地方品牌。

四、完善落实促进休闲农业发展的政策措施

（一）明确用地政策。在实行最严格的耕地保护制度的前提下，对农民就业增收带动作用大、发展前景好的休闲农业项目用地，各地要将其列入土地利用总体规划和年度计划优先安排。支持农民发展农家乐，闲置宅基地整理结余的建设用地可用于休闲农业。鼓励利用村内的集体建设用地发展休闲农业，支持有条件的农村开展城乡建设用地增减挂钩试点，发展休闲农业。鼓励利用"四荒地"（荒山、荒沟、荒丘、荒滩）发展休闲农业，对中西部少数民族地区和集中连片特困地区利用"四荒地"发展休闲农业，其建设用地指标给予倾斜。加快制定乡村居民利用自有住宅或者其他条件依法从事旅游经营的管理办法。

（二）加大财税支持。各地要认真推动现有扶持政策的落实。要将中央有关乡村建设资金适当向休闲农业集聚区倾斜。鼓励各地加大对休闲农业创业发展和基础设施建设的支持力度，带动大众创业、万众创新，扶持本地休闲农业做大做强。加强休闲农业经营场所的游客综合服务中心、公共卫生间、停车场、垃圾污水处理、餐饮住宿的洗涤消毒设施、农事景观观光道路、休闲辅助设施、特色民宿、乡村民俗展览馆和演艺场所、信息网络等基础设施建设，扶持一批休闲农业聚集村。撬动社会资本，推动休闲农业产业的提档升级。落实税收优惠政策，从事休闲农业的经营主体符合税收优惠条件的，可享受有关税收优惠。要切实落实国务院关于减轻企业负担的各项规定。有条件的地方，休闲农业用水用电享受农业收费标准。

（三）拓宽融资渠道。鼓励担保机构加大对休闲农业的服务力度，搭建银企对接平台，帮助经营主体解决融资难题。银行业金融机构要积极采取多种信贷模式和服务方式，拓宽抵押担保物范围，在符合条件的地区稳妥开展承包土地的经营权、集体林权等农村产权抵押贷款业务，加大对休闲农业的信贷支持。探索休闲农业多元化投融资机制，鼓励符合条件的休闲农业企业上市。探索新型融资模式，鼓励利用 PPP 模式、众筹模式、互联网＋模式、发行私募债券等方式，加大对休闲农业的金融支持。通过协调利用扶贫小额贴息贷款、加强有针对性的培训等，引导建档立卡贫困户积极参与项目开发；探索以旅游资源、扶贫资金等入股方式，使贫困群众在项目发展中获得资产性收益。

（四）加大公共服务。增强线上线下营销能力，鼓励社会资本参与休闲农业宣传推介平台建设，加快构建网络营销、网络预订和网上支付等公共服务平台，全面提升行业的信息化水平。强化行业运行监测分析，构建完善的休闲农业监测统计制度。支持建设休闲农业聚集区域的公共交通体系，加强生态停车场、道路、观光巴士等公共服务设施配套。对休闲农业管理人员、经营人员、从业人员组织多种形式的培训，提升人才素质，为产业发展提供人才储备。制定并发布全国休闲农业统一标识，并推广使用。鼓励各地根据实际情况制定地方行业标准，推动本地休闲农业规范有序发展。鼓励各地利用多种模式开展公益性宣传推介，扩大休闲农业的影响力。

五、切实加强对休闲农业工作的组织领导

（一）摆上重要位置。各地要从战略和全局的高度深化对发展休闲农业的认识，将休闲农业纳入当地国民经济和社会发展规划，出台具体的政策措施，支持休闲农业发展。要充实工作力量，加强干部人才队伍建设，理顺职责关系，建立高效的管理体系。要认真履行规划指导、监督管理、协调服务的职

责，组织拟定发展战略、政策、规划、计划并指导实施，切实提高推动休闲农业科学发展的能力。

（二）明确任务分工。各相关部门要结合实际情况，支持休闲农业的发展。农业部门负责牵头落实本地休闲农业发展工作，加强与旅游等部门的协调配合，指导产业的整体发展，并做好宣传推广工作。发展改革部门负责统筹安排现有渠道资金对休闲农业给予支持。财政和税务部门负责在现有政策范围内落实财税支持政策。国土部门负责落实休闲农业用地政策。住房和城乡建设部门负责指导村庄的规划设计建设、农村危房改造、特色景观旅游名镇名村、传统村落和民居保护等。水利部门负责河湖自然生态资源保护工作，并指导水利风景区建设发展。文化部门和文物部门负责指导乡村文化和文物的挖掘保护和传承利用工作。林业部门负责指导森林、湿地等自然资源的保护与开发利用。扶贫部门要按照精准扶贫的要求，加大整村推进工作力度，支持有条件的建档立卡贫困村积极发展休闲农业。人民银行等金融部门负责金融政策落实工作。

（三）推进典型示范。各地要结合当地实际，组织开展休闲农业示范创建工作，探索发展模式，树立发展典型，充分发挥示范引领作用。重点围绕休闲农业发展的新模式、农民与工商资本在发展休闲农业过程中探索的利益联结新机制、一二三产业融合发展的新业态、农耕文明传承的新方式等，加大经验总结，形成可复制、可借鉴、可推广的典型，以喜闻乐见的形式加强宣传推介，充分调动各方参与休闲农业发展的积极性，营造休闲农业发展的良好环境。

农业部　国家发展改革委　国土资源部
住房城乡建设部　水利部　文化部
中国人民银行　税务总局　林业局
文物局　国务院扶贫办
2015年8月18日

国务院办公厅关于进一步促进旅游投资和消费的若干意见

国办发〔2015〕62号

各省、自治区、直辖市人民政府，国务院各部委、各直属机构：

旅游业是我国经济社会发展的综合性产业，是国民经济和现代服务业的重要组成部分。通过改革创新促进旅游投资和消费，对于推动现代服务业发展，增加就业和居民收入，提升人民生活品质，具有重要意义。为进一步促进旅游投资和消费，经国务院同意，现提出以下意见：

一、实施旅游基础设施提升计划，改善旅游消费环境

（一）着力改善旅游消费软环境。建立健全旅游产品和服务质量标准，规范旅游经营服务行为，提升宾馆饭店、景点景区、旅行社等管理服务水平。大力整治旅游市场秩序，严厉打击虚假广告、价格欺诈、欺客宰客、超低价格恶性竞争、非法"一日游"等旅游市场顽疾，进一步落实游客不文明行为记录制度。健全旅游投诉处理和服务质量监督机制，完善旅游市场主体退出机制。深化景区门票价格改革，调整完善价格机制，规范价格行为。大力弘扬文明旅游风尚，积极开展旅游志愿者公益服务，提升游客文明旅游素质。

（二）完善城市旅游咨询中心和集散中心。各地要根据实际需要，在3A级以上景区、重点乡村旅游区以及机场、车站、码头等建设旅游咨询中心。鼓励依托城市综合客运枢纽和道路客运站点建设布局合理、功能完善的游客集散中心。2020年前，实现重点旅游景区、旅游城市、旅游线路旅游咨询服务全覆盖。

（三）加强连通景区道路和停车场建设。加大投入，加快推进城市及国道、省道至A

级景区连接道路建设。加强城市与景区之间交通设施建设和运输组织，加快实现从机场、车站、码头到主要景区公路交通无缝对接。加大景区和乡村旅游点停车位建设力度。

（四）加强中西部地区旅游支线机场建设。围绕国家重点旅游线路和集中连片特困地区，支持有条件的地方按实际需求新建或改扩建一批支线机场，增加至主要客源城市航线。充分发挥市场力量，鼓励企业发展低成本航空和国内旅游包机业务。

（五）大力推进旅游厕所建设。鼓励以商建厕、以商养厕、以商管厕，用三年时间全国新建、改建 5.7 万座旅游厕所，完善上下水设施，实行粪便无害化处理。到 2017 年实现全国旅游景区、旅游交通沿线、旅游集散地的旅游厕所全部达到数量充足、干净无味、实用免费、管理有效的要求。

二、实施旅游投资促进计划，新辟旅游消费市场

（六）加快自驾车房车营地建设。制定全国自驾车房车营地建设规划和自驾车房车营地建设标准，明确营地住宿登记、安全救援等政策，支持少数民族地区和丝绸之路沿线、长江经济带等重点旅游地区建设自驾车房车营地。到 2020 年，鼓励引导社会资本建设自驾车房车营地 1 000 个左右。

（七）推进邮轮旅游产业发展。支持建立国内大型邮轮研发、设计、建造和自主配套体系，鼓励有条件的国内造船企业研发制造大中型邮轮。按照《全国沿海邮轮港口布局规划方案》，进一步优化邮轮港口布局，形成由邮轮母港、始发港、访问港组成的布局合理的邮轮港口体系，有序推进邮轮码头建设。支持符合条件的企业按程序设立保税仓库。到 2020 年，全国建成 10 个邮轮始发港。

（八）培育发展游艇旅游大众消费市场。制定游艇旅游发展指导意见，有规划地逐步开放岸线和水域。推动游艇码头泊位等基础设施建设，清理简化游艇审批手续，降低准入门槛和游艇登记、航行旅游、停泊、维护的总体成本，吸引社会资本进入；鼓励发展适合大众消费水平的中小型游艇；鼓励拥有海域、水域资源的地区根据实际情况制定游艇码头建设规划。到 2017 年，全国建成一批游艇码头和游艇泊位，初步形成互联互通的游艇休闲旅游线路网络，培育形成游艇大众消费市场。

（九）大力发展特色旅游城镇。推动新型城镇化建设与现代旅游产业发展有机结合，到 2020 年建设一批集观光、休闲、度假、养生、购物等功能于一体的全国特色旅游城镇和特色景观旅游名镇。

（十）大力开发休闲度假旅游产品。鼓励社会资本大力开发温泉、滑雪、滨海、海岛、山地、养生等休闲度假旅游产品。重点依托现有旅游设施和旅游资源，建设一批高水平旅游度假产品和满足多层次多样化休闲度假需求的国民度假地。加快推动环城市休闲度假带建设，鼓励城市发展休闲街区、城市绿道、骑行公园、慢行系统，拓展城市休闲空间。支持重点景区和旅游城市积极发展旅游演艺节目，促进主题公园规范发展。依托铁路网，开发建设铁路沿线旅游产品。

（十一）大力发展旅游装备制造业。把旅游装备纳入相关行业发展规划，制定完善安全性技术标准体系。鼓励发展邮轮游艇、大型游船、旅游房车、旅游小飞机、景区索道、大型游乐设施等旅游装备制造业。大力培育具有自主品牌的休闲、登山、滑雪、潜水、露营、探险等各类户外用品。支持国内有条件的企业兼并收购国外先进旅游装备制造企业或开展合资合作。鼓励企业开展旅游装备自主创新研发，按规定享受国家鼓励科技创新政策。

（十二）积极发展"互联网＋旅游"。积极推动在线旅游平台企业发展壮大，整合上下游及平行企业的资源、要素和技术，形成

旅游业新生态圈，推动"互联网＋旅游"跨产业融合。支持有条件的旅游企业进行互联网金融探索，打造在线旅游企业第三方支付平台，拓宽移动支付在旅游业的普及应用，推动境外消费退税便捷化。加强与互联网公司、金融企业合作，发行实名制国民旅游卡，落实法定优惠政策，实行特惠商户折扣。放宽在线度假租赁、旅游网络购物、在线旅游租车平台等新业态的准入许可和经营许可制度。到2020年，全国4A级以上景区和智慧乡村旅游试点单位实现免费Wi-Fi（无线局域网）、智能导游、电子讲解、在线预订、信息推送等功能全覆盖，在全国打造1万家智慧景区和智慧旅游乡村。

三、实施旅游消费促进计划，培育新的消费热点

（十三）丰富提升特色旅游商品。扎实推进旅游商品的大众创业、万众创新，鼓励市场主体开发富有特色的旅游纪念品，丰富旅游商品类型，增强对游客的吸引力。培育一批旅游商品研发、生产、销售龙头企业，加大对老字号商品、民族旅游商品的宣传推广力度。加快实施中国旅游商品品牌提升工程，推出中国特色旅游商品系列。鼓励优质特色旅游商品进驻主要口岸、机场、码头等旅游购物区和城市大型商场超市，支持在线旅游商品销售。适度增设口岸进境免税店。

（十四）积极发展老年旅游。加快制定实施全国老年旅游发展纲要，规范老年旅游服务，鼓励开发多层次、多样化老年旅游产品。各地要加大对乡村养老旅游项目的支持，大力推动乡村养老旅游发展，鼓励民间资本依法使用农民集体所有的土地举办非营利性乡村养老机构。做好基本医疗保险异地就医医疗费用结算工作。鼓励进一步开发完善适合老年旅游需求的商业保险产品。

（十五）支持研学旅行发展。把研学旅行纳入学生综合素质教育范畴。支持建设一批研学旅行基地，鼓励各地依托自然和文化遗产资源、红色旅游景点景区、大型公共设施、知名院校、科研机构、工矿企业、大型农场开展研学旅行活动。建立健全研学旅行安全保障机制。旅行社和研学旅行场所应在内容设计、导游配备、安全设施与防护等方面结合青少年学生特点，寓教于游。加强国际研学旅行交流，规范和引导中小学生赴境外开展研学旅行活动。

（十六）积极发展中医药健康旅游。推出一批以中医药文化传播为主题，集中医药康复理疗、养生保健、文化体验于一体的中医药健康旅游示范产品。在有条件的地方建设中医药健康旅游产业示范园区，推动中医药产业与旅游市场深度结合，在业态创新、机制改革、集群发展方面先行先试。规范中医药健康旅游市场，加强行业标准制定和质量监督管理。扩大中医药健康旅游海外宣传，推动中医药健康旅游国际交流合作，使传统中医药文化通过旅游走向世界。

四、实施乡村旅游提升计划，开拓旅游消费空间

（十七）坚持乡村旅游个性化、特色化发展方向。立足当地资源特色和生态环境优势，突出乡村生活生产生态特点，深入挖掘乡村文化内涵，开发建设形式多样、特色鲜明、个性突出的乡村旅游产品，举办具有地方特色的节庆活动。注重保护民族村落、古村古镇，建设一批具有历史、地域、民族特点的特色景观旅游村镇，让游客看得见山水、记得住乡愁、留得住乡情。

（十八）完善休闲农业和乡村旅游配套设施。重点加强休闲农业和乡村旅游特色村的道路、电力、饮水、厕所、停车场、垃圾污水处理设施、信息网络等基础设施和公共服务设施建设，加强相关旅游休闲配套设施建设。到2020年，全国建成6 000个以上乡村旅游模范村，形成10万个以上休闲农业和乡村旅游特

色村、300 万家农家乐，乡村旅游年接待游客超过 20 亿人次，受益农民 5 000 万人。

（十九）开展百万乡村旅游创客行动。通过加强政策引导和专业培训，三年内引导和支持百万名返乡农民工、大学毕业生、专业技术人员等通过开展乡村旅游实现自主创业。鼓励文化界、艺术界、科技界专业人员发挥专业优势和行业影响力，在有条件的乡村进行创作创业。到 2017 年，全国建设一批乡村旅游创客示范基地，形成一批高水准文化艺术旅游创业就业乡村。

（二十）大力推进乡村旅游扶贫。加大对乡村旅游扶贫重点村的规划指导、专业培训、宣传推广力度，组织开展乡村旅游规划扶贫公益活动，对建档立卡贫困村实施整村扶持，2015 年抓好 560 个建档立卡贫困村乡村旅游扶贫试点工作。到 2020 年，全国每年通过乡村旅游带动 200 万农村贫困人口脱贫致富；扶持 6 000 个旅游扶贫重点村开展乡村旅游，实现每个重点村乡村旅游年经营收入达到 100 万元。

五、优化休假安排，激发旅游消费需求

（二十一）落实职工带薪休假制度。各级人民政府要把落实职工带薪休假制度纳入议事日程，制定带薪休假制度实施细则或实施计划，并抓好落实。

（二十二）鼓励错峰休假。在稳定全国统一的既有节假日前提下，各单位和企业可根据自身实际情况，将带薪休假与本地传统节日、地方特色活动相结合，安排错峰休假。

（二十三）鼓励弹性作息。有条件的地方和单位可根据实际情况，依法优化调整夏季作息安排，为职工周五下午与周末结合外出休闲度假创造有利条件。

六、加大改革创新力度，促进旅游投资消费持续增长

（二十四）加大政府支持力度。符合条件

的地区要加快实施境外旅客购物离境退税政策。设立中国旅游产业促进基金，鼓励有条件的地方政府设立旅游产业促进基金。支持企业通过政府和社会资本合作（PPP）模式投资、建设、运营旅游项目。各级人民政府要加大对国家重点旅游景区、"一带一路"及长江经济带等重点旅游线路、集中连片特困地区生态旅游开发和乡村旅游扶贫村等旅游基础设施和公共服务设施的支持力度。让多彩的旅游丰富群众生活，助力经济发展。

（二十五）落实差别化旅游业用地用海用岛政策。对投资大、发展前景好的旅游重点项目，要优先安排、优先落实土地和围填海计划指标。新增建设用地指标优先安排给中西部地区，支持中西部地区利用荒山、荒坡、荒滩、垃圾场、废弃矿山、石漠化土地开发旅游项目。对近海旅游娱乐、浴场等亲水空间开发予以优先保障。

（二十六）拓展旅游企业融资渠道。支持符合条件的旅游企业上市，鼓励金融机构按照风险可控、商业可持续原则加大对旅游企业的信贷支持。积极发展旅游投资项目资产证券化产品，推进旅游项目产权与经营权交易平台建设。积极引导预期收益好、品牌认可度高的旅游企业探索通过相关收费权、经营权抵（质）押等方式融资筹资。鼓励旅游装备出口，加大对大型旅游装备出口的信贷支持。

国务院办公厅
2015 年 8 月 4 日

国土资源部　住房和城乡建设部国家旅游局　关于支持旅游业发展用地政策的意见

国土资规〔2015〕10 号

各省、自治区、直辖市和新疆生产建设兵团国土资源、住房和城乡建设、旅游主管部门：

为贯彻党的十八届五中全会精神，落实《国务院关于促进旅游业改革发展的若干意见》（国发〔2014〕31号）、《国务院办公厅关于进一步促进旅游投资和消费的若干意见》（国办发〔2015〕62号）相关部署，促进稳增长、调结构、扩就业，提高旅游业用地市场化配置和节约集约利用水平，现就相关用地问题提出以下意见。

一、积极保障旅游业发展用地供应

（一）有效落实旅游重点项目新增建设用地。按照资源和生态保护、文物安全、节约集约用地原则，在与土地利用总体规划、城乡规划、风景名胜区规划、环境保护规划等相关规划衔接的基础上，加快编制旅游发展规划。对符合相关规划的旅游项目，各地应按照项目建设时序，及时安排新增建设用地计划指标，依法办理土地转用、征收或收回手续，积极组织实施土地供应。加大旅游扶贫用地保障。

（二）支持使用未利用地、废弃地、边远海岛等土地建设旅游项目。在符合生态环境保护要求和相关规划的前提下，对使用荒山、荒地、荒滩及石漠化、边远海岛土地建设的旅游项目，优先安排新增建设用地计划指标，出让底价可按不低于土地取得成本、土地前期开发成本和按规定应收取相关费用之和的原则确定。对复垦利用垃圾场、废弃矿山等历史遗留损毁土地建设的旅游项目，各地可按照"谁投资、谁受益"的原则，制定支持政策，吸引社会投资，鼓励土地权利人自行复垦。政府收回和征收的历史遗留损毁土地用于旅游项目建设的，可合并开展确定复垦投资主体和土地供应工作，但应通过招标拍卖挂牌方式进行。

（三）依法实行用地分类管理制度。旅游项目中，属于永久性设施建设用地的，依法按建设用地管理；属于自然景观用地及农牧渔业种植、养殖用地的，不征收（收回）、不

转用，按现用途管理，由景区管理机构和经营主体与土地权利人依法协调种植、养殖、管护与旅游经营关系。

（四）多方式供应建设用地。旅游相关建设项目用地中，用途单一且符合法定划拨范围的，可以划拨方式供应；用途混合且包括经营性用途的，应当采取招标拍卖挂牌方式供应，其中影视城、仿古城等人造景观用地按《城市用地分类与规划建设用地标准》的"娱乐康体用地"办理规划手续，土地供应方式、价格、使用年限依法按旅游用地确定。景区内建设亭、台、栈道、厕所、步道、索道缆车等设施用地，可按《城市用地分类与规划建设用地标准》"其他建设用地"办理规划手续，参照公园用途办理土地供应手续。风景名胜区的规划、建设和管理，应当遵守有关法律、行政法规和国务院规定。鼓励以长期租赁、先租后让、租让结合方式供应旅游项目建设用地。

（五）加大旅游厕所用地保障力度。要高度重视旅游厕所在旅游业发展中的文明窗口地位和基本公共服务作用。新建、改建旅游厕所及相关粪便无害化处理设施需使用新增建设用地的，可在2018年前由旅游厕所建设单位集中申请，按照法定报批程序集中统一办理用地手续，各地专项安排新增建设用地计划指标。符合《划拨用地目录》的粪便处理设施，可以划拨方式供应。支持在其他项目中配套建设旅游厕所，可在供应其他项目建设用地时，将配建要求纳入土地使用条件，土地供应后，由相关权利人依法明确旅游厕所产权关系。

二、明确旅游新业态用地政策

（六）引导乡村旅游规范发展。在符合土地利用总体规划、县域乡村建设规划、乡和村庄规划、风景名胜区规划等相关规划的前提下，农村集体经济组织可以依法使用建设用地自办或以土地使用权入股、联营等方式

与其他单位和个人共同举办住宿、餐饮、停车场等旅游接待服务企业。依据各省、自治区、直辖市制定的管理办法，城镇和乡村居民可以利用自有住宅或者其他条件依法从事旅游经营。农村集体经济组织以外的单位和个人，可依法通过承包经营流转的方式，使用农民集体所有的农用地、未利用地，从事与旅游相关的种植业、林业、畜牧业和渔业生产。支持通过开展城乡建设用地增减挂钩试点，优化农村建设用地布局，建设旅游设施。

（七）促进自驾车、房车营地旅游有序发展。按照"市场导向、科学布局、合理开发、绿色运营"原则，加快制定自驾车房车营地建设规划和建设标准。新建自驾车房车营地项目用地，应当满足符合相关规划、垃圾污水处理设施完备、建筑材料环保、建筑风格色彩与当地自然人文环境协调等条件。自驾车房车营地项目土地用途按旅馆用地管理，按旅游用地确定供应底价、供应方式和使用年限。

（八）支持邮轮、游艇旅游优化发展。新建邮轮、游艇码头用地实行有偿使用。有偿使用的邮轮、游艇码头用地可采取协议方式供应。现有码头增设邮轮、游艇停泊功能的，可保持现有土地权利类型不变；利用现有码头设施用地、房产增设住宿、餐饮、娱乐等商业服务设施的，经批准可以协议方式办理用地手续。

（九）促进文化、研学旅游发展。利用现有文化遗产、大型公共设施、知名院校、科研机构、工矿企业、大型农场开展文化、研学旅游活动，在符合规划、不改变土地用途的前提下，上述机构土地权利人利用现有房产兴办住宿、餐饮等旅游接待设施的，可保持原土地用途、权利类型不变；土地权利人申请办理用地手续的，经批准可以协议方式办理。历史文化街区建设控制地带内的新建建筑物、构筑物，应当符合保护规划确定的建设控制要求。

三、加强旅游业用地服务监管

（十）做好确权登记服务。各地要依据《不动产登记暂行条例》等法律法规规定，按照不动产统一登记制度体系要求，不断增强服务意识，坚持方便企业、方便群众，减少办证环节，提高办事效率，改进服务质量，积极做好旅游业发展用地等不动产登记发证工作，依法明晰产权、保护权益，为旅游业发展提供必要的产权保障和融资条件。

（十一）建立部门共同监管机制。风景名胜区、自然保护区、国家公园等旅游资源开发，建设项目用地供应和使用管理应同时符合土地利用总体规划、城乡规划、风景名胜区规划及其他相关区域保护发展建设等规划，不符合的，不得批准用地和供地。新供旅游项目用地，将环保设施建设、建筑材料使用、建筑风格协调等要求纳入土地供应前置条件的，提出条件的政府部门应与土地使用权取得者签订相关建设活动协议书，并依法履行监管职责。要及时总结旅游产业用地利用实践情况，积极开展旅游产业用地重大问题研究和探索创新。

（十二）严格旅游业用地供应和利用监管。严格旅游相关农用地、未利用地用途管制，未经依法批准，擅自改为建设用地的，依法追究责任。严禁以任何名义和方式出让或变相出让风景名胜区资源及其景区土地。规范土地供应行为，以协议方式供应土地的，出让金不得低于按国家规定所确定的最低价。严格旅游项目配套商品住宅管理，因旅游项目配套安排商品住宅要求修改土地利用总体规划、城乡规划的，不得批准。严格相关旅游设施用地改变用途管理，土地供应合同中应明确约定，整宗或部分改变用途，用于商品住宅等其他经营项目的，应由政府收回，重新依法供应。

本文件自下发之日起执行，有效期五年。

2015 年 11 月 25 日

美丽乡村建设指南

1 范围

本标准规定了美丽乡村的村庄规划和建设、生态环境、经济发展、公共服务、乡风文明、基层组织、长效管理等建设要求。

本标准适用于指导以村为单位的美丽乡村的建设。

2 规范性引用文件

下列文件对于本文件的应用是必不可少的。凡事注日期的引用文件，仅注日期的版本适用于本文件。凡是不注日期的引用文件，其最先版本（包括所有的修改单）适用于本文件。

GB/T 156 标准电压

GB 3095 环境空气质量标准

GB 3096 声环境质量标准

GB 3097 海水水质标准

GB 3838 地表水环境质量标准

GB 4285 农药安全使用标准

GB 5749 生活饮用水卫生标准

GB 5768.1 道理交通标志和标线 第 1 部分：总则

GB 5768.2 道理交通标志和标线 第 2 部分：道路交通标志

GB 7959 粪便无害化卫生要求

GB/T 8321（所有部分）农药合理使用准则

GB 15618 土壤环境质量标准

GB/T 16453（所有部分）水土保持综合治理 技术规范

GB 18596 畜禽养殖业污染物排放标准

GB 19379 农村户厕卫生规范

GB/T 27774 病媒生物应急监测与控制通则

GB/T 29315 中小学、幼儿园安全技术防范系统要求

GB/T 30600 高保准农田建设 通则

GB 50039 农村防火规范

GB 50201 防洪标准

GB 50288 灌溉与排水工程设计规范

GB 50445 村庄整治技术规范

DL 493 农村安全用电规程

DL/T 5118 农村电力网规划设计导则

HJ 25.4 污染场地土壤修复技术导则

HJ 588 农业固体废物污染控制技术导则

NY/T 496 肥料合理使用准则 通则

建标 109 农村普通中小学校建设标准

3 术语和定义

下列术语和定义适用于本文件。

3.1

美丽乡村 beautiful village

经济、政治、文化、社会和生态文明协调发展，规划科学、生产发展、生活宽裕、乡风文明、村容整洁、管理民主，宜居、宜业的可持续发展乡村（包括建制村和自然村）。

4 总则

4.1 坚持政府引导、村民主体、以人为本、因地制宜的原则，持续改善农村人居环境。

4.2 规划先行，统筹兼顾，生产、生活、生态和谐发展。

4.3 村务管理民主规范，村民参与积极性高。

4.4 集体经济发展，公共服务改善，村民生活品质提升。

5 村庄规划

5.1 规划原则

5.1.1 因地制宜

5.1.1.1 根据乡村资源禀赋，因地制宜强制村庄规划，注重传统文化的保护和传承，维护乡村风貌，突出地域特色。

5.1.1.2 村庄规模较大、情况较复杂时，宜

编制经济可行的村庄整治等专项规划。历史文化名村和传统村落应编制历史文化名村保护规划和传统村落保护发展规划。

5.1.2　村民参与

5.1.2.1　村庄规划编制应深入农户实地调查，充分征求意见，并宣讲规划意图和规划内容。

5.1.2.2　村庄规划应经村民会议或村民代表会议讨论通过，规划总平面图及相关内容应在村庄显著位置公示，经批准后公布、实施。

5.1.3　合理布局

5.1.3.1　村庄规划应符合土地利用总体规划，做好与镇域规划、经济社会发展规划和各项专业规划的协调衔接，科学区分生产生活区域，功能布局合理、安全、宜居、美观、和谐，配套完善。

5.1.3.2　结合地形地貌、山体、水系等自然环境条件，科学布局，处理好山形、水体、道路、建筑的关系。

5.1.4　节约用地

5.1.4.1　村庄规划应科学、合理、统筹配置土地，依法使用土地，不得占用基本农田，慎用山坡地。

5.1.4.2　公共活动场所的规划与布局应充分利用闲置土地、现有建筑及设施等。

5.2　规划编制要素

5.2.1　编制规划应以需求和问题为导向，综合评价村庄的发展条件，提出村庄建设与治理、产业发展和村庄管理的总体要求。

5.2.2　统筹村民建房、村庄整治改造，并进行规划设计，包含建筑的平面改造和立面整饰。

5.2.3　确定村民活动、文体教育、医疗卫生、社会福利等公共服务和管理设施的用地布局和建设要求。

5.2.4　确定村域道路、供水、排水、供电、通信等各项基础设施配置和建设要求，包括布局、管线走向、敷设方式等。

5.2.5　确定农业及其他生产经营设施用地。

5.2.6　确定生态环境保护目标、要求和措施，确定垃圾、污水收集处理设施和公厕等环境卫生设施的配置和建设要求。

5.2.7　确定村庄防灾减灾的要求，做好村级避灾场所建设规划；对处于山体滑坡、崩塌、地陷、地裂、泥石流、山洪冲沟等地质隐患地段的农村居民点，应经相关程序确定搬迁方案。

5.2.8　确定村庄传统民居、历史建筑物与构筑物、古树名木等人文景观的保护与利用措施。

5.2.9　规划图文表达应简明扼要、平实直观。

6　村庄建设

6.1　基本要求

6.1.1　村庄建设应按规划执行。

6.1.2　新建、改建、扩建住房与建筑整治应符合建筑卫生、安全要求，注重与环境协调；宜选择具有乡村特色和地域风格的建筑图样；倡导建设绿色农房。

6.1.3　保持和延续传统格局和历史风貌，维护历史文化遗产的完整性、真实性、延续性和原始性。

6.1.4　整治影响景观的棚舍、残破或倒塌的墙体，清除临时搭盖，美化影响村庄空间外观视觉的外墙、屋顶、窗户、栏杆等，规范太阳能热水器、屋顶空调等设施的安装。

6.1.5　逐步实施危旧房的改造、整治。

6.2　生活设施

6.2.1　道路

6.2.1.1　村主干道建设应进出畅通、路面硬化率达 100%。

6.2.1.2　村内道路应以现有道路为基础，顺应现有村庄格局，保留原始形态走向，就地取材。

6.2.1.3　村主干道应按照 GB5768.1 和 GB 568.2 的要求设置道路交通标志，村口应设村民标识；历史文化名村、传统村落、特色景观旅游景点应设置指示牌。

6.2.1.4 利用道路周边、空余场地，适当规划公共停车场（泊位）。

6.2.2 桥梁

6.2.2.1 安全美观，与周围环境相协调，体现地域风格，提倡使用本地天然材料，保护古桥。

6.2.2.2 维护、改造可采用加固基础、新浦桥面、增加护栏等措施，并设置安全设施和警示标志。

6.2.3 饮水

6.2.3.1 应根据村庄分布特点、生活水平和区域水资源等条件，合理确定用水量指标、供水水源和水压要求。

6.2.3.2 应加强水源地保护、保障农村饮水安全，生活饮用水的水质应符合 GB 5749 的要求。

6.2.4 供电

6.2.4.1 农村电力网建设与改造的规划设计应符合 DL/T 5118 的要求，电压等级应符合 GB/T 156 的要求，供电应能满足村民基本生产生活需要。

6.2.4.2 电线杆应排列整齐，安全美观，无私拉乱接电线、电缆现象。

6.2.4.3 合理配置照明路灯，宜使用节能灯具。

6.2.5 通信

广播、电视、电话、网络、邮政等公共通信设施齐全、信号通畅，线路架设规划、安全有序；有条件的村庄可采用管道下地敷设。

6.3 农业生产设施

6.3.1 结合实际开展土地整治和保护；适合高标准农田建设的重点区域，按 GB/T 30600 的要求进行规范建设。

6.3.2 开展农田水利设施治理；防洪、排涝和灌溉保证率等达到 GB 50201 和 GB 50288 的要求；注重抗旱、防风等防灾基础设施的建设和配备。

6.3.3 结合产业发展、配备先进、适用的现代化农业生产设施。

7 生态环境

7.1 环境质量

7.1.1 大气、声、土壤环境质量应分别达到 GB 3095、GB 3096、GB 5618 中与当地环境功能区相对应的要求。

7.1.2 村域内主要河流、湖泊、水库等地表水体水质，沿海村庄的近岸海域海水水质应分别达到 GB 3838、GB 3097 中与当地环境功能区相对应的要求。

7.2 污染防治

7.2.1 农业污染防治

7.2.1.1 推广植物病虫害统防统治，采用农业、物理、生物、化学等综合防治措施，不得使用明令禁止的高毒高残留农药，按照 GB 4285、GB/T 8321 的要求合理用药。

7.2.1.2 推广测土配方施肥技术，施用有机肥、缓释肥；肥料施用符合 NY/T 486 的要求。

7.2.1.3 农业固体废物污染控制和资源综合利用可按 HI 588 的要求进行；农药瓶、废弃塑料薄膜、育秧盘等农业生产废弃物及时处理；农膜回收率≥80％；农作物秸秆综合利用率≥70％。

7.2.1.4 畜禽养殖场（小区）污染物排放应符合 GB 18596 的要求，畜禽粪便综合利用率≥80％；病死畜禽无害化处理率达100％；水产养殖废水应达标排放。

7.2.2 工业污染防治

村域内工业企业生产过程中产生的废水、废气、噪声、固体废物等污染物达标排放，工业污染源达标排放率达100％。

7.2.3 生活污染防治

7.2.3.1 生活垃圾处理

7.2.3.1.1 应建立生活垃圾收运处置体系，生活垃圾无害化处理率≥80％。

7.2.3.1.2 应合理配置垃圾收集点、建筑垃圾堆放点、垃圾箱、垃圾清运工具等，并保持干净整洁、不破损、不外溢。

7.2.3.1.3 推行生活垃圾分类处理和资源化利用；垃圾应及时清运，防止二次污染。

7.2.3.2 生活污水处理

7.2.3.2.1 应以粪污分流、雨污分流为原则，综合人口分布、污水水量、经济发展水平、环境特点、气候条件、地理状况，以及现有的排水体制、排水管网等确定生活污水收集模式。

7.2.3.2.2 应根据村落和农户的分布，可采用集中处理或分散处理或集中与分散处理相结合的方式，建设污水处理系统并定期维护，生活污水处理农户覆盖率≥70%。

7.2.3.3 清洁能源使用

应科学使用并逐步减少木、草、秸秆、竹等传统燃料的直接使用，推广使用电能、太阳能、风能、沼气、天然气等清洁能源，使用清洁能源的农户数比例≥70%。

7.3 生态保护与治理

7.3.1 对村庄山体、森林、湿地、水体、植被等自然资源进行生态保育，保持原生态自然环境。

7.3.2 开展水土流失综合治理，综合治理技术按 GB/T 16459 的要求执行；防止人为破坏造成新的水土流失。

7.3.3 开展荒漠化治理，实施退耕还林还草，规范采砂、取水、取土、取石行为。

7.3.4 按 GB 50445 的要求对村庄内坑塘河道进行整治，保持水质清洁和水流通畅，保护原生植被。岸边宜种植适生植物，绿化配置合理、养护到位。

7.3.5 改善土壤环境，提高农田质量，对污染土壤按 HJ 25.4 的要求进行修复。

7.3.6 实施增殖放流和水产养殖生态环境修复。

7.3.7 外来物种引种应符合相关规定，防止外来生物入侵。

7.4 村容整治

7.4.1 村容维护

7.4.1.1 村域内不应有露天焚烧垃圾和秸秆的现象，水体清洁、无异味。

7.4.1.2 道路路面平整，不应有坑洼、积水等现象；道路及路边、河道岸坡、绿化带、花坛、公共活动场地等可视范围内无明显垃圾。

7.4.1.3 房前屋后整洁，无污水溢流，无散落垃圾；建材、柴火等生产生活用品集中有序存放。

7.4.1.4 按规划在公共通道两侧划定一定范围的公用空间红线，不得违章占道和占用红线。

7.4.1.5 宣传栏、广告牌等设置规范，整洁有序；村庄内无乱贴乱画乱刻现象。

7.4.1.6 划定畜禽养殖区域，人畜分离；农家庭院畜禽圈养，保持圈舍卫生，不影响周边生活环境。

7.4.1.7 规范殡葬管理，尊重少数民族的丧葬习俗，倡导生态安葬。

7.4.2 环境绿化

7.4.2.1 村庄绿化宜采用本地果树林木花草品种，兼顾生态、经济和景观效果，与当地的地形地貌相协调；林草覆盖率山区≥80%，丘陵≥50%，平原≥20%。

7.4.2.2 庭院、屋顶和围墙提倡立体绿化和美化，适度发展庭院经济。

7.4.2.3 古树名木采取设置围护栏或砌石等方法进行保护，并设标志牌。

7.4.3 厕所改造

7.4.3.1 实施农村户用厕所改造，户用卫生厕所普及率≥80%，卫生应符合 GB 19379 的要求。

7.4.3.2 合理配置村庄内卫生公厕，不应低于 1 座/600 户，按 GB 7959 的要求进行粪便无害化处理；卫生公厕有专人管理，定期进行卫生消毒，保持干净整洁。

7.4.3.3 村内无露天粪坑和简易茅厕。

7.4.4 病媒生物综合防治

按照 GB/T 27774 的要求组织进行鼠、蝇、蚊、蟑螂等病媒生物综合防治。

8 经济发展

8.1 基本要求

8.1.1 制定产业发展规划，三产结构合理、融合发展，注重培育惠及面广、效益高、有特色的主导产业。

8.1.2 创新产业发展模式，培育特色村、专业村，带动经济发展，促进农民增收致富。

8.1.3 村级集体经济有稳定的收入来源，能够满足开展村务活动和自身发展的需要。

8.2 产业发展

8.2.1 农业

8.2.1.1 发展种养大户、家庭农场、农民专业合作社等新型经营主体。

8.2.1.2 发展现代农业，积极推广适合当地农业生产的新品种、新技术、新机具及新种养模式，促进农业科技成果转化；鼓励精细化、集约化、标准化生产，培育农业特色品牌。

8.2.1.3 发展现代林业，提倡种植高效生态的特色经济林果和花卉苗木；推广先进适用的林下经济模式，促进集约化、生态化生产。

8.2.1.4 发展现代畜牧业，推广畜禽生态化、规模化养殖。

8.2.1.5 沿海或水资源丰富的村庄，发展现代渔业，推广生态养殖、水产良种和渔业科技，落实休渔制度，促进捕捞业可持续发展。

8.2.2 工业

8.2.2.1 结合产业发展规划，发展农副产品加工、林产品加工、手工制作等产业，提高农产品的附加值。

8.2.2.2 引导工业企业进入工业园区，防止化工、印染、电镀等高污染、高能耗、高排放企业向农村转移。

8.2.3 服务业

8.2.3.1 依托乡村自然资源、人文禀赋、乡土风情及产业特色，发展形式多样、特色鲜明的乡村传统文化、餐饮、旅游休闲产业，配备适当的基础设施。

8.2.3.2 发展家政、商贸、美容美发、养老托幼等生活性服务业。

8.2.3.3 鼓励发展农技推广、动植物疫病防控、农资供应、农业信息化、农业机械化、农产品流通、农业金融、保险服务等农业社会化服务业。

9 公共服务

9.1 医疗卫生

9.1.1 建立健全基本公共卫生服务体系。建有符合国家相关规定、建筑面积≥60平方米的村卫生室；人口较少的村可合并设立，社区卫生服务中心或乡镇卫生院所在地的村可不设。

9.1.2 建立统一、规范的村民健康档案，提供计划免疫、传染病防治及儿童、孕产妇、老年人保健等基本公共卫生服务。

9.2 公共教育

9.2.1 村庄幼儿园和中小学建设应符合教育部门布点规划要求。村庄幼儿园、中小学学校建设应分别符合GB/T 29315、建标109的要求，并符合国家卫生标准与安全标准。

9.2.2 普及学前教育和九年义务教育。学前一年毛入园率≥85%；九年义务教育目标人群覆盖率达100%，巩固率≥93%。

9.2.3 通过宣传栏、广播等渠道加强村民普法、科普宣传教育。

9.3 文化体育

9.3.1 基础设施

9.3.1.1 建设具有娱乐、广播、阅读、科普等功能的文化活动场所。

9.3.1.2 建设篮球场、乒乓球台等体育活动设施。

9.3.1.3 少数民族村能为村民提供本民族语言文字出版的书刊、电子音像制品。

9.3.2 文体活动

定期组织开展民俗文化活动、文艺演出、演讲展览、电影放映、体育比赛等群众性文化活动。

9.3.3 文化保护与传承

9.3.3.1 发掘古村落、古建筑、古文物等乡村物质文化，进行整修和保护。

9.3.3.2 搜集民间民族表演艺术、传统戏剧和曲艺、传统手工技艺、传统医药、民族服饰、民俗活动、农业文化、口头语言等乡村非物质文化，进行传承和保护。

9.3.3.3 历史文化遗存村庄应挖掘并宣传古民俗风情、历史沿革、典故传说、名人文化、祖训家规等乡村特色文化。

9.3.3.4 建立乡村传统文化管护制度，编制历史文化遗存资源名单，落实管护责任单位和责任人，形成传统文化保护与传承体系。

9.4 社会保障

9.4.1 村民普遍享有城乡居民基本养老保险，基本实现全覆盖。鼓励建设农村养老机构、老人日托中心、居家养老照料中心等，实现农村基本养老服务。

9.4.2 家庭经济困难且生活难以自理的失能半失能 65 岁及以上村民基本养老服务补贴覆盖率≥50％。农村五保供养目标人群覆盖率达 100％，集中供养能力≥50％。

9.4.3 村民享有城乡居民基本医疗保险参保率≥90％。

9.4.4 被征地村民按相关规定享有相应的社会保障。

9.5 劳动就业

9.5.1 加强村民的素质教育和技能培训，培养新型职业公民。

9.5.2 协助开展劳动关系协调、劳动人事争议调解、维权等权益保护活动。

9.5.3 收集并发布就业信息，提供就业政策咨询、职业指导和职业介绍等服务；为就业困难人员、零就业家庭和残疾人提供就业援助。

9.6 公共安全

9.6.1 根据不同自然灾害类型建立相应防灾和避灾场所，并按有关要求管理。

9.6.2 应制定和完善自然灾害救助应急预案，组织应急演练。

9.6.3 农村消防安全应符合 GB 50039 的要求。

9.6.4 农村用电安全应符合 DL 493 的要求。

9.6.5 健全治安管理制度，配齐村级综治管理人员，应急响应迅速有效，有条件的可在人口集中居住区和重要地段安装社会治安动态视频监控系统。

9.7 便民服务

9.7.1 建有综合服务功能的村便民服务机构，提供代办、计划生育、信访接待等服务，每一事项应编制服务指南，推行标准化服务。

9.7.2 村庄有客运站点，村民出行方便。

9.7.3 按照生产生活需求，建设商贸服务网点，鼓励有条件的地区推行电子商务。

10 乡风文明

10.1 组织开展爱国主义、精神文明、社会主义核心价值观、道德、法治、刑事政策等宣传教育。

10.2 制定并实施村规民约，倡导崇善向上、勤劳致富、邻里和睦、尊老爱幼、诚信友善等文明乡风。

10.3 开展移风易俗活动，引导村名摒弃陋习，培养健康、文明、生态的生活方式和行为习惯。

11 基层组织

11.1 组织建设

应依法设立村级基层建设，包括村党组织、村民委员会、村务监督机构、村集体经济组织、村民兵连及其他民间组织。

11.2 工作要求

11.2.1 遵循民主决策、民主管理、民主选举、民主监督。

11.2.2 制定村民自治章程、村民议事规则、村务公开、重大事项决策、财务管理等制度，并有效实施。

11.2.3 具备协调解决纠纷和应急的能力。

11.2.4 建立并规范各项工作的档案记录。

12 长效管理

12.1 公众参与

12.1.1 通过健全村民自治机制等方式，保障村民参与建设和日常监督管理，充分发挥村民主体作用。

12.1.2 村民可通过村务公开栏、网络、广播、电视、收集信息等形式，了解美丽乡村建设动态、农事、村务、旅游、商务、防控、民生等信息，参与并监督美丽乡村建设。

12.1.3 鼓励开展第三方村民满意度调查，及时公开调查结果。

12.2 保障与监督

12.2.1 建立健全村庄建设、运行管理、服务等制度，落实资金保障措施，明确责任主体、实施主体，鼓励有条件的村庄采用市场化运作模式。

12.2.2 建立并实施公共卫生保洁、园林绿化养护、基础设施维护等管护机制，配备与村级人口相适应的管护人员，比例不低于常住人口的2‰。

12.2.3 综合运用检查、考核、奖惩等方式，对美丽乡村的建设与运行实施动态监督和管理。

山东省乡村旅游业振兴规划

（2011—2015年）

为加快我省乡村旅游业的全面振兴，拓展农业发展功能，最大限度地增加农民收入，结合我省实际，制定本规划。

一、发展现状

我省是传统农业大省和齐鲁文化发祥地，乡村旅游资源十分丰富。早在20世纪80年代初，我省就在全国率先开发了适合当时条件的乡村旅游项目，经过近40年的发展，培育出一批全国知名乡村旅游品牌，形成了一

定产业规模。2009年，全省规模化开展乡村旅游的村庄达到2000个，林场194个，经营业户3.5万个，从业人员15.5万人；已建成全国旅游强县1个、省级旅游强县14个、旅游强乡镇85个、旅游特色村91个、农业旅游示范点199个、森林和湿地公园228个。2009年，全省乡村旅游接待海内外游客9400万人次，占全省旅游接待总人次的32%；实现乡村旅游收入370亿元，占全省旅游总收入的15%，相当于当年农业增加值的11.5%。乡村旅游业在拉动社会消费、促进农民增收、统筹城乡发展、保护乡村生态、传承民间文化等方面做出了积极贡献。但从总体上看，我省乡村旅游业仍存在开发建设不规范，广度、深度不够，产业链条不完整；基础设施不完善，景观建设与周边整体环境不协调；专业人才匮乏，市场营销落后，管理服务体系不健全；资金投入不足等问题。

二、指导思想、基本原则和发展目标

（一）指导思想。以科学发展观为指导，以促进农民就业增收为目标，以拓展、规范、提升为重点，坚持"农旅结合、以农促旅、以旅富农"，完善乡村旅游基础设施和服务体系，优化乡村旅游发展环境，创新机制、整合资源、丰富品类、突出特色、强化管理、提升品质，充分发挥旅游产业的关联带动作用，把乡村旅游业培植成为农村经济发展支柱产业和农民增收新亮点，提升"好客山东"品牌内涵。

（二）基本原则。

1. 政府引导，主体多元化。统筹协调社会各方力量共同参与，建立多层次、多渠道协同推进机制。

2. 以农为本，利益均衡化。以农民为首要受益主体，实现乡村旅游业参与主体的利益均衡。

3. 因地制宜，产品特色化。优化区域布局，加强分类指导，促进个性化发展，积极

培育具有浓郁地方特色的乡村旅游产品。

4. 市场导向，经营产业化。充分发挥龙头带动作用，促进各类经营主体规模化发展、规范化管理和网络化运营。

5. 统筹发展，城乡一体化。统筹城乡旅游开发与消费，形成城乡之间互用资源、互动发展的良好格局。

6. 保护生态，发展持续化。坚持开发与保护并重，避免急功近利、盲目发展。

（三）发展目标。到 2015 年，培育一批影响力大、带动作用强的乡村旅游示范区，打造一批知名品牌，形成种类丰富、特色突出、结构合理的产品体系和产业格局。建成省级以上休闲农业与乡村旅游示范县 10 个、乡村旅游强乡镇 200 个、特色村 1 000 个、农（渔）家乐经营户 10 000 个，省级以上水利风景区 150 个，森林和湿地公园 330 个。打造 50 个乡村旅游知名品牌、5 个 AAAA 级以上乡村旅游景区。全省乡村旅游年接待能力达到 3 亿人次，乡村旅游总收入达到 2 000 亿元。

三、发展重点

（一）乡村旅游产品培育。重点开发培育红色旅游、传统民俗、休闲农业、农家乐、渔家乐、古村镇（风情小镇）、新农村、乡村节庆、生态循环、乡村博物馆等十大类乡村旅游产品。红色旅游类，以革命战争年代的纪念地、标志物为载体，以革命历史、革命事迹和革命精神为内涵，挖掘培育一批红色旅游精品，弘扬爱国主义精神；传统民俗类，以乡村传统民俗为主题旅游资源，以民俗风情体验、民俗文化参与为主体项目，保护弘扬齐鲁民俗文化；休闲农业类，依托乡村田园风光、特色种植养殖、农业示范园区等资源，以采摘认领、科普教育、农事农艺体验等为载体，满足城乡居民休闲娱乐、观光度假等需求；农家乐类，以吃农家宴、住农家屋、干农家活、享农家乐、购农家物为主题，

向游客提供餐饮、住宿以及农事活动、休闲娱乐等服务；渔家乐类，以特色滨水休闲、水上游乐和滨水度假等为主题，让游客体验渔家生活，感悟渔家文化；古村镇（风情小镇）类，以古镇文化观光、特色小镇度假和地方风情体验为主题，建设多元特色旅游小镇；新农村类，以新农村新风貌为主题，注入乡村旅游文化元素，为游客提供休闲、餐饮、娱乐和地域文化等服务；乡村节庆类，依托具有浓厚地方特色的乡村节庆节会活动，以地方民俗文化、名优特产为吸引物，打造乡村旅游地域品牌；生态循环类，依托森林、湿地、水利风景区等生态旅游资源以及地热能、生物质能等可再生资源，大力发展生态循环旅游；乡村博物馆类，以展示乡村习俗、生活用具、生产工具、特色农产品等为主题，展现传统农耕文化、民俗风情以及生产生活的发展变迁。

（二）乡村旅游区建设。按照平原、山区、林区、湖区、海滨等不同区域，围绕文化、历史、经济、生态等不同主题，建设半岛滨海乡村旅游区、齐鲁山乡乡村旅游区、湖泊湿地乡村旅游区、黄河沿岸乡村旅游区、运河风情乡村旅游区、平原风情乡村旅游区等六大乡村旅游区，推进特色乡村旅游产品向优势区域集聚。

（三）乡村旅游商品开发。开发具有传统和地方特色的旅游商品，提升传统农业、手工业、餐饮服务业附加值。加快引进和培育观赏价值独特、营养价值丰富、比较效益突出的农产品新品种，提升名特优农产品的旅游价值。重点开发纺织刺绣、风筝、年画、剪纸、泥塑、草编、琉璃、陶瓷、布玩具、木制件等特色工艺品。创作发行展现山东风土人情的书籍、摄影作品、音像制品等文化产品。依托当地民俗工艺品或标志物制作实用、新颖、多样的特色纪念品和农具模型纪念品。

（四）乡村旅游人才队伍建设。在乡村旅

游资源集中的市、县（市、区），建立乡村旅游培训基地，重点加强乡村旅游经营户、乡村旅游带头人、能工巧匠传承人和管理服务人员等的培训，培养造就一支素质高、业务精的乡村旅游管理、营销、服务队伍。

四、政策措施

（一）完善乡村旅游基础设施。进一步规范管理，完善基础设施建设，按照城乡一体化标准，加快乡村道路交通、网络通信、自来水、下水道、液化气、暖气管道、厕所等基础设施建设。完善乡村旅游服务功能，设置规范化指引标志。加快旅游停车场、旅游购物场所、游客中心、卫生医疗等配套设施建设，不断提升乡村旅游接待和服务设施质量。切实加强乡村生态环境保护，推进乡村旅游的可持续健康发展。

（二）加大政策扶持。扎实推进全国特色旅游景观镇、景观村，山东省旅游强乡镇、特色村，好客人家农（渔）家乐和山东省农业旅游示范点创建工作；建立"政府引导、部门协作、多方参与、市场运作"的开发机制，鼓励兴办各种乡村旅游开发性企业和实体；加大乡村旅游政府资金投入力度，重点支持乡村旅游基础设施、人才培训和乡村旅游示范点建设。加强对乡村旅游专业合作组织、经营户、林场和企业的信贷支持，引导鼓励中介组织为乡村旅游发展提供资金融通、信用担保等服务。引导各类投资主体以租赁、承包、联营、股份合作等多种形式投资开发乡村旅游项目。对荣获省级以上乡村旅游示范县（点）、乡村旅游镇（村）的给予表彰奖励。

（三）加强市场营销。加强与旅游企业合作，加大乡村旅游推介力度，创新旅游推介方式，统筹城乡旅游资源，充分挖掘市场潜力，将更多的乡村旅游景点纳入旅游项目和线路，延长游客逗留时间。依托山东农业发展优势、齐鲁文化魅力和"好客山东"品牌

形象，重点开拓京津地区、江浙地区、东北地区等市场，吸引华南地区、港澳台地区乃至日韩等海外客源，扩大山东乡村旅游的市场份额。

（四）强化组织领导。建立省乡村旅游工作协调促进联席会议制度，加强组织协调和宏观指导，确保乡村旅游各项政策措施落到实处。将乡村旅游管理、营销、策划、规划等专业技术人才和从业人员培训纳入全省统一培训工程。推进旅游公共服务下乡，促进城乡旅游人才与资源共享。加强对乡村旅游行业学会、协会、合作社等中介组织的指导，提高行业自律水平。科学编制乡村旅游规划和服务标准。加强诚信经营、食品生产、餐饮服务的监督检查，推动乡村旅游业健康发展。

中共云南省委 云南省人民政府 关于进一步加强农耕文化 保护与传承工作的意见

（2015 年 5 月 27 日）

为深入贯彻落实习近平总书记系列重要讲话和考察云南重要讲话精神，弘扬优秀传统文化，努力成为民族团结进步示范区、生态文明建设排头兵、面向南亚东南亚辐射中心，现就进一步加强农耕文化保护与传承工作提出如下意见。

一、加强农耕文化保护与传承工作的重要性和必要性

（一）加强农耕文化保护与传承是民族团结进步示范区建设的客观要求。农耕文化是记载历史、传承文明的重要载体。云南是古人类发祥地和水稻起源地之一，拥有悠长久远的农耕文明史。我省农耕文化门类众多、内容丰富、底蕴深厚，具有鲜明的地域性、民族性、多样性、包容性、稀有性特征，蕴含着丰富的思想道德资源，潜藏着巨大的社

会经济价值。农耕文化与民族文化联系紧密，是各民族相知、相亲、相惜的精神纽带，是民族团结的润滑剂、催化剂、黏合剂，是民族发展进步的重要基础。在民族团结进步示范区建设过程中，必须始终保护与传承好农耕文化这个根基。

（二）加强农耕文化保护与传承是现代文化创新发展的客观要求。习近平总书记指出，耕读文明是我们的软实力；农耕文化是我国农业的宝贵财富，是中华文化的重要组成部分，不仅不能丢，而且要不断发扬光大。经过多年努力，我省农耕文化保护与传承取得了显著成绩，重要濒危文化抢救保护工作稳步推进，传承基地和保护名录初步建立，民族传统文化生态保护区建设逐步展开，民族民间歌舞乐展演持续开展，特色民居保护规划扎实推进，重要农业文化遗产认定工作有序推进，特色文化产业快速发展，很多地区还比较完整地保存着生产技艺、耕作制度、习俗、礼仪、节庆、服饰、语言、歌舞、建筑等方面的农耕文化。要提升云南文化在全国的竞争力和影响力，促进现代文化创新发展，必须充分发挥我省农耕文化资源富集、多样性特征鲜明的优势，确保农耕文化薪火相传、发扬光大。

（三）加强农耕文化保护与传承是美丽乡村建设的客观要求。农耕文化是美丽乡村建设的重要基础，也是建设美丽乡村的内在动力。农业的发展、农村的进步、农民的富裕离不开农耕文化的哺育和滋养。随着经济全球化趋势和城镇化进程的不断加快，农耕文化的发展空间逐渐萎缩，部分农耕文化遗产和呈现形式快速消亡，传统村落整体风貌遭到不同程度破坏。农耕文化是乡村的魂与根，是农民无法割舍的精神命脉。失去农耕文化，美丽乡村就没有灵魂和底蕴。必须加强农耕文化保护与传承工作，深入挖掘和阐发农耕文化的丰富内涵及其时代价值，充分发挥农耕文化在育民、乐民、富民方面的积极作用，

建设独具特色、富有魅力的美丽乡村。

二、总体要求

（一）指导思想。以邓小平理论、"三个代表"重要思想、科学发展观为指导，全面贯彻党的十八大和十八届三中、四中全会精神，深入贯彻习近平总书记系列重要讲话精神，牢牢把握社会主义先进文化的前进方向，牢固树立社会主义核心价值观。坚持"保护为主、抢救第一、合理利用、传承发展"的方针，按照分类指导、统筹规划、整合资源、合力共建、分级保护的要求，积极探索有效保护与传承农耕文化的多种形式。坚持依法保护、科学保护、系统保护，进一步增强保护意识，完善政策体系，创新工作机制，推动我省农耕文化保护与传承不断取得新成效。

（二）基本原则。一是坚持以人为本。贴近实际、贴近生活、贴近群众，以农民群众的自觉保护与传承为根本，充分发挥农民群众在传承农耕文化中的主体作用，让广大人民群众共享农耕文化保护成果。二是坚持全民参与。建立政府主导与社会参与相统一，多渠道、多层次、多元化的农耕文化保护与传承机制，最大限度激发全社会参与热情，努力形成人人参与、活态传承的强大合力。三是坚持开放创新。充分尊重农耕文化的发展变化规律，广泛吸纳和借鉴国内外先进的保护技术与传承方式，破除制约农耕文化保护与传承的体制机制障碍，不断提升保护与传承的能力和水平。四是坚持分类指导。因地制宜，一文一策，分类保护，多样传承。有些农耕文化已经成为历史记忆，可存于博物馆，或将其艺术化、仪式化；有些濒危农耕文化仍然有存在的价值，要抓紧抢救、激活、保护、传承；有些农耕文化仍然具有较强生命力，要进行深入研究和阐发，并结合新的实践不断发扬光大。五是坚持合理扬弃。加强甄别和认定，取其精华、去其糟粕，保护与传承的内容必须符合当地实际、群众意

愿和社会主义核心价值观的要求。六是坚持资源整合。整合各种社会资源，有效协调各方利益诉求，充分调动社会各方面的积极性，把农耕文化保护与传承纳入科学、合理、规范的发展轨道。

（三）主要目标。到 2020 年，基本建立重点突出、布局合理、制度完善、规范有序的农耕文化保护与传承工作格局。形成数个在全国有重要影响的农耕文化保护带，建设一批带动作用明显的农耕文化示范区，培育一批具有较强竞争力的特色文化品牌，培养一批高素质人才，建立健全农耕文化保护制度和传承体系，使具有重要历史、艺术和科学价值的农耕文化资源得到有效保护、科学传承和合理利用。创建省级民族文化生态保护区 100 个，认定省级非物质文化遗产项目代表性传承人 1 000 名。

三、主要任务

（一）实施濒危农耕文化抢救工程。通过对第一手资料和数据的研究分析，确定一批濒危项目，适时出台有关农耕文化濒危项目保护和开发政策，制定保护与传承的规划方案以及相关业务工作指导意见。有关部门应编制濒危农耕文化项目专项保护规划，提出前瞻性的分期实施目标，制定详细的保护措施。加大对我省少数民族剧种和民间绝技、绝艺、绝活的抢救保护力度。加强农耕文化实物、文献资料的征集和保护，征集和收藏社会上散存的具有特殊价值的典型实物、文献资料，对最具典型性、亟待保护和最具挖掘利用价值的部分进行重点保护。

（二）实施农耕文化保护与传承示范工程。继续抓好"历史文化名镇、名村""传统村落""民族传统文化生态保护区""民族特色村寨""民族文化生态旅游村""生态文化村"建设，以村民的自觉保护为重点，实行整体性保护，实现文化与生态的多样性和可持续协调发展，力争把示范工程建成农耕文化展示的功能区、保护的核心区、传承的样板区。围绕农业文化遗产、传统村落、民居遗迹、服饰歌舞和风俗礼仪的保护，积极开展"一县一特色"的民族艺术之乡创建活动。支持有条件的地区申报国家和省级历史文化名城、名镇、名村，大力推进文化农庄建设。申报建设若干个国家级文化生态保护试验区。开展"民间艺术之乡""特色艺术之乡"命名活动。在科学保护前提下，推进农耕文化遗产的合理利用，积极探索与文化旅游、文化产业、文化贸易发展相结合的有效途径和方式。

（三）实施农耕文化保护利用基础设施建设工程。建设一批与我省农耕文化地位相适应、与民族团结进步示范区的目标任务相衔接、与"三农"工作紧密结合、具有高度专业化水平和综合实力的专业性博物馆。建立一套科学有效的保护措施和保护方法，尽可能完整地、长久地保存留传文物和标本。充分发挥博物馆、非遗展示馆、传承基地的功能，提高宣传、展示效果。争取每一个少数民族建设一个代表性的农耕文化博物馆或展示馆，馆址应选在本民族文化保存得最为完整的地区，把物态保护与活态传承紧密结合起来。在农耕文化资源丰富、特点突出、条件成熟的地方，切实加强农耕文化传承基地、传习所（传承点）、示范点的基础设施建设，改善农耕文化保护传承、宣传展示条件。鼓励修缮乡村传统民居建筑，有条件的可以改造建立农耕文化保护利用设施。适当增加民族传统文化生态保护区数量，继续加强保护区文化基础设施建设。

（四）实施传统村落保护工程。按照科学规划、系统保护、严格管控、有限开发的要求，加强传统村落的活态保护，维护传统村落的居住功能。健全传统村落保护名录体系，制定传统村落和传统民居评定标准，建立传统村落保护档案，编制保护规划和实施方案。注意保留村庄原有风貌与建筑形式，保护与民间文化活动相关的空间场所、物质载体及生产生活资料。逐步改善传统村落的基础设施，建立健全防灾安全保障与保护管理机制。谨慎稳妥地对传统村落和传统民居进行有限开发利用，确保原有空间布局、内外框架等不发生改变，对于造成破坏的应制定惩罚措施。将反映农耕文化代表性实物（木雕、石雕、匾额等）普查纳入农耕文化普查工作范围，并制定相应政策，严禁非法收购，防止外流。在普查基础上将具有保护价值的传统民居确定为"保护民居"和"重点保护民居"，由县（市、区）政府与户主签订保护合同，在维修经费、木材供应、宅基地政策方面给予必要支持。在特色街区、特色村镇和美丽乡村建设中，注重保护村镇原有风貌、文化特色和自然生态，不搞大拆大建，不拆真建假，不毁坏古迹和历史记忆。

（五）实施乡村记忆工程。重点保护、征集、整理和展示有地方特色的自然生态、历史建筑和构筑物、传统生产生活用品、生产方式、风俗习惯、传承人口述史等物质和非物质文化遗产。保护好乡村古树名木。加强乡村文化遗产的抢救性记录工作，建立档案和相关数据库。因地制宜建设民俗生态博物馆、乡村（社区）博物馆、村史馆，记录乡村的历史沿革和发展变化，不新建馆舍，利用现有乡村建筑进行改造后布展，留住乡村记忆。

（六）实施特色农耕文化产业发展工程。按照因地制宜、突出特色，创意引领、跨界融合，市场运作、政府扶持的要求，依托各地独特的农耕文化资源，构建具有鲜明区域特色和民族特色的文化产业体系，促进多样化、差异化发展。加强创意设计，促进特色文化资源与现代消费需求有效对接，拓展特色文化产业发展空间。加强规划引导、典型示范，建设一批特色鲜明、优势突出的农耕文化产业示范区。培育和引进特色农耕文化骨干企业，促进传统工艺技艺与创意设计、

现代科技、时代元素相结合，带动区域特色农耕文化产业发展。支持各地实施"一地（县、乡、村）一品"战略，培育特色农耕文化品牌。鼓励各地发展旅游商品、演艺娱乐、民俗节庆、特色展览等特色文化产业，促进文化产业与旅游产业融合发展。到2020年，重点培育50个年产值上千万元的民族民间工艺示范村、50个年营业收入上千万元的民族民间工艺品龙头企业、50个民族民间工艺品知名品牌、50个民族民间工艺品销售示范街区。

（七）实施农耕文化艺术精品创作工程。牢固树立"人才是第一资源"的理念，加快造就一支门类齐全、结构合理、素质优良的农耕文化人才队伍。培养一批在全国具有较高知名度的农耕文化项目代表性传承人。以工作调动、岗位聘用、项目聘任、客座邀请、兼职、定期服务、项目合作等多种形式引进一批高端创意人才。优化专业设置，鼓励普通本科高校和科研院所加强专业（学科）建设和理论研究。鼓励将农耕文化人才培养纳入职业教育体系，重点建设一批农耕文化传承创新专业。推动民间传统技艺传承模式改革，培养一批具有文化创新能力的技术技能人才。同等条件下，对有特殊专长的人才在考试录用、职称评定方面给予优先考虑。对熟练掌握农耕文化遗产技艺技能并有较大影响的代表性传承人，有关部门要积极提供必要的经费和传习场所，鼓励其开展授徒、传艺、交流等活动，培养后继人才。完善人才激励机制，健全奖励制度，鼓励有杰出贡献的人才，授予秉承传统、技艺精湛的民间艺人"民间艺术大师""民间工艺大师"等称号。适度扩大省级非物质文化遗产代表性项目名录，探索推选团体性和群体性传承人，逐步改善传承人结构，适当提高传承人资金补贴标准。

（八）实施农村基层文化建设推进工程。深入推动农耕文化进校园、进教材、进课堂、

进农村广场、进城市社区，广泛开展农耕文化教育普及活动。继续实施广播电视"村村通"工程、农村电影放映工程、文化信息资源共享工程、文化大篷车送戏下乡工程等文化惠民工程。继续组织民族民间歌舞乐展演。办好"中国福保乡村文化艺术节"。深入开展文化惠民示范村创建活动，充分发挥基层文化骨干、文化能人、文化名人、农村文化户的积极作用。推动民间传统技艺传承模式改革，培养一批具有文化创新能力的技术技能人才。同等条件下，对有特殊专长的人才在考试录用、职称评定方面给予优先考虑。对熟练掌握农耕文化遗产技艺技能并有较大影响的代表性传承人，有关部门要积极提供必要的经费和传习场所，鼓励其开展授徒、传艺、交流等活动，培养后继人才。完善人才激励机制，健全奖励制度，鼓励有杰出贡献的人才，授予秉承传统、技艺精湛的民间艺人"民间艺术大师""民间工艺大师"等称号。适度扩大省级非物质文化遗产代表性项目名录，探索推选团体性和群体性传承人，逐步改善传承人结构，适当提高传承人资金补贴标准。推动民间传统技艺传承模式改革，培养一批具有文化创新能力的技术技能人才。同等条件下，对有特殊专长的人才在考试录用、职称评定方面给予优先考虑。对熟练掌握农耕文化遗产技艺技能并有较大影响的代表性传承人，有关部门要积极提供必要的经费和传习场所，鼓励其开展授徒、传艺、交流等活动，培养后继人才。完善人才激励机制，健全奖励制度，鼓励有杰出贡献的人才，授予秉承传统、技艺精湛的民间艺人"民间艺术大师""民间工艺大师"等称号。适度扩大省级非物质文化遗产代表性项目名录，探索推选团体性和群体性传承人，逐步改善传承人结构，适当提高传承人资金补贴标准。

四、保障措施

（一）进一步明确保护重点内容。农耕文化保护重点是以农业生产活动为基础的，具有历史、艺术和科学价值的物质文化遗产、非物质文化遗产以及其他农耕文化的呈现形式，包括可移动文物、不可移动文物和历史文化名村、名镇、街区，重要农业文化遗产、口头传统、传统表演艺术、民俗活动、服饰、礼仪与节庆，有关自然的民间传统知识与实践、传统手工艺技能等，以及与上述传统文化呈现形式相关的文化空间。农耕文化资源集中、民居建筑特色鲜明并具有一定规模、传统文化形式和内涵保存完整、自然生态环境良好的民族传统文化生态保护区，以及传统村落、重要民居，也应列为保护重点。

（二）组织开展普查工作。科学制定普查方案，对全省范围内的农耕文化资源进行分类普查。做好认定和登记工作，全面了解和掌握农耕文化资源的种类、数量、分布状况、生存环境、保护现状，定期向社会公布普查结果。征集具有代表性的文献、实物资料，及时做好普查资料的整理、归档工作。逐步完善云南省农耕文化资源数据库和网络服务平台，进一步完善各级保护名录和重点保护单位。普查所需经费列入各级财政预算。

（三）深入开展农耕文化理论研究工作。组织省内外专家对农耕文化进行价值评估和分类整理，按照突出现实、突出重点、突出特色的要求，围绕我省农耕文化保护与传承理论和实践问题，开展深入研究，推出一批具有理论研究价值、决策参考价值、思想教育价值和文化积累价值的重要成果，争取建设一批在国内外有一定影响的特色学科和重点学科基地，申报一批具有带动作用的国家级科研项目。将农耕文化课题研究纳入省级自然和社科基金的申报范围，使研究工作科学化、常态化。积极研究申报世界文化遗产项目。

（四）推进重要农业文化遗产发掘工作。以挖掘、保护、传承和利用为核心，以筛选认定为重点，不断发掘重要农业文化遗产的科学价值和社会功能，在有效保护的基础上，与发展休闲农业、乡村旅游有机结合，逐步形成重要农业文化遗产活态保护机制。以传统农业技术与经验、生产经营制度和当地特有农作物品种保护为主要内容，对农民群众在长期农业生产活动中形成并发展的具有保护与传承价值的农业生产系统以及乡村景观进行重点保护、科学利用。积极开展云南省重要农业文化遗产认定工作。组织申报一批中国重要农业文化遗产。

（五）强化规划引导。按照国家和我省经济社会发展规划要求，科学制定农耕文化保护与传承的中长期规划，并将其纳入各地区经济社会发展和城乡建设规划。构建定位明确、特色鲜明、覆盖广泛的规划引导新格局。既要突出重点，统筹谋划传承基地建设、濒危项目抢救、传统文化生态保护区、文化创意产业园、民族民间歌舞乐展演、特色民居保护，又要结合美丽乡村建设，统一规划发展休闲观光农业和乡村文化旅游业。按照规划开展科学保护，坚持整体规划、分步实施，增强规划实施的连续性。

（六）努力拓展筹资渠道。在积极争取中央财政支持的同时，省财政要加强资金的统筹整合，加大对农耕文化保护与传承的支持力度。重点扶持农耕文化的专项普查、抢救保护、创作研究、产业开发、宣传展示、园区建设、博物馆建设和重点村保护等方面工作。加强资金管理，提高资金使用效益。转变投入方式，通过政府购买服务、项目补贴、以奖代补等方式，鼓励和引导社会力量参与农耕文化保护与传承。对社会团体、企业和个人保护农耕文化工作给予补助。对列入保护名录的农耕文化项目给予重点扶持。

（七）加强农耕文化人才培养。牢固树立"人才是第一资源"的理念，加快造就一支门类齐全、结构合理、素质优良的农耕文化人才队伍。培养一批在全国具有较高知名度的农耕文化项目代表性传承人。以工作调动、

岗位聘用、项目聘任、客座邀请、兼职、定期服务、项目合作等多种形式引进一批高端创意人才。优化专业设置，鼓励普通本科高校和科研院所加强专业（学科）建设和理论研究。鼓励将农耕文化人才培养纳入职业教育体系，重点建设一批农耕文化传承创新专业。推动民间传统技艺传承模式改革，培养一批具有文化创新能力的技术技能人才。同等条件下，对有特殊专长的人才在考试录用、职称评定方面给予优先考虑。对熟练掌握农耕文化遗产技艺技能并有较大影响的代表性传承人，有关部门要积极提供必要的经费和传习场所，鼓励其开展授徒、传艺、交流等活动，培养后继人才。完善人才激励机制，健全奖励制度，鼓励有杰出贡献的人才，授予秉承传统、技艺精湛的民间艺人"民间艺术大师""民间工艺大师"等称号。适度扩大省级非物质文化遗产代表性项目名录，探索推选团体性和群体性传承人，逐步改善传承人结构，适当提高传承人资金补贴标准。

（八）加大农耕文化宣传展示力度。建设集农耕体验、田园观光、教育展示、文化传承于一体的不同类型的农耕文化园，定期举办各种展览展示活动，增强全社会农耕文化保护意识。将农耕文化保护知识纳入教学计划，编写乡土教材，积极开展农耕文化学校教育和社会教育。通过新闻媒体开设专题、专栏等形式，介绍农耕文化保护知识，大力宣传先进典型，充分发挥舆论引导作用。各级广播、电视、报纸、主流网站、图书馆、博物馆、文化馆、科技馆要充分发挥公益性文化职能作用，积极传播、充分展示农耕文化，在全社会形成保护与传承农耕文化的良好氛围。

（九）加强组织领导。建立云南省加强农耕文化保护与传承工作联席会议制度，省委农村工作领导小组负责人为召集人，省委宣传部、省委农办、省文化厅、省文产办、省发展改革委、省工业和信息化委、省教育厅、

省民族宗教委、省财政厅、省人力资源社会保障厅、省环境保护厅、省住房城乡建设厅、省农业厅、省林业厅、省水利厅、省商务厅、省卫生计生委、省旅游发展委、省新闻出版广电局、省体育局、省文联等部门单位负责人为成员。定期研究农耕文化保护与传承工作中的困难和问题，联席会议办公室设在省委农办，负责联席会议日常工作。设立云南省农耕文化保护专家委员会，由省内有关领域的专家学者组成，为农耕文化保护与传承工作提供智力支持和决策咨询。

各地区各部门要按照本意见的要求，切实加强对农耕文化保护与传承工作的组织领导，编制专项规划，制定配套文件，加大投入力度，加强工作协调，建立健全考核评价机制，纳入经济社会发展考核内容，加强督促检查落实，确保农耕文化保护与传承工作扎实推进。

大连市人民政府办公厅关于印发加快发展休闲农业的实施意见的通知

大政办发〔2011〕65号

各区、市、县人民政府，各先导区管委会，市政府各有关部门，各有关单位：

经市政府同意，现将《关于加快发展休闲农业的实施意见》印发给你们，请认真组织实施。

2011年5月26日

关于加快发展休闲农业的实施意见

为加快农业产业结构调整，提升都市型现代农业发展水平，促进农业增效和农民增收，完善与旅游城市相适应的乡村旅游体系，推进全域城市化和社会主义新农村建设，现就加快发展休闲农业提出如下实施意见：

一、充分认识加快发展休闲农业的重要意义

休闲农业是建设都市型现代农业的重要内容，加快发展休闲农业是推进农业功能拓展和农业产业结构调整的重要举措，是促进农民就业增收的重要渠道，是推进社会主义新农村建设的重要载体，是加快全域城市化进程的有效途径，是丰富我市旅游产品体系的重要内容。大力发展集农业生产、农业观光、休闲度假、参与体验于一体的休闲农业，对于适应我市旅游消费转型升级、培育新型消费业态、提高居民幸福指数都具有重要意义。各级政府要充分认识加快发展休闲农业的重要意义，将其作为新农村建设的重要内容，切实抓紧抓好、抓出成效。

二、指导思想、目标任务和基本原则

（一）指导思想。以科学发展观为指导，紧紧围绕都市型现代农业发展与社会主义新农村建设这个主题，以农业增效、农民增收和生态环境建设为目标，以统筹城乡发展为理念，以休闲消费为导向，以农业特色主导产业与农村自然资源为依托，拓展农业功能，提升农业品位，着力建设休闲观光农业园区和新农庄，培育休闲农业发展主体，做大做强休闲农业产业。

（二）工作目标。力争通过5年努力，逐步形成布局合理、规模适当、特色鲜明、效益可观的休闲农业发展格局。全市创建1个全国休闲农业和乡村旅游示范县、2个全国休闲农业示范点；建成200个休闲观光农业园区和符合标准的新农庄、2 000个农家乐（渔家乐）；不断提升农事节庆档次，年接待游客1 500万人次，休闲农业年综合收入达到50亿元。

（三）基本原则。

1. 坚持科学规划、有序发展的原则。要加快全市休闲农业规划编制工作，强化规划

指导，重视布局规划，完善产业功能，形成区域特色，加强行业管理，促进有序发展。

2. 坚持因地制宜、突出特色的原则。要依托当地特色产业，做足特色农业文章，将休闲农业发展与培育壮大主导产业有机结合起来。

3. 坚持市场运作、多元投入的原则。积极鼓励工商企业、乡镇企业、房地产开发企业、乡村集体经济组织、农业产业化龙头企业、农户和个人等投资开发休闲农业企业，广泛开展自主经营和联合经营，构建休闲农业发展的多元化投入体制。

三、建设重点和主要工作

（一）建设重点。

1. 突出经济功能，建设一批现代农业观光精品园。以现有的都市型现代农业示范区、高效生态循环农业示范区、花卉苗木基地、特种养殖场等为依托，改造、提升、新建一批集生产、科研、休闲、观赏、体验、教育于一体的经营性农业观光示范精品园。

2. 突出生态功能，建设一批生态休闲新农庄。以沿海、海岛、沿河水系、森林公园等为生长点，利用人文历史、民俗古迹、旅游景观，辅以园林绿化，结合发展特色农业、田园景观、生态保护区、植物园等，形成独具一格的、高品位的生态公园、新农庄和农家乐（渔家乐）。

3. 突出文化功能，策划一批休闲农业大型节庆和游乐活动。充分挖掘我市特色农业产业的文化底蕴，举办具有浓郁地方特色的农事节庆活动和乡村旅游，串点连线、成片开发，带动农业观光旅游业发展。

（二）主要工作。

1. 科学编制发展规划。强化规划的调控和指导作用，精心组织编制休闲农业发展规划，并做好与当地经济社会发展总体规划、土地利用总体规划、农业发展规划、生态功能区规划、城镇建设规划和旅游业发展规划

的衔接，提高规划的整体性、前瞻性和延续性。休闲观光农业园区和新农庄建设起点要高，要充分挖掘农业内涵，体现以农为本的理念，讲求区域特色，准确功能定位，优化分区布局和景观设计，实行规模经营，促进生态、生产、科研和市场相融合，实现自然景观、人文景观与农业园林景观和谐统一。

2. 着力培育多元化经营主体。鼓励和支持村集体经济、农民专业合作社和广大农户，参与休闲农业的发展，以农民专业合作社、规模种养大户为建设主体，通过采取不同的土地流转方式，实行规模经营，并建立自负盈亏的现代企业制度。要加大农业招商引资力度，精心包装、策划一批特色鲜明、市场前景好的休闲农业项目，积极引导农业龙头企业、工商企业、旅游企业投资开发休闲观光农业，通过资本嫁接和引入先进的管理模式，发展一批主题突出、科技含量高、设施配套的品牌休闲观光农业项目和产业，进而带动全市休闲农业向集约型、规模化方向发展。

3. 加强行业规范管理。要结合本地实际，着手制定休闲农业相关行业标准和运行规则，重点要在经营规模、从业资格、经营服务设施、环境保护、服务质量、经营项目等方面提出具体的标准和要求。加强休闲农业行业管理、行业自律和服务组织建设，积极培育发展休闲行业协会、休闲农业专业合作社及中介服务组织，促进行业间合作与交流。积极组织开展市场拓展、人员培训、行业交流等活动，促进休闲农业有序健康发展。

4. 加快基础设施建设。要重视和加强休闲农业园区和新农庄道路、通讯、水电、环保等基础设施建设，将各级农村基础设施和生态建设、生态农业发展、村庄整治等项目与休闲农业园区和新农庄建设有机结合起来。要以满足休闲观光旅游需求为导向，以完善旅游服务功能为目标，加快建设休闲农业园区和新农庄的旅游服务设施，努力提高配套

程度和综合服务功能。

5. 突出特色和科技含量。要积极引进适合休闲农业发展、品质优良的特种蔬菜品种、水果、花卉和其他观赏性动植物，大力推广设施栽培、生态养殖、立体种养、种养一体化、有机农业等高效生态农业模式，使之成为休闲农业的重要功能、经营内容和活动项目。

四、保障措施

（一）加强组织领导。各级政府及有关部门要进一步统一思想、形成共识，把休闲农业纳入都市型现代农业建设的重点工作，有计划、有组织、有措施地推进。市政府成立休闲农业发展领导小组，由市政府分管领导任组长，领导小组下设办公室（设在市农委）。领导小组统一负责休闲农业发展的规划编制、政策制定和统筹协调工作，及时解决休闲农业发展中的重大问题，督促检查有关政策的实施和落实。各涉农部门要发挥各自的职能作用，加强协作，优化服务，努力形成工作合力。

（二）加大资金投入力度。建立和完善"政府主导、业主开发、市场运作、多方参与"的休闲旅游农业发展投入机制，即以财政投入为引导，业主开发为主体，社会资金为补充的模式，多渠道投入。从 2011 年开始，我市将重点扶持休闲农业园区和新农庄建设，对休闲农业重点项目的基础设施建设进行补助和奖励。各区市县政府都要从实际出发，进一步加大对休闲农业的扶持力度。

（三）加强金融信贷支持。鼓励金融机构为休闲农业发展提供信贷支持，简化审批手续，适当扩大担保物范围，满足乡村休闲观光旅游业发展过程中的融资需求。组织开展休闲农业企业信用等级评定，根据信用等级，确定一定的授信额度，支持都市型现代农业发展。

（四）落实好相关优惠政策。认真落实上级有关兴办休闲农业的税费优惠政策。妥善解决休闲农业发展的用地问题，对其涉及的非农建设用地，在其选址符合土地利用总体规划的前提下，依法办理用地手续。鼓励各经营主体通过对废弃园地、林地、荒地、荒山等进行开发整理，盘活集体存量土地发展休闲农业。鼓励和支持各类资本以协作、参股、合作、独资、土地入股等多种形式参与建设。

（五）组织实施示范工程建设。要重视休闲农业示范项目建设，努力培育一批风格独特、拥有自主品牌、示范带动作用大的休闲农业企业。认真组织实施新农庄示范工程建设，出台认定办法和验收标准，开展新农庄示范点的创建活动。全市计划每年评出 20 个示范新农庄。对被确定为市级的新农庄，采取以奖代补的形式给予扶持。

（六）加大宣传推介力度。各地要重视休闲农业的宣传推介工作，搞好休闲农业的策划、组织、包装，创新营销方式，广泛利用互联网、报刊、电视、广播等多种新闻媒体和农业博览会、农产品展销会等大型会展，有计划、有重点地进行宣传推介。要精心筹划和举办各类农事节庆、节会活动，扩大休闲农业的知名度。要总结一批先进典型，加强休闲农业品牌建设，发挥它们的示范作用，全面提升我市休闲农业的发展水平。

宁波市人民政府关于加快休闲旅游目的地建设的意见

甬政发〔2015〕50 号

各县（市）区人民政府，市直及部省属驻甬各单位：

为贯彻落实《国务院关于促进旅游业改革发展的若干意见》（国发〔2014〕31 号）、《浙江省人民政府关于加快培育旅游业成为万亿产业的实施意见》（浙政发〔2014〕42 号）、《中共宁波市委关于认真学习贯彻党的十八届三中全会精神全面深化改革再创体制机制新优势的决定》（甬党发〔2014〕1号）精神，进一步推进我市旅游业改革发展，加快休闲旅游目的地建设，特制定如下意见。

一、总体要求

（一）指导思想。以党的十八大和十八届三中、四中全会精神为指导，紧紧围绕市委、市政府"双驱动四治理"决策部署和经济社会转型发展三年行动计划，牢固树立科学旅游观，认真贯彻《旅游法》，深入实施旅游全域化、产业现代化、品牌国际化、服务品质化四大战略，强化改革驱动、创新驱动，加快转型升级、提质增效，努力把旅游业培育成为我市国民经济的战略性支柱产业和人民群众更加满意的现代服务业，基本建成品牌形象鲜明、休闲产品丰富、产业素质较高、服务功能完善、主客和谐共享的"中国一流休闲旅游目的地"，为把我市打造成为宜居、宜业、宜游的现代都市做出更大贡献。

（二）发展目标。至2017年，全市年接待游客总量达到8 800万人次，其中过夜游客达到4 000万人次；旅游业总收入达到1 400亿元，旅游业增加值占地区生产总值的比重超过6％，对服务业增长的贡献率提高到16％，旅游业税收占地方税收的比重达到8％；旅游业直接从业人员超过20万人，占全社会就业人数的比重超过8％；游客满意度达到90％以上，持续保持在全国前列。

二、优化目的地产品体系

（三）构建旅游发展格局。打破行政区域藩篱，谋求产业集聚发展，构建形成市县乡三级目的地体系，以更大的空间格局来整合资源、优化配置。鼓励奉化、余姚等优秀旅游城市和象山、鄞州、宁海、江北等旅游经济强县（区），切实加强与中心城区和周边县市的协同发展，调动各方资源合力推进，进一步激发县域旅游经济活力，在全市乃至全

省率先实现跨越式发展。引导溪口、东钱湖、四明山等重点旅游乡镇，结合新型城镇化和美丽乡村建设，通过高等级景区、旅游度假区、休闲旅游基地、慢生活体验区、旅游风情小镇、乡村旅游集聚区等平台建设，逐步打造成为我市休闲旅游的特色品牌和示范区域。至2017年，基本形成2个以上旅游总收入超过100亿元、接待过夜游客超过200万人次的旅游产业发展示范县（市）区，10个以上旅游总收入超过1亿元、接待过夜游客超过20万人次的省级旅游度假区和旅游风情小镇。

（四）打造休闲度假产品。突出"海、山、城、湖、佛"五大主题，打造海洋、生态、都市、湖泊、佛教文化五大休闲度假产品。围绕我市建设港口经济圈战略，大力培育海洋经济新的增长极，以象山港、象山半岛、杭州湾、三门湾、梅山岛、韭山列岛、渔山列岛等区域为核心，密切联系舟山，重点发展海洋旅游业态。围绕我市生态文明建设战略，统筹兼顾生态功能区的保护与发展，以四明山、宁海西部、慈溪南部、鄞州东部等山地丘陵区域为核心，重点建设生态休闲旅游项目。围绕我市构筑现代都市战略，充分发挥中心城区的引领作用，以三江六岸滨江休闲带、八大历史文化街区、两江北岸、东部新城、南部商务区、近郊环城游憩带等区域为核心，重点培育旅游消费热点。以东钱湖、九龙湖等旅游度假区为重点，加快发展湖泊休闲旅游。以雪窦山佛教名山、天童寺、阿育王寺为重点，加快发展佛教文化休闲旅游。

（五）提升乡村旅游品质。围绕我市美丽乡村建设战略，加快实现旅游产业与新型城镇化、农业现代化的联动发展，强化资源环境保护，突出地方文化特色，完善休闲旅游功能，引导相关产业集聚，逐步形成重点乡镇、特色村、乡村旅游点连线成片、一地一品的发展格局，充分发挥乡村旅游在增收入、

扩就业、惠民生等方面的重要作用。至 2017 年，全市基本建成 15 个以上乡村旅游重点镇（产业集聚区）、30 个以上乡村旅游重点村（民宿集聚区），新增 5 个以上国家、省级休闲农业与乡村旅游示范县、5 个以上乡村旅游 A 级景区。

（六）明确项目建设方向。加快建设法治化营商环境，充分调动各类投资主体的积极性，坚持非禁即入原则鼓励社会资本对旅游的投入，重点支持浙商回归投资旅游产业，切实加强旅游产业发展后劲。着重引进一批品牌国际化、引领作用强、投资规模大、服务功能全、市场预期佳的特色主题型休闲度假项目，在土地供给、项目审批、基础设施配套等方面给予重点扶持。积极引导社会资本投向景区产品升级、公共服务配套以及旅游新业态开发。加强在建项目的动态管理，积极推进中华复兴文化园、鄞江风情古镇、雪窦山佛教名山、四明山旅游开发等一批重点旅游项目建设。至 2017 年，全市旅游项目累计完成投资超过 500 亿元，年度开工和竣工项目数达到 50 个，争取 20 个以上的旅游项目列入市级以上重大项目。

（七）培育产业融合新业态。促进旅游与城市建设融合，在旧城改造和新城开发时充分融入旅游元素，构建突显地方文化特色的城市标志景观和主客共享的城市休闲空间。促进旅游与工业融合，推进品牌企业开发工业旅游项目，拓展工业观光和商务考察旅游线路，加快发展旅游装备制造业和特色旅游商品的研发和生产。促进旅游与商贸服务业融合，建设形成一批房车营地、休闲街区、品牌餐饮店、特色购物区和商务会议基地。促进旅游与社会事业融合发展，培育发展一批历史文化、演艺娱乐、康体医疗、养生养老旅游项目，以及寓教于游的青少年社会实践基地、研学旅行基地。至 2017 年，培育形成 10 个以上省级工业旅游示范基地、10 个以上省级运动休闲旅游示范基地、10 个以上

省级中医药养生养老示范基地、10 个以上省星级旅游商品购物点、10 个以上省星级餐馆、10 个以上文化旅游精品项目、10 个以上休闲旅游特色街区、10 个以上房车（自驾车）露营基地，力争使全市各类新业态休闲旅游基地达到 100 个。

三、提升目的地产业素质

（八）推进旅游企业做大做强。积极引进境内外百强饭店管理集团、全国百强旅行社、全国旅游集团 20 强在我市设立全资或控股公司。加大旅游企业并购重组力度，支持优势旅游企业向相关领域横向扩张或跨地区、跨行业、跨所有制整合经营，打造跨界融合的旅游集团和产业联盟。引导旅游企业加强技术创新、商业模式创新和管理创新，鼓励企业开展旅游电子商务，加快向现代企业转型。切实发挥各类旅游行业协会作用，鼓励旅游中介组织发展。全面对接市"四换三名三创"工程，重点培育一批大型旅游集团、龙头企业、知名品牌企业，积极培育一批旅游规划、创意设计、电子商务等新型旅游企业，带动我市旅游企业总体实力全面提升。至 2017 年，力争培育形成 5 家以上年营收超过 5 亿元、30 家以上年营收超过 1 亿元的旅游骨干企业。

（九）推进旅游景区扩量提级。积极响应全省旅游景区环境综合整治和景区提升三年行动计划，全面推进现有等级景区功能升级、产品创新和要素集聚，持续培育一批全国知名、具有国际影响力的旅游景区品牌。加强对乡村旅游点（农家乐）、露营基地、特色街区等新业态项目的功能配套和服务提升，为等级景区滚动发展打下基础。围绕旅游景区和乡村旅游品质提升，积极开展公共停车场、旅游厕所、多语种标识标牌系统、智能化信息咨询服务等公共服务设施配套建设。至 2017 年，争取成功创建 1 家以上国家级旅游度假区、2 家以上省级旅游度假区、1 家以上

AAAAA级景区,5家以上AAAA级景区,力争使全市AAA级及以上景区数量突破50家。

（十）推进住宿业结构优化。以目的地饭店体系建设为抓手,加快发展都市商务型、湖泊休闲型、滨海度假型、山地休闲型和历史文化型酒店集群。鼓励建造多元化旅游住宿设施,引导现有饭店朝特色化、主题化方向发展,逐步改变目前商务豪华型酒店为主的饭店格局。有序推进高星级饭店评定步伐,逐步淘汰质量较差的低星级饭店,积极引进国际顶级品牌酒店,扶持培育本土大型饭店集团,使全市星级饭店整体保持优良状态。至2017年,全市三星级以上饭店保持在100家左右,三花级以上酒店达到100家以上,省级特色文化主题酒店达到5家以上,等级特色客栈（乡村民宿）达到50家以上。

（十一）推进旅行社提质增效。引导大型旅行社集团化、规模化经营,鼓励中小型旅行社走专业化道路,逐步淘汰一批小散旅行社,提高整个行业的市场竞争力和抗风险能力,优化经营环境。加快培养一批高素质的金牌导游、特聘导游和小语种导游,树立行业标杆,满足休闲旅游发展新需要。至2017年,力争全市有2家以上旅行社进入全国百强,20家以上旅行社进入全省百强,全市四星级以上旅行社达到30家,培育产生金牌导游30名、高级导游30名。

四、强化目的地形象推广

（十二）统一品牌形象。准确定位宁波城市旅游形象,策划产生特色鲜明的旅游口号、形象标识和广告片,加大在国内外主要城市主流媒体以及客流密集区的宣传力度。准确定位宁波城市整体品牌形象和旅游形象的关系,整合全市相关宣传资源,加强城市旅游形象的公益宣传,在市县两级主流媒体及重大经贸、文化、体育、旅游等活动中使用统一的城市旅游形象品牌,加强城市形象推广。

（十三）整合推广力量。实施政府主导、企业联手、媒体跟进"三位一体"的合力营销策略,构建全媒体时代的立体营销系统和多元化的旅游消费市场。建立全市旅游营销管理平台,实现客源市场分析、绩效评估、新闻管理、节事管理、会奖管理、网络营销等功能的共建共享,将市场营销纳入制度化和规范化的管理体系。加快推进宁波旅游形象推广中心建设,鼓励各县（市）区设立专业推广机构和网络,共同开展全市旅游推广营销。

（十四）创新营销手段。加大国际旅游交流,积极参加各类境内外专业展会和推广活动,市县两级旅游主管部门出境参加旅游推广可参照对外经贸活动有关政策。大力开拓中远程市场,探索建立区域市场划分、专卖店分类和分级管理制度。开展目的地整合营销,提升宁波旅游手机报和微信公众营销平台,借助微博、微信、微电影等新媒体开展推广营销,加强与在线旅游企业和第三方服务平台的深度合作。强化宁波旅游节、宁波购物节、宁波国际马拉松比赛、宁波国际旅游展、中国（宁波）休闲博览会等重大旅游节庆、大型体育赛事和展会的综合效应,鼓励各地开展主题鲜明、宣传和市场成效明显的旅游节事活动。切实扩大小长假、黄金周等假日经济的内需拉动效应,推进惠民措施的常态化、便民化和精准化。

五、完善目的地公共服务

（十五）提升旅游交通服务。加快推进宁波国际机场实行外国人72小时过境免签政策,开通和加密国内外重点客源城市航线航班。加快完善民航、铁路、公路换乘系统建设,鼓励引导和扶持现有客运场站功能拓展,配套建设旅游集散中心,开辟精品旅游专线。推进城乡公交服务网络向旅游景区、乡村旅游集聚区延伸,加快配套房车（自驾车）营地、公交首末站等相关服务设施。整合港口岸线资源,规范沿海沿江公共旅游码头建设,开辟海上江上游览航线，推进三江游船项目，争取在北仑（梅山）等地建成邮轮停泊港，融入全省、全国邮轮旅游发展大局。鼓励有条件的城市高层建筑、山区和海岛旅游区建设直升机旅游与应急救援基地、航空起降点。加快完善高速公路、国省道、市内主干道、机场及主要客运场站有关等级旅游景区、星级饭店的多语种交通标识系统。加快构建城市绿道系统，鼓励各重点旅游乡镇、旅游度假区、等级旅游景区建设自行车、徒步慢行系统。

（十六）提升信息咨询服务。积极推进智慧旅游城市试点工作，将"智慧旅游"融入全市"智慧城市"建设总体规划，建设全市共享的旅游云数据中心、旅游企业同业平台、行业管理平台和质量监管平台。推进旅游公共信息服务智能化，加快建设全市景区电子售检票管理系统，不断升级自助自驾、智慧旅游一卡通和手机在线等公共服务平台，逐步实现等级景区、星级（花级）饭店、乡村旅游集聚区免费无线网络和二维码信息服务的全覆盖。广泛开展智慧旅游试点工作，推进全行业智能化发展，提高管理和服务水平。鼓励在人流汇聚处设置旅游咨询中心和自助式咨询端口，为游客提供集散、咨询、预订、票务等多功能综合服务。

（十七）提升综合管理水平。依法落实旅游安全管理责任制，将旅游安全和应急工作纳入各级政府和相关部门安全应急工作体系，健全旅游救援和旅游突发事件应急保障综合协调机制。加强对旅行社、饭店、景区和高风险项目经营者、旅游者进行风险提示和安全培训，强化意识，依法投保。按照属地管理原则，开展旅游景区安全生产标准化建设，完善旅游景区突发事件、高峰期大客流应对和旅游安全风险预警机制，加强旅游设施安全管理，加强旅游景区防洪防台应急避灾设施建设，建立健全与专业医疗和救援机构的长期合作机制。认真执行国家、省、市相关

行业标准，在全行业实施旅游标准化试点工作，加快旅游企业服务标准化进程，促进行业服务的规范化，提升服务品质。加强景区门票价格监管，严格控制价格上涨，落实对未成年人、在校学生、老人、军人、残疾人等门票减免政策。完善旅游统计指标和调查方法，推进旅游业增加值、非星级住宿设施、乡村旅游纳入常态统计范畴。

六、加强目的地建设保障措施

（十八）加强组织保障。成立市旅游发展委员会，由市政府主要领导担任主任，分管领导担任副主任，定期研究全市旅游发展重大事项。鼓励有条件的县（市）区成立旅游委员会，5A级旅游景区、省级以上旅游度假区应成立管理委员会，重点旅游乡镇应健全相应管理机构。强化旅游考核工作的科学性和引导性，探索差异化考核机制，激发各县（市）区、各相关部门合力推进休闲旅游目的地建设的积极性。

（十九）加强法制保障。深入贯彻《旅游法》，加快落实相关配套制度，不断提高依法治旅水平。建立旅游综合执法联席会议制度，探索实施综合行政执法改革。健全由市相关部门、县（市）区、旅游企业、重点旅游镇（村）、国内热点城市组成的旅游投诉"五级"处置网络，切实保障广大市民和游客的合法权益。强化旅游诚信体系建设，建立严重违法企业"黑名单"制度，加大曝光力度，完善执法信息共享机制。积极倡导文明旅游，加强对游客文明出行的引导，推动景区开展文明创建和文明宣传。积极实施《国民旅游休闲纲要》，将带薪休假制度落实情况纳入市和各县（市）区政府议事日程，并作为劳动监察和职工权益保障的重要内容。

（二十）加强资金扶持。成立市旅游发展基金和旅游投资公司，通过财政杠杆撬动社会资本投入旅游业，通过资金、资本、资源整合支持重点项目和骨干企业发展。保障公

共财政在旅游宣传推广、规划编制、公共服务体系建设、乡村旅游和新业态项目引导、旅游人才培养等方面的必要投入。市相关部门在安排服务业、文化产业、中小企业、会展业、新农村建设、扶贫开发、节能减排、海岛整治修复、智慧城市建设、商贸发展、电子商务等各类扶持资金时，应充分考虑休闲旅游发展需要。加强对旅游业的信贷支持，开发和推广适应旅游业发展需要的信贷产品，支持旅游企业以资产、权益抵押和经营权、股权质押贷款的方式进行融资。鼓励符合条件的旅游企业上市融资，支持中小旅游企业以区域或行业为纽带实现"抱团"融资。

（二十一）加强土地供给。在符合土地利用总体规划、城乡规划和海洋功能区规划的前提下，优先保障市级以上重点旅游项目用地供给。鼓励四明山、象山港—三门湾区域，以及有条件的县（市）区设立"旅游产业用地"类别，将涵养风景、适宜进行旅游开发的土地尽量划定为旅游产业用地，逐步完善相应的管理措施。对符合《划拨用地目录》的旅游公益性城镇基础设施建设用地，按照划拨方式予以提供。对适宜发展休闲旅游的滨海地区及海岛要适当预留滨海旅游功能区，鼓励社会资金和外资按照有关规划利用无居民海岛开发海岛休闲旅游项目。在不改变用地主体、不重新开发建设等前提下，允许经批准后利用工业厂房、仓库、学校、办公楼等存量房产和土地兴办休闲旅游项目，并缴纳临时改变土地用途收益金。支持农村土地承包经营权向家庭农场、农民专业合作社、农业企业流转发展休闲观光农业，支持农村集体经济组织利用非耕地、腾退宅基地、闲置建筑物，在不改变土地性质的前提下采取土地合作、作价入股等方式参与乡村旅游开发。对旅游景区范围内亭台楼阁等小型旅游设施用地，简化审批流程。

（二十二）加强人才支撑。大力引进旅游领域海外高层次人才和高端创业创新团队，对入选"3315计划"的人才和团队给予资助和扶持。积极对接国家"旅游业青年专家"培养计划，将旅游领域人才纳入市领军和拔尖人才培养工程，加快培养一批旅游行业领军人才。加强导游讲解、景区规划、市场营销、酒店管理和旅游新业态发展等紧缺专业型人才的培养和引进。鼓励旅游部门与院校师资、企业互相挂职锻炼。落实旅游职业经理人、从业人员持证上岗制度。推动导游管理体制改革，建立健全导游评价制度，落实导游薪酬和社会保险制度，探索导游等级与职工技术等级挂钩制度，逐步建立导游职级、服务质量与报酬相一致的激励机制。支持在甬高校及职业学校加强旅游学科专业建设和理论研究，发挥宁波旅游学院、旅游培训中心的作用，鼓励开展校企联办、订单培养、人才互聘、实习实训、就业奖励等多种形式的人才培养合作。落实旅游从业人员就业扶持政策，鼓励农民工、大学生、企业家回乡创业投身乡村旅游发展，鼓励专家学者、艺术和科技工作者参加旅游志愿者活动。

本意见自2015年5月25日起施行。

宁波市人民政府

2015年4月24日

宁波市人民政府办公厅印发关于加快推进乡村旅游发展若干意见的通知

（甬政办〔2015〕69号）

各县（市）区人民政府，市直及部省属驻甬各单位：

《关于加快推进乡村旅游发展的若干意见》已经市政府常务会议审议通过，现予印发，请认真贯彻执行。

宁波市人民政府办公厅

2015年4月24日

关于加快推进乡村旅游发展的若干意见

为贯彻落实《国务院关于促进旅游业改革发展的若干意见》（国发〔2014〕31号）、国家发改委等七部委《关于实施乡村旅游富民工程推进旅游扶贫工作的通知》（发改社会〔2014〕2344号）和《浙江省人民政府关于加快培育旅游业成为万亿产业的实施意见》（浙政发〔2014〕42号），加快推进我市乡村旅游发展，促进农村经济转型升级和农民就业增收，特制定如下意见。

一、总体要求

（一）指导思想。以党的十八大和十八届三中、四中全会精神为指导，围绕市委加快发展生态文明努力建设美丽宁波的决定要求，以生态环境保护和乡村旅游资源保护为前提，以城乡统筹、美丽乡村建设为契机，充分发挥我市乡村旅游资源和市场优势，优化空间布局，提升产品层次，完善服务功能，推进乡村观光旅游向乡村休闲度假和乡村生活转型升级，把乡村旅游培育成我市旅游产业的重要增长极、农业经济转型升级的动力产业和惠民富民的民生产业。

（二）发展目标。至2017年，建设形成15个以上乡村旅游重点镇（产业集聚区）、30个以上乡村旅游重点村（民宿集聚区）；争取新创5个以上国家、省级休闲农业与乡村旅游示范县、5个以上省级旅游度假区和旅游风情小镇、5家以上乡村旅游A级景区。力争通过3年的努力，将我市建设成为长三角一流、国内著名的山海度假体验型乡村旅游目的地。

经济发展目标。乡村旅游产业规模不断扩大，产业品质不断提升。到2017年年底，全市乡村旅游接待游客4 000万人次，旅游综合收入达到100亿元。

社会发展目标。通过乡村旅游发展，大幅度提高就地就近吸纳农民就业的容量，促进城乡一体化和地方特色文化保护，农村面貌明显改善，农民综合素质显著提高。

环境提升目标。通过乡村旅游发展，整治农村生态环境，改善农村生产环境，提升农村生活环境，加快培育资源节约型、环境友好型乡村，促进全市美丽乡村建设。

（三）基本原则。

政府引导，多方参与。充分发挥政府引导作用，强化市场主体运作，鼓励农户广泛参与，推进形成"专业公司＋村＋农户"的乡村旅游创新发展模式，实现富民惠民，扩大就业创业，建立多元、多层、多方位的推进机制。

融合发展，景村一体。用打造景区的理念来建设农村，用经营旅游的思路来经营农业，在新农村建设、现代农业发展、绿化造林、水环境整治等方面融入旅游元素，实现旅游全域化、景村一体化的发展理念。

突出特色，一地一品。挖掘乡村特色，保护乡野风貌、乡土风味、乡村文脉，大力培育具有浓郁地方特色的乡村旅游产品，努力实现一地一品、一地一艺，推进乡村旅游差异化、特色化和个性化发展，促进地方经济转型升级。

培育业态，丰富内涵。积极适应市场需要，将地域文化、乡土文化、民俗文化融入旅游开发，培育乡村民宿、农家客栈、乡村酒店、特色庄园、露营基地、创意农业等多种新型业态，提升乡村旅游发展质量和水平。

二、重点任务

（四）坚持规划先行。深化实施《宁波市乡村旅游提升规划》，引领全市乡村旅游向集约化、生态化和品质化发展。积极组织各地编制乡村旅游专项规划，并与当地国民经济与社会发展规划、城乡建设规划、土地利用总体规划、村镇总体规划和文化、体育、交通、农业、林业发展规划等相衔接。找准乡村旅游发展定位和方向，突出地域资源特色，研究市场需求，规划布局多样化的乡村旅游产品体系。

（五）引导产业集聚。突出我市山海岛湖、田园风光资源特色，引导乡村旅游集聚发展，努力构建以四明山区域、象山港—三门湾区域为主体的两大乡村旅游目的地，重点打造江北、北仑、东钱湖等城郊乡村旅游带。以核心景区（休闲农业园区或基地）为依托，以乡镇（村）为单位，加快建设溪口、鄞江、四明山、龙观、大堰、胡陈、茅洋等一批乡村旅游重点镇（产业集聚区），积极培育柿林、李家坑、岩头、三十六湾、沙地、花墙、双林等一批乡村旅游重点村（民宿集聚区），并以此为基础促进转型，打造精品，推进形成一批产品业态丰富、服务功能健全、综合效益显著、综合带动明显的乡村旅游示范镇和示范村，以重点突破引领全市乡村旅游全面发展。

（六）培育新型业态。依据不同地区的资源特点和市场需求，提升发展农业观光、文化体验、民俗风情、特色餐饮等传统乡村旅游产品，着力引导乡村民宿、乡村营地、乡村俱乐部、养生农庄四大休闲度假业态，以及教育农场、欢乐渔场、运动基地、文创基地等特色业态。结合"下山移民""农房两改"，盘活农村存量资源，通过艺术化改造和休闲旅游开发，培育发展多元化、集聚式的乡村民宿，大力推进乡村旅游住宿业发展。支持开发具有地方特色的农产品、手工艺品，结合地方农贸集市大力发展乡村购物旅游。

（七）提升景区品质。结合美丽乡村建设，继续抓好"五水共治""三改一拆""四边三化"工作，同步推进与乡村旅游密切相关的山溪河流清洁、道路景观美化、清污环保改造、旅游厕所提升等生态生活环境的改善和优化，切实提升乡村旅游景区内外环境。引导乡村旅游重点镇（村）、农业观光园区、农家乐休闲旅游示范村（点），通过高等级景

区、旅游度假区、旅游风情小镇、休闲旅游基地等创建工作，逐步形成一批标准化、专业化的乡村旅游精品景区。

（八）完善公共服务。建立健全乡村旅游服务中心体系，在中心城镇、重点镇（村）及核心景区，分级设立规模适宜的旅游服务中心（点），提供旅游咨询、预订销售、文化娱乐、导览讲解、交通集散、车辆换乘、投诉受理、医疗急救和商品购物等服务。实现交通干线与乡村旅游集聚区的快速连接，推进城乡公交网络向旅游景区、乡村旅游集聚区延伸。完善主要交通干线和通景道路的旅游交通标志系统，加快乡村绿道建设，配套自驾车、游步道、户外营地服务设施，解决旅游旺季停车难问题。加速建立统一的智慧旅游公共服务平台，把乡村旅游纳入全市、全行业共享的数据中心及管理、营销体系，大力推进智慧旅游在乡村旅游经营管理中的普及应用。

（九）加大宣传促销。将乡村旅游的宣传推广列入政府公共服务内容予以支持和强化，各地、各有关部门要积极通过各种途径加大宣传力度。将乡村旅游纳入全市旅游营销体系，统一开展"香约魅力宁波，共享美丽乡村"为主题的乡村旅游推广活动，合力开拓市场。实施乡村旅游智慧营销，加强乡村旅游与知名电商平台的对接，充分利用网站、微博、微信、微电影等新媒体开展推广营销，拓展乡村旅游营销渠道。加大与各地旅行社的合作力度，支持乡村旅游与周边景区进行整合促销，通过景区门票加乡村民宿"打包"销售的方式提高各方收益。鼓励各地结合当地民俗文化策划丰富多彩的农事节庆活动，提倡"一镇（村）一节，以节造势"，打造形成一批节事品牌，提升乡村旅游知名度。

（十）加强资源保护。正确处理开发和保护的关系，科学利用现有乡村旅游资源，全面评估乡村旅游发展对生态环境、自然资源和整体风貌产生的影响，避免人为因素对自

然环境、人文景观造成破坏。加强乡村环境承载力监测，重视垃圾、污水无害化处理，加强水资源、森林资源和生态资源保护。严格遵守国家文物保护法律法规，切实加强对乡村旅游古建筑、民宅、文物、古树等的保护，重视乡土文化、原始风貌、民间艺术、农耕文化、民风民俗等文化资源的保护和传承。

三、保障措施

（十一）加强组织保障。充分发挥市旅游发展委员会的指导协调作用，定期召开联席会议，强化对全市乡村旅游重大事项的统筹部署。市旅游局、市农办、市发改委、市农业局、市林业局、市水利局、市财政局、市交通委、市规划局、市国土资源局、市公安局、市市场监管局、市环保局、市文广新闻出版局、市体育局等部门要发挥各自职责，整合配套相关政策和资金，合力推进乡村旅游发展。各县（市）区要建立相应的组织协调机制，重点镇（村）要配套一名副职领导专职分管乡村旅游，切实做好乡村旅游组织、协调、推进各项工作。鼓励各县（市）区、重点镇（村）成立乡村旅游协会、联合会、专业合作社等多种类型的乡村旅游运营组织，充分发挥行业互助和行业自律作用。将乡村旅游列入全市旅游发展考核体系，加强对市级相关部门、县（市）区、乡镇和村的逐级工作考核。

（十二）加强资金扶持。加大乡村旅游公共财政扶持力度，市级财政每年安排1 500万元（不含四明山专项），重点支持乡村旅游规划编制、宣传推广、人才培养、业态引导、旅游基础设施和公共服务设施建设。其中，对重点镇（村）编制乡村旅游专项规划并通过市旅游局牵头组织评审的，按实际规划编制费的50%给予补助，单个规划最多补助20万元。对通过验收的游客中心、停车场、旅游厕所、标志标牌、信息化建设等乡村旅游

基础设施和公共服务设施项目，按照实际投入给予相应补助，单个项目最多补助50万元。对通过验收评定的观景平台、等级客栈、休闲基地、旅游节事等乡村旅游新型业态项目给予5万～50万元的补助。对农业、旅游等专业公司投资开发乡村民宿且床位在10张以上，或以行政村为单位整体开发民宿且床位在50张以上的，给予每张床位1 000～2 000元的补助。以上补助原则上向重点镇（村）倾斜，补助办法实施细则由市旅游局、市财政局另行制订。市级各部门在安排交通基础设施建设、新农村建设、林相改造、下山移民、特色景观旅游村镇和传统村落及民居保护等项目建设时，要加大向重点镇（村）的扶持力度，各县（市）区也要安排相应资金给予支持。创新乡村旅游投融资平台，探索在市旅游发展基金下设立乡村旅游创业投资子基金和融资担保资金。引导各级旅游投资公司通过直接投资、参股控股等方式与地方政府、村集体经济组织和相关企业合作合资。重点支持市场前景好、综合效益高、具有扶贫等重大意义的乡村旅游示范镇（村）、高等级景区、乡村民宿和新型业态项目。加大对乡村旅游项目的招商引资力度，鼓励社会资本以多种形式进入休闲农业和乡村旅游相关领域。加大金融扶持，积极开发农户小额信用贷款、农户创业贷款、经营权抵押贷款等适合乡村旅游发展的个性化金融产品，加强对乡村旅游企业的信贷支持力度。

（十三）加大用地供给。在符合土地利用总体规划的前提下，各地要在年度用地计划中优先安排落实乡村旅游项目建设用地指标。对利用荒滩、荒地、林地和废弃山塘等非耕地的建设项目要予以重点倾斜。对重点镇（村）旅游公共服务设施建设项目，将用地需求纳入当地政府年度新增建设用地统筹安排。支持农村土地承包经营权向家庭农场、农民专业合作社、农业企业流转发展休闲观光农业，支持农村集体经济组织利用非耕地、腾

退宅基地、闲置建筑物，在不改变土地性质的前提下采取土地合作、作价入股等方式参与乡村旅游开发。探索支持由村集体统一收购（租用）、统一管理闲置农房的模式，吸引专业公司开发、经营乡村民宿项目。对乡村旅游景区范围内亭台楼阁等小型旅游设施用地，简化审批流程。

（十四）加快人才培养。营造乡村旅游人才发展环境，搭建人才发展平台，吸引领军人才和专业团队聚集，财政每年适当安排资金用于人才培养。探索"乡村旅游领军人才"开发计划，为乡村旅游建设培养和造就一批发展紧缺急需的领头人，着力提升乡村旅游发展水平。创新人才培养模式，建立和完善乡村旅游人才培养体系，优先考虑校企合作办学，利用高校资源举办乡村旅游人才"订单班"，为愿意回乡创业创新的农民创造条件，鼓励艺术和科技工作者驻村帮扶，利用社会资源，多渠道、多模式、多机制创新人才培养。在乡村旅游重点镇（村）建设乡村旅游培训基地，提供学习、考察和交流机会，重点对乡村旅游经营户、乡村旅游带头人、乡村工艺传承人、旅游商品研发人才等进行乡村旅游项目策划和开发、景区经营管理方面的培训，培养一支业务精良的乡村旅游管理型、经营型人才队伍。

（十五）优化发展环境。加大乡村旅游交通、停车、标志、给水、电力、能源、网络、排污、垃圾处理等基础设施建设，规划、交通、水利、环保等部门在开展相关基础设施规划和建设时应兼顾乡村旅游发展需求。构建乡村旅游项目审批、经营许可绿色通道，为乡村旅游经营户和企业最大限度地提供便捷、优质服务。对符合镇（村）规划和产业发展的项目，在政策条件许可情况下优先办理相关手续，重点解决在经营许可、证照办理等方面的难点问题。加强乡村旅游的规范化经营，建立乡村旅游住宿、餐饮、娱乐、购物等主要消费环节的服务规范和标准，健全乡村旅游标准化体系，完善乡村旅游统计方式。加大乡村旅游市场执法力度，营造和谐乡村旅游环境。明晰乡村旅游安全监管责任，完善县、乡镇及乡村旅游点三级安全管理机构和应急联动，加强乡村旅游热点景区的流量监控，确保游客人身财产安全，避免经营企业安全风险。充分发挥各新闻媒体宣传优势，加大对乡村旅游发展工作的宣传力度，大力营造全社会关注、支持、参与乡村旅游发展的良好氛围。

本意见自 2015 年 5 月 25 日起施行。

统 计 资 料

2015 年休闲农业基本情况表

2015 年休闲农业基本情况表

序号	地区	经营主体个数（个）			从业人数（人）			其中：农民就业人数（人）		
		小计	农家乐	休闲观光农园（庄）	小计	农家乐	休闲观光农园（庄）	小计	农家乐	休闲观光农园（庄）
1	北京	10 269	8 941	1 328	64 930	22 313	42 617	54 447	22 313	32 134
2	天津	3 110	2 927	183	65 000	33 000	32 000	58 500	32 800	25 700
3	河北	4 543	3 987	556	206 249	84 744	121 505	182 556	81 940	100 616
4	山西	1 216	813	403	118 670	36 787	81 883	102 050	31 635	70 415
5	内蒙古	2 698	2 113	585	57 824	23 243	34 581	46 837	22 139	24 698
6	辽宁	10 280	8 943	1 337	279 744	53 658	226 086	263 087	53 658	209 429
7	吉林	2 988	2 335	653	115 585	25 740	89 845	95 609	18 316	77 293
8	黑龙江	4 225	3 337	888	45 839	27 487	18 352	36 690	19 388	17 302
9	上海	283			30 677			25 462		
10	江苏	6 008	3 325	2 683	874 003	176 423	697 580	803 011	176 420	626 591
11	浙江	16 217	14 004	2 215	545 509	342 418	143 289	402 504	253 304	130 472
12	安徽	9 119	8 080	1 039	1 055 809			460 253		
13	福建	2 601	1 499	1 102	126 172	52 985	73 187	120 319	54 212	66 107
14	江西	21 850	18 300	3 550	820 000	619 600	200 400	750 000	586 900	163 100
15	山东	12 696	9 493	3 203	442 631	157 141	285 490	379 846	122 252	257 594
16	河南	14 766	10 942	323	302 000	28 586	21 911	283 700	27 769	18 315
17	湖北	31 245	27 082	4 163	354 251	163 457	188 994	283 745	146 924	136 821
18	湖南	16 000	9 000	4 500	250 000	128 000	106 000	216 000	122 000	90 100
19	广东	7 037	5 432	1 608	105 823	60 670	47 205	93 490	55 168	38 342
20	广西	4 231	3 602	575	186 130	68 051	108 099	171 866	53 815	107 751
21	海南	226	62	164	18 516	2 557	15 959	14 161	2 075	12 086
22	重庆	12 000			389 000			259 000		
23	四川	31 035	24 517	6 518	1 075 156	397 807	677 349	947 640	331 674	615 966
24	贵州	3 402	2 592	726	100 210	23 400	69 000	79 372	18 645	53 644
25	云南	9 064	7 042	1 340	119 463	62 933	35 616	98 200	52 524	27 914
26	西藏									
27	陕西	11 000	10 012	988	116 000	66 000	50 000	110 000	62 000	48 000
28	甘肃	4 712	4 506	206	41 659	38 140	3 519	36 812	33 676	3 136
29	青海	1 905	1 701	125	27 000			23 000		
30	宁夏	491	275	216	12 540	3 803	8 737	9 749	2 884	6 865
31	新疆	5 231	4 620	611	57 460	43 950	13 510	39 384	29 648	9 736
32	大连	862	667	188	22 450	13 470	8 980	18 200	10 920	7 280
33	青岛	737	453	284	45 675	25 660	20 015	29 273	13 388	15 885
34	宁波	1 461	1 305	156	59 802			18 728		
35	深圳									
36	厦门	130	43	87	4 957	760	4 197	4 420	660	3 760
37	新疆兵团	1 825	1 634	191	7 301	4 809	2 555	4 830	3 092	1 760
	合计	265 463	203 584	42 694	8 144 835	2 787 592	3 428 461	6 522 741	2 442 139	2 998 812

（续）

序号	地区	带动农户数（户）			接待人次（人次）		
		小计	农家乐	休闲观光农园（庄）	小计	农家乐	休闲观光农园（庄）
1	北京				40 430 007	21 396 673	19 033 334
2	天津	71 250		70 000	16 000 000	6 400 000	9 600 000
3	河北	225 411	3 572	221 839	41 470 863	15 684 462	25 786 401
4	山西	114 131		70 761	17 163 000	6 350 310	10 812 690
5	内蒙古	86 057		78 916	21 652 265	13 513 977	8 138 288
6	辽宁	325 444		325 444	91 980 000	12 100 000	79 880 000
7	吉林	56 083		53 726	29 500 146	9 056 528	20 443 618
8	黑龙江	63 917		57 873	8 624 440	5 660 270	2 964 170
9	上海	16 184			1 765.86		
10	江苏	778 023		601 603	100 210 000	46 550 000	53 660 000
11	浙江	261 487		238 535	246 974 892	150 776 537	60 398 355
12	安徽	517 500			122 000 000		
13	福建	108 574		108 574	70 564 705	31 795 263	38 769 442
14	江西	48 700		48 700	22 000 000	13 685 000	8 315 000
15	山东	456 927		456 927	324 405 800	149 022 800	175 383 000
16	河南	297 400		4 979	37 171 904	11 250 993	3 583 111
17	湖北	361 627		44 495	93 762 980	41 523 070	52 239 910
18	湖南	600 000		260 000	142 000 000	63 200 000	55 900 000
19	广东			66 687	129 600 333	89 318 555	40 281 778
20	广西	142 705		94 578	48 268 856	23 127 312	17 691 544
21	海南	29 035		29 035	12 811 652	1 331 429	11 480 223
22	重庆				127 000 000		
23	四川	597 013		597 013	320 001 684	217 601 145	102 400 539
24	贵州	112 113	31 550	71 889	52 675 835	24 591 081	2 140 710
25	云南	1 409 552	1 194 309		52 626 362	27 146 154	17 086 271
26	西藏						
27	陕西	96 000		80 000	80 000 000	31 000 000	49 000 000
28	甘肃	4 703		4 703	17 333 000	16 191 000	1 142 000
29	青海						
30	宁夏	28 028	743	27 285	5 877 869	1 759 487	4 118 382
31	新疆	84 333	51 901	32 432	14 273 869	8 136 120	6 137 749
32	大连	38 530		15 410	9 120 000	5 472 000	3 648 000
33	青岛	65 000		20 000	9 600 000	2 800 000	6 800 000
34	宁波	14 249			34 639 000		
35	深圳						
36	厦门	6 510		4 500	4 500 000	720 000	3 780 000
37	新疆兵团	4 741	588	4 266	2 662 297	1 374 151	1 276 348
	合计	7 021 227	1 282 663	3 690 170	2 346 903 525	1 048 534 317	891 890 863

（续）

序号	地区	营业收入（万元）			其中：农副产品销售收入（万元）		
		小计	农家乐	休闲观光农园（庄）	小计	农家乐	休闲观光农园（庄）
1	北京	391 689	128 550.1	263 138.9	58 100.2	8 445.6	49 654.6
2	天津	216 722	63 993	152 729	111 688	9 891	101 797
3	河北	637 925.72	152 263.4	485 662.32	222 153.55	31 596	190 557.55
4	山西	386 511	119 818	266 693	166 199	68 141	98 058
5	内蒙古	534 878	302 196	232 682	295 356	124 503	170 853
6	辽宁	1 930 000	107 000	1 823 000	747 000		
7	吉林	598 023	110 057	487 966	36 059	6 635	29 424
8	黑龙江	525 885.88	98 507.28	427 378.6	112 016.7	40 130.9	71 885.8
9	上海	143 779.4			38 609.37		
10	江苏	3 100 000	386 400	2 713 600	1 681 900	162 300	1 519 600
11	浙江	3 482 670.36	2 197 840.86	945 371.4	1 128 438.4	406 430.28	447 616.1
12	安徽	6 700 000			1 731 700		
13	福建	1 033 956.08	276 422.9	757 533.18	595 574.07	71 269.47	524 304.6
14	江西	1 220 000	356 000	864 000	530 000	132 000	398 000
15	山东	1 934 272.5	435 772	1 498 500.5	1 076 273.5	187 713	888 560.5
16	河南	1 008 900	58 228	195 827	316 427	19 544	57 465
17	湖北	2 112 827	929 243	1 093 584	1 272 840	650 963	621 877
18	湖南	2 650 000	900 000	1 210 000	780 000	260 000	556 000
19	广东	702 109	342 260	359 849	238 008	89 608	148 400
20	广西	928 147.86	405 896.09	402 175.93	223 508.87	90 553.82	125 823.78
21	海南	101 946	9 629	92 317	43 795	2 997	40 798
22	重庆	1 877 400					
23	四川	10 080 406	6 149 047	3 931 359	1 814 473	272 170	1 542 303
24	贵州	290 773	117 306	156 811	78 073	19 092	54 011
25	云南	922 109	313 135	372 769	317 352	74 253	152 654
26	西藏						
27	陕西	610 000	260 000	350 000	254 000	85 000	169 000
28	甘肃	217 653.1	206 454.9	11 198.2	18 721.9	15 189.6	3 532.3
29	青海						
30	宁夏	87 792	23 288	64 504	24 012	5 465	18 547
31	新疆	292 707	151 209	141 498	55 889	32 940	22 949
32	大连	176 510	105 900	70 610	97 010	58 200	38 810
33	青岛	107 316	46 553	71 491	52 000		
34	宁波	338 313			278 227		
35	深圳						
36	厦门	45 000	6 520	38 480		4 350	25 657
37	新疆兵团	59 356.2	29 408	30 595.1	17 590.28	7 445.03	9 135.55
	合计	45 445 578.1	14 788 897.5	19 511 323.1	14 412 994.8	2 936 825.7	8 077 273.78

（续）

序号	地区	利润总额（万元）			从业人员劳动报酬（元）		
		小计	农家乐	休闲观光农园（庄）	小计	农家乐	休闲观光农园（庄）
1	北京				12 685.7	11 340.6	13 389.9
2	天津	50 180		19 819	30 000	28 000	32 000
3	河北	105 841.87		105 841.87	27 511.13		27 511.13
4	山西	50 246		37 541	15 221.3		18 311
5	内蒙古	89 115		73 167	16 748		24 982
6	辽宁	350 000			24 000		
7	吉林	147 797		120 625	13 000		24 000
8	黑龙江	71 708.8		60 852.8	24 600		24 600
9	上海						
10	江苏	2 630 000		1 736 000	38 900		38 900
11	浙江	197 502		190 586.5	24 223		24 223
12	安徽	516 100			22 788		
13	福建	215 709.6		215 709.6	33 125		33 125
14	江西	210 000		210 000	23 800		23 800
15	山东	464 130.4		464 130.4	4 166		4 166
16	河南	259 600		47 084	25 637		25 637
17	湖北	493 953		235 776	22 143		23 512
18	湖南	340 000		1 960 000	27 040		27 641
19	广东			43 063			25 869
20	广西	221 482.95		178 942.7	29 003		32 054
21	海南	10 651		10 651	18 666		18 666
22	重庆				8 519		
23	四川	1 154 206		1 154 206	24 806		24 806
24	贵州	90 745	40 939	40 021	8 072	17 927	5 717
25	云南	146 201	59 077	61 151			
26	西藏						
27	陕西	126 000		126 000	18 000		18 000
28	甘肃	2 563.1		2 563.1	12 860		12 860
29	青海				12 000		
30	宁夏	13 029	610	12 419	1 314		
31	新疆	47 774	25 711	22 063			
32	大连	81 480		32 600	2 800		2 800
33	青岛	14 000			31 200		
34	宁波				40 000		
35	深圳						
36	厦门	6 000		4 000	7 000		5 000
37	新疆兵团	11 243.84	4 168.21	7 763.83	9 390		
	合计	8 117 259.56	130 505.21	7 172 576.8	19 652.20	19 089.20	21 315.42

2015 年大事记

2015 年大事记

1月4日，农业部办公厅印发《农业部办公厅关于成立第一届农业部全国休闲农业专家委员会的通知》（农办加〔2014〕23号），为农业部休闲农业管理工作提供了智力支撑。

1月9日，农业部办公厅印发《农业部办公厅关于开展全国休闲农业监测统计工作的通知》（农办加〔2015〕1号），部署全国休闲农业行业监测工作。

2月11日，农业部办公厅印发《农业部办公厅关于开展中国最美休闲乡村推介工作的通知》（农办加〔2015〕4号），部署2015年中国最美休闲乡村推介工作。

3月30日，农业部办公厅、国家旅游局办公室联合印发《农业部办公厅 国家旅游局办公室关于开展2015年全国休闲农业与乡村旅游示范县、示范点创建工作的通知》（农办加〔2015〕5号），部署全国休闲农业与乡村旅游示范县、示范点创建工作。

4月12日至24日，农业部人事劳动司和农业部农产品加工局（乡镇企业局）在农业部管理干部学院连续举办2期休闲农业和乡村旅游培训班，培训班以"拓展农业多功能，促进农村一二三产业融合"为主题，围绕农业农村经济政策和休闲农业发展政策，休闲农业创意设计、信贷融资和营销推介等重大问题进行培训研讨。农业部党组成员杨绍品出席开班仪式并作主题报告。

9月16日，农业部会同国家发展和改革委员会等11部门联合印发《关于积极开发农业多种功能 大力促进休闲农业发展的通知》（农加发〔2015〕5号），明确发展休闲农业的总体要求、主要任务和政策措施。

10月9日，农业部办公厅印发《农业部办公厅关于公布2015年中国最美休闲乡村推介结果的通知》（农办加〔2015〕16号），推介北京市密云县司马台村等120个村为2015年中国最美休闲乡村。

10月12日，农业部印发《农业部关于公布第三批中国重要农业文化遗产名单的通知》（农办加〔2015〕7号），确定北京平谷四座楼麻核桃生产系统等23个传统农业系统为第三批中国重要农业文化遗产。

10月15日，农业部农产品加工局（乡镇企业局）在湖北省武汉市举办中国最美休闲乡村宣传推介活动，向社会推介已认定的2015年中国最美休闲乡村。农业部农产品加工局局长宗锦耀出席活动并讲话。

11月17日，农业部在江苏省泰兴市举办第三批23个中国重要农业文化遗产发布活动，农业部总农艺师孙中华出席发布活动并讲话。

12月4日，农业部办公厅印发《农业部办公厅关于进一步做好休闲农业与乡村旅游宣传推介工作的通知》（农办加〔2015〕19号），部署2016年休闲农业与乡村旅游景点线路宣传推介工作。

12月8日，农业部农村社会事业发展中心、民革中央社会服务部、中国旅游协会休闲农业与乡村旅游分会联合在广东省珠海市举办2015中国（珠海）休闲农业与乡村旅游系列活动暨中国（珠海）幸福村居推介活动，向全国推介了珠海美丽乡村建设的成功做法和显著成效。

12月21日，农业部、国家旅游局联合印发《农业部 国家旅游局关于公布2015年全国休闲农业与乡村旅游示范县和示范点的通知》（农加发〔2015〕9号），认定北京市大兴区等68个县（市、区）为全国休闲农业与乡村旅游示范县，北京市中农春雨休闲农场等153个点为全国休闲农业与乡村旅游示范点。

附 录

农业部办公厅关于公布 2015 年中国最美休闲乡村推介结果的通知

农业部　国家旅游局关于公布 2015 年全国休闲农业与乡村旅游示范县和示范点的通知

农业部关于公布第三批中国重要农业文化遗产名单的通知

农业部办公厅　国家旅游局办公室关于开展 2015 年全国休闲农业与乡村旅游示范县、示范点创建工作的通知

农业部办公厅关于开展中国最美休闲乡村推介工作的通知

关于公布 2015 年全国休闲农业与乡村旅游星级示范企业（园区）、十大精品线路、全国十佳休闲农庄的通知

农业部办公厅关于公布 2015 年中国
最美休闲乡村推介结果的通知

农办加〔2015〕16 号

各省、自治区、直辖市及计划单列市、新疆生产建设兵团休闲农业管理部门，各有关乡村：

为深入贯彻中央 1 号文件精神，进一步推进生态文明和美丽中国建设，保护我国传统村落和特色民居，农业部开展了 2015 年中国最美休闲乡村推介活动。经过地方推荐、专家评审和网上公示等程序，现推介北京市密云县司马台村等 120 个村为 2015 年中国最美休闲乡村，现予以公布。

开展中国最美休闲乡村推介活动对于带动农民就业增收、拉动国内消费、建设美丽乡村、传承农耕文明、保护生态环境和促进城乡一体化发展具有重要意义。希望被推介的乡村要珍惜荣誉，在总结经验、发挥好示范带动作用的同时，进一步拓展农业功能，完善基础设施，保护生态环境，提升服务质量，为城乡居民提供看得见山、望得见水、记得住乡愁的高品质休闲旅游体验。各级休闲农业管理部门要加强组织领导，完善政策措施，强化公共服务，着力培育一批天蓝、地绿、水净，安居、乐业、增收的最美休闲乡村，为农业强起来、农村美起来、农民富起来，全面建成小康社会做出新的更大贡献。

附件：2015 年中国最美休闲乡村推介名单

农业部办公厅
2015 年 10 月 9 日

附件

2015 年中国最美休闲乡村推介名单

特色民居村（33 个）
北京市密云县司马台村
山西省平遥县六河村
辽宁省沈阳市沈北新区曙光村
江苏省宜兴市洑西村
江苏省如皋市顾庄村
浙江省舟山市定海区新建社区
浙江省德清县劳岭村
安徽省黟县五里村
福建省武夷山市下梅村
江西省进贤县太平村
山东省枣庄市山亭区洪门村
河南省信阳市浉河区睡仙桥村
湖北省武汉市黄陂区张家榨村
湖北省谷城县堰河村
湖南省茶陵县卧龙村
广东省郁南县西坝兰寨村
广西壮族自治区南宁市西乡塘区忠良村
海南省琼海市北仍村
海南省文昌市葫芦村
重庆市城口县兴田村
四川省成都市温江区幸福村
贵州省兴义市楼纳村
贵州省安顺市西秀区浪塘村
云南省保山市隆阳区坡脚村
云南省永仁县太平地村
甘肃省肃南县榆木庄村
青海省循化县红光上村
青海省尖扎县直岗拉卡村
新疆维吾尔自治区伊宁市布拉克村
大连市旅顺口区龙湖村
青岛市城阳区棉花社区
厦门市同安区军营村
新疆生产建设兵团第十二师西山农场烽火台小镇

特色民俗村（30 个）
北京市房山区黄山店村
天津市蓟县郭家沟村

河北省怀来县镇边城村

河北省围场县庙宫村

内蒙古自治区杭锦后旗民建村

内蒙古自治区扎赉特旗永兴村

辽宁省东港市獐岛村

吉林省临江市珍珠村

吉林省长白县果园朝鲜族民俗村

黑龙江省嘉荫县辽原村

上海市崇明县瀛东村

江苏省南京市六合区大泉村

浙江省天台县后岸村

福建省福鼎市赤溪村

江西省崇义县水南村

山东省曲阜市周庄村

河南省汝阳县牌路村

湖北省宜昌市夷陵区青龙村

湖南省平江县白寺村

广东省连山壮族瑶族自治县欧家村

广西壮族自治区宜州市流河社区

海南省白沙县芭蕉村

贵州省从江县加车村

西藏自治区堆龙德庆县桑木村

陕西省柞水县朱家湾村

陕西省勉县黄家沟村

甘肃省天祝县天堂村

青海省门源县东旭村

新疆维吾尔自治区伊宁县愉群翁村

新疆维吾尔自治区温泉县阿尔夏特村

现代新村（38 个）

北京市朝阳区高碑店村

北京市顺义区柳庄户村

天津市武清区南辛庄村

天津市北辰区双街村

河北省冀州市北内漳村

山西省平定县上南茹村

山西省忻州市忻府区北合索村

内蒙古自治区达茂联合旗黄花滩村

辽宁省阜新蒙古族自治县吐呼鲁村

吉林省敦化市小山村

吉林省榆树市皮信村

黑龙江省尚志市元宝村

上海市奉贤区杨王村

江苏省句容市戴庄村

浙江省遂昌县高坪新村

安徽省泾县月亮湾村

安徽省安庆市宜秀区杨亭村

江西省武宁县南屏村

山东省兰陵县代村

山东省长岛县南隍城村

河南省夏邑县太平西村

湖北省利川市主坝村

广东省韶关市曲江区曹角湾村

广西壮族自治区阳朔县凤楼村

海南省琼海市鱼良村

重庆市垫江县毕桥村

重庆市巫溪县观峰村

四川省崇州市五星村

四川省蒲江县金花村

云南省建水县团山村

西藏自治区江孜县班觉伦布村

陕西省汉中市汉台区花果村

甘肃省武威市凉州区蜻蜓村

青海省西宁市城北区陶北村

青岛市即墨市西姜戈庄村

宁波市奉化市滕头村

厦门市海沧区洪塘村

新疆生产建设兵团第六师101 团新三连

历史古村（19 个）

山西省平顺县神龙湾村

辽宁省兴城市北村

上海市青浦区张马村

上海市奉贤区海湾村

江苏省新沂市三桥村

浙江省江山市浔里村

安徽省歙县雄村村

福建省连城县培田村

福建省永春县茂霞村

江西省浮梁县严台村

江西省黎川县洲湖村

河南省鹤壁市鹤山区王家辿村

湖北省保康县格栏坪村

广西壮族自治区灵川县江头村

贵州省惠水县好花红村

云南省云龙县诺邓村

西藏自治区林芝县珠曲登村

新疆维吾尔自治区特克斯县琼库什台村

宁波市余姚市柿林村

农业部　国家旅游局关于公布 2015 年全国休闲农业与乡村旅游示范县和示范点的通知

农加发〔2015〕9 号

各省、自治区、直辖市及计划单列市、新疆生产建设兵团农业（农牧、农村经济）厅（局、委）、旅游局（委）：

为树立发展典型，探索发展模式，总结发展经验，2015 年，农业部和国家旅游局继续开展了全国休闲农业与乡村旅游示范县、示范点创建活动。经基层单位申报、地方主管部门审核、专家评审和网上公示，决定认定北京市大兴区等 68 个县（市、区）为全国休闲农业与乡村旅游示范县（以下简称示范县）、北京市中农春雨休闲农场等 153 个点为全国休闲农业与乡村旅游示范点（以下简称示范点），现予以公布。

休闲农业与乡村旅游作为农村一二三产业发展的融合体，近年来发展迅猛，已成为一种新型产业形态和消费业态，在促进农业提质增效、带动农民就业增收、拉动国内消费、传承中华农耕文明、推动城乡一体化发展方面发挥了重要作用。希望获得认定的示范县、示范点要以此为契机，进一步加强规范管理，强化示范带动，推动全县休闲农业与乡村旅游做大做强。各地农业与旅游行政管理部门要加强对示范县、示范点的业务指导和服务，加大宣传推介，促进休闲农业与乡村旅游持续快速健康发展，为农业强起来、农村美起来、农民富起来，夺取全面建成小康社会决胜阶段的伟大胜利做出新的更大贡献。

附件：1. 全国休闲农业与乡村旅游示范县名单

2. 全国休闲农业与乡村旅游示范点名单

农业部　国家旅游局

2015 年 12 月 4 日

附件 1

全国休闲农业与乡村旅游示范县名单

北京市大兴区

天津市武清区

河北省临城县、唐山市丰南区、承德市双桥区

山西省平顺县、太谷县

内蒙古自治区呼伦贝尔市阿荣旗

辽宁省大洼县、盖州市

吉林省辉南县、蛟河市

黑龙江省哈尔滨市阿城区、穆棱市

江苏省大丰市、海门市、沭阳县、南京市溧水区

浙江省天台县、开化县、德清县

安徽省黄山市黄山区、泾县

福建省松溪县

江西省南昌县、上犹县、浮梁县

山东省青州市、曲阜市、枣庄市山亭区

河南省商城县、孟津县、封丘县、遂平县

湖北省英山县、南漳县、咸丰县

湖南省浏阳市、郴州市北湖区、耒阳市

广东省大埔县、南雄市

广西壮族自治区蒙山县、陆川县

海南省定安县

重庆市铜梁区、万盛经济技术开发区、开县

四川省泸州市纳溪区、江油市、西充县、雅安市

贵州省安顺市西秀区、江口县

云南省泸西县、盐津县

西藏自治区江孜县、乃东县

陕西省留坝县

甘肃省和政县

青海省海东市乐都区　　　　　昭苏县　　　　　　　　　宁波市象山县
宁夏回族自治区平罗县　　　　大连市旅顺口区　　　　　新疆生产建设兵团第八师
新疆维吾尔自治区泽普县、　　青岛市崂山区　　　　　　　150团

附件2

全国休闲农业与乡村旅游示范点名单

北京市
中农春雨休闲农场
欧菲堡酒庄
花仙子万花园
平谷区大华山镇挂甲峪村
七彩蝶园
天津市
蓟县穿芳峪镇大巨各庄村
蓟县渔阳镇西井峪村
武清区大碱厂镇南辛庄村
宝坻区泰泽康休闲农业示
　范园
北辰区双街镇双街村
河北省
乐亭丞起颐天园现代农业园
秦皇岛抚宁县仁轩酒庄
易县狼牙山万亩花海休闲农
　业园
广平县安居农庄
卢龙柳河庄园
山西省
长治长子县方兴现代农业
　园区
晋中市太谷县美宝农业观
　光园
灵丘县红石塄乡上北泉村休
　闲农业与乡村旅游示范点
万荣县晋汉子农庄
内蒙古自治区
呼伦贝尔市阿荣旗东光村
赤峰市元宝山区和润农业高

新科技园区
鄂尔多斯市乌审旗内蒙古萨
　拉乌苏生态农业示范园区
兴安盟阿尔山市白狼镇林
　俗村
辽宁省
沈阳新大地休闲农业园区
丹东馨艺度假山庄
清原满族自治县大苏河乡南
　天门村
盖州市美然风景旅游度假
　园区
吉林省
长春市国信现代农业科技
　园区
辽金时代观光园
吉林市鸣山绿洲生态旅游度
　假村
隆达生态农业观光园
黑龙江省
绥芬河市蓝洋农业生态观
　光园
伊春市新青区松林户外风情
　小镇
街津口赫哲族壁画小镇民俗
　体验区
嘉荫县向阳乡茅兰沟村
绥化市经济开发区阳光休闲
　山庄
上海市
金山区吕巷水果公园

崇明县西来农庄
崇明县光明食品集团瑞华果园
江苏省
无锡市惠山区阳山镇
南京市栖霞区桦墅村
泗阳县大禾庄园
连云港市赣榆区谢湖有机茶
　果观光基地
东台市生态苗木示范园
浙江省
长兴县城山沟桃源山庄
舟山市普陀区展茅街道干施
　岙股份经济合作社
温岭市四季生态农业园
丽水市庆元县莲湖休闲农业
　综合体
嵊州市飞翼生态农业园区
安徽省
岳西县大别山映山红文化大
　观园
潜山县天柱山卧龙山庄
黄山市黄山区汤口镇山岔村
　翡翠人家
水墨汀溪风景区
和合生态农业科技示范园
福建省
闽侯县龙泉山庄
长泰县马洋溪生态旅游区山
　重村
南安市皇旗尖休闲茶庄园
福安市新坦洋天湖山茶庄园

福州市相思岭现代农业科教观光园

江西省

南昌县湖光山舍田园农庄

武宁县阳光照耀 29 度度假区

吉安市井冈山国家农业科技园

浮梁县景德镇双龙湾农业生态园

赣县寨九坳风景区

山东省

邹城市石墙镇上九山村

荣成市健康集团休闲农业示范区

临朐县石门坊寨子崮乡村旅游示范区

临邑县"红坛寺省级森林公园"

淄博市博山区池上镇中郝峪村

河南省

禹州市泓硕农业生态园

临颍县南街村

漯河市西城区沙澧春天现代农业园区

长垣县胜雪高新农业园区

巩义市夹津口镇韵沟村

湖北省

孝感市孝南区新建源生态农庄

十堰生态农业科技示范园

荆州市荆州区太湖港管理区桃花村

钟祥市中国汇源农谷嘉年华生态体验旅游区

武穴市希尔寨生态农庄

湖南省

郴州市北湖区爱尚三合绿色庄园

中方县南方葡萄沟

桃源县乌云界花源里生态休闲农业示范园

长沙县慧润农庄

益阳市大通湖区锦大渔村

广东省

博罗县农业科技示范场

珠海市台湾农民创业园

佛山市高明区盈香生态园

新兴县天露山旅游度假区

湛江市麻章区南亚热带植物园

广西壮族自治区

南宁市西乡塘区石埠·美丽南方休闲农业旅游区

贵港市覃塘区"荷田水乡"乡村旅游示范点

玉林市"五彩田园"现代农业示范区

恭城县莲花镇红岩农家乐旅游点

东兴市江平镇万尾村

海南省

海口兰花产业园

三亚槟榔河国际乡村文化旅游区

重庆市

荣昌区万灵山旅游度假区

云阳县三峡库区峻圆生态休闲观光产业园

石柱县八龙莼乡休闲农业示范园

奉节县长龙山山地观光农业示范区

忠县金色杨柳生态旅游观光区

四川省

彭州市葛仙山休闲农业与乡村旅游景区

自贡市百胜生态农业体验园

绵竹市中国玫瑰谷

成都市新都区花香果居

简阳市贾家东来桃源

贵州省

凯里市云谷田园休闲观光农业示范园

安顺市西秀区旧州镇生态文化旅游园

盘县娘娘山高原湿地生态农业示范园区

水城县猕猴桃产业示范园区

务川县洪渡河旅游休闲点

云南省

昆明石林台湾农民创业园

腾冲县界头镇

文山州普者黑玫瑰庄园

澜沧县芒景帕哎冷茶叶农民专业合作社

普洱市云南斛哥庄园

西藏自治区

昌都市八宿县然乌镇

昌都市察雅县吉塘镇吉塘居委会

阿里地区扎达县托林镇扎布村

那曲地区班戈县青龙乡五村

陕西省

张裕瑞那城堡酒庄

泾阳县龙泉山庄

西安市白鹿原葡萄主题公园

榆林市瑞丰生态庄园

洋县朱鹮有机农业示范观光园休闲农庄

甘肃省

金塔县航天神舟休闲生态园

华池县南梁红色旅游小镇

景泰县红砂岘农业生态园

定西市金源水保生态观光农业示范园

武威市凉州区清泉农业大唐葡萄园

青海省

湟源县醋博园

湟中县青绿元生态农庄

西宁市青海高原酪馏影视文化村

德令哈市现代农业示范园区

宁夏回族自治区

银川市金凤区宁夏森森生态旅游区

吴忠市利通区吉水湾休闲村

平罗县陶乐天源復藏庙庙湖生态区

新疆维吾尔自治区

哈密市贡瓜休闲观光园

尉犁县兴平乡达西村

新源县那拉提镇阿尔善休闲农庄

阜康市城关镇美丽冰湖休闲观光采摘园

布尔津县阿山鹿王文华苑

大连市

旅顺口区水师营街道小南村

瓦房店市东马屯农业生态园

金州新区金渤海岸蚂蚁岛国际旅游度假区

青岛市

莱西市沽河休闲农业示范园

黄岛区海青镇茶业生态示范区

宁波市

余姚市九龙湾乡村庄园

厦门市

同安区顶上人家

集美区宝生园

新疆生产建设兵团

第四师六九团香极地香料植物观光园

第四师七〇团伊帕尔汗薰衣草观光园

第十师一八三团芦花湖观光农业示范区

农业部关于公布第三批中国重要农业文化遗产名单的通知

农加发〔2015〕7号

为加强对我国重要农业文化遗产的挖掘、保护、传承和利用，坚持在发掘中保护、在利用中传承，我部组织开展了中国重要农业文化遗产发掘工作。各地按照《农业部办公厅关于开展第三批中国重要农业文化遗产发掘工作的通知》（农办加〔2014〕13号）要求，积极挖掘、择优上报。依据《重要农业文化遗产管理办法》和《中国重要农业文化遗产认定标准》，经过省级农业行政管理部门遴选、农业部组织专家评审、网上公示等程序，确定北京平谷四座楼麻核桃生产系统等23个传统农业系统为第三批中国重要农业文化遗产（详见附件），现予以公布。

中国重要农业文化遗产所在地省级农业管理部门要加强工作指导，加大宣传推介，做好动态管理，持续推进中国重要农业文化遗产保护工作。中国重要农业文化遗产所在地要以此为契机，按照制定的保护规划和管理措施，进一步做好挖掘保护，强化传承展示，健全保护机制，推动遗产地生态、经济和社会效益的有机统一，为传承农耕文明，弘扬中华民族优秀文化，全面建成小康社会做出积极贡献。

附件：第三批中国重要农业文化遗产名单

农业部

2015年10月10日

附件

第三批中国重要农业文化遗产名单

北京平谷四座楼麻核桃生产 系统

北京京西稻作文化系统

辽宁桓仁京租稻栽培系统
吉林延边苹果梨栽培系统
黑龙江抚远赫哲族鱼文化
　系统
黑龙江宁安响水稻作文化
　系统
江苏泰兴银杏栽培系统
浙江仙居杨梅栽培系统
浙江云和梯田农业系统

安徽寿县芍陂（安丰塘）及
　灌区农业系统
安徽休宁山泉流水养鱼系统
山东枣庄古枣林
山东乐陵枣林复合系统
河南灵宝川塬古枣林
湖北恩施玉露茶文化系统
广西隆安壮族"那文化"稻
　作文化系统

四川苍溪雪梨栽培系统
四川美姑苦荞栽培系统
贵州花溪古茶树与茶文化
　系统
云南双江勐库古茶园与茶文
　化系统
甘肃永登苦水玫瑰农作系统
宁夏中宁枸杞种植系统
新疆奇台旱作农业系统

农业部办公厅　国家旅游局办公室关于开展 2015 年全国休闲农业与乡村旅游示范县、示范点创建工作的通知

农办加〔2015〕5 号

各省、自治区、直辖市及计划单列市农业（农牧、农村经济）厅（局、委、办）、旅游局（委），新疆生产建设兵团农业局、旅游局：

休闲农业与乡村旅游是一种新型产业形态和消费业态，对于我国经济进入新常态下加快转变农业发展方式，调整优化农业结构，促进一二三产业融合互动，实现农业提质增效、农民就业增收、农村繁荣稳定和统筹城乡经济社会一体化发展具有十分重要的意义。根据《农业部　国家旅游局关于继续开展全国休闲农业与乡村旅游示范县、示范点创建活动的通知》（农企发〔2013〕1 号）（以下简称《创建通知》），农业部和国家旅游局决定 2015 年继续开展全国休闲农业与乡村旅游示范县、示范点创建工作。现就有关事项通知如下。

一、创建数量

按照 3 年创建 100 个示范县和 300 个示范点的目标，2015 年计划认定约 35 个全国休闲农业与乡村旅游示范县、约 100 个全国休闲农业与乡村旅游示范点。

二、申报程序

按照《创建通知》申报程序，由各省、自治区、直辖市及计划单列市、新疆生产建设兵团农业行政管理部门、旅游行政管理部门，以联合发文形式将推荐名单报农业部和国家旅游局，并附相关申报材料。

三、申报数量

每省（自治区、直辖市）上报示范县不超过 2～3 个、示范点不超过 5～7 个，计划单列市、新疆生产建设兵团上报示范县不超过 1 个、示范点不超过 3 个。超名额申报的退回重报。

四、报送时间

2015 年 8 月 15 日前，各地农业和旅游行政管理部门将联合申报文件、申报表以及相关资料一式两份分别报农业部农产品加工局和国家旅游局规划财务司，同时附数据光盘。

五、有关要求

（一）严格评定要求和程序。各级农业、旅游行政管理部门要按照《创建通知》中的创建条件进行评定，严格相关工作程序，从严控制申报数量。原则上，示范县（示范点）的评定不搞各省平衡。

（二）加强示范引领。各地在创建工作中，要突出示范县（示范点）的示范引领作用，重点选取在体制机

制、政策措施、资金支持、发展模式、经营管理方式等方面具有示范作用、取得明显成效的单位。

（三）做好总结评估。各地要对本辖区内已认定的全国休闲农业与乡村旅游示范县（示范点）加强指导和评估，对已开展的重要工作、取得的成效和存在的主要问题进行总结，并将总结评估情况与申报材料一起报送至农业部和国家旅游局。

（四）加大检查督促。农业部和国家旅游局将对示范县、示范点建设工作进行监督检查，对于示范作用不明显，实施多年工作推进缓慢，没有实际成效的示范县（示范点）予以公告取消。所有认定的示范县、示范点相关信息，将在网上公布。

联系方式：

1. 农业部农产品加工局

电话：010-59192754，59193256

传真：010-59192761

电子邮件：xqjxxc@

agri.gov.cn

2. 国家旅游局规划财务司

电话：010-65201526，65201528

传真：010-65201500

附件：

1. 全国休闲农业与乡村旅游示范县申报表（略）

2. 全国休闲农业与乡村旅游示范点申报表（略）

农业部办公厅
国家旅游局办公室
2015年2月5日

农业部办公厅关于开展中国最美休闲乡村推介工作的通知

农办加〔2015〕4号

各省、自治区、直辖市及计划单列市农业（农牧、农村经济）厅（局、委、办），新疆生产建设兵团农业局：

为进一步挖掘和总结推广各地建设美丽乡村的成效经验，在全国培育一批最美休闲乡村品牌，现决定继续组织开展中国最美休闲乡村推介活动。现就有关事项通知如下。

一、指导思想

围绕美丽乡村和美丽中国建设，以促进农民就业增收和满足居民休闲消费需求为目标，以农耕文化为魂，以美丽田园为韵，以生态农业为基，以创新创造为径，以古朴村落为形，按照"政府指导、农民主体、多方参与"的思路，加强组织领导，完善政策措施，加大公共服务，强化宣传引导，推介一批天蓝、地绿、水净，安居、乐业、增收的最美休闲乡村，推动我国休闲农业持续健康发展，促进农业强起来、农村美起来、农民富起来。

二、推介条件

中国最美休闲乡村推介活动以行政村为主体单位，包括历史古村、特色民居村、现代新村、特色民俗村等类型。参加推介的村应以农业为基础、农民为主体、乡村为单元，依托悠久的村落建筑、独特的民居风貌、厚重的农耕文明、浓郁的乡村文化、多彩的民俗风情、良好的生态资源，因地制宜发展休闲农业，确保功能特色突出，文化内涵丰富，品牌知名度高，具有很强的示范辐射和推广作用。具体条件为：

（一）多元的产业功能。农业功能充分拓展，农耕文明、田园风貌、民俗文化得到传承，生态环境得到保护，农业生产功能与休闲功能有机结合，就地吸纳农民创业就业容量大，带动农民增收能力强。

（二）独特的村容景致。乡土民俗文化内涵丰富，村落民居原生状态保持完整，基础设施功能齐全，乡村各要素统一协调，传统文化与现代文明交相辉映，浑然一体，村容景致令人流连忘返。

（三）良好的精神风貌。基层组织健全，管理民主，社会和谐；村民尊老爱幼，邻里相互关爱，村民生活怡然自得；民风淳朴，热情好客，诚实守信。

三、推荐程序

推荐的组织工作由各省、自治区、直辖市及计划单列市、新疆生产建设兵团农业行政管理部门负责。

（一）乡村申报。各行政村在对照推介条件进行自我评估的基础上，向县级农业行政管理部门提出申请，填写《2015年中国最美休闲乡村申报表》，并附本村综合情况材料。

（二）县级审核。县级农业行政管理部门负责对本县的申报乡村进行考核、评估，符合条件的可向省级农业行政管理部门择优推荐。

（三）省级推荐。省级农业行政管理部门初审后择优申报。每省（自治区、直辖市）最多申报5个村，计划单列市和新疆生产建设兵团最多申报2个村。

（四）申报时间。2015年度的申报截止时间为2015年6月30日。

四、认定管理

（一）专家评审。我部休闲农业专家委员会根据有关标准，对各地申报的村进行评审，筛选出中国最美休闲乡村推荐名单。

（二）网上公示。经我部领导审定后，对拟认定的中国最美休闲乡村在农业部网站、中国休闲农业网进行公示。

（三）正式认定。公示无异议的，由我部认定为中国最美休闲乡村。

（四）动态管理。农业部对认定的中国最美休闲乡村实行动态管理。对违反国家法律法规、侵害消费者权益、危害农民利益、发生重大安全事故的，取消其资格。

五、相关要求

（一）加强组织领导。各级农业行政管理部门要精心组织安排，创新遴选机制，注重遴选过程，按照标准从优筛选，从严控制申报数量，确保推荐的村具有示范带动作用。

（二）强化政策扶持。各地要以推介工作为契机，进一步增强服务意识，完善服务体系，拓展服务领域，加大扶持力度，不断提升休闲农业发展水平，引领休闲农业持续健康发展。

（三）搞好宣传推介。各地要加大宣传力度，让中国最美休闲乡村推介成为农民的内在需求和自觉行动。通过推介活动，树立一批典型，打造一批知名品牌，营造最美休闲乡村建设的良好氛围。

联系方式：

联系人：梁漪　辛欣

电　话：010-59192754，59192271

E-mail：xqjxxc@agri.gov.cn

通讯地址：北京市朝阳区农展南里11号

邮编：100125

附件：2015年中国最美休闲乡村申报表（略）

农业部办公厅
2015年2月5日

关于公布 2015 年全国休闲农业与乡村旅游星级示范企业（园区）、十大精品线路、全国十佳休闲农庄的通知

休闲农业分会〔2015〕14号

各省级牵头单位：

根据《关于开展2015年全国休闲农业与乡村旅游品牌培育工作的函》（休闲农业分会函〔2015〕1号）的工作部署，经过自愿申报、各省级牵头部门推荐、实地考察、专家评审论证和网上公示等程序，我们确定了2015年全

国休闲农业与乡村旅游星级示范企业（园区）、十大精品线路、全国十佳休闲农庄名单，现予以公布。

休闲农业与乡村旅游作为农村一二三产业发展的融合体，近年来发展迅猛，已成为一种新型产业形态和消费业态，在促进农业提质增效、带动农民就业增收、传承中华农耕文明、建设美丽乡村、推动城乡一体化发展方面发挥了重要作用。希望获得本次荣誉的企业（园区），以此为契机，进一步加强规范化建设，强化示范带动，推动全国休闲农业与乡村旅游又好又快发展。各省级牵头单位要加强对获得本次荣誉企业（园区）的业务指导和服务，加大扶持力度，充分发挥他们的示范引领作用，培育一批叫得响、传得开、留得住的知名品牌，促进休闲农业与乡村旅游持续快速健康发展，为农业强起来、农村美起来、农民富起来做出积极贡献。

附件：1. 2015 年全国休闲农业与乡村旅游星级示范创建企业（园区）名单

2. 2015 全国十佳休闲农庄名单

3. 2015 年全国休闲农业与乡村旅游十大精品线路名单

中国旅游协会休闲农业与乡村旅游分会

2015 年 12 月 4 日

附件 1

2015 年全国休闲农业与乡村旅游星级示范创建企业（园区）名单

（按农庄所在省行政区划排序）

1. 北京（11 家）
五星级
北京百年栗园生态农业有限公司
北京康顺达农业科技有限公司
北京密水云山旅游开发有限责任公司
北京黄芩仙谷旅游开发有限公司
北京利农富民葡萄种植专业合作社
四星级
北京奥仪凯源蔬菜种植专业合作社
北京喻海庄园餐饮有限公司
北京百里山水旅游公司
北京亨美利嘉山水居农家乐文化有限公司
三星级
北京绿富隆农业股份有限公司
北京涵碧泉金典农业发展有限公司

2. 天津（4 家）
五星级
天津滨城龙达集团有限公司
天津齐心菌类种植有限公司
天津市亨达庄园种植专业合作社
天津市裕禾晟农业科技发展公司（四季田园）

3. 河北（15 家）
五星级
定州市黄家葡萄酒庄有限公司
四星级
河北廊坊佰金农业开发有限公司
河北润雅农业科技开发有限公司
迁西县栗香湖花果山休闲农业开发有限公司
迁安市龙泽谷国际生态农业科技开发有限公司
宽城祥和生物科技有限公司
宣化县假日绿岛生态旅游有限公司
衡水众悦农业科技股份有限公司
河北宝晟农业开发有限公司
平山县东方巨龟苑
涿州市润生生物技术有限公司
河北海燕农牧有限公司
廊坊幸福农庄旅游开发有限公司固安农博园
承德菁润生态农业观光有限公司
青县司马庄绿豪农业专业合作社

4. 辽宁（9 家）
五星级

盘锦中尧七彩庄园有限公司

四星级

绥中县大台旅游开发有限公司

锦州吴楚庄园集团有限责任公司

锦州利和生态农业科技有限公司

盘锦绕阳河文化旅游有限公司

盘锦疙瘩楼冰雪欢乐湖旅游有限公司

三星级

辽宁新大地实业发展集团有限公司

阜新蒙古族自治县白泉寺风景区管理处

盘锦骊珠旅游有限公司

5. 吉林（12家）

五星级

长春国信现代农业科技发展股份有限公司

四星级

吉林神草旅游服务有限公司

临江金银峡旅游开发有限公司

三星级

舒兰市小城红房子旅游服务有限公司

吉林省桦甸市名峰生态度假村

吉林市超大绿色生态园农业有限公司

吉林市长增家庭农场

吉林市圣德农业有限公司

吉林市尚福农林生态旅游度假村有限公司

吉林卓远农业发展有限公司

和龙市金达莱村旅游有限公司

吉林众鑫绿色米业集团有限公司

6. 黑龙江（3家）

五星级

雪乡旅游风景区

四星级

虎林市鑫人合旅游滑雪山庄有限责任公司

牡丹江北国小九寨景区管理有限公司

7. 上海（16家）

五星级

上海闻道园文化发展有限公司

上海凯博休闲农庄有限公司

四星级

上海亚绿实业投资有限公司（申亚瑞地怡园）

上海金泖餐饮休闲有限公司（金泖渔村）

上海吕巷旅游管理发展有限公司（吕巷水果公园）

上海崇明人家农家乐专业合作社（崇明人家）

三星级

上海聚银庄园度假村有限公司（聚银庄园）

上海万金观赏鱼养殖有限公司（万金观赏鱼庄园）

上海城外葡萄种植专业合作社（城外葡萄园）

上海益大药用植物种植有限公司（益大本草园）

亲子村（上海）旅游发展有限公司（亲子村）

上海渔浪水产专业合作社（渔乐码头）

上海怡神园猕猴桃种植专业合作社（怡神园农庄）

上海君鸿酒店管理有限公司（山阳田园）

上海阿林果业专业合作社（阿林果蔬园）

上海市崇明县西岸氧吧农家乐酒店（西岸氧吧）

8. 江苏（35家）

五星级

如皋金岛生态园发展有限公司

南通市金土地生态农业有限公司

江苏太仓现代农业园区开发建设有限公司（太仓市现代农业园区）

江苏裕丰旅游开发有限公司（荷兰花海）

徐州郡岭农业科技发展有限公司（郡岭山庄）

泰州田园牧歌旅游发展有限公司（泰州田园牧歌景区）

江苏岩藤农业发展有限公司

南京雨发农业科技开发有限公司

四星级

苏州牧谷农业科技发展有限公司

南通神农生态农业科技有限公司（如东在水一方生态园）

启东市大自然生态农业发展有限公司（启东大自然度假村）

江苏长生投资集团有限公司（长江药用植物园）

江苏登达生态农业有限公司

东台市仙湖现代农业示范园

有限公司

丰县大沙河果园（果都大观园）

江苏苏北花卉股份有限公司

徐州燕山文化旅游发展有限公司

徐州茱萸养生谷农业科技发展有限公司

江苏金辰农业科技有限公司（泰兴黄桥小南湖生态园）

仪征江扬生态农业有限公司

扬州蒋王都市农业观光园有限公司

三星级

如东鑫华园生态农庄

海门市新海蕃茄农庄有限公司

海门市沿江渔村

江苏钟吾茶产业发展有限公司（江苏省新沂市马陵山茶文化博览园）

江苏省灌南现代农业示范区管理委员会

东海县桃林镇福桃农业发展有限公司

连云港市赣榆徐福泊船山风景区发展有限公司（徐福生态园）

洪泽县朱坝镇锦鸿生态园

扬州市江都区白塔河生态观光农业有限公司

镇江开心农场有限公司

江苏万新农业科技发展有限公司

宿迁市顺河旅游开发有限公司（梨园湾景区）

南京人间仙境生态旅游开发有限公司（东庐山庄）

南京红杜鹃果蔬种植专业合

作社

9. 浙江（28家）

五星级

浙江嘉兴梅花洲

浙江龙泉凤羽山庄

浙江遂昌里高农产品专业合作社

四星级

浙江杨墩生态休闲农庄有限公司

浙江申浩农业科技发展有限公司

常山龙腾石博园管理有限公司

江山市绿川农业科技有限公司

金华市寨春农业开发有限公司

浙江天台寒山旅游开发有限公司

缙云县桃花源旅游开发有限公司

龙游鑫世康生物科技有限公司

浙江每日会农业开发有限公司

衢州市柯城区禾昌家庭农场

台州茂达农业科技有限公司

台州市方山云雾茶叶开发有限公司

浙江龙和水产养殖开发有限公司

浙江沃华生态农业开发股份有限公司

浙江云翠茶业发展有限公司

三星级

东阳市横店桃花源农庄

湖州西荡漾生态农业开发有限公司

金华市金东区白溪湾农庄

磐安县凯达蓝莓开发有限公司

温岭市大溪仰天湖休闲山庄

玉环火山茶股份合作农场

浙江绿野仙踪生态农业发展有限公司

浙江芹阳茶业有限公司

浙江山宝生物科技有限公司

浙江一粒志农业科技有限公司

10. 安徽（9家）

五星级

来安县景华农业生态旅游度假村有限公司

四星级

绩溪县振兴徽雕有限公司

安徽绩溪县经氏生态农业有限公司（绩溪县保元生态农庄）

安徽浩宇生态农业有限公司

凤阳藤茶山庄旅游发展有限公司（安徽省凤阳藤茶山庄）

岳西县天峡旅游开发有限公司

安徽美好甜园现代农业发展股份公司（美好甜园生态园）

岳西县彩虹瀑布旅游有限公司

三星级

凤阳金小岗农林科技产业发展有限公司

11. 福建（5家）

四星级

福建省太姥山万博华旅游开发有限公司

漳州市绿港园生态农业有限

公司

漳州益园农业开发有限公司（福友生态农场）

三星级

晋江市金井镇塘东村

福建省晋江坫头国有防护林场

12. 江西（8家）

五星级

江西省花源谷旅游股份有限公司

景德镇双龙湾农业生态园有限公司

四星级

江西凤凰山庄生态农业发展有限公司

江西森美生态园有限公司

泰和县蜀口人家生态旅游开发有限公司

江西虔心小镇生态农业有限公司

南昌市祥华农业发展有限公司

南昌县杨帆休闲农庄有限公司

13. 山东（18家）

五星级

山东雪野现代农业科技示范园有限公司

山东裕利蔬菜股份有限公司（五蔬园）

四星级

山东省曹县十三村旅游农民专业合作社

微山县东大民俗文化生态园有限公司

菏泽旺天下食品有限公司

烟台市十里杏花谷乡村旅游合作社

烟台市高陵生态果蔬产业有

限公司

滨州打渔张农牧有限公司

山东博华高效生态农业科技有限公司

泰安市泰山区源康家庭农场

沂南县都市村庄生态旅游开发有限公司

沂源醉美双泉乡村旅游发展有限公司

聊城田园牧歌农业生态科技开发有限公司

山东三山农业科技有限公司

三星级

微山县宇亦种植专业合作社

山东润泽实业有限公司

定陶县狮克有机果蔬种植专业合作社

滨州市富晟农业开发有限公司

14. 河南（10家）

五星级

河南富景生态旅游开发有限公司

四星级

河南锐青生态农业科技有限公司

郑州文慧酒店管理有限公司

河南御寨山庄度假美食有限公司

登封市清香苑餐饮有限公司

河南木本良创意农业有限公司

河南晨明生态农业科技有限公司

三星级

郑州怡景湾生态园有限公司

郑州市新洋源生态科技有限公司

郑州优河湾生态农业科技有

限公司

15. 湖北（5家）

五星级

京山县盛老汉庄园（京山县盛老汉家庭农场）

四星级

潜江市楚潜村韵家庭农场有限公司

利川市民欣生态农业开发有限公司

湖北井边湾生态农业开发有限公司

三星级

枣阳市千业农业科技有限公司

16. 湖南（32家）

五星级

浏阳市桂园休闲农庄有限公司

长沙市都邀农业生产有限公司

湖南天艺生态休闲农业发展有限公司

湖南锦绣江南农林科技发展有限公司

湖南省湘台现代农业科技有限公司

湘乡市和源农业综合开发有限公司

湘潭盘龙生态农业示范园有限公司

新化县梅园生态农庄

常德龙弟休闲农业发展有限公司（龙弟源农庄）

衡阳东方旅游实业有限公司东方庄园

耒阳市蔡伦现代农业科技园开发有限公司

桂阳县奇秀休闲农庄有限

公司

郴州小埠投资开发集团有限
公司

四星级

湖南湘都生态农业发展有限
公司

湖南柯柯农业科技有限责任
公司

浏阳市南边生态农场

醴陵金湖湾生态农业开发有
限公司

湖南天杰实业有限责任公司
（密花生态园）

耒阳市石仙农业发展有限公司

耒阳仙岭休闲农庄

祁东县山中生态农庄有限
公司

娄底市成彬农业发展有限公司

娄底市三和绿缘高科农业发
展有限公司

涟源市翠远生态农业发展有
限公司

绥宁县金水湾现代农业示范
园（绥宁县金水湾生态休
闲山庄）

郴州仙女湖庄园有限公司

嘉禾县江里生态农业经济开
发有限公司

嘉禾县神农家园农耕文化休
闲山庄

资兴市东江库区果树研究所
（资兴市果茶科技生态园）

宜章范家园生态旅游有限责
任公司

三星级

浏阳市社港镇万寿山庄

浏阳市辉章农牧科技有限
公司

17. 广东（1家）

五星级

珠海十里莲江农业旅游开发
有限公司（十里莲江休闲
农业观光园）

18. 广西（24家）

五星级

恭城县平安福地生态旅游发
展专业合作社

广西聚之乐休闲农业有限
公司

四星级

广西玉林容县柚场农庄

广西融水苗族自治县元笙旅
游发展有限公司

南丹县芒场镇巴平下街山水
特米专业合作社

广西金穗旅游有限公司

北海金品东盟百花科技开发
有限公司

广西精品农业股份有限公司

广西康佳龙现代农业科技有
限责任公司

恭城县杨溪水果专业合作社

恭城县大岭山水果专业合作社

桂林市资源县大沙洲休闲农庄

三江县布央古茶园旅游投资
有限公司

广西南山白毛茶茶业有限公司

天峨县无公害水果专业合作社

玉林市悠然农业有限公司
（悠然农庄）

广西玛氏农业科技股份有限
公司

钦州市钦台农农业综合观光
休闲有限公司

广西知青文化旅游开发有限
公司

三星级

广西亚热带名优水果实验示

范场

龙胜县大唐湾少数民族民俗
文化发展中心

兴安县牧川生态农业开发有
限公司

灌阳县罗裙山果蔬种植家庭
农场有限公司

灌阳县永富果业产销专业合
作社

19. 海南（7家）

五星级

海南世外桃源休闲农业发展
有限责任公司

三亚柏盈热带兰花产业有限
公司

四星级

三亚兰德国际玫瑰谷发展有
限公司

三亚鹿宝休闲山庄有限公司

保亭保城七仙农乐乐酒庄

三星级

海南尧诚实业发展有限公司
（三亚尧诚驿站休闲农业
观光园）

保亭什玲周道农乐乐酒家

20. 贵州（1家）

五星级

贵州农熠农业开发有限公司

21. 宁夏（16家）

五星级

宁夏平罗县陶乐天源復藏农
业开发有限公司

四星级

银川市西夏区镇北堡红柳湾
山庄

灵武市长枣庄园

宁夏罗山豪瑞祥农业开发有
限公司

宁夏吉水湾生态文化旅游有

限公司
盐池县哈巴湖旅游开发有限
公司
三星级
吴忠市鑫源果蔬种植专业合
作社
宁夏余家丰生物菇业有限
公司
吴忠市利通区山水沟美食生
态园
吴忠市利通区张家大院生
态园

吴忠市桃园农庄生态观光有
限公司
宁夏灵武市丹碧农林牧有限
公司
永宁县海子湖金马休闲度
假村
吴忠市利通区龙怡休闲农庄
吴忠市利通区海军生态农家
园（海军养殖专业合作社）
宁夏林枫回族风情生态观光
有限公司
22. 新疆（4 家）

五星级
新疆神农双兴花卉有限公司
乌鲁木齐市新市区安宁渠塞
外水乡度假村
昌吉州华兴生态旅游有限
公司
四星级
新疆德天利农业发展有限责
任公司
23. 宁波（1 家）
四星级
宁波香泉湾山庄有限公司

附件 2

2015 全国十佳休闲农庄名单

（按农庄所在省行政区划排序）

北京第五季富饶（北京）生
态农业园有限公司
黑龙江红旗农场都市农业园
上海书农桃业有限公司
江苏南通市世外桃园休闲农

庄有限公司
浙江嘉兴碧云花园有限公司
安徽丫山花海石林旅游有限
公司
江西南昌市西湖李家实业发展

有限公司（西湖李家景区）
山东济宁南阳湖农场休闲农庄
河南郑州丰乐农庄有限公司
湖南衡阳市珠晖区怡心生
态园

附件 3

2015 全国休闲农业与乡村旅游十大精品线路名单

（按线路所在省行政区划排序）

1. 北京"大运河之源"生态农业体验游（4 天）
金福艺农"番茄联合国"（车行 40 分钟）—运河公园（车行 20 分钟）—怡水庄园（车行 40 分钟）—碧海园生态农业观光园（车行 20 分钟）—第五季生态园（车行 10 分钟）—朵朵鲜生态蘑菇园（车行 20 分

钟）—瑞正园农庄
2. 吉林自然风光农业体验游（5 天）
长春（或延吉）（车行 3 小时，40 分钟）—安图县（车行 40 分钟）—石门镇茶条民俗风情园（车行 20 分钟）—明月湖（车行 40 分钟）—福满生态沟（车行 30 分钟）—万宝镇红旗村（车

行 40 分钟）—长白山关东文化园（车行 60 分钟）—雪山飞湖度假区（车行 50 分钟）—二道白河镇奶头山村（车行 60 分钟）—长白山、长白山历史文化园
3. 江苏沿江生态农业休闲之旅（4 天）
南京市区（距南京禄口国际机场 40 分钟车程）（车

行 30 分钟）—江宁台湾农民创业园（车行 20 分钟）—江宁区黄龙岘农家乐村（午餐）（车行 30 分钟）—江宁区汤山翠谷生态农业园（车行 1 小时）—浦口区雨发生态园（住宿）（车行 50 分钟）—南京六合区竹镇镇大泉村—仪征市润德菲尔休闲农庄（车行 60 分钟）（午餐）—扬州市邗江区凤凰岛生态园—扬州西江农业生态园（住宿）（车行 50 分钟）—泰州田园牧歌风景区（午餐）（车行 30 分钟）—泰州溱湖湿地农业生态园（车行 1 小时）—如皋市金岛生态园（住宿）（车行 60 分钟）—海门市海永乡现代农业产业园—午餐后返程

4. 浙江秀山丽水美丽乡村行（5 天）

遂昌高坪（春赏杜鹃夏避暑，秋摘瓜果冬滑雪）（车行 1 小时 10 分钟）—遂昌红星坪温泉（车行 50 分钟）—松阳大木山骑行茶园（车行 30 分钟）—松阳卯山农业观光园（车行 30 分钟）—莲都古堰画乡（车行 30 分钟）—莲都利山农家乐综合体（车行 20 分钟）—云和梯田（车行 30 分钟）—景宁大均中国畲乡之窗（车行 30 分钟）—龙泉金观音白天鹅观光农业园（车行 40 分钟）—龙泉上垟中国青瓷小镇

5. 安徽合肥都市农业休

闲体验游（5 天）

肥西老母鸡家园（车行 60 分钟）—三河古镇、杨振宁故居（车行 30 分钟）—渡江战役纪念馆、安徽名人馆（车行 60 分钟）—滨湖湿地生态公园（车行 20 分钟）—大圩生态葡萄园（车行 20 分钟）—长临河古镇、长临河老街（车行 20 分钟）—六家畈古民居、张治中故居（车行 20 分钟）—中庙、姥山岛（车行 30 分钟）—李克农故居（车行 30 分钟）—巢湖湿地公园、龟山公园（车行 40 分钟）—紫薇洞景区（车行 10 分钟）—洗耳池公园、汉墓博物馆（车行 10 分钟）—冯玉祥故居（车行 20 分钟）—银屏山景区（车行 40 分钟）—冶父山景区

6. 福建长泰休闲观光农业"慢享之旅"（5 天）

长泰天柱山高速出口（车行 30 分钟）—参观游览玛琪雅朵花海（上午）—花海餐厅午餐—参观游览寻梦谷瀑布（下午）—在景区的花海餐厅晚餐，蓝山公馆住宿（车行 10 分钟）—参观游览古山重景区（上午，在景区午餐）（车行 15 分钟）—参观游览格林美提子观光园（下午）—在格林美晚餐，住宿（茂林源住宿）（车行 5 分钟）—参观游览茂林源桑葚采摘园（上午，在茂林源午餐）（车行 10 分钟）—游览

龙人古琴文化村（下午）（车行 10 分钟）—游览后坊村桃花岛（车行 10 分钟）—赴龙凤谷景区晚餐、住宿—游览小黄山、龙凤谷（上午）午餐（车行 15 分钟）—游览漂流景区（下午）—赴连氏大酒店晚餐，住宿（车行 10 分钟）—游览天成山（上午、午餐）（车行 20 分钟）—参观体验绿港园农场（下午）（车行 5 分钟）—参观雪美洋现代农业示范区（车行 20 分钟）—赴福友生态农场餐饮、住宿—参观游览福友生态农场（上午）—参观慢客村—午餐（车行 30 分钟）—参观游览半月山温泉度假区（下午）—晚餐后返程。

7. 江西花园南昌都市农业休闲游（3 天）

南昌市区出发（车行 60 分钟）—梅岭竹海明珠景区（车行 20 分钟）—"心街"文化艺术街区（车行 20 分钟）—大客天下客家风情园（午餐）（车行 60 分钟）—安义古村群（车行 1 小时 10 分钟）—怪石岭公园（晚餐入住）（车行 50 分钟）—国鸿生态园（车行 5 分钟）—湖光山舍田园农庄（午餐）（车行 60 分钟）—磊鑫生态园码头（游艇 20 分钟）—进贤县西湖李家（晚餐入住）（游艇 20 分钟）—磊鑫生态园码头（车行 50 分钟）—凤凰沟景区（午餐）（车行 60 分钟）—南昌市区

8. 山东乡村生态休闲游 (5天)

兰陵国家农业公园（车行 1 小时 20 分钟）—台儿庄古城（车行 60 分钟）—台儿庄、微山湖红河湿地景区（车行 1 小时 30 分钟）—会保山生态产业合作社（车行 20 分钟）—玉清林果休闲观光园（车行 50 分钟）—仲村黄金丰水梨园（车行 30 分钟）—压油沟古村落（车行 40 分钟）—庄坞万亩牛蒡基地（车行 40 分钟）—罗庄武河湿地公园（车行 30 分钟）—临沂动植物园（车行 1 小时 40 分钟）—沂蒙山旅游（蒙山人家）

9. 河南滨河风光揽胜游 (3天)

黄河风景名胜区（车行 10 分钟）—金地人家（车行 20 分钟）—丰乐庄园（车行 10 分钟）—乡河湾（车行 15 分钟）—大家庄园（车行 20 分钟）—绿源山水（车行 10 分钟）—黄河农牧场（车行 10 分钟）—黄河逸园（车行 10 分钟）—田园高科技玫瑰园（车行 20 分钟）—郑州黄河国家湿地公园（车行 15 分钟）—普兰斯薰衣草庄园、自然界（车行 20 分钟）—富景生态园（车行 30 分钟）—金马现代农业园区（车行 60 分钟）—中牟国家农业公园（车行 20 分钟）—莱骏绿色农庄（沙窝）

10. 广东珠海生态农业体验游 (2天)

金台寺（游 45 分钟）—排山村（游 60 分钟）—九洲控股集团斗门乡村风情带展厅（游 60 分钟）—上洲村（游 60 分钟）—御温泉（游 3 小时）—十里莲江（晚餐并入住，游 2 小时）—石斛园（游 1 小时）—十亿人火龙果生态庄园（游 3 小时）

索 引

图书在版编目（CIP）数据

中国休闲农业年鉴.2016/农业部农产品加工局（
乡镇企业局）主编.—北京：中国农业出版社，2017.1
ISBN 978-7-109-22874-0

Ⅰ.①中… Ⅱ.①农… Ⅲ.①观光农业—中国—
2016—年鉴 Ⅳ.①F592.3-54

中国版本图书馆 CIP 数据核字（2017）第 081271 号

中国农业出版社出版
（北京市朝阳区麦子店街 18 号楼）
（邮政编码 100125）
策划编辑 徐 晖 贾 彬
文字编辑 贾 彬 杜 婧 张海燕
————————————————
北京通州皇家印刷厂印刷 新华书店北京发行所发行
2017 年 1 月第 1 版 2017 年 1 月北京第 1 次印刷
————————————————
开本：787mm×1092mm 1/16 印张：20.5 插页：6
字数：560 千字
定价：300.00 元
（凡本版图书出现印刷、装订错误，请向出版社发行部调换）